21 世纪高等教育环境科学与工程类系列教材

环保设备原理及应用

主　编　穆　毅　邹建平

副主编　贾宏鹏　任　重　杨利明　李　浩

参　编　魏　喆　孙鸿燕　邱贤华　熊贞晟

机械工业出版社

本书从新时代环保应用型人才培养出发，结合我国在环境污染控制技术和环保设备领域的最新进展编写。本书主要介绍流体输送机械与设备（泵与风机）的结构、原理及应用，单元操作设备、水的生化处理设备、除尘脱硫脱硝设备、噪声与振动控制设备及固体废弃物处理设备的结构、原理及应用。本书采用二维码集成了多种环保设备的工作原理动图，将抽象的专业知识具象化，便于学生对相关知识的理解。

本书可作为高等学校环境科学与工程类专业环保设备相关课程的教材，也可作为环保行业从业人员的参考书。

图书在版编目（CIP）数据

环保设备原理及应用 / 穆毅，邹建平主编. -- 北京：
机械工业出版社，2024. 11. -- (21世纪高等教育环境科
学与工程类系列教材). -- ISBN 978-7-111-77252-1

Ⅰ. X505

中国国家版本馆CIP数据核字第2025NH5545号

机械工业出版社（北京市百万庄大街22号　邮政编码100037）
策划编辑：马军平　　　　　　　责任编辑：马军平　刘春晖
责任校对：潘　蕊　李小宝　　　封面设计：张　静
责任印制：刘　媛
河北京平诚乾印刷有限公司印刷
2025年3月第1版第1次印刷
184mm×260mm · 20.75印张 · 510千字
标准书号：ISBN 978-7-111-77252-1
定价：68.00元

电话服务　　　　　　　　　　　网络服务
客服电话：010-88361066　　　机 工 官 网：www.cmpbook.com
　　　　　010-88379833　　　机 工 官 博：weibo.com/cmp1952
　　　　　010-68326294　　　金 书 网：www.golden-book.com
封底无防伪标均为盗版　　　机工教育服务网：www.cmpedu.com

前　言

　　我国工业持续发展要建立在资源的可持续利用和良好生态环境的基础上，而控制环境污染、进行废弃物处理与资源回收，都离不开环保装备。目前我国在环境污染控制的工艺技术研究与开发方面做了很多工作，并取得了令人瞩目的成绩；除了必须具有先进的工艺技术，同时还必须有高效、节能、廉价、耐用、易操作使用的处理设备来实现环境污染控制。促进我国环保装备制造业的发展是实现我国可持续发展战略的重要组成部分，没有先进的环保装备这个物质基础，环保产业就没有根基。

　　南昌航空大学环境工程专业创建于1983年，专业创立初期就将"环保机械和设备"作为环境工程专业的主干必修课程。为满足教学需要，李明俊教授、孙鸿燕教授等专业课程授课教师结合自身20余年的教学经验，于2004年编写、出版了《环保机械与设备》。该书先后被省内外多所高校采纳作为专业课程教材，并得到业界好评。为适应现代教学和科学技术发展的需要，及时反映我国在环境污染控制技术和环保设备领域的最新进展，培养出适应新时代需求的环保应用型人才，南昌航空大学环境工程教研室在《环保机械与设备》的基础上编写了本书。

　　目前与环保设备相关的教材比较多，内容也比较全面，其中环保设备的工作原理是教材的重点，也是难点。但是现有教材通常以静态图片的形式展示环保设备的结构，无法生动地还原其工作原理。这增加了学生的学习负担，同时也提高了教师的授课难度。本书采用生动的动图系统地展示了多种环保设备的工作原理，有效降低了教师的授课难度，也加深了学生对相关知识的理解。

　　本书由南昌航空大学穆毅、邹建平任主编，中国科学院城市环境研究所贾宏鹏，南昌航空大学任重、杨利明以及上海交通大学李浩任副主编。南昌航空大学魏喆、孙鸿燕、邱贤华、熊贞晟参与了本书的编写工作。具体分工如下：全书内容安排及动图制作由穆毅负责，内容审核与校对由邹建平和贾宏鹏负责，第1~5、7章由穆毅、李浩、杨利明编写，第6章由任重编写，全书资料收集及整理工作由魏喆、孙鸿燕、邱贤华、熊贞晟完成。本书编写及出版得到了国家自然科学基金（52360027）、江西省自然科学基金（20232BCJ23033）以及南昌航空大学博士启动基金（EA202002239）的资助，在此表示感谢。

　　限于编者的学识和水平，书中难免存在疏漏之处，敬请广大读者批评指正。

编　者

章节位置	资 源 名 称	二维码图形	章节位置	资 源 名 称	二维码图形
1.3.1	动图 1-3　离心泵的工作原理		3.1.3	动图 3-6　旋流沉砂池的工作原理	
1.3.2	动图 1-5　轴流泵的工作原理		3.1.3	动图 3-7　配行车刮泥机的平流式沉淀池的工作原理	
1.3.5	动图 1-8　往复泵的工作原理		3.1.3	动图 3-17　异向流斜管沉淀池的工作原理	
1.3.6	动图 1-9　转子泵的工作原理		3.1.3	动图 3-18　高密度沉淀池的工作原理	
2.2.2	动图 2-7　离心式风机的工作原理		3.1.5	动图 3-28　溶气气浮装置系统工作原理	
2.4.2	动图 2-15　罗茨鼓风机的工作过程		3.1.6	动图 3-29　普通快滤池的工作原理	
3.1.1	动图 3-1　NC 型机械格栅的工作原理		3.1.6	动图 3-34　重力式无阀滤池的工作原理	
3.1.2	动图 3-2　平流式沉砂池（重力排砂）的工作原理		3.1.7	动图 3-40　卷式反渗透器	

（续）

章节位置	资源名称	二维码图形	章节位置	资源名称	二维码图形
3.1.7	动图 3-44 电渗析设备的工作原理		4.1.2	动图 4-20 卡鲁赛尔氧化沟	
3.3.2	动图 3-62 填料塔的工作原理		4.1.2	动图 4-22 奥贝尔氧化沟的工艺原理	
3.3.2	动图 3-67 湍球塔		4.1.2	动图 4-24 常见SBR反应器的工作原理	
3.3.2	动图 3-68 泡罩塔		4.1.2	动图 4-26 A^2/O 工艺	
3.3.2	动图 3-69 泡罩		4.1.2	MBBR 工艺流程（动图）	
3.3.2	动图 3-71c F-1 型浮阀的结构		4.2.2	动图 4-38 橡胶带式过滤机	
4.1.1	动图 4-6 膜片式微孔空气扩散器		4.2.2	动图 4-39 板框压滤机	
4.1.1	动图 4-10 自吸式自激振荡脉冲射流曝气器的结构原理		4.2.2	动图 4-41 转筒式离心机	
4.1.1	动图 4-13 倒伞型叶轮曝气机		4.3.1	动图 4-43 普通生物滤池的工作原理	
4.1.1	动图 4-14 卧轴式机械曝气机		4.3.2	动图 4-45 高负荷生物滤池的工作原理	

V

（续）

章节位置	资 源 名 称	二维码图形	章节位置	资 源 名 称	二维码图形
4.3.5	动图 4-50 接触氧化池的工作原理		5.1.5.6	径流式电除尘（动图）	
5.1.2.1	动图 5-2 水平气流重力除尘器		5.1.5.6	动图 5-49 化学团聚电除尘技术工作原理	
5.1.2.3	动图 5-12 扩散式旋风除尘器		5.2.1.1	动图 5-51 基于石灰石吸收的烟气脱硫装置流程	
5.1.3.2	动图 5-17 文丘里洗涤除尘器		5.3.1	动图 5-61 SCR 脱硝工艺流程	
5.1.3.2	动图 5-18 立式旋风水膜除尘器		5.3.1	动图 5-62 SCR 反应器	
5.1.3.2	动图 5-21 冲激式除尘机组的工作原理		6.1.1	动图 6-2 多孔吸声材料的吸声机理	
5.1.4.1	动图 5-25 机械振动袋式除尘器		6.1.1	动图 6-5 穿孔板吸声结构示意图	
5.1.5.1	动图 5-36 管式电除尘器原理		6.1.1	隔声原理（动图）	
5.1.5.1	动图 5-37 板式电除尘器原理		6.1.2.2	动图 6-13 扩张室式消声器的消声原理	
5.1.5.2	动图 5-38 静电除尘的工作原理		6.1.2.4	动图 6-21 ZHZ-55型消声器实测消声性能与安装示意图	

（续）

章节位置	资源名称	二维码图形	章节位置	资源名称	二维码图形
6.1.2.4	动图 6-30 NS500型抗性排气熄火消声器		7.2.3	动图 7-17 滚动筛的工作原理	
6.2.2	动图 6-42 水平弹簧连杆式隔振系统原理		7.2.3	动图 7-19 水平气流风选机的工作原理	
6.2.3	动图 6-43 隔振器安装方式		7.3	垃圾焚烧流程（动图）	
7.1.2	动图 7-4 螺旋输送机的工作原理		7.3.2	螺旋推料器（动图）	
7.2.2	动图 7-13 锤式破碎机的工作原理		7.3.2	动图 7-29 炉排的工作原理	
7.2.2	动图 7-14 颚式破碎机的工作原理		7.3.3	动图 7-31 回转窑焚烧炉的工作原理	
7.2.2	动图 7-16 球磨机的工作原理		7.3.4	动图 7-36 鼓泡式流化床焚烧炉的工作原理	

目　录

第1章

流体输送机械与设备——泵

泵是最典型、应用面最广的一种水力机械，用来输送流体或使流体增压。作为工作机，泵将原动机的机械能或其他外部能量转换成流体动能和势能，从而实现流体输送、增压或提供推进动力。除被用于水利、电力领域外，泵也被广泛用于能源、化工、轻工及日常生活中，并在航空航天、武器装备、核工业、医疗卫生等高技术领域中扮演着越来越重要的角色。尤其在化工生产中，许多原料、中间产品和最终产品都是液体，必须用泵来进料、出料，以实现工艺流程的要求，如硫酸厂的酸液要用泵输送、石油化工厂的原油及产品也要用泵输送。泵主要用来输送水、油、酸碱液、乳化液、悬乳液和液态金属等液体，也可输送液、气混合物及含悬浮固体物的液体。

1.1 泵的主要性能参数

泵的主要性能参数是泵选型的最重要依据，其主要参数有流量、扬程和效率等。

1）流量（Q）是单位时间内泵能够输送的流体体积，其常用的单位是 m^3/s、L/s 或 m^3/h。

2）理论流量（Q_T）是单位时间内流入泵部件里的液量。一般泵在工作时难免有内部或外部泄漏，因此泵的理论流量 Q_T 与泵的流量间的关系为

$$Q_T = Q + \sum q \tag{1-1}$$

式中，$\sum q$ 是单位时间内泵的泄漏量，单位与 Q 相同。

它既包括所有不经排液管而漏到泵体外面的外部泄漏，也包括从泵做功部件出来后漏回泵吸液处的内部泄漏。

3）容积效率（η_v）是衡量泵泄漏量大小，即密封情况的指标，其定义式为

$$\eta_v = Q/Q_T \tag{1-2}$$

4）扬程（压头）（H）是单位重量（1N）液体流过泵后的能量增值，其单位为 $J/N = m$。在工程单位制中，扬程的单位通常用 m（被输送液体的液柱）表示。虽然泵的扬程单位与高度单位在工程单位制中是一样的，但不应把泵的扬程与液体的升扬高度等同起来，这是由于扬程不仅要用来提高液体的位高，还要克服液体在输送过程中的流动阻力，提高输送液体的静压能，保证液体具有一定的流速。因此应把泵的扬程按照它本来的意义（单位重量液体流过泵后的能量增值）来理解。

5）理论扬程（H_T）是泵做功部件给单位重量液体的能量。它与泵扬程 H 的关系为

$$H_T = H + \sum h_{hyd} \tag{1-3}$$

式中，$\sum h_{hyd}$ 是单位重量液体流经泵的阻力损失能量。同时需注意泵铭牌上的扬程指总扬程，即吸上扬程和压出扬程之和。吸上扬程包括实际吸上扬程和吸上扬程损失，压出扬程包括实际压出扬程和压出扬程损失，不含管道流体受摩擦阻力而引起的扬程损失。

6）水力效率（η_{hyd}）是指泵将输入的机械能转换为输出的流体能量的效率。其定义可用下式表示：

$$\eta_{hyd} = H/H_T \tag{1-4}$$

7）有效功率（N_e）指单位时间内，泵排液口流出的液体从泵中取得的有用能量，其值为

$$N_e = \rho g H Q \tag{1-5}$$

式中，ρ 是液体密度（kg/m^3）；g 是重力加速度（m/s^2）；H 是泵的扬程（m）；Q 是泵的流量（m^3/s）。

8）水力功率（内功功率，N_i）指单位时间里，泵做功部件所给出的能量。其值为

$$N_i = \rho g H_T Q_T \tag{1-6}$$

9）泵的功率（轴功率，N）指单位时间里由原动机传递到泵主轴上的功。泵在工作时，其运动部件间难免要产生相对摩擦，从而会消耗一定的机械损耗功率 N_{Mec}，故原动机传到泵轴上的功率 N 应是 N_i 与 N_{Mec} 之和，即

$$N = N_i + N_{Mec} \tag{1-7}$$

10）机械效率（η_{Mec}）是衡量泵运动部件间机械摩擦损失的指标。其定义为

$$\eta_{Mec} = N_i/N \tag{1-8}$$

11）泵的效率（总效率，η）是衡量泵工作时是否经济的指标。其定义为

$$\eta = N_e/N \tag{1-9}$$

因此，泵的功率又可用下式来计算。

$$N = N_e/\eta = \rho g H Q/\eta \tag{1-10}$$

1.2 泵的类型及特性

根据泵的工作原理和结构，泵的类型如下：

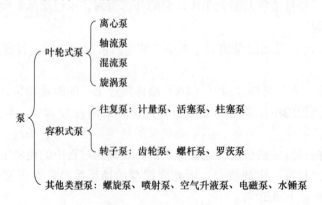

根据泵的工作原理可分为叶轮式泵、容积式泵和其他类型泵三类。除按工作原理分类外，还可按其他方法分类和命名。如按驱动方法可分为电动泵、汽轮机泵、柴油泵和气动隔

膜泵等；按结构可分为单级泵和多级泵；按输送液体的性质可分为水泵、油泵和泥浆泵等。

叶轮式泵按照叶轮和流道结构特点，一般分为以下四类：

1）离心泵，利用叶轮旋转流体受到离心作用，使流体不断地被吸入与排出。离心泵具有流量和扬程范围宽的特点，应用广泛。

2）轴流泵，利用叶轮旋转产生升力将流体提升。轴流泵具有流量大、扬程低的特点。

3）混流泵，利用叶轮转动对流体产生离心作用和轴向推力，是离心泵和轴流泵的结合。混流泵具有流量大、高效区宽的特性。当泵的吸程、扬程、电压、电动机转速、泵抽取的液体都在泵的设计范围内，此时的泵是在高效区工作。

4）旋涡泵，利用叶轮的转动使得流体沿环形流道螺旋前进。旋涡泵有流量小、扬程高的特点。

容积式泵按照运动部件的不同运动方式，一般分为以下两类：

1）往复泵，利用电动机带动活塞进行往复运动，改变压力，使流体不断地吸入与排出。往复泵具有效率高和高效区宽的特点。

2）转子泵，利用转子的旋转改变泵腔内容积，在进口处产生吸力。转子泵具有低噪声、体积小等特点。

其他类型泵有螺旋泵、喷射泵、空气升液泵、电磁泵和水锤泵等。

1.3　泵的结构及工作原理

1.3.1　离心泵

离心泵具有性能范围广泛、流量均匀、结构简单、运转可靠和维修方便等优点，因此离心泵在工业生产中应用最为广泛，高压、小流量或计量时常用往复泵，液体含气时常用旋涡泵和容积式泵，高黏度介质常用转子泵，除此之外，绝大多数场景均使用离心泵。离心泵多用于输送黏度较小的油类或含少量固体颗粒物、化学性质类似清水的流体。据统计，在化工生产（包括石油化工）装置中，离心泵的使用量占泵总量的 70%~80%。

1. 离心泵的主要零部件

离心泵的主要零部件分别是泵壳、叶轮、密封环、泵轴和轴封。离心泵的主要零部件的形状、结构如图 1-1 所示。

1）泵壳。泵壳起封闭支撑的作用。大多数单级泵的壳体是蜗壳式的，多级泵径向部分壳体一般为环形壳体或圆形壳体。一般蜗壳式泵壳内腔呈螺旋形液道，随着流道逐渐变大，从叶轮四周甩出的高速液体会产生减速现象，使部分动能转化为静压能，也起能量转化作用。

2）叶轮。叶轮的作用是将原动机的机械能转化为被输送流体的动能。叶轮有闭式、半开式、开式三种形式。

如图 1-2a 所示，闭式叶轮由叶片、前盖板、后盖板组成。闭式叶轮液体漏失少，效率较高，多用于输送清水或黏度较小且不含颗粒的清洁液体。

如图 1-2b 所示，半开式叶轮由叶片和后盖板组成，它的效率介于开式叶轮和闭式叶轮之间，适应性强。

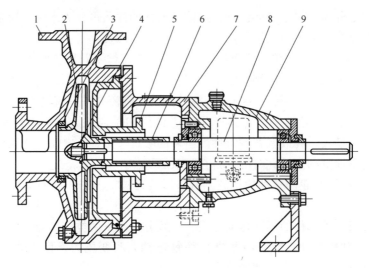

图 1-1　离心泵结构剖面图

1—泵壳　2—叶轮　3—密封环　4—叶轮螺母　5—泵盖　6—密封部件　7—中间支承　8—轴　9—悬架部件

如图 1-2c 所示，开式叶轮只有叶片和部分后盖板，多用于输送黏性大或含固体颗粒的悬浮液，清洗方便，不易堵塞，但流体在叶片间易发生倒流，故扬程和效率也较低。

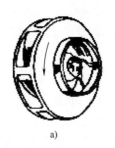

a)　　　　　　　　　　b)　　　　　　　　　　c)

图 1-2　叶轮的类型

a）闭式　b）半开式　c）开式

3）密封环。密封环的作用是防止泵的内泄漏和外泄漏，保证间隙合适的同时使其维持较高的容积效率。密封环常由铜合金制成，镶于叶轮前后盖板和泵壳上，磨损后可以更换。

4）泵轴。泵轴的作用是一端固定叶轮，一端装联轴器，将电动机的转矩传给叶轮。

5）轴封。轴封的作用是确保泵的密封性，防止泵送的流体泄漏到泵外部，同时防止空气或杂质进入泵内部。轴封一般有机械密封和填料密封两种。

2. 离心泵的工作原理

离心泵的工作原理如图 1-3 所示。当原动机带动泵轴和叶轮旋转时，一方面，液体随叶轮做圆周运动；另一方面，液体在离心力的作用下自叶轮中心向外周抛出，顺着蜗壳形通道逐渐扩大的方向流动，使部分动能将转变为静压能。液体自叶轮抛出时，叶轮中心部分会形成低压区，与吸入液面的压力形成压力差，于是液体不断地被吸入，并以一定的压力排出。

一般离心泵启动前泵壳内要灌满液体，若泵壳内存在空气，则会出现气缚现象。由于空气相对于输送液体密度很低，旋转后产生的离心力小，因此叶轮中心区所形成的低压不足以将液体吸入泵内，即使启动离心泵也不能输送液体，此种现象称为离心泵的气缚现象。

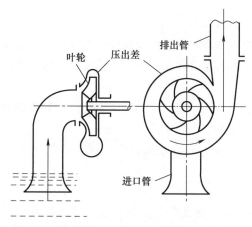

图 1-3　离心泵的工作原理

动图 1-3　离心泵的工作原理

3. 离心泵的分类

1）按叶轮数目分类，离心泵分为单级离心泵和多级离心泵。单级离心泵适用于扬程较低、流量较大的场合，如城市给水排水、农业灌溉等。多级离心泵适用于高扬程工况，如高层建筑供水、石油化工高压进料等。

2）按叶轮吸入方式分类，离心泵分为单吸离心泵和双吸离心泵。单吸离心泵适用于流量较小、吸入性能要求不高的场合，如小型工业装置、家庭供水。双吸离心泵常用于大流量场合，如大型给水排水工程、电站循环水系统。

3）按泵轴位置分类，离心泵分为卧式离心泵和立式离心泵。卧式离心泵应用广泛，如工厂物料输送、城市污水处理。立式离心泵适用于节省空间的场合，如高层建筑地下室泵房、深井提水。

4）按壳体结构分类，离心泵分为蜗壳式离心泵和导叶式离心泵。蜗壳式离心泵常用于一般工业和民用流体输送。导叶式离心泵适用于对性能要求较高的场合。

4. 离心泵的特性曲线

离心泵的扬程 H、轴功率 N、效率 η、必需汽蚀余量 NPSHr 与流量 Q 之间的关系曲线为离心泵的特性曲线。通过绘制特性曲线，可讨论离心泵的最佳工作点，为离心泵的高效利用提供数据支持。

国内泵厂提供的典型的特性曲线如图 1-4 所示，一般包括 H-Q 线、N-Q 线、η-Q 线和 NPSHr-Q 线。其中 H-Q 线叫作扬程曲线，N-Q 线叫作轴功率曲线，η-Q 线叫作效率曲线，NPSHr-Q 线叫作必需汽蚀余量曲线。

由轴功率曲线可见，当 $Q=0$ 时，P 最小，因此，离心泵都是在闭阀（$Q=0$）下启动，待启动正常后再开阀门放水。η-Q 曲线的最高点是最高效率点，又称为最佳工况点。水泵、铭牌上标明的特征值是在最高效率下的流量 Q、扬程 H、轴功率 N 和允许吸上真空度 H_S。一般水泵运行时必须保证在最高效率点的 5%~8%）。

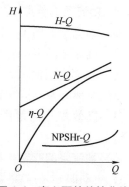

图 1-4　离心泵的特性曲线

1.3.2 轴流泵

轴流泵以其大流量、低扬程及高效等特性在我国调水工程及城市给水排水工程方面得到广泛应用，同时也是城市排水设施、农村灌溉工程的重要设备。轴流泵可输送清水或轻度污水。

1. 轴流泵的主要零部件

轴流泵的主要零部件分别是进水管、叶轮、导叶、泵轴、轴承和轴封等，叶轮为螺旋桨式。

1）进水管。进水管的作用是把水以最小的损失均匀地引向叶轮。

2）导叶。导叶的作用是消除流体的旋转运动，减少水头损失，同时可将流体的部分动能转变为压能。

2. 轴流泵的工作原理

当机翼形叶轮开始高速运转时，翼面发生负压吸流作用，翼背发生正压排流作用，使得流体得到升力，以一定的速度沿转轴方向向上流动。

轴流泵的工作原理如图 1-5 所示。

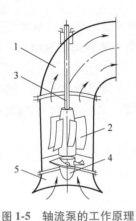

图 1-5　轴流泵的工作原理

1—出水弯管　2—导叶　3—泵轴　4—叶轮　5—进水管

动图 1-5　轴流泵的工作原理

3. 轴流泵的分类

根据叶轮的叶片是否可调，轴流泵可分为固定叶片式轴流泵（叶片不可调）、半调节叶片式轴流泵（停机拆下叶轮后可调节叶片安装角）和全调节叶片式轴流泵（有一套调节机构使泵在运转中可以调节叶片安装角）等。

4. 轴流泵的特点

1）轴流泵适用于大流量、低扬程。

2）轴流泵的 H-V 特性曲线很陡，关死扬程（流量 V =0 时）是额定值的 1.5~2 倍。

3）与离心泵不同，轴流泵流量越小，轴功率越大。

4）高效操作区范围很小，在额定点两侧效率急剧下降。

5）轴流泵的叶轮一般浸没在液体中，因此不需考虑汽蚀，启动时也不需灌泵。轴流泵的特性曲线如图 1-6 所示。

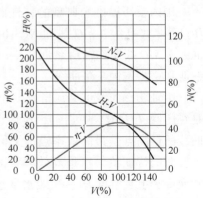

图 1-6　轴流泵的特性曲线

1.3.3　混流泵

混流泵是电站常用的辅机设备，常用于大型市政引水工程、石油化工工程等，在国民经济中起到重要作用。混流泵多用于输送清洁的、污染的、化学中性的或侵蚀性的介质。

1. 混流泵的主要部件

混流泵的主要部件分别是叶轮、泵壳、泵轴、轴承和填料密封装置。

2. 混流泵的工作原理

当原动机带动叶轮旋转后，对流体的作用既有离心力又有升力，是离心泵和轴流泵的综合，液体斜向流出叶轮，即液体的流动方向相对叶轮而言既有径向速度，又有轴向速度。因此，其结构和性能介于轴流泵和离心泵之间，混流泵兼具轴流泵和离心泵的优点，又较好地克服了这两种泵的缺点，是性能较优的泵型。它的扬程比轴流泵高，但流量比轴流泵小，比离心泵大。

3. 混流泵的分类

混流泵一般分为蜗壳式和导叶式两种，前者外形接近于离心泵，后者外形接近于轴流泵。导叶式混流泵与轴流泵相比，效率略高，效率特性曲线比较平缓，在水位变化时也能保证较高的效率，因此适用于农田排灌，节省动力。导叶式混流泵与蜗壳式混流泵比较，直径较小。立式结构导叶式混流泵，工作时叶轮淹在水中，不需引水设备，占地面积也小，因此在使用轴流泵的地区（大型可调叶片的轴流泵除外），以适当型号的导叶式混流泵替代是有利的。

1.3.4　旋涡泵

旋涡泵是一种新兴叶轮泵，与离心泵相比，其尺寸小、质量轻、扬程高，且扬程的变化对流量的影响较离心泵小，在小流量工况下能达到较高扬程。因此，旋涡泵的出现弥补了离心泵的不足。旋涡泵常用于输送易挥发的介质（如汽油、酒精等）和黏度不大的液体，在化工、造船、油罐车、可移动式洗涤设备等领域得到越来越广泛的应用。

1. 旋涡泵的结构

旋涡泵的结构如图 1-7 所示，过流部件主要由叶轮和具有环形流道的泵壳组成。

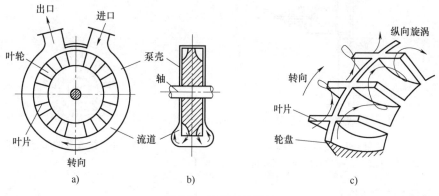

图 1-7　旋涡泵的结构

2. 旋涡泵的工作原理

旋涡泵通过旋转的叶轮叶片对流道内液体进行三维流动的动量交换，进而输送液体。如图 1-7 所示，当叶轮旋转时，由于叶轮内流体受到的离心力大于在流道内流体受到的离心力，使流体产生旋涡运动（见图 1-7b）。叶轮内的流体受到离心力作用被甩向流道，此时叶轮内流体被甩出形成低压，流道中的流体再次进入叶轮内，流体随着叶轮前进，多次往返叶轮内，使流体产生旋转运动（见图 1-7a）。这两种旋转运动合成的结果，就使液体产生与叶轮转向相同的纵向旋涡（见图 1-7c）。流体每经过一次离心力的作用，就获得一次能量，扬程就增加一次。因此，旋涡泵具有其他叶片泵所不能达到的高扬程。

3. 旋涡泵的特点

1）液体在旋涡泵流道内的冲击损失较大，因此效率较低，一般不超过 45%，通常为 36% ~ 38%。

2）旋涡泵结构简单，工作可靠，具有自吸能力，启动时不需灌泵，应开阀启动。

3）旋涡泵可输送含气量大于 5% 的介质，不适用于输送黏度大于 115mPa·s 的介质（否则会使泵的扬程和效率大幅下降）和含固体颗粒的介质。

4）旋涡泵不能采用出口阀调节流量，只能采用旁路调节。

5）旋涡泵的流量减小，扬程就增加，与同等性能的离心泵相比，旋涡泵具有体积小、质量轻、造价低等优点，但汽蚀性能较离心泵差。

1.3.5 往复泵

往复泵包括计量泵、活塞泵和柱塞泵等，适用于输送流量较小、压力较高的各种介质。当流量小于 100m³/h、排出压力大于 10MPa 时，有较高的效率和良好的运行性能。往复泵在建筑、油田生产等方面应用广泛。

1. 往复泵的结构

如图 1-8 所示，往复泵由吸入阀、排出阀、泵缸、活塞及活塞杆等组成。

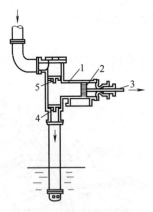

图 1-8 往复泵的结构

1—泵缸 2—活塞 3—活塞杆 4—吸入阀 5—排出阀

动图 1-8 往复泵的工作原理

2. 往复泵的工作原理

如图 1-8 所示，当电动机运转时，活塞杆带动活塞向右移动，液缸的容积增大，压力降低，被输送的液体在压力差的作用下，克服吸入管路和吸入阀等的阻力损失进入液缸，当活塞向左移动，液体被挤压，液缸内液体压力急剧增加，在这一压力作用下，吸入阀关闭，而排出阀被打开，液缸内液体在压力差的作用下被排送到排出管路中去。往复泵依靠活塞在缸内做往复运动，将能量以静压能的形式传递给液体。

3. 往复泵的特点

1）往复泵效率高且高效区宽。

2）往复泵具有自吸能力，启动前不需要灌泵。

3）往复泵对各种介质具有高度适应性，可输送清水，强腐蚀、剧毒等流体。

4）往复泵主要适用于输送高压、小流量流体，且流量与压力无关。

1.3.6 转子泵

转子泵包括齿轮泵、螺杆泵和罗茨泵等，具有体积小、结构简单、自吸能力强等特点，广泛用于化工、油脂、食品加工等领域。转子泵可用于输送黏度大的流体，有较高的输送压力。

转子泵的主要结构是泵体和三片式转子等。

图1-9为转子泵的工作原理。当泵体内两个同步反向转动的转子通过电动机带动旋转时，左边腔室容积变大，在进口处产生吸力，将需输送的流体吸入泵体内。随着转子转动，流体进入右边腔室，转子继续转动，将介质运输至出口部位，转子转动容积逐渐变小，压力变大，将流体输送出去。

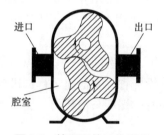

图1-9 转子泵的工作原理

动图1-9 转子泵的工作原理

1.3.7 螺旋泵

螺旋泵是一种低扬程、低转速、大流量、效率稳定的提水设备，被广泛用于农业灌溉、排涝、提升污水及污泥等方面，尤其是提升污水处理厂的污泥。

1. 螺旋泵的结构组成及工作原理

螺旋泵由齿轮减速电极驱动，有上下轴承座、泵轴、螺旋叶片、导槽和挡水板等组成。通常螺旋泵的导槽采用混凝土浇制。螺旋泵的工作原理不同于叶轮式泵和容积式泵，实现流体向上流动，是由于叶轮转动时流体在螺旋方向下端叶片高于上端叶片，流体在重力的作用下从高水平的下端流向低水平的上端，且内外气压相等。螺旋泵在工作时，电动机带动泵轴及叶轮转动，叶轮给流体一种沿轴向的推力作用，使流体源源不断地沿轴向流动。

图1-10为螺旋泵的结构组成和安装方式。泵壳为一圆筒，也可用圆底形斜槽代替泵壳。叶片缠绕在泵轴上，呈螺旋状，叶片断面一般呈矩形。泵轴主体为一圆管，下端有轴承，上端接减速器。减速器用传动轮接电动机，构成泵组。泵组用倾斜的构件承托，如图1-10所示。泵的下端浸没在水中。

2. 螺旋泵的工作特性

螺旋泵的特点是扬程低，转速低，流量范围较大，效率稳定，适用于农业排水、城市排

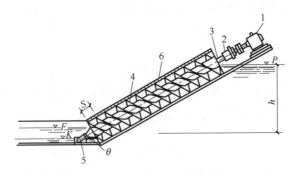

图 1-10　螺旋泵的结构组成和安装方式

1—电动机　2—变速装置　3—泵轴　4—叶片　5—轴承座　6—泵壳

F—最佳进水位　K—最低进水位　P—出水位　h—扬程　θ—倾角　S—螺距

涝，尤其适用于污水厂提升回流活性污泥。

在实际使用中，进水水位的合理选择十分重要。当进水水位变化很大（由进水量变化很大而引起）时，可采用多台不同提升水量和不同提升水头的螺旋泵并列布置的方式以满足实际要求。例如，合流雨水泵站中，晴天和暴雨时可分别运行不同流量和不同提升水头的螺旋泵。一般在低进水位时采用小流量高扬程的螺旋泵，高进水位时采用大流量低扬程的螺旋泵。

3. 螺旋泵的特点及适用范围

与其他类型的水泵相比，螺旋泵具有以下特点：①有堵塞问题；②结构简单，可自行制造；③不需要辅助设备；④不需要正规泵站；⑤基建投资省；⑥低速运行，机械磨损小，维修方便；⑦电能消耗少，在提升高度和提升流量相同时，螺旋泵消耗的电能少于其他类型的泵；⑧运行费用低；⑨占地较大。

螺旋泵最适用于扬程较低（一般 3～6m）、进水水位变化较小的场合，由于它转速小，在提升絮体易碎的回流活性污泥方面，具有独特的优越性。

1.4　工程装置对泵的要求

1）必须满足流量、扬程、压力、温度、汽蚀余量等工艺参数的要求。

2）必须满足介质特性的要求：

① 对输送易燃、易爆、有毒或贵重介质的泵，要求轴封可靠或采用无泄漏泵，如屏蔽泵、磁力驱动泵、隔膜泵等。

② 对输送腐蚀性介质的泵，要求过流部件采用耐腐蚀材料。

③ 对输送含固体颗粒介质的泵，要求过流部件采用耐磨材料，必要时轴封应采用清洁液体冲洗。

3）必须满足现场的安装要求：

① 对安装在有腐蚀性气体存在场合的泵，要求采取防大气腐蚀的措施。

② 对安装在室外环境温度低于-20℃以下的泵，要求考虑泵的冷脆现象，采用耐低温材料。

③ 对安装在爆炸区域的泵，应根据爆炸区域等级，采用防爆电动机。

4）对于要求每年一次大检修的工厂，泵的连续运转周期一般不应小于8000h。为适应3

年一次大检修的要求，有关规范规定石油、重化学和气体工业用泵的连续运转周期至少为 3 年。

5）泵的设计寿命一般至少为 10 年。石油、重化学和气体工业用离心泵的设计寿命至少为 20 年。

6）泵的设计、制造、检验应符合有关标准、规范的规定。

7）泵厂应保证泵在电源电压、频率变化范围内的性能。我国供电电压的变化范围为 380V±10%，$6000V_{-7\%}^{+5\%}$，频率的变化范围为 50Hz±0.5%。

8）确定泵的型号和制造厂时，应综合考虑泵的性能、能耗、可靠性、价格和制造规范等因素。

1.5　泵的类型、系列和型号的选择

1.5.1　选型条件

1. 输送介质的物理化学性能

输送介质的物理化学性能会直接影响泵的性能、材料和结构，是选型时需要考虑的重要因素。介质的物理化学性能包括介质名称、介质特性（如腐蚀性、磨蚀性、毒性等）、固体颗粒含量及颗粒大小、密度、黏度、汽化压力等。必要时还应列出介质中的气体含量，说明介质是否易结晶等。表 1-1 为几种类型泵的输送介质。

表 1-1　泵的输送介质

泵 的 类 型	输 送 介 质
离心泵	黏度小、含少量固体颗粒物和化学性质类似清水的流体
轴流泵	清水和轻度污水的流体
混流泵	清洁和化学中性或侵蚀性的流体
旋涡泵	易挥发和黏度小的流体
往复泵	输送清水、强腐蚀和剧毒的流体
转子泵	黏度大的流体
螺旋泵	清洁、污水和污泥的流体

2. 工艺参数

工艺参数是泵选型的最重要依据，应根据工艺流程和操作变化范围慎重确定。

1）流量（Q）。流量指流体力学中描述单位时间内流经封闭管道或明渠有效截面的流体量，单位为 m^3/s 或 m^3/h。

泵数据表上往往只给出正常和额定流量。选泵时，要求额定流量不小于装置的最大流量，或取正常流量的 1.1~1.15 倍。

2）扬程（H）。扬程指工艺装置所需的扬程值，也称为计算扬程。一般要求泵的额定扬程为装置所需扬程的 1.05~1.1 倍。

3）进口压力（p_s）和出口压力（p_d）。进、出口压力指泵进出接管法兰处的压力，进出口压力的大小影响到壳体的耐压和轴封的要求。

4）温度（T）。温度指泵的进口介质温度，一般应给出工艺过程中泵进口介质的正常、最低和最高温度。

5）装置汽蚀余量 NPSHa。装置汽蚀余量也称为有效汽蚀余量，其计算方法见有关书籍。

6）操作状态。操作状态分连续操作和间歇操作两种。

3. 现场条件

现场条件包括泵的安装位置（室内、室外）、环境温度、相对湿度、大气压力、大气腐蚀状况及危险区域的划分等级等条件。

1.5.2 泵类型的选择

泵的类型应根据装置的工艺参数、输送介质的物理和化学性质、操作周期和泵的结构特性等因素合理选择。

1. 泵的特性及适用范围

各种类型的泵的参数和结构及其适用范围不同，应根据实际情况进行合理选用，表 1-2 为常见泵的特性，图 1-11 表示几种基本类型的泵的适用范围，可供泵类型选用时参考。由图 1-11 可见，一般往复泵适用于小流量、高扬程；而离心泵则适用于大流量、压头不太大的场合。

表 1-2 常见泵的特性

特　性		叶 轮 式 泵				容 积 式 泵	
		离心泵	轴流泵	混流泵	旋涡泵	往复泵	转子泵
流量	均匀性	均匀				不均匀	比较均匀
	稳定性	不恒定，随管路情况变化而变化				恒定	
	范围/（m^3/h）	5~20000	150~245000	10~20000	0.18~45	0~600	1~600
扬程	特点	对一定流量，只能达到一定的扬程				对应一定流量可达到不同的扬程，由管路系统确定	
	范围	10~150m	1~20m	3~30m	100~250m	0.2~100MPa	0.2~60MPa
效率	特点	在设计点最高，偏离越远，效率越低				扬程高时，效率降低较小	扬程高时，效率降低较大
	范围（最高点）	0.5~0.8	0.7~0.9	0.25~0.5	0.36~0.38	0.7~0.85	0.6~0.8
结构特性		结构简单，造价低，体积小，质量轻，安装检修方便				结构复杂，振动大，体积大，造价高	同离心泵

2. 泵类型的选择

图 1-12 为泵类型选择框图，可供选型时参考，根据该框图可以初步确定符合装置参数和介质特性要求的泵类型。离心泵具有结构简单、输液无脉动、流量调节简单等优点，因此除以下情况外，应尽可能选用离心泵。

1）有计量要求时，选用计量泵。

2）当扬程要求很高而流量很小时，如果无合适小流量高扬程离心泵可选用，则可选用往复泵；汽蚀要求不高时，则可选用旋涡泵。

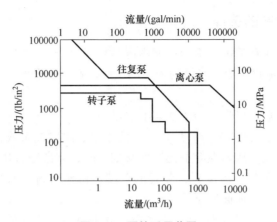

图 1-11　泵的适用范围

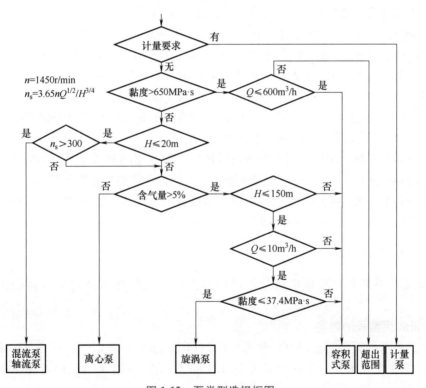

图 1-12　泵类型选择框图

3）扬程很低、流量很大时，可选用轴流泵和混流泵。

4）介质黏度较大（大于 650MPa·s）时，可考虑选用转子泵或往复泵；黏度特别大时，可选用特殊设计的高黏度转子泵和高黏度往复泵。

5）介质含气量大于 5%，流量较小且黏度小于 37.4MPa·s 时，可选用旋涡泵，如允许流量有脉动，可选用往复泵。

6）对启动频繁或灌泵不便的场合，应选用具有自吸性能的泵，如自吸式离心泵、自吸式旋涡泵、容积式泵等。

1.5.3 泵系列和材料的选择

泵的系列是指泵厂生产的同一类结构和用途的泵，如 IS 型清水泵、Y 型油泵、ZA 型化工流程泵、SJA 型化工流程泵等。当泵的类型确定后，就可以根据工艺参数和介质特性来选择泵的系列和材料。

如确定选用离心泵后，可进一步考虑如下项目：

1）根据介质特性决定选用哪种特性泵，如清水泵、耐腐蚀泵或化工流程泵和杂质泵等等。介质为剧毒、贵重或有放射性等不允许泄漏物质时，应考虑选用无泄漏泵（如屏蔽泵、磁力泵）或带有泄漏液收集和泄漏报警装置的双端面机械密封。如介质为液化烃等易挥发液体应选择低汽蚀余量泵，如筒形泵。

2）根据现场安装条件选择卧式泵、立式泵（含液下泵、管道泵）。

3）根据流量大小选用单吸泵、双吸泵或小流量离心泵。

4）根据扬程高低选用单级泵、多级泵或高速离心泵等。

以上各项确定后即可根据各类泵中不同系列泵的特点及生产厂家的条件，选择合适的泵系列及生产厂家。如确定选用单级卧式化工流程泵，可考虑选用沈阳水泵厂的 SJA 型，大连耐酸泵厂的 CZ 型、ZA 型，以及国内通用设计的 IH 型化工流程泵等。

最后根据装置的特点及泵的工艺参数，决定选用哪一类制造、检验标准。如要求较高时，可选 API 610 标准，要求一般时，可选 GB 5656（ISO 5199）或 ANSIB 73.1M 标准。

如确定选用计量泵后，可进一步考虑如下项目：

1）当介质为易燃、易爆、剧毒及贵重液体时，常选用隔膜计量泵。为防止隔膜破裂时介质与液压油混合引起事故，可选用双隔膜计量泵并带隔膜破裂报警装置。

2）流量调节一般为手动，如需自动调节时可选用电动或气动调节方式。泵的材料选用详见有关书籍。

1.5.4 泵型号的确定

泵的类型、系列和材料选定后就可以根据泵厂提供的样本及有关资料确定泵的型号（规格）。

1. 容积式泵型号的确定

1）工艺要求的额定流量（Q）和额定出口压力（p）的确定。Q 一般直接采用最大流量，如缺少最大流量值时，取正常流量的 1.1 ~ 1.15 倍。p 指泵出口处可能出现的最大压力值。

2）查容积式泵样本或技术资料给出的流量 $[Q]$ 和压力 $[p]$。流量 $[Q]$ 指容积式泵输出的最大流量，即可通过旁路调节和改变行程等方法达到工艺要求的流量。压力 $[p]$ 指容积式泵允许的最大出口压力。

3）选型判据。符合以下条件者即初步确定的泵型号：流量 $Q \leqslant [Q]$，且 Q 越接近 $[Q]$ 越合理；压力 $p \leqslant [p]$，且 p 越接近 $[p]$ 越合理。

4）校核泵的汽蚀余量。要求：泵的必需汽蚀余量 NPSHr<装置汽蚀余量 NPSHa。如不合乎此要求，需降低泵的安装高度，以提高 NPSHa 值；或向泵厂提出要求，以降低 NPSHr 值；或同时采用上述两个方法，最终使 NPSHr<NPSHa−安全裕量 S。

当符合以上条件的泵不止一种时，应综合考虑选择效率高、价格低廉和可靠性高的泵。

2. 离心泵型号的确定

1）额定流量和扬程的确定。额定流量一般直接采用最大流量，如缺少最大流量值时，常取正常流量的 1.1～1.15 倍。额定扬程一般取装置所需扬程的 1.05～1.1 倍。对黏度大于 20MPa·s 或含固体颗粒的介质，需换算成输送清水时的额定流量和扬程，再进行以下工作。

2）查系列型谱图。水泵综合性能图（型谱图）是将该型号不同规格的所有泵的性能曲线的最佳经济工作范围（四边形）表示在一张图上，这个四边形是以叶轮未切割及切割的 Q-H 曲线与设计点效率相差不大于 7% 的等效曲线所组成。按额定流量和扬程查出初步选择的泵型号，可能为一种，也可能为两种以上。

3）校核。按性能曲线校核泵的额定工作点是否落在泵的高效工作区内；校核泵的装置汽蚀余量。NPSHa 减去必需汽蚀余量 NPSHr 的余额是否符合要求。当不能满足时，应采取有效措施加以实现。

当符合上述条件者有两种以上规格时，要选择综合指标高者为最终选定的泵型号。具体可比较以下参数：效率（效率高者为优）、重量（重量轻者为优）和价格（价格低者为优）。

1.6　常用泵简介

（1）PW 型污水泵　PW 型污水泵是卧式单级单吸悬臂式离心污水泵，适用于输送 80℃ 以下带有纤维或其他悬浮物的液体，供城市、工矿企业排除污水、粪便之用；不适用于输送酸性、碱性及含有很多盐分的其他能引起金属腐蚀的混合液体。

（2）PWF 型耐腐蚀污水泵　PWF 型耐腐蚀污水泵是卧式单吸悬臂式离心耐腐蚀污水泵，适用于排送有酸性、碱性或其他腐蚀性污水。

（3）WD、WDF、WDL、WG、WGF 型污水泵　它们是离心式污水泵，适用于输送 80℃ 以下的污水、粪便及带有纤维或悬浮物的液体（悬浮物团块尺寸不超出吐出口径的 80%）。

WDF、WGF 型泵的过流零部件均采用不锈钢制成。因此，该泵适用于输送酸性、碱性或其他腐蚀性污水。

（4）SH 型双吸式离心清水泵　SH 型泵具有效率高（$\eta = 80\% \sim 88\%$）、拆装方便等优点，但不耐腐，一般大水量污水泵产品规格不能满足要求时，可以选用。

（5）PN、PNL 型泥浆泵　PN、PNL 型泥浆泵具有结构简单、工作可靠、寿命长的特点。

选泵时，应考虑以下几个因素：

1）水泵机组工作泵的总抽升能力，应按进水管的最大时污水流量设计，并应满足最大充满度时的流量要求。

2）尽量选用类型相同和口径相同水泵，以便于检修，也应满足低流量时的需要。

3）由于生活污水对水泵有腐蚀作用，故污水泵站尽量采用污水泵，污水泵一般可使用 4000h 检修一次，清水泵用于抽送污水时则仅为 2500h 检修一次。在大的污水泵站中，无大型污水泵时，才可选用清水泵。

习　题

1-1　知识考查

1. 简述离心泵的工作原理。

2. 离心泵有哪些主要零部件？这些零部件各有何作用？

3. 简述离心泵的分类以及各自的应用场景。

1-2　知识拓展

1. 查阅相关资料，请简述未来离心泵的发展方向。

2. 请结合相关资料，阐述我国在离心机领域发展所做出的贡献。

第 2 章

流体输送机械与设备——风机

风机是我国对气体压缩和气体输送机械的习惯简称。气体压缩和气体输送机械是把旋转的机械能转换为气体压缩能和动能，并将气体输送出去的机械。风机是依靠输入的机械能，提高气体压力并排送气体的机械，是一种从动的流体机械。通常所说的风机包括通风机和鼓风机。一般来说，所有的风机都可称为通风机，当风机负压工作时，又称为引风机，风机正压工作时，则称为鼓风机。一般情况下，由于引风机负压工作，便被置于风口末端，用于排气处理；鼓风机正压工作，则放置在风口前方。此外，通风机有时也用引风机来表示，从而与鼓风机进行区分。

风机主要应用于冶金、石化、电力、城市轨道交通、纺织、船舶等国民经济领域及各种场所的通风换气、排尘和冷却，甚至用于谷物的烘干和选送，以及风动风源和气垫船的充气和推进。

2.1 风机的基本特性

1. 风机的分类

风机按照工作原理进行分类，主要分为离心式风机、轴流式风机和回转式风机。离心式风机是根据离心作用的原理制成，气流轴向进入风机的叶轮后主要沿径向流动。轴流式风机是气流轴向进入风机的叶轮，近似地在圆柱形表面上沿轴线方向流动。回转式风机则是利用转子旋转改变气室容积来进行工作。

风机的使用用途有很多种，按不同的用途可将风机分为煤粉通风机、锅炉引风机、一般通风换气通风机等。

风机按材质分类，可分为不锈钢、玻璃钢、普通碳素钢等材质制成的风机。

2. 风机的性能参数

风机的主要工作性能参数有 5 个，分别为风量、风压、转速、效率和功率。

（1）风量（Q）　风量 Q 是风速 v 与风道截面面积 F 的乘积，单位是 m^3/min。

（2）风压（p）　风压是单位体积的气体通过风机后获得的能量，是单位体积气体在风机出口处与入口处之间的能量差，单位为 Pa。

根据气体在风机内经过风机作用后压力升高值的不同以及获得能量的多少，可将风压分为静压、动压和全压。

1）静压是气流对平行于流场的物体表面产生的作用力，是单位体积气体具有的势能。

2）动压是气体在风道内流动时产生的压力。

3）全压反映风机的做功能力，是出口截面上静压与动压的总和。

（3）转速（n）　转速指叶轮（机轴）每分钟的转数，一般 $n=1000\sim3000\mathrm{r/min}$。

（4）效率（η）和功率（P）　效率是有效功率（P_e）与轴功率（P）的比值，风机全压效率可达90%。功率指风机的输入功率，即轴功率。

风机输出风压为 p，输出风量为 Q，得到实际输出的有效功率 $P_\mathrm{e}=Qp$。

通风机轴功率 P 要大于有效功率 P_e。这是由于在风机内部有机械损失（轴承摩擦）、容积损失（缝隙和不紧密的地方漏气）和水力损失（气流在风机内部通过叶片间流道、机壳等的阻力损失）。

$$P=P_\mathrm{e}/\eta=Qp/\eta \tag{2-1}$$

一般前向叶轮 $\eta=0.7$，后向叶轮 $\eta=0.9$ 以上。

风机的轴功率 P 要从电动机取得。所以电动机的功率 P_m 要大于 P。这其中存在传动损失。

$$P_\mathrm{m}=P/\eta_\mathrm{m} \tag{2-2}$$

η_m 是传动效率，直联传动 $\eta_\mathrm{m}=1$，联轴器传动 $\eta_\mathrm{m}=0.98$，V带传动 $\eta_\mathrm{m}=0.95$，齿轮传动 $\eta_\mathrm{m}=0.95\sim0.98$。

为了使电动机能安全运转，防止意外的过载而烧毁，给风机配电动机时要加一点储备余量，配套的功率是 P_T，即

$$P_\mathrm{T}=KP_\mathrm{m}=KP/\eta_\mathrm{m} \tag{2-3}$$

式中，K 是电动机容量储备系数，见表2-1。

表 2-1　电动机容量储备系数

P_m/kW	<0.5	0.5~1	1~2	2~5	>5
K	1.5	1.4	1.3	1.2	1.15

3. 风机的性能曲线

（1）离心式风机的性能曲线　风机在额定转速 n 下的风量 Q 与压力 p（或静压 p_j）、风量 Q 与轴功率 P、风量 Q 与效率 η（或静压效率 η_s）之间的关系曲线，叫作风机的性能曲线。图2-1为离心式风机的性能曲线。

$Q\text{-}p(p_\mathrm{i})$ 称为全压性能曲线，$Q\text{-}P$ 称为轴功率性能曲线，$Q\text{-}\eta$ 称为效率曲线，这3根曲线都是在额定转速 n 下通过实验得到的。需要注意的是，风机各参数的数值都是相对标准状况而言的，即大气压力 $p_\mathrm{a}=101325\mathrm{Pa}$，大气温度20℃，大气密度 $1.205\mathrm{kg/m^3}$，大气相对湿度50%。

$Q\text{-}p(p_\mathrm{i})$ 曲线，风量 Q 自零开始增加，风压 p 先上升，后下降。风压最大值不在 $Q=0$ 的工况点。

$Q\text{-}P$ 曲线，在风量 $Q=0$ 时，功率 P 最小，此时轴功率主要消耗在机械损失、圆盘损失方面，所以风机是在闭阀下起动的，这时电动机负荷最小。

$Q\text{-}\eta$ 曲线，效率 η 有最高值，η_max 处称为风机的最佳工况点，风机在 η_max 下运转最经济。一般 η_max 降低8%是可选

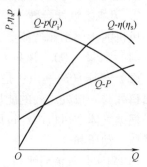

图 2-1　离心式风机的性能曲线

范围。

风机铭牌上标定的风量 Q、风压 $p(p_i)$ 等都是在最大效率情况下的数值。

（2）轴流式风机的性能曲线　轴流式风机依据机翼型叶片的升力原理实现气流推送，而离心式风机依据离心原理构造，二者有所不同。因此，轴流式风机在没有离心作用力的情况下，产生的风压较小，风量较大，较适用于低压操作。因此，轴流式风机的性能曲线与离心式风机的性能曲线略有不同，如图 2-2 所示。

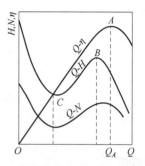

图 2-2　轴流式风机的性能曲线

$Q\text{-}H$ 为全压性能曲线，$Q\text{-}N$ 为功率性能曲线，$Q\text{-}\eta$ 为效率曲线。

$Q\text{-}H$ 曲线：在风量 $Q=0$ 时，全压最高，为最佳工况点的 1.5～2 倍。

$Q\text{-}N$ 曲线：风量 Q 自零开始增加，功率 N 先减小，后增大至最大值又再次减小。

$Q\text{-}\eta$ 曲线：存在最高值，$\eta_{\max}$ 处称为风机的最佳工况点。

4. 风机的工况点

风机的工况点是由风机的静压特性曲线与管网特性曲线的交点 M 决定的。

静压特性曲线与管网特性曲线均以风压为纵坐标，风量为横坐标进行曲线绘制，如图 2-3 所示。

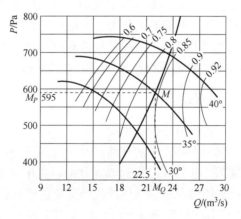

图 2-3　风机的工况点

5. 风机的串联使用

对于风机的串联运行，在实际应用中受使用条件的限制，因此不能或不易达到共吸或者共排气的工作状况，一般选用前一台风机的出口向另一台风机的入口输送风流的工作方式来研究风机单机使用及串联使用时的流量效率曲线，在这一工况下，同一时间内流过两台串联风机的流量相等。图 2-4 为两台离心式风机通过方形管道相连形成的串联工作系统。

前级风机为排气风机，后级风机为吸气风机。管道中间设有可变换的阻力层，在阻力层的两侧分别设置测点 1 和测点 2，在测点位置接入毕托管和测压器进行压力测量，在动力机构处安装转矩转速仪进行功率测量。无论是风机吸气运行还是排气运行，风机串联使用时的增压效果都明显优于单机使用时的增压效果，能够提高工艺运行时的全压值。

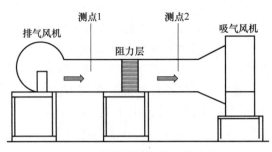

图 2-4　离心式风机串联工作试验台

2.2　离心式风机

离心式风机是催化剂企业常用的重要设备，在生产中有着重要作用，主要用于焙烧炉的燃气助燃及系统通风和除尘。离心式风机按其用途分类，可分为锅炉送风、引风机、矿井通风机、耐磨风机、高温风机、空调风机等。依据风机风压的不同，又有高压、中压和低压之分。

离心式通风机广泛应用于国民经济各个部门。离心式通风机需做到运转安全可靠、节能、低噪声、调节性能好的工艺要求。一般用于小流量、高压力的场所。离心式鼓风机则广泛应用于冶炼锅炉、火力发电、造纸印染、污水处理、化工造气等行业与部门，用于输送空气或其他无毒、无腐蚀性的气体，并朝着高压力、节能化、大流量的方向发展。由于鼓风机的运行受限于驱动机，因此出现了低速多级类鼓风机和高速单级类鼓风机。根据国家相关标准的定义，升压为 30~200kPa 的离心式风机属于离心式鼓风机。

2.2.1　离心式风机的工作原理

离心式风机借助离心力，将风道中的流体动能转为势能。在动力机带动离心式风机运转时，气体轴向进入叶轮中，充满在叶轮中的气体经叶轮的高速旋转，在离心力的作用下被甩向叶轮外侧，以较高的速度离开叶轮并汇集到蜗壳状的机壳中（也称为蜗壳），由于机壳中的断面逐渐扩大，在风量一定的情况下，气体的流动速度逐渐降低，将一部分的动能转变为势能（静压），并以一定的压力从机壳的排气口排出。当室内管道与排风口相接时，风机则实现送气功能，将气体送至室内；若与吸入口相接，则实现风机的抽气功能，将气体排至室外。

在高速旋转的过程中，由于气体不断被甩向叶轮外侧，叶轮中心区域产生真空，形成一定的压力差，外界气体在压力差的作用下从进风口流入叶轮中，从排气口流出。由于风机的连续工作，气体不断被吸入和压出，从而输出具有一定压力的、连续的气流，实现源源不断地送风。

2.2.2　离心式风机的基本结构

离心式风机的基本结构由集流器、叶轮、机壳等部件组成。离心式风机的机壳多为蜗壳式，先将经过叶轮高速旋转后的增压气体收集起来，再通过排气口进行连续不断地送风送气。图 2-5 为一台单级离心鼓风机剖面图。

1. 集流器（吸气口）

离心式风机一般均装有进口集流器，它的作用是保证气流均匀地充满叶轮进口，减小流动损失和降低进口涡流噪声，使气体流动阻力最小。风机集流器的形式如图 2-6 所示。

集流器的好坏，主要看气流充满叶轮进口处的均匀程度，其形状设计应尽可能符合叶轮进口附近气流的流动状况，避免产生涡流而引起流动损失和涡流噪声。从流动方面比较，可以认为锥形比筒形好，弧形比锥形好，组合型比非组合型好。采用锥弧形集流器的涡流区最小。其制造工艺，圆筒形最简单，而锥弧形较复杂。目前在大型离心式通风机上多采用圆弧形或锥弧形集流器，中小型离心式通风机多采用圆弧形集流器，以提高风机效率和降低噪声。进风口（吸入口）引导气体流入叶轮，把动力机的机械能传递给气体，使气体获得压力能和动能。目前，催化剂厂通常采用的集流器结构为圆弧形。

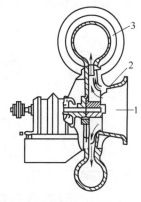

图 2-5　单级离心鼓风机剖面图
1—吸气口　2—叶轮　3—涡形壳

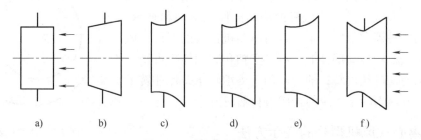

图 2-6　不同形式的集流器

a）圆筒形　b）圆锥形　c）圆弧形　d）锥筒形　e）弧筒形　f）锥弧形

2. 叶轮

叶轮是离心式风机的心脏部分，通过它直接将机械能传递给气体，一般采用焊接和铆接的方式进行叶轮加工。

此外，叶轮叶片是叶轮的重要组成部分。一般来说，风机上的叶轮叶片数目较多且长度较短，低压风机叶片是平直的，与轴心成辐射状安装；中、高压风机的叶片是弯曲的。图 2-7 为几种离心式风机的叶片形状。图 2-7a 为径向叶片，其构造简单，但气流冲击能量损失和噪声较大，效率也较低；图 2-7b 为径向弯曲叶片，其气流冲击能量损失小，但制造较困难。这两种叶片适用于低压或中压式风机。图 2-7c 为后弯直线型叶片，图 2-7d 为后弯型叶片，这两种叶片的特点是气体的涡流和摩擦能量损失小，噪声也较小，但叶片直径较大，适用于中压、高压式风机。图 2-7e 为前弯型叶片，它较后弯型叶片产生的风量大、风压高。所以在输出风量和风压相同的情下，前弯型叶片的风机在相同转速下具有较小的直径，但它的效率低，多用于移动式风机。图 2-7f 为多片式叶片，其特点是流量大、风压低。

3. 机壳（蜗壳）

机壳也称为蜗壳，它是包围在叶轮外面的外壳，如图 2-8 所示。机壳断面沿叶轮旋转方向逐渐扩大，在出口处断面达到最大，从而减少气流在机壳内的流动损失，气流出口处多采用矩形截面。蜗壳的作用是将叶轮中流出口的气体汇聚起来，导至风机的排出口，并将气体的部分动能扩压转变为静压，它与叶轮的匹配好坏对风机气动性、降噪性有很大影响。

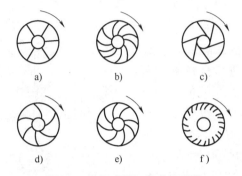

图 2-7　离心式风机的叶片形状

a）径向叶片　b）径向弯曲叶片　c）后弯直线型叶片

d）后弯型叶片　e）前弯型叶片　f）多片式叶片

动图 2-7　离心式风机的工作原理

4. 支架与传动部件

离心式风机的支架是风机的支承部件，一般用铸铁铸成或用型钢焊接而成。离心式风机的传动部件包括轴和轴承，有的还包括联轴器和带轮，是风机与电动机连接的部件。风机主轴装于风机的传动部件上，风机主轴和联轴器都可用于传递转矩从而使叶轮旋转；轴承则用于支承转子，保证转子平稳旋转，并调节转子产生的径向力和轴向力。

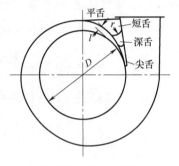

图 2-8　蜗壳的结构

2.2.3　离心式风机型号的表示方法

1. 离心式通风机系列产品的型号

1）离心式通风机系列产品的型号用形式表示，单台产品型号用形式和品种表示。型号组成的顺序关系见表 2-2。风机产品用途代号按表 2-3 规定。

表 2-2　离心式通风机型号组成的顺序关系

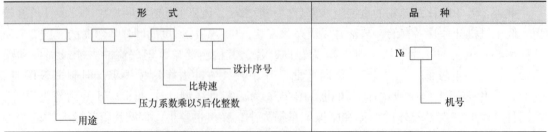

注：1. 风机产品用途代号按表 2-3 规定。

2. 压力系数的 5 倍化整后采用一位整数。个别前向叶轮的压力系数的 5 倍化整后大于 10 时，也可用两位整数表示。

3. 比转速采用两位整数。若用二叶轮并联结构，或单叶轮双吸入结构，则用 2 乘以比转速表示。

4. 若产品的形式中产生有重复代号或派生型时，则在比转速后加注序号，采用罗马数字体 I、II 等表示。

5. 设计序号用阿拉伯数字"1""2"等表示，供对该型产品有重大修改时用。若性能参数、外形尺寸、地基尺寸、易损件没有更动时，不应使用设计序号。

6. 机号用叶轮直径的分米（dm）数表示。

表 2-3　风机产品用途代号

代　号	汉语拼音	汉　字	用　　途	备　　注
T	通 TONG	通用	一般通用	一般省略
G	锅 GUO	锅通	锅炉通风	
Y	引 YIN	锅引	锅炉引风	
K	矿 KUANG	矿井	矿井通风	
B	爆 BAO	防爆	防爆炸	
F	腐 FU	防腐	防腐蚀	
W	温 WEN	耐温	耐高温	
M	煤 MEI	煤粉	输送煤粉	

2）离心式通风机的名称型号表示举例见表 2-4。

表 2-4　离心式通风机的名称型号表示举例

序号	名　　称	型号 形式	型号 品种	说　　明
1	（通用）离心式通风机	4-72	No20	一般通风换气用，压力系数乘以 5 后的化整数为 4，机号为 20 即叶轮直径 2000mm
2	（通用）离心式通风机	4-2×72	No20	表示叶轮是双吸入形式，其他参数同第 1 条
3	（通用）离心式通风机	K4-2×72	No20	矿井主扇通风用叶轮毂比，其他参数同第 2 条
4	（通用）离心式通风机	B4-72	No20	防爆通风换气用其他参数同第 1 条
5	（通用）离心式通风机	4-72I	No20	与 4-72 型相同的另一（系列）产品，其他参数同第 1 条
6	（通用）离心式通风机	4-72-1	No20	某厂对原 4-72 型产品有重大修改，为便于区别加用 "-1" 设计序号表示，其他参数同第 1 条

2. 离心式鼓风机系列产品的型号

离心式鼓风机名称型号表示方法有新旧两种，各有不同，风机产品样本中均有介绍，这里介绍新的名称型号表示方法。

1）名称。离心式鼓风机产品名称组成如下：

2）型号。离心式鼓风机产品型号说明见表 2-5。

3）离心式鼓风机的名称型号及结构形式代号。离心式鼓风机的名称型号及结构形式代号见表 2-6 及表 2-7。

表 2-5 离心式鼓风机产品型号说明

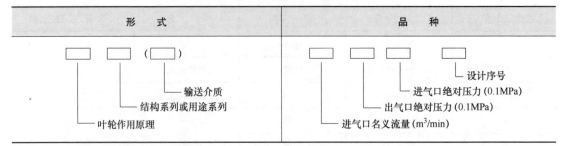

注：1. 叶轮作用原理，离心式不表示。
2. 结构系列按表 2-6。用途代号按离心式通风机表 2-3 规定。
3. 输送介质为空气时代号不表示，其他介质用汉语拼音字头表示。如氨（A）、丙烯（B）、氟利昂（F）、氢（Q）、氧（Y）、混合气（H）等，重复时用两位字头表示。
4. 进气口名义流量按系列化统一规定。
5. 进气口绝对压力差为 0.1MPa，则未表示。
6. 设计序号用阿拉伯数字"1""2"等表示，该型号产品有重大修改时则用之。若性能参数、外形尺寸、地基尺寸、易损件没有更改时，则不用此序号。
7. 多缸机组的型号，为了便于区分，给出了缸的型号。
8. 产品名称首先按结构形式（系列）代号命名。

表 2-6 离心式鼓风机的结构形式（系列）代号

形式（系列）	结构特征	示意图
A	单级低速离心式鼓风机 主轴转速≤3000r/min 升压≤30kPa	悬臂AⅠ　　双支承AⅡ
B	单级高速离心式鼓风机 主轴转速>3000r/min 升压≤50kPa	悬臂AⅠ　　双支承AⅡ
C	多级低速离心式鼓风机 主轴转速≤3000r/min 升压<110kPa	
D	多级高速离心式鼓风机 DL 为双 H 型 主轴转速>3000r/min 升压<0.35MPa（绝）	
E	多级高速离心鼓风机 主轴转速>3000r/min 出口压力>0.35MPa（绝）	

表 2-7　离心式鼓风机的名称型号表示举例

序号	名　称	型　号		说　明
		形式	品　种	
1	离心式鼓风机	A I	300-1.09	表示单级叶轮，转速 3000r/min，悬臂支撑，流量 300m³/min，出口压力 0.109MPa（绝），进口压力 0.1MPa（绝）
2	离心式鼓风机	A II	450-1.065/0.985	表示单级叶轮，转速 3000r/min，双支承，流量 450m³/min，出口压力 0.1065MPa（绝），进口压力 0.0985MPa（绝）
3	离心式鼓风机	B I	50-2.42/2.1	表示单级叶轮，转速大于 3000r/min，流量 500m³/min，出口压力 0.242MPa（绝），进口压力 0.21MPa（绝）
4	离心式鼓风机	D	300-3	表示多级叶轮，转速 3000r/min，流量 300m³/min，出口压力 0.3MPa（绝），进口压力 0.1MPa（绝）
5	烧结鼓风机	SJ	1600-1.0/0.915	表示用在烧结机上，流量 1600m³/min，出口压力 0.1MPa（绝），进口压力 0.0915MPa（绝）

4）离心式鼓风机的规格内容组成顺序。

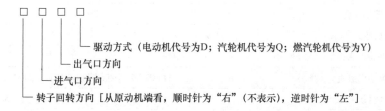

驱动方式（电动机代号为D；汽轮机代号为Q；燃汽轮机代号为Y）
出气口方向
进气口方向
转子回转方向［从原动机端看，顺时针为"右"（不表示），逆时针为"左"］

5）离心式鼓风机型号举例。

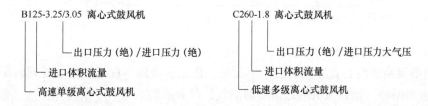

B125-3.25/3.05 离心式鼓风机
出口压力（绝）/进口压力（绝）
进口体积流量
高速单级离心式鼓风机

C260-1.8 离心式鼓风机
出口压力（绝）/进口压力大气压
进口体积流量
低速多级离心式鼓风机

2.2.4　常用离心式风机简介

1. DG 超小型离心式鼓风机

DG 超小型离心式鼓风机是沈阳鼓风机厂与日本川崎重工株式会社联合开发的节能型污水处理风机，可用于污水处理等领域。与罗茨鼓风机相比可提高效率 15% 以上。包括电动机在内噪声为 85dB（A）左右，且价格低。其最大的优点是输送的气体不受油污染。

1）结构及特点。DG 超小型离心式鼓风机外壳为垂直组立式结构，其风机外壳、齿轮外壳与油箱三者合为一体，结构简单，安装方便。冷却系统为空冷或油冷却器，不需要冷却水。由于采用了耐蚀性良好的不锈钢叶轮、可倾瓦块式轴承和高精度齿轮，因而具有高度的可靠性和较长的使用寿命。

2）性能。DG 超小型离心式鼓风机性能曲线如图 2-9 所示；其性能见表 2-8。

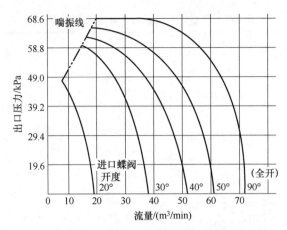

图 2-9　DG 超小型离心式鼓风机性能曲线

（50m³/min×63.8kPa 工况下）

表 2-8　DG 超小型离心式鼓风机性能

流量/（m³/min）	35		50	
压缩介质	空气			
出口压力/kPa	53.9	63.8	53.9	63.8
轴功率/kW	41	46	55	62
电动机形式	TEFC（全封闭式风扇冷却）（室内）			
电动机功率/kW	55		75	
电动机电压	200/220V 或 400/400V			
质量/t	约 1（包括电动机）			
生产厂	沈阳鼓风机厂			

2. GM 型单级高速离心式鼓风机

GM 型单级高速离心式鼓风机适用于石油、化工、冶炼、食品、污水处理、医药等部门的气体输送和循环。该鼓风机输送洁净的空气，没有油的污染。

1）结构及特点。GM 型齿轮增速组装式离心式鼓风机是日本崎重工业株式会社开发的单级高速离心式鼓风机，是高效节能型曝气鼓风机。它采用三元半开式混流型叶轮，比普通离心叶轮外径小 30%~40%，一般鼠笼式电动机即可满足要求。风量可通过进口导叶或蝶阀调节，机组效率曲线平缓，即使在非设计工况下运转也能取得良好的节能效果。

2）型号意义说明。

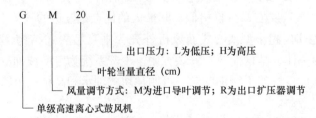

2.3 轴流式风机

轴流式泵与风机都是依靠叶轮旋转时叶片产生的升力来输送流体，并把机械能转化为流体能量的机械。由于流体进入和离开叶轮时都是轴向的，故称为轴流式。轴流式风机属于比转速高、流量大、扬程（风压）低的流体机械。轴流式风机广泛应用于矿业、冶金行业和园林行业等领域，在国民经济及工业发展过程中占有重要地位。由于轴流式风机的风量（流量）大，常用于车间和厂房的排风换气，大型轴流式风机则大多用于冷却塔和工业凉水塔。为轴流式风机采取相应的防腐防爆措施，并匹配相应的防爆电动机，便可以实现对易爆、易挥发、具有腐蚀性气体的输送。

2.3.1 轴流式风机的结构及其工作原理

在风机运行时，叶轮叶片是机翼型构造。在气流作用下，迎风面静压增大，与背压面形成压力差产生升力，随后气流沿着叶片及导叶间的流道从高压区流向低压区，并从出口流出。由于电动机的不断工作，气流不断地从叶轮进口流入，从叶轮出口流出进入输送管路中，从而实现气流的连续输送。图 2-10 为轴流式风机的一般结构，它主要由进口集流器、叶轮、导叶和扩压筒组成，还包括流线罩和芯筒。其中进口集流器和扩压筒组成了轴流式风机的外壳。

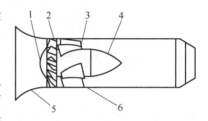

图 2-10　轴流式风机的一般结构
1—流线罩　2—叶轮　3—导叶
4—芯筒　5—进口集流器　6—扩压筒

（1）进口集流器与流线罩　轴流式风机的进口集流器与流线罩均位于进风口的位置，共同构成一个逐渐收缩的光滑风道，保证从进风口流入的气体能够均匀地流向叶轮，减小气体的能量损失。

（2）叶轮　当风机运转时，电动机带动叶轮旋转对气体做功，在叶轮的作用下，轴向进入的气体以旋转的形式在管路中仍沿轴向流动，便产生了周向速度（旋转速度）和轴向速度。叶轮主要由轮毂和叶片组成，如图 2-11 所示。叶轮叶片一般有板型和机翼型两种，通常设计为机翼型叶片用于提高风机的工作效率，中小型轴流式风机则大多数为板型叶片。当叶轮上叶片数目过多时，风机产生的噪声会增大，流动损失也会增加；当叶轮上叶片数目较少时，叶轮则不足以达到气流驱动目标，引起风压下降。

图 2-11　轴流式风机叶轮

（3）导叶　轴流式风机有前、后两种导叶。导叶的装配位置不同，所发挥的具体作用也不相同。轴流式风机的前导叶即进口导流器，又称为前导器，常被制成机翼型或圆弧板型。气体在前导叶的作用下，气流加速，气压下降。轴流式风机的后导叶为出口导流器，常采用机翼型或等厚度的圆弧板型，能够将旋转气的流动能转变为静压能，从而减小气流的能量损失。

（4）扩压筒与芯筒　扩压筒可设计为收缩形、圆筒形和扩张形，芯筒一般设计成锥形筒，扩压筒和芯筒均起到扩压的作用。气流流出叶轮时的轴向动能较大，扩压筒和芯筒能进一步将气流的动能变为静压能，进一步提高风机的效率，降低流动损失。

2.3.2　轴流式风机的基本形式

根据组成不同，轴流式风机一般有四种形式，如图 2-12 所示。

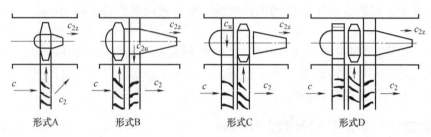

图 2-12　轴流式风机的主要形式

（1）形式 A　壳体中只装有一个叶轮，其进出口都没有导叶，在这种情况下叶轮出口处的气体是向旋转方向扭曲的，这时叶轮出口动能（动压能）由两部分组成，即

$$\frac{1}{2}\rho c_2^2 = \frac{1}{2}\rho c_{2u}^2 + \frac{1}{2}\rho c_{2z}^2 \tag{2-4}$$

式中，ρ 是流体密度（kg/m³）；c_2 是出口流速（m/s）；c_{2u} 是出口周向流速（m/s）；c_{2z} 是出口轴向流速（m/s）；c 是进口流速（m/s）。

由于流体黏性的影响，流体与管壁之间有摩擦，使流体在离开叶轮一段距离后仅呈轴向运动，即流体动能由叶轮出口处的 $1/2\rho c_2^2$ 变成管路中的 $1/2\rho c_{2z}^2$。试验指出，周向的旋转动能 $1/2\rho c_{2u}^2$ 的下降并未使静压增加，相反却减小了出口风压，即造成了附加的出口动压损失。根据能量方程，风压越高，c_{2u} 越大，出口动压损失越大。因此，形式 A 只适用于低压轴流式风机。

（2）形式 B　在壳体中装有一个叶轮和一组固定出口导叶。出口导叶把动能 $1/2\rho c_{2u}^2$ 转化为静压，而使流体流出导叶时呈轴向运动，减小了出口动压损失。因此，其效率比形式 A 要高。是中、高压轴流式风机常用的结构形式。

（3）形式 C　在壳体中装有一个叶轮和一组进口导叶。流体在进口导叶中的流动使叶轮进口处具有负预旋，即 $c_u < 0$（进口周向速度）。同时，在设计工况下，流出叶轮的速度是轴向的，即 $c_{2u} = 0$。由于叶轮进口处具有负预旋（气流周向分速度与叶轮的转动方向相反），使叶轮进口处（包括叶轮内）的相对速度较大，因此叶轮内的水力损失大，在设计工况时水力效率比形式 B 要低，但这种形式也有以下优点：

1）在转速和叶轮尺寸相同时，因进口导叶在叶轮进口处形成反预旋，使之能产生较高的风压。或在风压相同的条件下，可得较小的叶轮直径。

2）工况变化时，冲角（叶片与流动气流的夹角）变化较小，因而效率变化也较小。

3）当进口导叶做成可调式时，可随工况的改变而转动导叶角度，使在工况变化时也能保持较高的效率。

目前，一些中小型风机常采用这种形式。

（4）形式 D　在壳体中装有一个叶轮、一组进口导叶和一组出口导叶。进口导叶设计成可调形式，在设计工况时进口导叶的出口速度是沿轴向的；当流量变化时，进口导叶可相应地转动角度以与流量相适应。这样，可在较大的流量变化范围内保持较高的效率。这种形式适用于流量变化较大的场合。但由于结构比较复杂，制造、操作和维护比较困难。

2.3.3   轴流式风机型号的表示方法

轴流式风机有轴流式通风机、轴流式鼓风机和轴流式压缩机三类。以下为轴流式通风机的型号介绍。

1）轴流式通风机系列产品的型号用形式表示，单台产品型号用形式和品种表示。型号组成的顺序关系见表 2-9。

表 2-9   轴流式通风机的型号组成

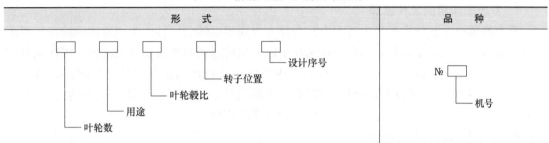

注：1. 叶轮数代号，单叶轮可不表示，双叶轮用"2"表示。
　　2. 用途代号按表 2-3 规定。
　　3. 叶轮毂比为叶轮底径与外径之比，取两位整数。
　　4. 转子位置代号卧式用"A"表示，立式用"B"表示。产品无转子位置变化可不表示。
　　5. 若产品的形式中产生有重复代号或派生型时，则在比转速后加注序号，采用罗马数字Ⅰ、Ⅱ等表示。
　　6. 设计序号表示方法与离心式通风机型号编制规则相同。

2）轴流式通风机的名称型号表示举例见表 2-10。

表 2-10   轴流式通风机的名称型号表示举例

序号	名　称	型　号 形式	型　号 品种	说　明
1	矿井轴流式引风机	K70	№18	矿井主扇引风用叶轮毂比为 0.7，机号为 18 即叶轮直径 1800mm
2	矿井轴流式引风机	2K70	№18	两个叶轮结构，其他参数同第 1 条
3	矿井轴流式引风机	2K70Ⅰ	№18	该形式产品的派生型（如有反风装置）用Ⅰ代号区分。其他参数同第 2 条
4	矿井轴流式引风机	2K70-1	№18	对原 2K70 型产品有重大修改，为便于区别加用"-1"设计序号表示，其他参数同第 1 条
5	（通用）轴流式引风机	T30	№8	一般通风换气用，叶轮毂比为 0.3，机号为 8 即叶轮直径 800mm
6	（通用）轴流式引风机	T30B	№8	该形式产品为立式结构，其他参数同第 5 条
7	冷却轴流式引风机	L30B	№80	工业用水冷却用，叶轮毂比为 0.3，机号为 80 即叶轮直径 8000mm。转子为立式结构
8	化工气体排送轴流式通风机	HQ30	№8	该产品用于化工气体排送，其余参数同第 5 条

2.4 回转式风机——罗茨鼓风机

最常用的回转式风机为罗茨鼓风机，其最大特点：当压力在允许范围内加以调节时，流量变化甚微；压力的选择范围也很宽，具有强制输气的特征，用于输送清洁气体，二氧化硫或其他惰性气体，属于高压工况下的首选产品；结构简单，维修方便，使用寿命长，整机振动小。风机体积小、风量大，运转相对稳定，常用于水处理鼓风曝气、印刷行业的真空送纸、铸造等国民经济行业。

2.4.1 罗茨鼓风机的工作原理与主要结构

1. 罗茨鼓风机的工作原理

罗茨鼓风机主要依靠风机内部两个互为反方向同步运转的回转体实现流体的输送。罗茨鼓风机通过风机内同步齿轮的作用，使两转子以相同转速相对地呈反方向旋转。气体从进气口流入风机气腔中，借助于叶轮的旋转，无内压缩地将机体内进气口处的气体推送至排气口，当气体与排气口相通的瞬间会产生较高压力的气体回流，从而导致气腔中的压力增大，将排气口处气体推送至排气管道中，从而起到送风的作用。

2. 罗茨鼓风机的主要结构

罗茨鼓风机主要由机壳、叶轮（转子）、机体内的工作间隙和进出口消声器组成。

1）机壳。机壳用来固定墙板、叶轮和进出口消声器；墙板则用来连接机壳和叶轮，支承叶轮的旋转，并起到断面密封的作用。

2）叶轮（转子）。叶轮是罗茨鼓风机的旋转部分，市场上存在两叶式和三叶式的叶轮，如图2-13所示。三叶式叶轮的气动性更好，运转更加平稳，产生噪声更小。此外，三叶式叶轮旋转一周的输气量小于两叶式叶轮，可通过增加叶轮直径或长度提升输气量。

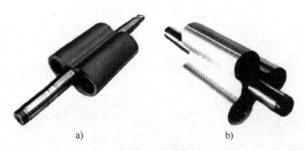

图2-13　罗茨鼓风机的叶轮（转子）

a）两叶转子　b）三叶转子

3）机体内的工作间隙。由于叶轮与叶轮及叶轮与机体之间皆具有适当的工作间隙，即使机体间的进气腔与排气腔呈现相互隔绝的状态，也存在气体泄漏的问题。图2-14为三叶罗茨鼓风机的基本结构，图中所标示的字母指向罗茨鼓风机的内部间隙：A、B是转子与机壳之间的间隙，C是转子之间的间隙，D、E是侧间隙，F则是齿轮齿面的啮合间隙。

4）进出口消声器。减小风机进出口处由于气流脉动产生的噪声。

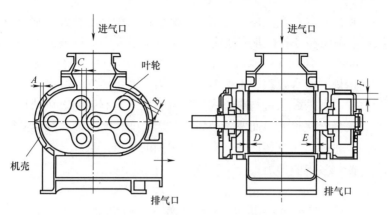

图 2-14　三叶罗茨鼓风机的基本结构

2.4.2　罗茨鼓风机的工作过程

从强度角度考虑，卧式结构的罗茨鼓风机进气口方向以上进下排为好，罗茨鼓风机的工作过程如图 2-15 所示。

图 2-15a 中，机体内的容积被叶轮分隔成三个区域，其中（Ⅰ）与进气口相通，气体压力为进口压力。（Ⅰ′）在尚未形成此位置以前，与进气口相通，现尚未与排气口相通，故其气体仍处于进口压力；（Ⅱ）与排气口相通，故其气体处于排气口压力。图 2-15b 中，机体内的容积被叶轮分隔成两个区域，其中（Ⅰ）与进气口相通，其气体处于进气口压力；（Ⅱ）与排气口相通，其气体处于排气口压力。图 2-15c 中，机体内的容积被叶轮分隔成三个区域（Ⅰ）（Ⅰ′）（Ⅱ），与图 2-15a 情况相同，仅是由于叶轮旋转 90°后，左、右位置互换。上述情况是叶轮旋转 90°的工作过程，如此循环工作，是罗茨鼓风机的工作过程。

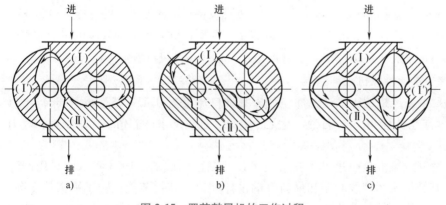

图 2-15　罗茨鼓风机的工作过程

动图 2-15　罗茨鼓风机的工作过程

a）、c）机体内的容积被叶轮分隔成三个区域　b）机体内的容积被叶轮分隔成两个区域

2.4.3　常用罗茨鼓风机简介

1. L 系列罗茨鼓风机

L13LD、L14LD、L21WD、L22WD、L105WDA 等系列罗茨鼓风机（以下简称 L 系列罗茨鼓风机）是全国联合设计的系列罗茨鼓风机，产品零部件通用性强、标准化程度高、结

构合理、效率高、使用稳妥可靠。用户选型、安装维修、配件更换都非常方便。我国生产的L系列罗茨鼓风机在国民经济各行业广泛应用且受到国家推广，机型由L1~L10各机号，流量为 $0.6 \sim 800 m^3/min$，升压 $9.8 \sim 98kPa$（$1000 \sim 10000mm\ H_2O$），这些鼓风机广泛应用于水泥、化工、化肥、冶炼、污水处理、水产养殖、电力、城市煤气、气力输送等各行业，满足国民经济的发展需要。罗茨鼓风机与离心式鼓风机相比，具有强制送风的特点，离心式鼓风机在压力变化时，流量变化很大，而罗茨鼓风机在压力变化时，流量变化甚微，具有强制送风的特性。罗茨鼓风机与压缩机相比，又有经济耐用的特点，且风量较大。

罗茨鼓风机产品型号说明如下：

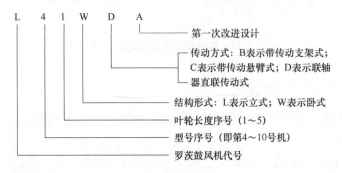

WD式为卧式联轴器传动，LD式为立式联轴器传动。

L系列罗茨鼓风机输送介质为清洁空气、清洁煤气、二氧化碳及其他惰性气体。罗茨鼓风机选型应根据被输送介质的性质、工艺流程所需的流量和压力来确定，用户订货，必须说明输送介质、流量、压力三个参数，在确定压力和流量时要考虑到管网阻力造成的压力损失和系统泄漏造成的流量损失，可通过理论计算得到，也可根据同类装置进行类比推算。

罗茨鼓风机用于污水处理厂是为生化反应充氧。在选用风机时，风压取决于水深、管道阻力和水的黏度，风量取决于水的体积，对于小型污水处理设备，罗茨鼓风机的升压一般为 $34.3 \sim 39.2kPa$（$3500 \sim 4000mm\ H_2O$），流量为 $10m^3/min$ 以下。但现在也有较大的鼓风机用于污水处理，流量达到 $60m^3/min$，相当于L6号机。常用的 $10m^3/min$ 以下鼓风机型号为L1、L2、L3。

2. R系列标准型罗茨鼓风机

R系列标准型罗茨鼓风机用于输送洁净空气。其进口流量为 $0.45 \sim 458.9m^3/min$，出口升压 $9.8 \sim 98kPa$，可广泛用在电力、石油、化工、港口、轻纺、水产养殖、污水处理、气力输送等部门。

R系列标准型罗茨鼓风机是引进日本先进技术设计制造而成的。1993年以前采用国际标准通过了验收。其结构采用摆线叶型和最新气动设计理论，高效节能；转子平衡精度高、振动小，齿轮精度高、噪声低、寿命长，输送的气体不受油污染。传动方式分直联和带联两种。带联传动选用强力窄V带，传动平稳，单根传动功率大，所需根数少，传递空间小。

型号意义说明如下：

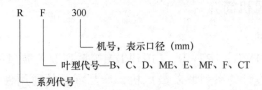

3. SSR 型罗茨鼓风机

SSR 型罗茨鼓风机主要用于水处理、气力输送、水产养殖、真空包装等部门，用于输送洁净不含油的空气。其进口流量为 $1.18 \sim 26.5 m^3/min$，出口升压为 $9.8 \sim 58.8 kPa$。SSR 型罗茨鼓风机是日本大晃机械工业株式会社新开发的三叶型罗茨鼓风机，由先进技术设计制造而成。1993 年以前采用国际标准通过了验收。其结构采用三叶直线的新线型，使总绝热率和容积效率进一步提高。机壳内部不需油类润滑，输送的空气清洁，不含油质灰尘。该鼓风机的最大特点是体积小、重量轻、流量大、噪声低、运行平稳，风量和压力特性优良。

2.5　风机的选择

正确选用风机，使之在最有利的工作条件下运转，同时满足预先确定的性能参数，不仅可以节约能源，经济实惠，而且日后使用起来方便。

风机选型的主要内容包括确定风机的形式、台数、转速，以及与之配套的原动机功率。

选型的基本要求：运转平稳、安全可靠；经济性高（要求有足够高的效率）；结构简单紧凑、尺寸小、重量轻；耐腐蚀；安装、维护及拆修方便。

1. 选择风机所需的参数

1）不同条件下的流量和风压，至少要知道所需的最大流量 Q_{max} 及最大风压 p_{max}。

2）被输送介质的温度。

3）被输送介质的密度 ρ。

4）工作条件下的气象条件。

流量和风压通常通过实测或理论计算求得风机装置系统的最大流量和扬程风压，但考虑到测试和计算时的误差及运行时变工况等情况，往往对系统的流量和风压给予一定的裕度，即

$$Q = (1.05 \sim 1.10) Q_{max} \tag{2-5}$$

$$p = (1.10 \sim 1.15) p_{max} \tag{2-6}$$

加上裕度后的参数即可作为选型的依据，但过分的裕度会造成对能量的浪费。

2. 风机的选择方法和步骤

（1）按风机性能表选择风机

1）根据生产工艺的需要，计算出所需的风量和风压。

2）根据风机用途、所需的风量和风压确定风机的类型（离心式或轴流式风机）。

3）根据所需的风量和风压选定类型风机的性能表，找到规格、转速及配套的功率与所需的风量和风压适合的风机。

这种方法简单方便，但不能准确确定风机在系统中的最佳工况。表 2-11 为运用于不同行业的风机类型。

运用于不同行业的风机特点：

1）锻造钢铁：由于灰尘较多，对叶轮和机壳采取耐磨措施，加以喷水装置用于清洗叶片；对轴承采用水封样式，防止气体泄漏；叶片运用耐腐蚀材料制成。

2）城市用气：输送气体密度较小，需进行齿轮增速，加强叶轮使用强度；使用特殊材料维持气体超低温。

3）污水处理：进气压力高，可采用多级离心式鼓风机或齿轮增速型混流式风机；可采用风机并联使用的方式提高风量，节省功率。

4）用于船舶：选用小型风机，重量轻、坚固、节能；选用机翼型叶片，装配可调导叶。

表 2-11　运用于不同行业的风机类型

运用行业	名称	风机类型	输送气体	风量/ (m³/min)	风压 /kPa
锻造钢铁	高炉气体 升压鼓风机	离心式风机	高炉气	300～8000	200～600
	转炉气体 鼓风机	离心式风机	转炉气	3000～7000	13～20
城市用气	焦炉煤气 鼓风机	离心式风机	焦炉煤气	150～2000	18～100
	回气式鼓风机	离心式风机	液化天然气	100～200	10～30
污水处理	曝气鼓风机	离心式风机 混流式风机	空气	40～700	50～75
用于船舶	鼓风用通风机	离心式风机 轴流式风机	空气	30～100	0.1～1

（2）利用风机的选择曲线选择风机　这是常用的风机选择方法。风机的性能选择曲线是用对数坐标绘制的，它把相似的、不同叶轮直径 D_2（常用机号表示）的风机的风压、风量、转速、轴功率绘制在一张图上。每一种系列的风机都有对应的选择曲线，图 2-16 为 G4-73-11 型单级离心通风机性能选择曲线。图中有等转速 n 线、等轴功率 N 线和等外径 D_2 线，以及压线头的高效工作段。由于采用对数坐标，所以等值线均为直线。等外径 D_2 线和等转速 n 线通过每条性能曲线中的最高效率点，等轴功率 N 线不一定通过压头特性的设计工况。等外径 D_2 线所通过的各条特性曲线是表示同机号不同转速下的特性曲线；对图上任意一条性能曲线来说，线上各点的转速、叶轮、外径都是相同的，可以通过效率最高点的等外径 D_2 线和等转速 n 线查出它对应的叶轮直径和转速。等轴功率 N 线表示线上各点的功率相等，性能曲线上各点的功率都不相等，只能查出它所在处的功率，经过重力密度换算，得出工作状况下的功率。

选择方法和步骤：

1）确定计算流量和计算风压。

2）根据已定的参数，由横坐标的流量和纵坐标的风压在选择曲线图上作出交点，根据交点所在位置即可确定所选风机的机号、转速和功率。往往交点不是刚好落在风机性能曲线上，如图 2-17 中的 1 点，通常是保持风量不变的条件下垂直向上找到最接近的性能曲线上的点 2 或点 3，选得两台风机，经过权衡分析，校核运行工况点是否处在高效区。一般选取转速较高、叶轮直径较小、运行经济的那台风机。根据这台风机所在性能曲线查出在最高效率点时所选风机的机号、转速，功率则用插入法经过重力密度换算，首先求出工作状况下的功率，然后考虑一定的裕量选用电动机，电动机安全系数（不引起电动机损坏的最大过载

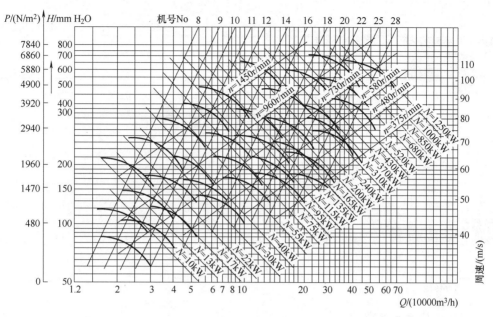

图 2-16　G4-73-11 型单级离心通风机性能选择曲线

率）一般为 1.15~1.30。

（3）利用风机的无因次性能曲线选择风机　风机的无因次性能曲线代表叶轮外径和转速不同，但几何形状和性能完全相似的同一系列风机的性能曲线。可以利用这个特点来选择性能优良的风机。具体方法可查阅有关书籍。风机订货时，必须写明名称、型号、机号、风量、风压、传动方式、风口方向（旋转方向、出风口位置）。这里的名称包括三部分内容：通风机的用途、通风机叶轮作用原理（称为离心式）、通风机在管网中的作用（分为通风机和引风机）。如锅炉离心引风机，就是风机的名称。

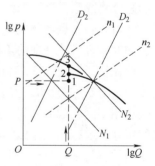

图 2-17　风机选择曲线

（4）根据输送介质选用和清理风机

1）运输含有腐蚀性烟气的流体时，选用耐腐蚀的材料制成的叶轮及集流器。

2）输送含有焦油等物质的流体时，应定期清理叶轮。

3）输送含有固体颗粒的流体时，选用耐磨性能较好的风机叶轮。

习　题

2-1　知识考查

1. 风机按照工作原理可分为哪几类？并简述各类风机的气流流动特点。

2. 简述离心式风机的工作原理和基本结构。

3. 离心式风机、轴流式风机和罗茨鼓风机在不同工况下的效率变化特点是什么？请结合它们的工作原理和结构进行详细分析。

2-2　知识拓展

1. 请简述风机的维护方法及其重要性。

2. 请查阅相关资料，了解风机在国防工业领域的应用情况。

第 3 章

单元操作设备

3.1 分离设备

3.1.1 格栅

1. 格栅的构造与分类

格栅是一种最简单的过滤设备,放置在构筑物之前,或设在泵站前,用于截留废水中粗大的悬浮物或漂浮物,如纤维、碎皮、毛发、果皮、蔬菜、木片、布条、塑料制品等。使用格栅,可以防止悬浮物或漂浮物堵塞或缠绕在其后用于处理的构筑物的管道、阀门或水泵等,同时减轻后续处理的负荷,保证污水处理设施的正常运行。

机械格栅(见图 3-1)由机架、动力装置、耙齿及电控箱组成,基本参数与尺寸包括宽度 B、长度 L、高度 H、安装倾角 α,可根据污水渠道、泵房集水井进口尺寸、水泵型号等参数选用不同的数值。其一般斜置于废水流经的通道中,与地面形成一定的倾角。栅条与机架固定在一起,用于拦截污水中的污物;除污耙齿则在链条的带动下伸入栅条缝隙之中,连续不断地将污水中被拦截下来的固体物提升至顶端,最后,固体物在链条的带动下掉落到栅条后的收集框中。

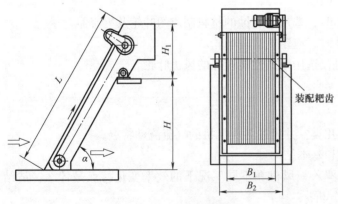

图 3-1　NC 型机械格栅　　　　　　　　动图 3-1　NC 型机械格栅的工作原理

旋转式格栅的耙齿链是由若干组 ABS 工程塑料、尼龙或不锈钢制成的特殊形耙齿,按一定的排列次序装配在耙齿轴上形成的封闭式回转链,其下部安装在进水渠的液面下。当传动系统带动链轮做匀速定向旋转时，整个耙齿便自下而上运动，并携带固体杂物从液体中分离出来，流体则通过耙齿和格栅的缝隙流过去，整个工作状态连续进行。由于耙齿的特殊结构，耙齿链携带杂物到达上端，反向运动时，前、后排耙齿之间会产生相对自清运动，促使杂物依靠重力脱落，同时，设备后面设置了一对胶板刷以保证每排耙齿运动到该位置时都能得到彻底的刷净作用。

格栅的分类方法很多，按形状，可分为平面格栅和曲面格栅；按栅条间隙，可分为粗格栅（50~100mm）、中格栅（10~40mm）和细格栅（3~10mm）三种；按清渣方式，可分为人工清渣格栅和机械清渣格栅两种。

2. 格栅的结构设计

（1）格栅的栅条间隙　当格栅设于废水处理系统之前时，若栅条间隙为 16~25mm，一般采用机械清除栅渣；若栅条间隙为 25~40mm，一般采用人工清除栅渣；当格栅设于水泵前时，栅条间隙与污水泵的型号有关，具体数据见表 3-1。

表 3-1　污水泵型号与栅条间隙的关系

污水泵型号	栅条间距/mm	栅渣量/[L/(人·d)]
$2\frac{1}{2}$PW，$2\frac{1}{2}$PWL	≤20	4~6
4PW	≤40	2.7
6PW	≤70	0.8
8PW	≤90	0.5
10PWL	≤110	<0.5

（2）格栅栅条的断面形状　栅条断面形状一般有五种，见表 3-2。圆形断面水力条件好，水流阻力小，但刚性差，因此，工程上一般选用矩形断面。以下三种形式的矩形断面栅条中，两头半圆的矩形断面栅条的水力条件及刚性最佳。

表 3-2　栅条断面形状与尺寸

栅条断面	正方形	圆形	矩形	带半圆的矩形	两头半圆的矩形
尺寸/mm	20 20 20	20 20 20	10 10 10　50	10 10 10　50	10 10 10　50

（3）清渣方式　栅渣的清除方法一般按所需清渣的量而定。每日栅渣量大于 $0.2m^3$ 时，应采用机械格栅除渣机。目前，一些小型废水处理厂，为了改善劳动条件，也采用机械格栅除渣机。常用的机械格栅除渣机的类型有链条式、移动式伸缩臂、圆周回转式、钢丝绳牵引式等，各类机械格栅除渣机的适用范围及优缺点见表 3-3。

（4）格栅工作台　格栅设有栅顶工作台，其高度高出栅前最高设计水位 0.5m，工作台设有安全装置和冲洗设备，工作台两侧过道宽度不小于 0.7m。工作台正面过道宽度：当人工清除栅渣时，不应小于 1.2m；当机械清除栅渣时，不应小于 1.5m。

表 3-3　不同类型机械格栅除渣机的适用范围及优缺点

类型	适 用 范 围	优　　点	缺　　点
链条式	深度不大的中小型格栅，主要清除长纤维、带状物等生活污水中杂物	1. 构造简单，制造方便 2. 占地面积小	1. 杂物进入链条和链轮之间时容易卡住 2. 套筒滚子链造价高、耐腐蚀性差
移动式伸缩臂	中等深度的宽大格栅，耙斗式适用于废水除污	1. 不清渣时，设备全部在水面上，维护检修方便 2. 可不停水检修 3. 钢丝绳在水面上运行，寿命长	1. 需三套电动机、减速器，构造较复杂 2. 移动时耙齿与栅条间隙的对位较困难
圆周回转式	深度较浅的中小型格栅	1. 构造简单，制造方便 2. 动作可靠，容易检修	1. 配置圆弧形格栅，制造较难 2. 占地面积大
钢丝绳牵引式	固定式适用于中小型格栅，深度范围广，移动式适用于宽大格栅	1. 适用范围广泛 2. 存在未固定在水下的取渣部件，维护检修方便，如耙斗	1. 钢丝绳干湿交替易腐蚀，需采用不锈钢丝绳，货源困难 2. 有固定在水下的部件设备，维护检修需停水，如导轨、格栅

3.1.2　沉砂池

沉砂池是污水预处理阶段中的重要构筑物，主要以重力分离为基础，去除废水中比重较大的无机颗粒，如泥砂、煤渣等。它一般设在泵站、倒虹管、沉淀池前，以减轻水泵和管道的磨损，防止后续污水处理构筑物管道的堵塞，缩小污泥处理构筑物的容积，提高污泥有机组分的含量和其作为肥料的价值。

沉砂池的结构材料一般是钢筋混凝土或钢板。考虑到污水的腐蚀性和设备的经济性，使用钢筋混凝土材料居多。沉砂池的常用类型有平流式沉砂池、曝气沉砂池、多尔沉砂池及旋流沉砂池等。

1. 平流式沉砂池

平流式沉砂池由入流渠、出流渠、闸板、水流部分及沉砂斗组成，如图 3-2 所示。它具有截留无机颗粒效果较好、工作稳定、构造简单、排沉砂较方便等优点，但也存在流速不易控制、沉砂中有机颗粒含量较高、排砂常需要洗砂处理等缺点。沉砂池的座数或分格数不得少于两个，宜按并联系列设计。平流式沉砂池的有效水深不大于 1.2m，一般采用 0.25 ~ 1.0m，每格池宽不宜小于 0.6m，超高不宜小于 0.3m。池底一般有 0.01 ~ 0.02 的坡度，坡向沉砂斗，池底形状及池的宽度应与除砂设备相配套。

平流式沉砂池水流部分是一个狭长的矩形池子，污水经消能或整流后进入池子，沿水平方向流至末端后经堰板流出沉砂池。两端设有闸板以控制水流，在池的底部设有沉砂斗，下接排砂管。开启沉砂斗的闸阀，靠池内水的静压排砂，采用沿桥长方向移动刮砂，桥配合吸砂泵的方式进行吸砂。平流式沉砂池常用的排砂方式与装置主要有重力排砂和机械排砂两种。图 3-2 为重力排砂。而机械排砂主要是依靠真空泵、砂泵等配套设备将砂斗中的泥砂吸出排除。对于大、中型污水处理厂宜采用机械排砂。

2. 曝气沉砂池

普通平流式沉砂池的缺点：由于沉砂中夹杂约 15% 的有机物，因此，普通平流式沉砂池对一些表面附着黏性有机物质的砂粒的截留效果不佳，且沉砂易于腐化发臭，增加了沉砂

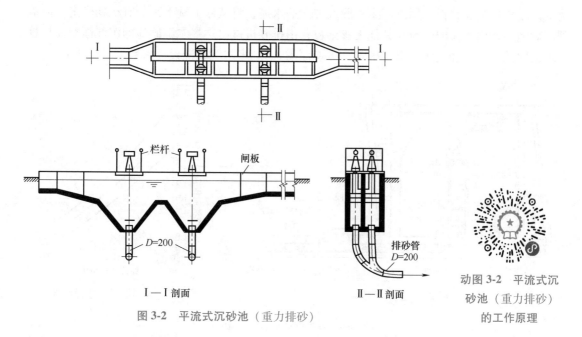

I—I 剖面　　　　　　　　II—II 剖面　　动图 3-2　平流式沉

图 3-2　平流式沉砂池（重力排砂）　　　　砂池（重力排砂）

的工作原理

后续处理的难度。为了解决这个难题，人们在平流式沉砂池内增设曝气设备，便形成了曝气沉砂池。其特点是通过曝气所产生的旋流进行洗砂，分离有机物。这可以在一定程度上克服平流式沉砂池的缺点，同时它还具有预曝气、脱臭、除泡及加速污水中油类和浮渣的分离等作用。这对后续的沉淀池、曝气池、污泥消化池的正常运行，以及对沉砂的最终处置提供了有利条件。但使用曝气沉砂池的缺点是要消耗能量，同时对生物脱氮除磷系统的厌氧段或缺氧段的运行也存在不利影响。

曝气沉砂池的剖面图如图 3-3 所示。曝气沉砂池的水流部分是一个矩形渠道，在沿池壁一侧的整个长度距池底 0.6~0.9m 处安设曝气装置，曝气沉砂池的下部设置集砂槽，池底有 $i = 0.1~0.5$ 的坡度，坡向另一侧的集砂槽，以保证砂粒滑入。

曝气沉砂池的有效水深一般取 2~3m，宽深比取 1.0~1.5，若池长比池宽大很多，则应考虑设置横向挡板，池的外形应尽可能不产生偏流或死角，在集砂槽附近可安置纵向挡板。池中的曝气装置安装在池的一

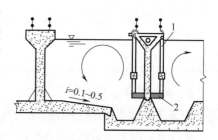

图 3-3　曝气沉砂池剖面图
1—压缩空气管　2—空气扩散板

侧，距池底 0.6~0.9m，空气管上应设调节空气的阀门，曝气穿孔管的管孔径为 2.5~6.0mm。曝气沉砂池的进水口应与水在沉砂池中的旋转方向一致，出水口常用淹没式，出水方向与进水方向垂直，并应考虑设置挡板。

3. 多尔沉砂池

多尔沉砂池上方下圆，是一个浅的方形水池，沉砂原理类似于平流式沉砂池，结构如图 3-4 所示。在池的一边设有与池壁平行的进水槽，并在整个池壁上设有整流器，以调节和保持水流的均匀分布；废水经沉砂池使砂粒沉淀，在另一侧的出水堰溢流排出。沉砂池底的砂粒由刮砂机刮入排砂坑。砂粒用往复式刮砂机械或螺旋式输送器进行淘洗，以除去有机

物。刮砂机上装有桨板，用以产生一股反方向的水流，将从砂上洗下来的有机物带走，回流到沉砂池中，而淘净的砂粒及其他无机杂粒，由排砂机排出。多尔沉砂池的沉淀面积要根据要求去除的砂粒直径及污水温度确定，可参照图3-5。多尔沉砂池设计参数参见表3-4。

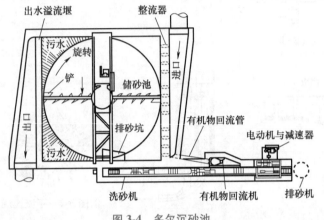

图3-4 多尔沉砂池

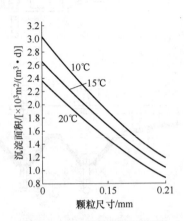

图3-5 多尔沉砂池求面积图

表3-4 多尔沉砂池设计参数

项　目		设 计 值			
沉砂池直径/m		3.0	6.0	9.0	12.0
最大流量/(m³/s)	要求去除砂粒直径为0.21mm	0.17	0.70	1.58	2.80
	要求去除砂粒直径为0.15mm	0.11	0.45	1.02	1.81
沉砂池深度/m		1.1	1.2	1.4	1.5
最大设计流量时的水深/m		0.5	0.6	0.9	1.1
洗砂器宽度/m		0.4	0.4	0.7	0.7
洗砂器斜面长度/m		8.0	9.0	10.0	12.0

4. 旋流沉砂池

旋流沉砂池是一种利用机械力控制水流流态与流速，加速砂粒沉淀的沉砂装置，如图3-6所示。污水由流入口沿切线方向流入沉砂区，沉砂池中的转盘与叶片则在电动机及传动装置的带动下开始旋转，产生一定的离心作用力，在离心力的作用下，砂粒被甩向池壁，沉入砂斗，有机物则回到污水中。通过对转盘转速的调节可用来控制池水所受离心力的大小，以此达到最佳的沉砂效果。沉入砂斗的砂粒经由压缩空气管、砂提升管、排砂管清洗后排出，清洗水则回流至沉砂区，达到砂水分离的效果。

旋流沉砂池的优点是处理水量较大，池内流速较快，停留时间较短，除砂量较多，有利于分离有机物，对污染物去除效果较为显著。而且采用气提式排砂时，由PLC程序控制，操作简便，运行平稳。

3.1.3　沉淀池

沉淀池是分离悬浮物的一种主要处理构筑物，用于水及废水的处理、生物处理的后处理

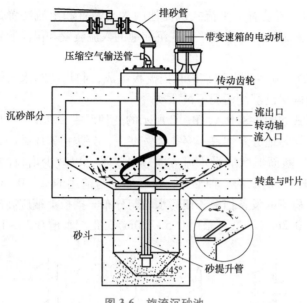

图 3-6　旋流沉砂池

动图 3-6　旋流沉砂池
的工作原理

和最终处理。沉淀池按其功能可分为进水区、沉淀区、污泥区、出水区和缓冲区。进水区和出水区的作用是使水流均匀地流过沉淀池。沉淀区又称为澄清区，是分离可沉降颗粒与废水的工作区。污泥区是污泥储存、浓缩和排出的区域。缓冲区的作用是分隔沉淀区和污泥区的水层，保证已沉降颗粒不因水流搅动而再度浮起。

　　常用沉淀池的类型有五种：平流式沉淀池、竖流式沉淀池、辐流式沉淀池、斜板（管）沉淀池和高密度沉淀池。沉淀池多为钢筋混凝土结构，除满足工艺要求外，其强度、结构设计与制造还应满足 GB 50069—2002《给水排水工程构筑物结构设计规范》及 GB 50141—2008《给水排水构筑物工程施工及验收规范》的要求。普通钢筋混凝土池壁一般采用现浇工艺，池壁最小厚度为 12cm，池高一般为 3.5~6m。

　　1. 平流式沉淀池

　　（1）平流式沉淀池的结构及工作原理　平流式沉淀池的工作原理：废水从池的一端流入，从另一端流出，水流在池内做水平运动，池平面形状呈长方形，可以是单格或多格串联。在池的进口端或沿池长方向，设有一个或多个储泥斗，储存沉积下来的污泥。为使池底污泥能滑入污泥斗，池底应有 0.01~0.02 的坡度。采用机械排泥的平流式沉淀池，其池宽应与排泥机械相配套。常用的平流式沉淀池的结构如图 3-7 所示。

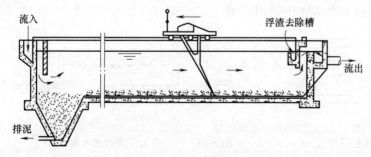

图 3-7　配行车刮泥机的平流式沉淀池

动图 3-7　配行车刮泥机的
平流式沉淀池的工作原理

（2）平流式沉淀池入流装置和出流装置　平流式沉淀池的入流装置和出流装置是影响水流均匀性及沉降效果的主要因素。下面主要介绍平流式沉淀池的入流装置和出流装置的形式和特点。

1）入流装置。平流式沉淀池的入流装置由配水槽和挡流板组成，起均匀布水与消能作用，以保证设备的沉降效率，以及确保已沉淀污泥不被搅动。

平流式沉淀池进水口的布置形式如图3-8中A、B、C所示的三种形式，其中，C形式较为常用。这种形式的入流装置将孔均匀地分布在整个穿孔墙宽度上，为防止絮体破碎，孔口流速不宜大于0.12~0.15m/s，孔口断面形状应沿水流方向逐渐扩散，以减少出口的射流。在废水处理中应采用图3-8中D、E、F所示的三种形式，这些形式与前述的A、B、C进水装置大同小异，只是增设了消能、稳流的设备挡板，使污水均匀分布。挡板上端应高出水面0.15~0.2m，下端伸入水下不小于0.2m（一般可采用0.5~1.0m），距配水槽0.15~1.0m。

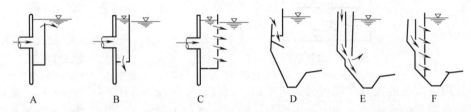

图3-8　平流式沉淀池进水口的布置形式

2）出流装置。出流装置由流出槽与挡板组成，是沉淀池的重要组成部分。沉淀后的水应尽量在出水区均匀流出，一般采用自由堰型布置。不同形式的出流堰具有不同程度的沉淀效果，它不仅控制池内水面的高程，且对池内水流的均匀分布有影响，它要求沿整个出流堰的单位长度的溢流量相等，且堰口下游应有一定的自由落差。为了减少负荷，改善出水水质，应尽量增加出水堰的长度，可采用多槽沿程的集水渠布置形式，如图3-9所示，目前较多采用B、C布置形式。如需阻挡浮渣随水流走，出流堰可采用潜孔出流的形式。

常用的平流式沉淀池的出水堰形式如图3-10所示，其中A为溢流式，水流自由跌落到出水渠中；C为淹没式孔口出水，孔口流速宜取0.6~0.7m/s，孔径取20~30mm，孔口应设在水面下0.12~0.15m；B为锯齿三角堰式，这种形式因其加工方便，且能保证出水均匀而日益受到重视。在这种锯齿形三角堰中，水面宜位于齿高的1/2处，以适应水流的变化及构筑物的不均匀沉降，在堰口处需设置能使堰板上下移动的调节装置，使出口堰尽量平正。为阻挡浮渣随水流出及便于收集浮渣，应设置挡板，挡板应高出池内水面0.1~0.15m，并浸没在水面下0.3~0.4m处，同时距出水口0.25~0.5m。

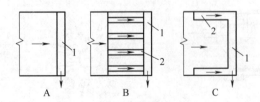

图3-9　平流式沉淀池集水渠布置形式
1—集水槽　2—集水支渠

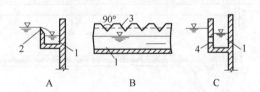

图3-10　平流式沉淀池的出水堰形式
1—集水槽　2—自由堰　3—锯齿三角堰　4—淹没孔口

流出槽设自由溢流堰，溢流堰保持水平，既可保证水流均匀，又可控制沉淀池水位。在低溢流速率下使用平堰效果不好，原因是液位的微小变化会使出水分布不均匀，为此，溢流堰常采用锯齿形槽口堰。锯齿形槽口堰易于加工及安装，出水比平堰均匀，常用钢板制成，齿深 50mm，齿距 200mm，用螺栓固定在出口的池壁上。矩形平流式沉淀池一般安装横向出水堰。初次沉淀池溢流堰最大负荷不宜大于 2.9L/（m·s），二次沉淀池溢流堰最大负荷不宜大于 2.0L/（m·s）。

（3）平流式沉淀池排泥装置与方法　沉淀池的沉积物应及时排出，排泥装置与方法一般有静水压力法和机械排泥法。

1）静水压力法。该方法的基本原理是利用池内的静水压力将污泥排出池外，如图 3-11 所示。排泥管直径常取 200mm，下端插入污泥斗，上端伸出水面以便清通。初次沉淀池的静水压力 $H=1.5$m，二次沉淀池的静水压力 $H=0.9$m。为便于污泥能滑入泥斗中，池底应有 0.01°~0.02° 的坡度。为减小池的总深度，可采用多斗式平流沉淀池，如图 3-12 所示。

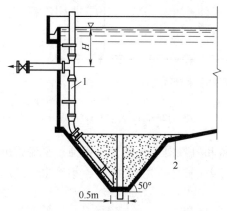

图 3-11　平流式沉淀池静水压力排泥
1—排泥管　2—集泥斗

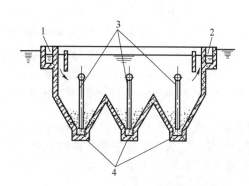

图 3-12　多斗式平流沉淀池
1—进水槽　2—出水槽　3—排泥管　4—污泥斗

2）机械排泥法。机械排泥法主要采用图 3-7 所示的行走小车刮泥机，小车沿池壁顶端的导轨往返行走，刮板将沉泥刮入污泥斗，将浮渣刮入浮渣槽。利用池内的静水压力将污泥排出池外，如图 3-11 所示。由于刮泥机都在水面上，所以它不易腐蚀，且易于维修。图 3-13 为设有链带刮泥机的平流式沉淀池。链带装有刮板，沿池底缓慢移动，速度约为 1m/min，将沉泥缓慢推入污泥斗，当链带刮板转到水面时，又可将浮渣推入浮渣槽。链带式刮泥机的缺点是机件长期浸于污水中，易被腐蚀，难以维修。被刮入污泥斗的沉泥，可用静水压力法或螺旋泵排出池外。

上述两种机械排泥法主要适用于初次沉淀池。对于二次沉淀池，由于其活性污泥的密度小，含水率高达 99% 以上，呈絮状，不可能被刮除，因此，二次沉淀池多采用单口扫描泵吸式排泥机进行排泥，使集泥和排泥同时完成。若采用机械排泥，可采用平底的平流式沉淀池，大大减小池深。

（4）平流式沉淀池的主要优缺点及适用场合　平流式沉淀池的主要优点：①沉淀效果好；②对水量和水温的变化有较强的适应能力；③所能处理的流量大小不限；④施工方便；⑤平面布置紧凑。其主要缺点：①池子配水不易均匀；②采用多斗排泥时，每个泥斗单设排

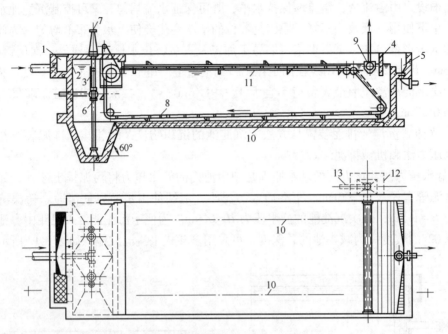

图 3-13　设有链带刮泥机的平流式沉淀池

1—进水槽　2—进水孔　3—进水挡板　4—出水挡板　5—出水槽　6—排泥管　7—排泥闸门
8—链带　9—可转动的排渣管槽　10—导轨　11—支撑　12—浮渣室　13—浮渣管

泥管排泥，操作工作量大。采用机械排泥时，设备和机件浸于水中，易锈蚀。平流式沉淀池的适用场合：①适用于地下水位较高和地质条件较差的地区；②大、中、小型水厂及废水处理厂。

2. 竖流式沉淀池

（1）竖流式沉淀池的结构及工作原理　竖流式沉淀池多为圆形或方形，直径或边长为 4～7m，一般不大于 10m。沉淀池上部为圆筒形的沉淀区，下部为截头圆锥状的污泥斗，上下两部分之间为缓冲层，约 0.3m，如图 3-14 所示。

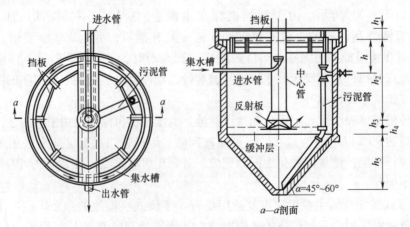

图 3-14　圆形竖流式沉淀池

废水从中心管自上而下流入，经反射板向四周均匀分布，沿沉淀区的整个断面上升，澄清水由池四周的集水槽收集。集水槽大多采用平顶堰或三角形锯齿堰，堰口最大负荷为1.5L/(m·s)。若池径大于7m，为了集水均匀，可设置辐射式的集水槽与池边环形集水槽相通。沉淀池储泥斗倾角为45°~60°，污泥可借静水压力由排泥管排出，排泥管直径应不小于200mm，静水压力为1.5~2.0m。排泥管下端距池底不大于2.0m，管上端超出水面不少于0.4m。为了防止漂浮物外溢，在水面距池壁0.4~10.5m处可设挡板，挡板伸入水面以下0.25~0.3m，伸出水面以上0.1~0.2m。

竖流式沉淀池的喇叭口与反射板的具体尺寸按工艺要求进行确定。为保证水流自下而上做垂直运动，要求竖流式沉淀池径深比 $D : h_2 \leqslant 3 : 1$。

竖流式沉淀池的水流方向与颗粒沉淀方向相反，其截留速度与水流上升速度相等。当颗粒发生自由沉淀时，其沉淀效果比平流式沉淀池低得多。然而，当颗粒具有絮凝性时，沉淀池中上升的小颗粒和下沉的大颗粒之间相互接触、碰撞而絮凝，使得粒径增大，沉速加快。若水体颗粒的沉速等于水流上升速度时，将在池中形成一悬浮层，对上升的小颗粒起拦截和过滤作用，因而，竖流式沉淀池的沉淀效率比平流式沉淀池高。圆形竖流式沉淀池属于敞口圆形储液池，其池壁强度及配筋量按圆柱形薄壳结构进行计算。其锥形泥斗施工复杂，建设费用高。

（2）竖流式沉淀池的主要优缺点及适用场合　竖流式沉淀池的主要优点：①占地面积小；②排泥方便，运行管理简单。其主要缺点：①池深大，施工困难；②对水量和水温变化的适应性较差；③池子直径不宜过大。竖流式沉淀池主要适用于小型废水处理厂（站）。

3. 辐流式沉淀池

（1）中心进水辐流式沉淀池的结构及工作原理　普通辐流式沉淀池呈圆形或正方形，直径或边长一般为6~60m，最大可达100m，中心深度为2.5~5.0m，周边深度1.5~3.0m。废水从辐流式沉淀池的中心进入，呈辐射状向周边流动，沉淀后的废水由四周的集水槽排出。由于是辐射状流动，水流的过水断面逐渐增大，而流速逐渐减小。

图3-15为中心进水、周边出水、使用机械排泥的普通辐流式沉淀池。池体的中心处设有中心管，废水从池底进入中心管，在中心管周围常有用穿孔障碍板围成的流入区，使废水能沿圆周方向均匀分布。为阻挡漂浮物，出水槽堰口前端可加设挡板及浮渣收集与排出装置。辐流式沉淀池大多采用机械刮泥（尤其是池径大于20m时，几乎都用机械刮泥），先将

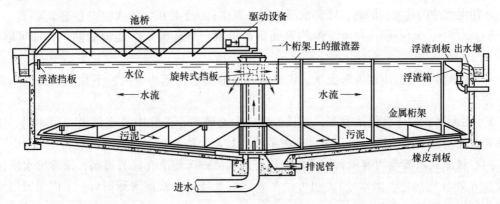

图3-15　中心进水周边出水机械排泥的普通辐流式沉淀池

全池的沉积污泥收集到中心泥斗，再借静水压力或污泥泵排出。刮泥机一般为桁架结构，绕池中心转动，刮泥刀安装在桁架上，可中心驱动或周边驱动。池底坡度一般为 0.05，坡向中心泥斗，中心泥斗的坡度为 0.12～0.16。除机械刮泥的辐流式沉淀池外，常将池径小于 20m 的辐流式沉淀池建成方形，废水沿中心管流入，池底设多个泥斗，使污泥自动滑入泥斗，形成斗式排泥。

普通辐流式沉淀池为中心进水，其中心导流筒内的流速可达 100mm/s，作二次沉淀池使用时，活性污泥在其间难以絮凝，这股水流向下流动的动能较大，易冲击底部沉泥，池子的容积利用系数也较小（约 48%）。

（2）向心辐流式沉淀池结构及工作原理　向心辐流式沉淀池是圆形，周边为流入区，而流出区既可设在池中心（见图 3-16a），也可设在池周边（见图 3-16b）。由于结构上的改进，向心辐流式沉淀池在一定程度上可以克服普通辐流式沉淀池易冲击底部沉泥及容积利用系数较小的缺点。

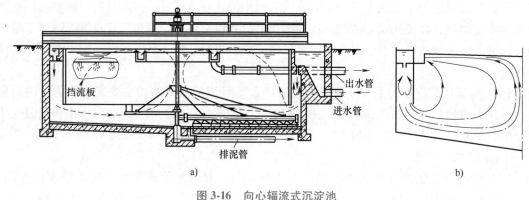

图 3-16　向心辐流式沉淀池

a）立面图　b）水流方向示意图

向心辐流式沉淀池也有五个功能区，即配水槽、导流絮凝区、沉淀区、出水区和污泥区。

1）配水槽：设于池周边，采用环形平底槽，槽底均匀设布水孔，孔径一般取 50～100mm，并加 50～100mm 的短管，管内流速为 0.3～0.8m/s。

2）导流絮凝区：作为二次沉淀池时，由于设有布水孔和短管，使水流在导流絮凝区内形成回流，从而促进了絮凝作用，提高了设备的去除率；且该区的容积较大，向下的流速较小，对底部污泥无冲击现象。同时，底部水流的向心流动有助于将沉泥推入池中心的排泥管。

3）沉淀区：向心辐流式沉淀池的表面负荷可取普通辐流式沉淀池的两倍，即可取 3～4m³/m²。

4）出水区：可选用锯齿堰出水，锯齿堰每齿的出水流速均较大，不易在齿角处积泥或滋生藻类。

5）污泥区：位于沉淀池底部，并且池底向中心倾斜，池底中心底部设有污斗泥，用于收集和浓缩沉淀下来的污泥，并通过排泥系统（如刮泥机或吸泥机）将污泥排出池外。

向心辐流式沉淀池的容积利用系数相比普通辐流式沉淀池有显著提高，最佳出水槽位置是设在 R 处（周边进、出水处），也可设在 R/3 或 R/4 处。根据实测资料，不同位置出水槽的容积利用系数见表 3-5。

表 3-5 出水槽位置与容积利用系数的关系

出水槽位置	容积利用系数（%）	出水槽位置	容积利用系数（%）
R 处	93.6	$R/3$ 处	87.5
$R/2$ 处	79.7	$R/4$ 处	85.7

（3）辐流式沉淀池的主要优缺点及适用场合　辐流式沉淀池的主要优点：①对大型废水处理厂（>5 万 m^3/d）比较经济实用；②机械排泥设备已定型化，排泥较方便；③运行可靠便于管理；④具备泥沙浓缩功能；⑤容积大，适应水质、水量变化能力强。其主要缺点：①排泥设备复杂，要求具有较高的运行管理水平；②施工质量要求高；③占地面积较大。辐流式沉淀池的适用场合：①适用于地下水位较高的地区；②适用于大、中型水厂和废水处理厂。

4. 斜板（管）沉淀池

在沉淀池内加设一组倾斜的隔板，这种形式为斜板沉淀池。若各斜隔板之间还进行分隔，即成为斜管沉淀池。按水流与污泥的相对运动方向，斜板（管）沉淀池分为异向流、同向流和横向流三种形式。异向流的水流倾斜向上，污泥倾斜向下；同向流的水流和污泥均倾斜向下；横向流的水流方向为水平，污泥倾斜向下。废水处理中，目前常采用异向流这种形式，它可以选用斜板或斜管断面，而同向流和横向流只能采用斜板断面。

图 3-17 为异向流斜管沉淀池结构的示意图。沉淀池工作时，水从平行板间或斜管内流过，流速以 0.7~1.0mm/s 为宜，沉积在斜板底侧上的泥渣靠重力自动滑入集泥斗。为使水流在池内均匀分布，进水常采用穿孔墙整流布水，出流常采用穿孔管或淹没孔口，池外设集水槽。集泥常用多斗式，使用穿孔管或机械排泥。入流区高度一般分为 0.6~1.2m 和 0.5~1.0m，为了防止水流短流，应在池壁与斜板的间隙内装设阻流板。斜板沉淀池中的斜板倾角越小，沉淀面积越大，沉淀效率也越高，从理论上来讲，45° 为最佳倾斜角，但排泥困难，通常情况下，倾角宜为 50°~60°。斜管沉淀池中的斜管断面形状呈六角形，并组成蜂窝状斜管堆进行排布。斜板（管）的材料要求轻质、壁薄、坚固、无毒且价廉。斜板大多采用塑料板、玻璃钢板或木板进行安装，除上述材料外，还可以使用酚醛树脂涂刷的蜂窝进行安装。

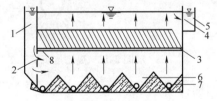

图 3-17 异向流斜管沉淀池结构
1—配水槽　2—穿孔墙　3—斜板或斜管　4—淹没孔口
5—集水槽　6—集泥斗　7—排泥管　8—阻流板

动图 3-17 异向流斜管沉淀池的工作原理

池出水一般采用多排孔管集水，孔眼应在水面以下 2cm 处，防止漂浮物被带走。如漂浮物太多，应设漂浮物收集及排除装置。斜板（管）沉淀池可采用多斗排泥，也可采用钢丝绳牵引的刮泥车，刮泥车在斜板（管）组下面来回运动，将池底的污泥汇集到污泥斗。污泥斗及池底构造与一般平流式沉淀池相同。

实验表明，在斜板进口一段距离内，泥水混杂，水流呈湍流状态，污泥浓度较大，此段称为过渡段。该段以上的部分能明显看出泥水分离，故为分离段。过渡段的长度随管中上升流速而异，该段泥水虽然混杂、浓度大，但有利于接触絮凝，有效促进分离段的泥水分离。过渡段长度一般为200mm，由于斜板过长会增加造价，且沉降效率的提高有限，因此，目前斜板（管）长度多采用200~1000mm。此外，从沉淀效率考虑，斜板间距离越小越好，但从施工安装和排泥角度看，斜板间距离不宜太小，一般采用50~150mm。实践中斜板间距离多用100mm，斜管采用25~30mm。斜板（管）沉淀池有效率高、停留时间短、占地少等优点，但在废水处理中应慎重使用，一般用在选矿厂尾矿浆的浓缩、炼油厂含油污水的隔油、城市污水处理的初沉处理等。

5. 高密度沉淀池

（1）高密度沉淀池的结构及工作原理　高密度沉淀池是一项能够高效去除水中COD和SS，并集絮凝、沉淀、澄清于一体的澄清池技术。高密度沉淀池主要由快速混合池、絮凝反应池和沉淀分离池三部分组成，集成了絮凝和沉淀工艺，如图3-18所示。进水从管道排入快速混合池，同时投加絮凝剂（如铁盐、铝盐），经过快速搅拌，实现快速絮凝，并避免矾花沉淀。快速混合池的出水进入絮凝反应池，通过加药装置在反应池的下部投加助凝剂［如聚丙烯酰胺（PAM）］，生成大的矾花；同时控制反应池中的搅拌速率（此处搅拌速率低于快速混合池），防止矾花被打碎和在反应区内形成沉淀。携带矾花的废水进入沉淀分离池，大部分矾花在这里沉淀和浓缩。沉淀分离池底部的刮泥机进行连续刮扫，以促进沉淀污泥的浓缩，部分污泥通过污泥回流管回流到絮凝反应池中，用来保持絮凝反应池中所需的污泥浓度，促进絮凝过程中矾花的生长并且提高矾花的密度，剩余污泥外排进行进一步处理。斜板/斜管沉淀装置安放于沉淀分离池的上部，用于去除剩余的细小矾花，最终产出达标的水。

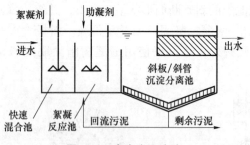

图3-18　高密度沉淀池

动图3-18　高密度沉淀池的工作原理

（2）高密度沉淀池的主要优缺点及适用场合

1）主要优点：占地面积少，启动时间短，自动化程度高，水力负荷高，处理效率高，出水水质高且水质稳定，絮凝剂投加量少及应用范围广等。

2）主要缺点：设备数量多，设备的维护和管理过程繁杂，设备运行费用昂贵，存在池体、水下设备及管道结垢现象。

3）适用场合：应用于市政饮用水、城市污水、工业用水等领域。

（3）高密度沉淀池在实际应用中，产生问题的原因及解决措施

1）高密度沉淀池出现污泥上浮、出水悬浮物浓度较高等现象。主要原因是高密度沉淀

池排泥不及时和 PAM 投加量不当。

　　2）排泥不及时造成沉淀池内泥位过高，容易发生短流现象，引起污泥上浮；同时，沉淀池内污泥易发生厌氧反应，产生大量气泡，气泡溢出时引起污泥上浮，两者都能造成出水悬浮物浓度上升。PAM 投加量不足时，导致絮凝池絮体细小，沉降性能下降，引起沉淀池污泥上浮；PAM 投加过量时，造成污泥浓缩性能变差，也会产生白色带状絮体，造成出水悬浮物浓度上升。因此，及时排泥，在不同高度处设置一系列取样管，检测沉淀池中污泥沉降比，保证回流污泥的浓度及防止沉淀池底部污泥变质腐化，严格并准确控制 PAM 的投加量，能够有效避免出现污泥上浮、出水悬浮物浓度较高的现象。

3.1.4　隔油池

　　石油开采与炼制、煤化工、石油化工及轻工等行业的生产过程会排出大量的含油废水。油品相对密度一般都小于 1，只有重焦油相对密度大于 1。如果油珠粒径较大，呈悬浮状态，则可利用重力进行分离，这类设备统称隔油池。也就是说，隔油池是利用自然上浮法进行油水分离的装置。隔油池的类型很多，常用的类型有平流式隔油池、平行板式隔油池、倾斜板式隔油池等。

1. 平流式隔油池

　　平流式隔油池（API）是使用较为广泛的传统隔油池，其结构如图 3-19 所示，与沉淀池相似，废水从池的一端流入，从另一端流出。在隔油池中，由于流速降低，所以，相对密度小于 1.0 而粒径较大的油珠会浮在水面上，并聚集在池的表面，因此可以通过在池面上设置集油管和刮油机来收集浮油，反之，相对密度大于 1.0 的杂质则沉于水底。集油管设在出水一侧的水面上，管轴线安装高度与水面相平或低于水面 5cm。集油管一般用直径为 200～300mm 的钢管制成，沿其长度方向在管壁的一侧开有切口，集油管可以绕轴线转动。平时切口在水面上，当水面浮油达到一定厚度时，转动集油管，使切口浸入水面油层之下，油进入管内，再流到池外。

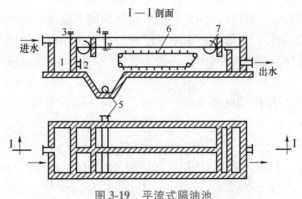

图 3-19　平流式隔油池

1—配水槽　2—进水孔　3—进水阀　4—排渣阀　5—排渣管　6—刮油刮泥机　7—集油管

　　平流式隔油池一般不少于两个或两格，池深 1.5～2.0m，超高 0.4m，每格长宽比小于 4。隔油池的进水端一般采用穿孔墙进水，在出水端采用溢流堰。大型隔油池还设置由钢丝绳或链条牵引的刮油刮泥设备。刮油刮泥机的刮板在池面上的移动速度，要与池中水流速度相等，以减少对水流的影响。刮集到池前部污泥斗中的沉渣，通过排泥管适时排出。排泥管直径一般为 200mm。池底应有坡向污泥斗的 0.01~0.02 的坡度，污泥斗深度一般为 0.5m，底宽不小于 0.4m，倾角不小于 45°~60°。隔油池表面用盖板覆盖，以防火、防雨和保温。寒冷地区还应在池内设置加温管，由于刮泥机跨度规格的限制，隔油池每个格间的宽度一般为6.0m、4.5m、3.0m、2.5m 和 2.0m。采用人工清除浮油时，每个格间的宽度不宜超过 3.0m。

平流式隔油池可去除的最小油珠粒径一般为 100~150μm。这种隔油池的优点是构造简单，便于运行管理，除油效果稳定；缺点是池体大，占地面积多。

2. 平行板式隔油池

平行板式隔油池（PPI）是平流式隔油池的改良型，如图 3-20 所示。在平流式隔油池内沿水流方向安装数量较多的倾斜平板，不仅增加了有效分离面积，也提高了整流效果。为了防止油类物质附着在斜板上，应选用不亲油材料做斜板。但实际操作中很难避免斜板挂油现象，因此应定期用蒸汽及水冲洗，防止斜板间堵塞。废水含油量大时，可采用较大的板间距（管径），含油量小时，可减小板间距。

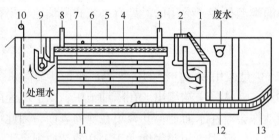

图 3-20　平行板式隔油池（PPI）

1—格栅　2—浮渣箱　3—通气孔　4—油层　5—净水　6—盖子　7—平行板
8—通气孔及溢流管　9—净水溢流管　10—卷扬机　11—泥渣室　12—沉砂室　13—吸泥软管

3. 倾斜板式隔油池

倾斜板式隔油池（CPI）是平行板式隔油池的改良型，如图 3-21 所示。该装置采用波纹形斜板，板间距 20~50mm，倾斜角为 45°。废水沿板面向下流动，从出水堰排出。水中油珠沿板面向上流动，用集油管汇集排出。水中悬浮物沿斜板表面滑入池底经排泥管排出。该隔油池的油水分离效率较高，停留时间短，一般不大于 30min，占地面积小。波纹形斜板由聚酯玻璃钢制成。

以上三种隔油池的性能比较见表 3-6。

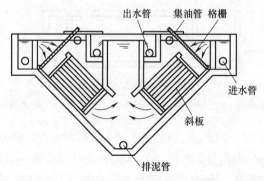

图 3-21　倾斜板式隔油池（CPI）

表 3-6　API、PPI、CPI 三种隔油池的性能比较

隔油池	API	PPI	CPI
除油效率（%）	60~70	70~80	70~80
占地面积（处理量相同时）	1	1/2	1/4~1/3
可能去除的最小油珠粒径/pm	100~150	60	60
最小油珠的上浮速度/（mm/s）	0.9	0.2	0.2
分离油的去除方式	刮板及集油管集油	利用压差自动流入管内	集油管集油重力
泥渣去除方式	刮泥机将泥渣集中到泥渣斗	用移动式的吸泥软管或刮泥设备排除	定期清洗
平行板的清洗	—	定期清洗	
防火防臭措施	浮油与大气接触，着火危险，臭气散发	表面是清水，不易着火，臭气也不多	有着火危险，臭气比较少
附属设备	刮油刮泥机	卷扬机、清洗设备及装平行板用的单轨吊车	—
基建费	低	高	较低

3.1.5　气浮装置

气浮法是利用高度分散的微小气泡作为载体去黏附废水中的污染物，使其密度小于水而上浮水面，实现固液或液液分离的过程。在水处理中，气浮法广泛应用于处理含有细小悬浮物、藻类及微絮体的废水、造纸废水和含油废水等。依照产生微气泡方式的不同，气浮装置可分为电解气浮装置、布气气浮装置和溶气气浮装置。

1. 电解气浮装置

如图 3-22 所示，电解气浮是在直流电的作用下，通过电极组的正负两极产生氢气和氧气的微细气泡，将废水中颗粒状污染物带至水面进行分离的一种技术。采用不溶性的阳极和阴极直接电解废水，在阳极析出 O_2 和 Cl_2，在阴极析出 H_2，电解产生的气泡粒径很小。而气浮效率与气泡的粒径有关，气泡粒径越小，在气体体积相同的情况下，所能提供的比表面积越大，相应的效率越高。电解气浮产生的 H_2 粒径一般为 10~20μm，O_2 粒径一般为 20~30μm，气泡平均粒径在 20μm 左右，常规压"溶气气浮"的气泡粒径为 100~150μm，电解气浮气泡的比表面积是溶气气浮的 2.51 倍。故电解气浮产生的气泡截获杂质微粒的效果好，浮载能力高，浮升过程中不会引起水流紊动，浮载能力大，特别适用于脆弱絮凝体的分离。此外，电解气浮还具有降低 BOD、氧化、脱色和杀菌作用，对废水负荷变化适应性强，生成污泥量少，占地少，无噪声的优点。常用处理水量一般为 10~20m³/h。

电解气浮装置主要由反应槽、电极片、直流电源三部分组成，如图 3-23 所示。其中电极材料对污水处理效果的影响较大。例如，处理 pH = 6、含油量为 106.6mg/L 的采油污水时，采用电极面积为 20cm²、电解气浮时间为 20min、电流密度为 200A/m²、极板距离为 1.5cm 的工艺。电极材料与悬浮物、含油量去除率之间关系见表 3-7。可知钛电极效果最好，其次为石墨、铝、铁电极。这是因为钛极板释放的气泡均匀且量大，对悬浮物、含油量去除效果好。而石墨是析氧超电压较高的阳极材料，电解过程中能产生羟基自由基，对有机污染

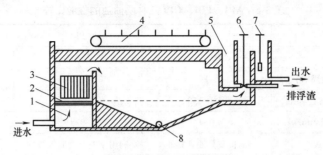

图 3-22　电解气浮装置

1—入流室　2—整流栅　3—电极组　4—刮渣机
5—浮渣室　6—排渣阀　7—出口水位调节器　8—污泥排出口

物产生氧化作用。当铝、铁作电极时即电凝聚气浮过程，该法是一种较理想的混凝气浮过程，但更换电极麻烦，管理不便，使用范围有限。

电解气浮装置的优点：①装置紧凑，占地面积小。②电解产生的气泡微小，与废水中杂质的接触面积大，气泡与絮粒的吸附能力强。③阳极过程中阳极表面会产生中间产物，如羟基自由基、原生态氧，对有机污染物有一定的氧化作用，如废水中含有氯离子，电解产生的氯气对有机污染物也产生氧化作用。该装置适用于小型餐厅废水治理、印染废水治理、化纤废水治理等领域。

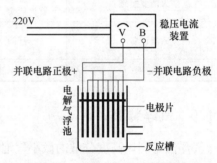

图 3-23　传统电解气浮装置原理

表 3-7　电极材料对含油废水处理效果的影响

极　板	悬浮物去除率（%）	含油量去除率（%）
石墨	90.9	93.6
铝电极	82.3	84.7
铁电极	79.6	73.9
钛电极	96.4	98.2

但一般的电解气浮装置存在大范围剧烈环流、能量利用率低，以及电极材料易钝化、电极结垢等问题。脉冲电解气浮装置原理如图 3-24 所示。装置主要由自制反应槽、电极板、脉冲电源组成。与传统的电解气浮相比，脉冲电解气浮能提高絮凝体与微气泡的碰撞黏附，以及泡絮混合物的浮上效率，在相同的电流密度作用下，接近传统电解气浮的效果，节约能耗，同时还能避免电极材料钝化。因为任意时刻都只有 1 块电极板通电，因此电极板上方的饱和微气泡簇扩散受周围混合相的影响较小。在通电作用下，电解气浮池内形成非均匀湍流场，其生成的环流强度和区域均呈周期性变化，且环流的剧烈程度小于传统电解气浮产生的环流，从而减轻了对泡絮混合物的破坏效果。同时电极板上方区域各点均会出现周期性速度脉动，这对于提高微气泡群在液相中的扩散效率，增大与絮体碰撞吸附的概率均起到了积极的作用。在相同电流密度的情况下，脉冲电解气浮的能耗大大低于传统电解气浮，电极不易

结垢，湍流强度则相当于传统电解气浮中的 90% 以上，能量利用率较高。这是因为脉冲电解气浮非均匀湍流场中的环流影响较小，对泡絮混合物的上浮有利。此外脉冲电解气浮法的优点是投药量少，产生的浮渣量少、密实，含水量小，并且反应时间短，对原水的 pH、污染负荷具有较强的耐冲击性，去除效果明显且具有比较稳定的去除率。以石墨薄板作为阴、阳两极，投加量为 3000mg/L 时，去除率可达到 94.31%，随着絮凝剂投加量的增加，COD 去除率变化趋势相对平缓，这说明对于脉冲电解气浮法来说，絮凝剂投加量在 3000～5000mg/L 时即可得到较好效果。

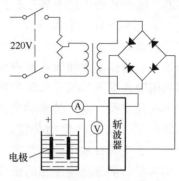

图 3-24　脉冲电解气浮装置原理

2. 布气气浮装置

布气气浮是采用扩散板或缩孔管直接向气浮池中通入压缩空气，或借水泵吸水管吸入空气，也可以采用水力喷射器、高速叶轮等向水中充气。根据气浮的方法不同，布气气浮可分为叶轮气浮和射流气浮两种类型。布气气浮装置形成的气泡直径大约为 1000μm。

（1）叶轮气浮　图 3-25 为叶轮气浮设备构造。其主要设备有池体、曝气机、叶轮、刮渣装置、排渣装置以及配套的混凝池。气浮池底部设有叶轮叶片，由池上部的电动机驱动，叶轮上部装带有导向叶片的固定盖板，叶片与叶轮中心线夹角成 60°，盖板与叶轮间有 10mm 的间距，而导向叶片与叶轮之间有 5～8mm 的间距，盖板上开有 12～18 个孔径为 20～30mm 的孔洞，盖板外侧的底部空间装有整流板。叶轮气浮的工作原理：在电动机驱动下，叶轮高速旋转，在盖板下形成负压，从进气管吸入空气，废水由盖板上的小孔进入。在叶轮的搅动下，利用水和空气的表面张力，形成直径大约为 1000μm 微气泡，并与水充分混合形成水气混合体甩出导向叶片，导向叶片可使阻力减小。再经整流板稳流后，在池体内平稳地垂直上升，形成的泡沫不断地被缓慢转动的刮板刮出槽外。

图 3-26 为叶轮盖板的构造。叶轮直径一般为 200～400mm，最大不超过 700mm，叶轮转速多采用 900～1500rad/min，圆周线速度为 10～15m/s，气浮池充水深度与吸入的空气量有关，通常为 1.5～2.0m。叶轮与导向叶片间的间距也会影响吸气量的大小，该间距若超过 8mm，则会使进气量大大降低。

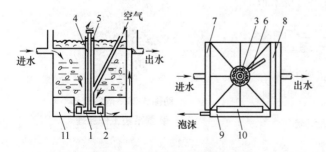

图 3-25　叶轮气浮设备构造

1—叶轮　2—盖板　3—转轴　4—轴套　5—轴承　6—进气管
7—进水槽　8—出水槽　9—浮渣槽　10—刮渣板　11—整流板

图 3-26　叶轮盖板的构造

1—叶轮　2—盖板　3—转轴　4—轴套
5—叶轮叶片　6—导向叶片　7—循环进水孔

叶轮气浮设备适用于处理水量不大、污染物浓度较高的废水，如洗煤废水及含油脂、羊毛废水，除油效率可达80%左右；也用于对含表面活性剂的废水泡沫进行上浮分离。

（2）射流气浮　射流气浮是采用以水带气的方式向废水中混入空气进行气浮的方法。射流器构造如图3-27所示。射流气浮的原理是由喷嘴射出的高速水流使吸入室内形成真空，从而使吸气管吸入空气。气、水混合物在喉管内进行激烈的能量交换，空气被粉碎成微细的气泡。进入扩散段后，动能转化为势能，进一步压缩气泡，增大了空气在水中的溶解度，随后进入气浮池。射流器各部分结构尺寸的最佳值一般通过试验确定。当进水压强为$3 \sim 5 \mathrm{kg/cm^2}$时，喉管直径$d_0$与喷嘴直径$d_1$的最佳比值为$2.0 \sim 2.5$。

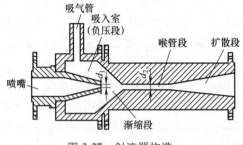

图3-27　射流器构造

3. 溶气气浮装置

溶气气浮的主要设备有池体、刮渣装置、加压水泵、空气压缩机、压力溶气罐、溶气释放头以及配套的混凝池、絮凝池等，该气浮装置系统组成如图3-28所示。其原理是利用了空气在不同压力下在水中溶解度的不同，将清水或处理出水加压至$(3 \sim 5) \times 10^5 \mathrm{Pa}$，同时加入压缩空气，使空气在高压下溶解于水中，再骤然减至常压，溶解于水的空气以微小气泡的形式从水中析出，附着在絮体表面使其浮于水面，再利用刮渣装置将絮体清除。其核心技术是保证压力溶气罐内的气-水两相的压力平衡，使空气尽可能多地溶解于水中，并避免接触室内的溶气释放头堵塞。溶气气浮形成的气泡细小，其初始粒度约为$80 \mu \mathrm{m}$，而且在操作过程中，还可以人为地控制气泡与废水的接触时间。因此，溶气气浮的净化效果较好，特别在含油废水、含纤维废水处理方面已得到广泛应用。根据气泡在水中析出所处压力的不同，溶气气浮可分为加压溶气气浮和溶气真空气浮两种类型。前者，空气在加压条件下溶入水中，在常压下析出；后者是空气在常压或加压条件下溶入水中，在负压条件下析出。加压溶气气浮是国内外最常用的气浮法。

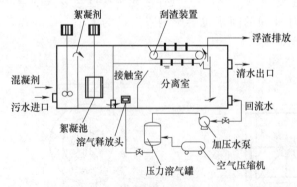

图3-28　溶气气浮装置系统组成

动图3-28　溶气气浮装置系统工作原理

由于溶气气浮和叶轮布气气浮是目前水处理工艺体系中使用频率较高的两种气浮装置，两者在气泡产生机理上有本质区别，导致其所需的配套设备、产生气泡的量和直径及浮选效果都有较大差异。

从产生气泡的性质上来看，叶轮布气气浮靠的是机械力破碎被吸入水中的空气形成气泡，气泡直径较大（直径为 $700\sim1500\mu m$），尺寸分布较广，气泡较不稳定且容易合并。溶气气浮是利用亨利定律：空气在高压下溶于水，在常压下释放形成微气泡。这样产生的气泡直径小（直径为 $20\sim100\mu m$），尺寸均一，分布均匀，气泡稳定，并且受废水水质的影响很小。

从装置的配套设备上看，①溶气气浮为防止释放器发生堵塞，一般会采用气浮处理出水回流作为溶气水水源，回流水量视进水水质而定，进水悬浮物浓度越高，所需气泡量越大，回流量也需要越大。因此根据水质不同，回流比一般取 $10\%\sim30\%$，工业废水往往取高值。且为保证足够的高压以使空气溶于水，回流泵的扬程一般高达 $30\sim60m$。这导致回流泵的能耗较大，再加上空压机的能耗使得曝气系统总能耗较高。相比之下，叶轮布气气浮的曝气系统简单，只需要若干台曝气机，单台轴长 $2m$ 的曝气机可处理水量为 $30\sim50m^3/h$，功率为 $2.2kW$，相应曝气系统的水电耗能较少，节能效果显著。②由于布气气浮曝气室内的水流湍流程度较高，絮体在叶轮高速剪切作用下被破碎，或形成之后密实度较差。相比之下，溶气气浮的絮体主要在气浮池之前的絮凝槽内就已形成，气泡在接触室释放之后顶托絮体上浮。因此，溶气气浮处理效果要优于叶轮布气气浮。③溶气气浮释放器易堵、回流和空气管路及控制仪表阀门复杂，操作工序烦琐，系统维护的工作量大，对操作运行人员的素质及管理水平要求较高，这导致许多污水处理设施的溶气气浮设备使用率较低，甚至建成运行一段时间后就弃置不用。而布气气浮设备即开即用，设备少，操作维护量也小。

从适用场合上看，叶轮布气气浮能耗低且易于维护管理，适用于：①采油、炼油、化工、机械加工、车船运输食品加工、钢铁等行业的含油废水处理；②造纸废水处理中去除 SS 以及造纸工艺中回收纤维素；③乳品、屠宰、海产及肉类加工、制革等行业废水，去除高浓度的油脂和蛋白质；④沉降性能差的污泥的浓缩。而溶气气浮的适用范围较为广泛，适用于：①净水处理；②废水的深度处理；③成分单一、表面张力较大的废水处理；④其他采用布气气浮效果不理想的场合。

根据溶气气浮与叶轮布气气浮的特性分析，两者各有优缺点，在实际应用中应根据废水性质合理选用。此外，在准备使用气浮工艺的场合，除了参考已有业绩，应尽可能取水样做小实验，一方面对混凝剂和絮凝剂的种类和投加量进行优化比选。另一方面也可通过简单的小实验预测叶轮气浮的处理效果：取一定量的待处理废水与适量优化比选后药剂充分混合，装入一支具塞试管中，至一半高度，塞紧塞子，用力上下摇晃 5s 后静置观察。若试管中有较多气泡产生且保持了一定的时间，悬浮物在静置后可以形成较紧密的絮体并上浮时，可考虑采用叶轮布气气浮。若摇晃后气泡迅速消失，导致絮体下沉，或絮体破碎不易再重新聚合，则建议采用溶气气浮。

3.1.6　滤池

滤池是常用的深层过滤设备。按照过滤速度的不同，可分为慢滤池（$\leq4m/h$）、快滤池（$4\sim10m/h$）和高速滤池（$10\sim60m/h$）；按滤池的布置或构造可分为普通快滤池、无阀滤池和虹吸滤池；按作用力的不同，可分为重力滤池（作用水头 $4\sim5m$）和压力滤池（作用水头 $15\sim25m$）。以上几种滤池均可归于快滤池的范畴，且应用较为广泛。

1. 普通快滤池

普通快滤池是常用的过滤设备，也是研究其他滤池的基础。

（1）快滤池的基本结构及工作原理　图 3-29 为普通快滤池的结构示意图。快滤池一般用钢筋混凝土建造，滤池内包括滤料层、承托层、配水系统、集水渠和冲洗排水槽五个部分，池外有集中管廊，配有原水进水管、清水出水管、冲洗水管、冲洗排水管等主要管道。

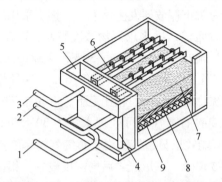

图 3-29　普通快滤池的结构示意图
1—清水出水管　2—冲洗水管　3—原水进水管　4—冲洗排水管
5—集水渠　6—冲洗排水槽　7—滤料层　8—承托层　9—配水系统

动图 3-29　普通快滤池
的工作原理

快滤池的运行过程主要是过滤和冲洗两个过程的交替循环。过滤是生产清水的过程，过滤时加入凝聚剂的原水从进水管经集水渠、冲洗排水槽流入滤池，自上而下穿过滤料层和承托层，过滤后的清水由配水系统收集，经清水总管流出滤池。过滤一段时间后，由于滤料层不断截污，滤料层孔隙逐渐减小，水流阻力不断增大，以及水流对孔隙中截留杂质的冲刷力增大，使出水水质变差。当滤层的水头损失达到最大允许值时，或当过滤出水水质接近超标时，则应停止滤池运行，进行反冲洗。

滤池反冲洗时，反冲洗水由冲洗水管经滤池配水系统进入滤池底部，由下而上逆向通过承托层和滤料层，使滤料层膨胀、悬浮，借水流剪切力和颗粒碰撞摩擦力清洗滤料层并将滤料层内污物排出。冲洗废水经冲洗排水槽、集水渠和排污管排出。反冲洗完毕，滤池又进入下一个过滤周期。

（2）快滤池的组成部分

1）滤料。滤料是滤池的核心部分，它提供悬浮物接触凝聚的表面和纳污的空间。在水处理中常用的滤料有石英砂、无烟煤粒、石榴石粒、磁铁矿粒、白云石粒、花岗岩粒及聚丙烯发泡塑料球等，其中以石英砂使用范围最广。

2）配水系统。快滤池配水系统的作用是均匀收集滤后水，更重要的是均匀分配反冲洗水，故又称为排水系统。为了使反冲洗水均匀地分布全池，可采用两种方法：

① 尽可能增大配水系统中布水孔眼的阻力，即减小孔眼尺寸，采用管式大阻力配水系统。

② 尽可能减小水从进口端流到末端的水头损失，使其可以忽略不计，也可采用小阻力配水系统。

管式大阻力配水系统（见图 3-30）由一条干管（或渠）和若干支管组成，干管截面面积为支管总截面面积的 1.5~2.0 倍，支管长与直径之比小于 60。支管上开有向下成 45°的配水孔，相邻两孔的方向相互错开，孔间距为 75～200mm，配水孔总面积与滤池面积之比为 0.2%～0.25%。支管底与池底距离不小于干管半径。为了排除反洗水的空气，干管应在末端顶部设排气管，干管自进口端至末端倾斜向上。排气管直径宜为 40～50mm，末端应设阀门。

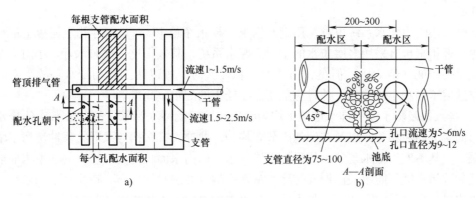

图 3-30　管式大阻力配水系统

当滤池面积和干管直径较大时，为了保证干管顶部配水，可在干管顶上开孔安装滤头（见图 3-31a），或将干管埋设在滤池底板以下，干管顶连接短管，穿过底板与支管相连（见图 3-31b）。

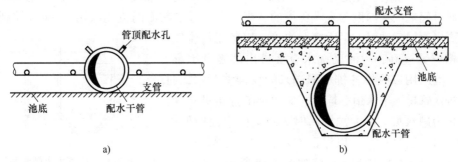

图 3-31　"丰"字大阻力配水系统

小阻力配水系统的形式很多，最常用的是在穿孔板上安装滤头。常见的滤头为圆柱形和塔形两种（见图 3-32），废水从穿孔板下空间流入滤头，通过滤头的缝隙分配进入滤池。穿孔板与滤池底的空间为集水空间，高度为 0.3m，水在集水空间内流动的阻力可以忽略不计。通常，每平方米滤池面积安装 40～60 个滤头，总缝隙面积为滤池面积的 0.5%～2%。

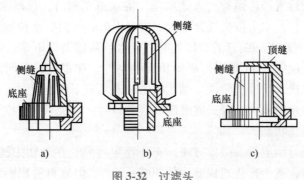

图 3-32　过滤头

豆石滤板也是常用的小阻力配水系统，它由 3~10mm 的豆石组成，用 400 矿渣硅酸盐水泥黏结而成，水泥、石子与水的重量比为 1：6：0.33，板厚为 10~20cm，每块滤水板的长和宽都约为 1m，整个滤池底部铺设滤水板，板缝用水泥填充，滤水板下集水空间的高度为 0.3m。

此外，小阻力配水系统也可采用钢制栅条（栅条净距 10mm）或穿孔水泥板上铺设尼龙丝网等。近年来也有采用多层布水的小阻力配水系统，其效果比一次布水好。小阻力配水系统冲洗水头较低（约 2m），但是，当滤池面积较大时，难以达到均匀配水，故小阻力配水系统仅适用于面积小的滤池，并且底部还需要较大的配水室高度。

3）排水槽及集水渠。排水槽用于均匀收集和输送反冲洗污水，故其分布应使排水槽溢水周边的服务面积相等，以及在滤池内分布均匀。此外，排水槽应及时将反冲洗污水输送到集水渠，使其不产生壅水现象。如果排水槽壅水，槽内水面将与反冲洗时的滤池水面连成一片，反冲洗污水就不能以溢流形式排除，从而影响反冲洗水的分布。在排水槽的末端，反冲洗污水应以自由跌落的形式流入集水渠，集水渠的水面不干扰排水槽的出流。

为了使所设置的排水槽不影响反冲洗污水的均匀分布，每单位槽长溢流流量必须相等，槽顶溢流部分应尽量水平，标高的误差应在 ±2mm 范围内。两排水槽中心线的间距一般为 1.5~2.2m，槽长为 5~6m。槽所占的面积应不超过滤池面积的 25%。为保证足够的过水能力，槽内水面以上有一定超高（干舷），通常采用 7cm。一般沿槽长方向，槽宽不变，采用倾斜槽底，起端的槽深度为末端深度的一半，末端过水断面的流速采用 0.6m/s 控制。排水槽面应高出滤层反洗时的最大膨胀高度，以免滤料流失。但排水槽位置过高，污浊反洗水就会排出缓慢且困难。集水渠一方面用以收集各排水槽送来的反冲洗污水，通过反洗排水管排入下水道，同时，它也能够连接进水管，故也称之为进水渠。反冲洗排污时集水渠的水面应低于排水槽出口的底部标高，以保证洗水槽的水流畅通。快滤池的冲洗排水槽的横截面形状如图 3-33 所示。

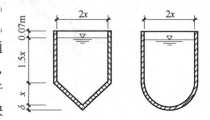

图 3-33 冲洗排水槽断面形状

2. 重力式无阀滤池

无阀滤池是利用水力学原理，通过进出水的压差自动控制虹吸的产生和破坏，实现滤池的自动运行。它克服了普通快滤池管道系统复杂、各种控制阀门多、操作步骤复杂及建造费用高的缺点。

图 3-34 为重力式无阀滤池结构示意图。其工作原理：原水自进水管 2 进入滤池后，自上而下穿过滤床，滤后水经连通管进入储水箱，待水箱充满后，过滤水由出水管 12 排入清水池。随着过滤的进行，水头损失逐渐增大，虹吸上升管 3 内的水位逐渐上升（过滤水头增大），当这个水位达到虹吸辅助管的管口处时，废水就从辅助管下落，由于虹吸管两端管口均被水封住，便通过抽气管 14 抽吸虹吸管顶部的空气，在很短的时间内，虹吸管因出现负压而投入工作，滤池进入反冲洗阶段。储水箱中的清水自下而上流过滤床，反冲洗水由虹吸管排入排水井。当储水箱水位下降至虹吸破坏管管口时，虹吸管吸进空气，虹吸破坏，反洗结束，滤池又恢复过滤状态。

无阀滤池全部是自动进行，操作方便，工作稳定可靠；在运转中滤层不会出现负水头；结构简单，材料节省，造价比普通快滤池低 30%~50%。但滤料进出困难，因冲洗水箱位于滤池上部，使滤池总高度较大，滤池冲洗时，原水也由虹吸管排出，浪费了一部分澄清的原水，且反冲洗污水量大。

无阀滤池多用于中、小型给水工程，且进水悬浮物浓度宜在 100mg/L 以内。由于采用小阻力配水系统，所以单池面积不能太大。

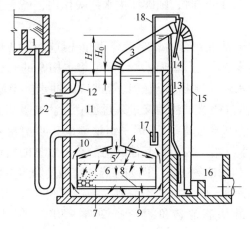

图 3-34　重力式无阀滤池结构

1—进水分配槽　2—进水管　3—虹吸上升管　4—顶盖　5—挡板

6—滤斜层　7—承托层　8—配水系统　9—底部空间　10—连通间

11—冲洗水箱（清水池）　12—出水管　13—虹吸辅助管　14—抽气管

15—虹吸下降管　16—水封井　17—虹吸破坏斗　18—虹吸破坏管

动图 3-34　重力式无阀滤池的工作原理

3. 虹吸滤池

虹吸滤池的滤料组成和滤速选定与普通快滤池相同，采用小阻力配水系统。不同的是，进水和排走反洗水利用的是虹吸原理，其构造和工作原理如图 3-35 所示。

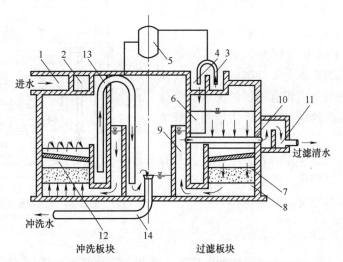

图 3-35　虹吸滤池的构造和工作原理

1—进水槽　2—配水槽　3—进水虹吸管　4—单个滤池进水槽　5—真空系统

6—布水区　7—滤层　8—配水区　9—集水槽　10—出水管　11—出水井

12—冲洗排水槽　13—冲洗虹吸管　14—冲洗排水管

图 3-35 的右半部表示过滤时的情况：经过澄清的水，然后由进水槽 1 流入滤池上部的配水槽 2，经虹吸管 3 流入进水槽 4，再经过真空系统 5（调节各单元滤池的进水量）和布水区 6 流入滤池。水经过滤层 7 和配水系统 8 而流入集水槽 9，再往出水管 10 流入出水井 11，由控制堰流出滤池。滤池在过滤过程中水头损失不断增长，滤池内水位不断上升。当水位上升到预定高度（一般为 1.5~2.0m）时，则破坏进水虹吸作用，停止进水，滤池即自动进行反冲洗。

图 3-35 的左半部表示滤池冲洗时的情况：开启真空系统使冲洗虹吸管 13 形成虹吸，将池内存水抽至滤池中部，由排水管 14 排出。当滤池内水位低于集水槽 9 的水位时，集水槽的水反向流过滤层，冲洗滤料，反洗水经排水槽排至虹吸管进口处抽走。当滤料冲洗干净后，破坏冲洗虹吸管的真空，启动进水虹吸管，滤池又进入过滤状态。虹吸滤池的冲洗水头一般为 1.1~1.3m（集水槽水位与排水槽顶的高差）。因一组滤池的集水槽相互连通，一个滤池的反冲洗水量由其他滤池的滤过水供给。为了使其他滤池的总出水量能满足冲洗水量的要求，滤池的总数必须大于反冲洗强度和滤速的比值。例如，当冲洗强度为 10~15L/(m^2·s)，滤速为 8m/h 时，则至少需要 5~7 个滤池。虹吸滤池不需要大型进水阀或控制滤速装置，也不需冲洗水塔或水泵，它比同规模的快滤池造价投资省 20%~30%，但滤池深度较大（5~6m），适用于中、小型水处理厂。

4. 压力滤池（罐）

压力滤池是一个承压的钢罐，其内部构造与普通快滤池相似，在压力下工作，允许水头损失可达 6~7m。进水用泵直接抽入，滤后水压力较高，通常可以直接送到用水装置或水塔中。压力滤池过滤能力强，容积小，设备定型，使用的机动性大。但是，单个滤池的过滤面积较小，只适用于废水量小的场合。

压力滤池分为竖式和卧式两种，竖式压力滤池有现成标准产品（见图 3-36），直径一般不超过 3m。池内常设无烟煤和石英砂双层滤料，粒径一般采用 0.6~1.0mm，厚度一般用 1.1~1.2m，滤速为 8~10m/h 或更大。配水系统通常用小阻力的缝隙式滤头、支管开缝或孔等。反冲洗污水通过顶部的漏斗或设有挡板的进水管收集并排除。为提高反洗效果，常考虑用压缩空气辅助冲洗。

压力滤池外部安装有压力表、取样管，及时监控水头损失和水质变化。滤池顶部还设有排气阀，以排除池内和水中析出的空气。

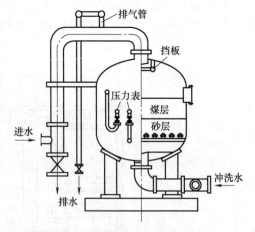

图 3-36 竖式压力滤池构造

3.1.7 膜分离设备

膜分离技术指在压力或直流电场的作用下，使得不同粒径的物质分子有选择性地通过半透膜，从而达到分离和纯化物质的一种技术。目前最常用的膜分离法有微滤、超滤、纳滤、反渗透和电渗析等。微滤、超滤、纳滤和反渗透是利用压力为推动力的膜分离法，所能截留的物质分子粒径逐渐减小。电渗析是利用离子交换膜对阴阳离子的选择透过性，以直流电场为推动力的膜分离法。

膜分离法具有无相态变化、分离时节省能源、可连续操作等优点，因此膜分离技术在水处理领域得到越来越广泛的应用，与之相匹配的膜分离设备也得到日新月异的发展。膜分离设备种类繁多，限于篇幅，本文重点介绍一些常用的反渗透设备、电渗析设备。

1. 非除盐设备

在膜分离技术中，微滤、超滤、纳滤不能去除相对分子质量较低的盐类，但能有效去除大部分胶体、大分子化合物和微生物（见图 3-37）。这些物质在中等质量分数时渗透压不大，所以微滤、超滤、纳滤能在较低的压差条件下工作，它常用的工作压力为 0.1 ~ 2.0MPa。

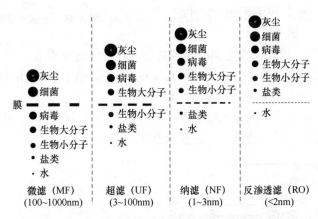

图 3-37　不同膜分离技术及其分离的目标污染物

（1）微滤　微滤膜能截留 100 ~ 1000nm 之间的颗粒。微滤膜允许大分子和溶解性固体（无机盐）等通过，但会截留悬浮物、细菌及大分子量胶体等物质。微滤膜的运行压力一般为 0.03 ~ 0.7MPa。

（2）超滤　超滤膜能截留 3 ~ 100nm 之间的颗粒。超滤膜只允许溶液中的溶剂（如水分子）、无机盐及小分子有机物透过，而将溶液中的悬浮物、胶体、蛋白质和微生物等大分子物质截留，从而达到净化和分离的目的。超滤膜的运行压力一般为 0.1 ~ 3MPa。

（3）纳滤　纳滤膜能截留 1 ~ 3nm 之间的颗粒，能去除分子量不小于 200 的有机物。纳滤膜在较低压力下（仅 1MPa）正常运行，是纳滤膜运行成本较低的主要原因。

2. 反渗透设备

反渗透是用足够的压力使溶液中的溶剂（一般指水）通过反渗透膜（或称为半透膜）而分离出来的工艺，因为它和自然渗透的方向相反，故称为反渗透。自然渗透与反渗透的原理如图 3-38 所示。

根据各种物料的不同渗透压，就可以使用大于渗透压的反渗透方法达到分离、提取、纯化和浓缩等目的。渗透压的大小取决于溶液的种类、质量分数和温度。

反渗透的主要对象是溶液中的离子，反渗透法的分离过程不需加热，没有相的变化、具有耗

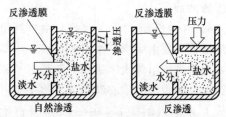

图 3-38　自然渗透与反渗透的原理

能较少、设备体积小、操作简单、适应性强、应用范围广等优点。它的主要缺点是设备费用较高，膜清洗效果较差。反渗透在水处理中应用范围日益扩大，已成为水处理技术的重要方法之一。

（1）反渗透装置及其组合形式

1）板框式反渗透器。板框式反渗透器的构造如图 3-39 所示，即将几十块两侧带有微孔支撑板和反渗透膜的隔板平整叠直起来，再用螺栓夹紧后即可进行反渗透分离。它的优点是装置牢固能承受高压；其缺点是液流状态差，易形成浓差极化，设备费用高，占地面积也稍大。

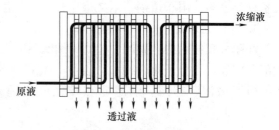

图 3-39　板框式反渗透器

2）卷式反渗透器。卷式反渗透器的膜都是以卷式膜的形式存在，其主体过滤装置由卷式膜与双层或三层隔网依次叠合，并绕着多孔支撑材料卷曲而成。它的优点是过水面积大，装填密度大，三层隔网能够减弱浓差极化，装置使用操作简便；其缺点是隔网会增大装置的压力损失，降低卷式膜性能。但卷式反渗透器因其膜组件的成本较低、结构简单，而成为目前市面上使用形式最广的反渗透器。其装置示意图如图 3-40 所示。

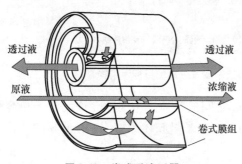

图 3-40　卷式反渗透器

动图 3-40　卷式反渗透器

3）碟管式反渗透器。碟管式反渗透器主要由导流盘和膜片依次交叠组成，料液从导流盘与外壳之间的空隙流入反渗透器的通道中，淡化水则由每块膜片渗透至装置的中部管道处，再排出反渗透器，如图 3-41 所示。它的优点是膜片易清洗且自动化程度高，系统稳定性好，寿命相对较长。因其抗污染性强，可用于处理高浑浊度或高含砂系数的废水。目前，常采用碟管式反渗透器用于处理垃圾渗滤液。

4）中空纤维式反渗透器。中空纤维式反渗透器主要由中空纤维式膜组成。中空纤维式反渗透膜组件大多采用三乙酸纤维素制成，是一种很细的空心纤维管，将中空纤维弯成 U 形装入耐压容器中，纤维开口端固定在圆板上，用环氧树脂密封，就形成中空

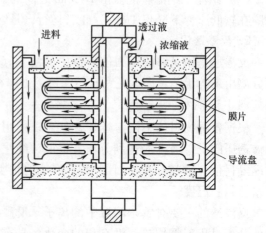

图 3-41　碟管式反渗透器

纤维式反渗透器。它的优点是自支撑结构好,具有较高的稳定性,比表面积大,填充密度高,耐氯性能好,具有良好的耐化学和耐生物侵蚀性,浓差极化程度和结垢倾向较低;其缺点是耐压实性能较弱。

(2) 反渗透的工艺流程　在整个反渗透处理系统中,除了反渗透器和高压泵等主体设备外,为了保证膜性能的稳定,防止膜表面结垢和水流道的堵塞等。除了装置合适的预处理装置外,还需设置必要的附加设备,如 pH 调节、氯化杀菌和微孔过滤等。一级反渗透工艺流程如图 3-42 所示。

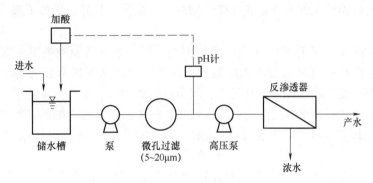

图 3-42　一级反渗透工艺流程

1) 为了防止膜表面产生碳酸钙结垢和控制膜的水解,一般都要对进水的 pH 进行调整,药品可以是硫酸或盐酸,国内大都加注盐酸。

2) 在一级反渗透器前一般都装设 $5 \sim 20 \mu m$ 微孔过滤器(或称为保安过滤器),用以阻挡大于 $20 \mu m$ 以上的物质,以免膜件被损伤。

3) 通常进水需要加温,可在微孔过滤器前设置加热器,并配备必要的仪表对水温进行控制。给水加热温度通常考虑为 $25 ℃$。

4) 为防止硫酸钙水垢在膜面上析出,必要时可以在进水中加注六偏磷酸钠,以提高硫酸钙的溶度积。通常的加注量为 $5 \sim 20 mg/L$。

5) 如果进水中的余氯量超过规定指标时,为避免膜被活性氯氧化而受损伤,需脱去余氯。一般可通过加化学还原剂去除,如亚硫酸氢钠、亚硫酸钠、过氧化氢等,其中亚硫酸氢钠对反渗透设备的脱氯效果最为经济有效。

6) 高压泵可以采用多级离心泵或往复泵,管式和小型反渗透装置常采用往复泵,此时为防止压力脉冲,需设稳压装置。高压泵宜设置旁路调节阀门,以便调节供水量。为防止在高压泵启动时膜组件受到高压给水的突然冲击,在高压水泵出口阀门上要装控制阀门开启速度的装置,使阀门能徐徐开启(通常控制在 $2 \sim 3min$)。

(3) 反渗透膜污染及清洗　反渗透膜系统遇到的最大问题是膜污染,即废水中不同种类物质与膜发生物理聚集、化学反应或机械力作用而在膜表面积累堆叠,导致膜孔径变小甚至堵塞,使膜产生透过流量与分离特征变化的现象。反渗透膜被污染后系统的脱盐率、透过性等多项指标会降低,进而影响系统的稳定运行。

1) 反渗透膜污染类型。

① 离子结晶污染。反渗透膜处理技术就是对原水进行浓缩,随之提升离子浓度,使得无机盐达到饱和状态而出现结晶,附着于渗透膜表面。这些无机盐垢属于溶解度非常小的难

溶盐或者微融盐，如 $CaSO_4$、$CaCO_3$、CaF_2、$SrSO_4$ 等。无机物的沉积会使膜系统产水量下降、压差增大及膜元件承重增大，另外，晶体尖锐的棱角极易划伤膜表面，严重影响膜的使用寿命，增加企业运行成本。膜系统若在无机物沉积的状态下长时间运行，则可能会造成不可恢复的污染。

② 有机物污染。有机物通常指含碳元素的化合物或碳氢化合物及其衍生物，包括烃类、酯类、醛类等多种难降解有机物。反渗透膜对于小分子有机物的过滤效果较差，经反渗透膜浓缩后浓水中有机物含量增加 3~4 倍，有机物会附着于反渗透膜上。有机物在膜面上的吸附累积不仅会造成膜性能的下降，还为微生物的滋生提供了营养，增加了膜系统微生物污染的可能性。

③ 微生物污染。反渗透膜的生物污染物主要为细菌、真菌和藻类等，这些微生物可以借助原水中能够降解的有机物在膜表面繁殖，形成生物膜从而堵塞膜通道，导致通水量减少、工作压力和压差升高。此外，这种生物膜可以将微生物、无机盐类垢紧密包裹起来，而物理冲洗及化学清洗时均难将此生物膜彻底破坏，故无法将膜面上的污染物彻底根除。微生物污染会使膜系统性能下降，运行投资增加。因此要十分重视膜组进水中微生物指标的控制。

④ 悬浮胶体物质污染。废水中的胶体颗粒成分通常为无机或有机的单体或化合物，又会与软化除硬等预处理阶段加入的 PAC、PAM 等絮凝剂药剂接触反应集结成大颗粒，这些相同电荷型的胶体互相排斥，更加不易沉降去除。棉絮状的胶体物质在膜表面絮凝沉积，时间久了会牢牢板结在膜元件的表面。颗粒与胶体会堵塞膜孔，导致系统压力升高、脱盐率降低。

2）反渗透膜污染的主要污染物分布规律。通过对受污染膜组件分析可知，不同污染物在膜元件上的分布存在一定规律。由于废水中各类污染物均被截留在浓水侧，因此，浓水中污染物的含量进一步增加，浓水通道发生污染物沉淀、聚集的可能性也随之增大。另外，在长期处理高盐高 COD 化工废水过程中，大量的小颗粒、有机物、硅酸盐等污染物在反渗透膜表面层层叠加，形成了密集的堆积。根据所处位置，膜面污染物一般可分为三个等级。第一级为离膜表最远层，通常为松散附着区域，主要有微小颗粒、未紧密坚硬的 $CaCO_3$ 和胶体以及生物等，此处污染物经纯净水简单冲洗或化洗即可快速去除。第二级为较坚固附着层，主要为沉积的无机盐类垢及铁盐等结垢类物质，此类污染物较难去除，需配制针对性的清洗药剂对膜元件长时间浸泡后再清洗才有去除效果。第三级紧贴膜表面为复杂顽固层，主要为不同沉淀化合物、硅酸盐类、有机烃类等物质，去除难度最大。

3）反渗透膜污染清洗技术。

① 物理清洗。物理清洗技术中最为常见的是正冲洗，该方法是用大量的清水对反渗透膜进行冲洗，在低压状态下通过连续或脉冲模式反复冲刷，使得反渗透膜表面的附着物随着水流被带走。正冲洗方法操作简单，对膜面上累积的松散污染物去除效果较好，不改变污染物的性质，也不与膜发生反应，对反渗透膜的皮层造成较小的损伤，能够在一定程度上恢复反渗透膜的分离效果。正冲洗技术需要注意对水流的控制，不能超过渗透膜所能承受的最大流水量，避免渗透膜在高速水的冲洗下出现聚氨酯皮层脱落的问题，以致对反渗透膜的分离性能造成影响。

虽然正向冲洗技术能够有效控制膜污染情况，但是仍然会有小尺寸的污染物进入反渗透膜，并且在进水格网的周围不断堆积。这些堆积的污染物很难通过正冲洗而排出元件。逆向冲洗技术是将清水从产水侧透过反渗透膜，分离堆积的污染物，与正冲洗相比，清洗效果更好。但是这种清洗技术需要施加较高压力，从而导致反渗透膜皮层容易在清洗过程中损坏，在实际生产中应用较少。

② 化学清洗。化学清洗是在反渗透产水中加入可以与膜元件内污染物发生反应的化学药剂，通过化学药剂在膜元件中的循环清洗，改变污染物的物理化学性质，最终实现将其完全清除的目的。化学清洗去除污染物高效快速，且对复杂污染物的去除也有不错的效果，能在短时间内恢复膜系统性能。

化学清洗前要分析膜污染的类型及污染物的具体组成，选择最佳的清洗药剂。清洗药剂主要包括酸性清洗剂、碱性清洗剂、生物酶清洗剂。酸性清洗剂分为有机酸与无机酸两种，盐酸、硝酸属于无机酸，对于有机盐、金属氧化物的清洗效果较强。柠檬酸、草酸等有机酸则对于无机盐形成的有机金属污染物的处理效果较好，使其脱离反渗透膜表面而进入本体液中。其中，柠檬酸不仅能够发生酸效应，还可以与反渗透膜表面的有机污染物形成络合反应。为此可见，有机酸相对于无机酸对反渗透膜所产生的损坏更小。碱性药剂主要借助氢氧化钠，调高清洗剂的 pH，能够有效处理蛋白质、油脂及多糖污染物。碱性清洗剂主要是氢氧化钠与络合剂和表面活性剂形成复合配方，该化学药剂对生物膜、有机物、硫酸盐垢的清洗效果较好。含酶的清洗剂则利用生物酶较强的催化作用，有效分解多糖、脂类、蛋白质等物质分解为水溶性小分子有机物，该方式对微生物膜的清洗效果非常好。根据实验研究结果及实际清洗效果评估，常见污染物清洗液选择推荐见表 3-8。

表 3-8　常见污染物清洗液选择推荐

主要污染物质	推荐清洗液	使用条件	备注
碳酸盐垢	0.2% 盐酸	温度≤35℃ pH>2	清洗效果最好
	2.0% 柠檬酸	温度≤35℃ 用氨水调节 pH 为 3.0	清洗效果较好
	0.5% 磷酸	温度≤35℃	清洗效果较好
硫酸盐垢	0.1% 氢氧化钠 1.0% EDTA 二钠	温度≤30℃ pH≤12	清洗效果最好
金属化合物	1.0% 焦亚硫酸钠	—	清洗效果最好
	2.0% 柠檬酸	温度≤30℃ 用氨水调节 pH 为 3.0	清洗效果较好
	0.5% 磷酸	温度≤30℃ pH>2	清洗效果最好
微生物	0.1% 氢氧化钠 0.025% 十二烷基苯磺酸钠	温度≤30℃ pH≤12	清洗效果最好
	0.1%氢氧化钠		清洗效果较好
胶体	0.1% 氢氧化钠 0.025% 十二烷基苯磺酸钠		清洗效果最好

（续）

主要污染物质	推荐清洗液	使用条件	备 注
有机物	0.1% 氢氧化钠 0.025% 十二烷基苯磺酸钠 0.2% 盐酸	温度≤30℃ 第一步，pH≤12 第二步，pH>2	先用氢氧化钠及十二烷基苯磺酸钠作为第一步清洗，再用盐酸作为第二步清洗
	0.1% 氢氧化钠 1.0% EDTA 二钠 0.2% 盐酸		清洗效果较好 先用氢氧化钠和 EDTA 作为第一步清洗，再用盐酸作为第二步清洗

3. 电渗析设备

目前电渗析设备已广泛应用于各个行业，既可为化工、医药、电子、轻工、食品和冶金等领域提供工业用水，又可用于苦咸水淡化以制取生活饮用水。

（1）电渗析设备除盐过程与原理　电渗析设备的除盐过程如图 3-43 所示，由于水中的离子是带电的，当含盐水通过电渗析器时，在直流电源的作用下，阳离子和阴离子各自会做定向迁移，阳离子向负极迁移，阴离子向正极迁移。由于离子交换膜具有选择透过性能，当淡水室的阴离子向正极迁移时，能透过阴离子交换膜（简称阴膜）进入浓水室，但浓水室内的阴离子因不能透过阳离子交换膜（简称阳膜）而留在浓水室内；淡水室内的阳离子向负极迁移时，能通过阳膜进入浓水室，但浓水室中的阳离子因不能透过阴膜而留在浓水室中。因此，浓水室因阴阳离子不断进入而使浓度增高，获得浓水，淡水室因阴阳离子不断迁出而使浓度降低，获得淡水。

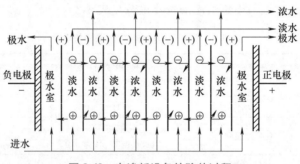

图 3-43　电渗析设备的除盐过程

（2）电渗析设备的构成　电渗析设备的一般结构如图 3-44 所示，主要由一层层交替排列的隔板、离子交换膜及两端的电极组成，还包括由紧固框架和螺杆组成的压紧装置。

1）隔板、隔网。从图 3-44 中可以看出，每一块阴离子交换膜和阳离子交换膜之间都排布了一块隔板，每对膜之间的隔板便将浓水室或淡水室分隔成了体积相等的两个单元。同样，从图中可以观察到，含盐水最先流向隔板，再在隔网中分散流动，使得流体在各水室中均匀分布，提高了设备的传质效率。除此之外，在隔板中装配隔网，能够缩短设备的除盐流程，增大水流的湍流程度，有效提高了设备的极限电流密度，减小了电流极化现象。所以，当前的电渗析设备常装配带有隔网的隔板进行除盐。而隔板下端带有的垫片装置则起到了支撑离子交换膜的作用，垫片的宽度也决定了设备中浓、淡水室的大小。

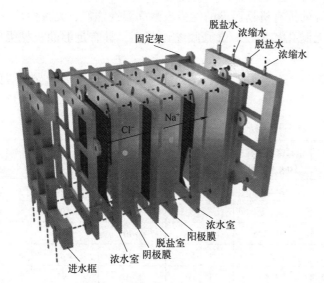

固定架

脱盐水
浓缩水
脱盐水
浓缩水

Na⁺

Cl⁻

浓水室
脱盐室　阳极膜
浓水室　阴极膜
进水框

图 3-44　电渗析设备的一般结构

动图 3-44　电渗析设备的工作原理

因此，隔板和隔网是电渗析设备中不可或缺的重要部件，对于隔板和隔网的选择或确定则应注意以下几点：

① 隔板越薄，离子迁移过程中的路程就越短，浓淡水室的电阻也就越小，电流效率也越高。相反，隔板越厚，电阻增大，电流效率越低，除盐率减少，单位耗电量增加。因此，有条件时应优先选用较薄的隔板。隔板厚度的选择还必须考虑原水预处理程度，当原水经预处理后浊度、硬度、有机物含量等较低，不易使膜污染和发生污垢时，可适当选择较薄的隔板。反之，如处理苦咸水和海水时，则不宜选用太薄的隔板。

② 隔板材料应有稳定的平面尺寸、良好的化学稳定性，耐酸碱和氧化剂的腐蚀，耐一定的温度，绝缘性能好，并且有一定刚度和弹性。若制取生活饮用水、食品及医药用水，材质应无毒性。国内的隔板材料有聚氯乙烯、聚丙烯、聚乙烯、天然和合成橡胶等。一般常用的隔板规格有 400mm×800mm、800mm×800mm、400mm×1600mm、800mm×1600mm 等。

③ 目前常用的隔网形式则有编织网、障条式方格和鱼鳞网等。设备中选用的隔网应具有变形小、网格均匀、水头损失小、湍流搅拌效果好和遮蔽膜面积小等特点。隔网的厚度应与隔板的厚度相等（一般认为相差不超过±10%为宜），太厚或太薄都会降低设备的除盐效果。

2）离子交换膜。当含盐水流向隔板后，含盐水中的阴阳离子便会在直流电源的作用下，有选择性地透过离子交换膜，从而形成浓、淡两类水室。离子交换膜是电渗析设备的核心部件，按其选择透过性的不同，可分为阳膜和阴膜。按膜结构的不同，可分为异相膜、均相膜和半均相膜三类。而设备中选用的不同种类的离子交换膜，也将直接影响电渗析器的除盐效率、电能消耗、抗污染能力和使用期限等技术经济指标。因此，在选用膜时，应尽量选择最适合所处理水质的离子交换膜，使得技术经济效益最高。同时，在选择离子交换膜时，还需对离子交换膜的质量进行把控：

① 离子选择透过性要高，透水性要小。

② 膜电阻要低。

③ 化学稳定性好，具有较好的抗有机物污染的性能，耐高温性能好，无毒性。

④ 厚薄均匀，表面平整，无洞孔和裂纹，膨胀收缩性要小，具有足够的机械强度、韧性和挠曲性。

对于不用种类的离子交换膜的选择，可参照表3-9中提及的部分国产离子交换膜的性能进行比较。

表 3-9　国产离子交换膜性能

膜 的 种 类	厚度/mm	干膜交换容量/(mg Eq/g)	含水量(%)	面电阻/(Ω·cm²)	离子选择透过性（%）	爆破强度/(kg/cm²)
聚乙烯异相阳膜	0.38~0.5	≥2.8	≥40	8~12	≥90	≥4
聚乙烯异相阴膜	0.38~0.5	≥1.8	≥35	8~15	≥90	≥4
聚乙烯醇异相阳膜	0.7~1.0	2.0~2.6	47~53	~10	≥90	≥3
聚乙烯醇异相阴膜	0.7~1.0	≥2.0	47~53	≥15	≥85	≥3
聚乙烯半均相阳膜	0.25~0.45	2.4	38~40	5~6	>95	≥5
聚乙烯半均相阴膜	0.25~0.45	2.5	32~35	8~10	>95	≥5
聚氯乙烯半均相阳膜	0.25~0.45	1.3~1.8	35~45	≥15	≥90	>1
聚氯乙烯半均相阴膜	0.25~0.45	1.3~1.8	25~35	≥15	≥90	>1
聚乙烯含浸法均相阳膜（CM-001）	0.3	≈2.0	35	<5	≥95	>3.5
氯醇橡胶均相阴膜（CH-231）	0.28~0.32	0.8~1.2	25~45	~6	≥85	>6
聚丙烯异相阳膜	0.38~0.40	2.91	45.729.7	10~15	>95	>7
聚丙烯异相阴膜	0.38~0.40	1.75	22~25	12~16	>94	>7
涂浆法聚氯乙烯均相阳膜	0.18~0.22	1.68~2.01		≤5	>95	>3

3）电极。电极是电渗析设备的驱动装置，其靠压紧装置的一侧常装配有极框装置，极框是供极水流通的一类隔板，起着支撑离子交换膜、排除电极反应产物和冷却电极的作用。然而，在电渗析通电运行时，电极表面发生的电化学作用会腐蚀电极，因此，用作电极材料的导电性能要好，机械强度要高，化学和电化学的稳定性要好，且要求其价格低廉、加工方便。目前常用的电极材料如下：

① 石墨。经石蜡或树脂浸渍处理过的密度为 $1.8g/cm^3$ 以上的石墨，在苦咸水和海水淡化中，使用寿命较长。

② 钛。钛电极可加工成板、丝或网状，并且有较好的导电性。在其表面镀一层铂或涂一层钌可加强其耐腐蚀性能。

③ 铅。铅电极一般用于含盐量低或硫酸盐型水的除盐。但极水排水中可能含有有害金属离子，应引起重视。铅电极也不宜用于制饮用水。

④ 不锈钢。不锈钢一般作为阴极材料。在水温不超过30℃下运行时，也可作为阳极材料使用，用于处理含氯量低、重碳酸盐型的水。

4）压紧装置。常用的压紧装置有两种：一种是钢板和槽钢的组合型压板，使用螺栓将钢板、电极、隔板、离子交换膜锁紧；另一种是铸铁压板，用螺杆将上述装置锁紧。用螺栓或螺杆进行压紧时，还应确保电渗析设备受力均匀。

（3）电渗析的影响因素及应用范围 在电渗析工艺中，电压、电流是重要的影响因素。在一定范围内，电压越高，淡室的出水中离子含量就越少，离子浓度与电压呈反比；而浓室的出水中离子含量就越多，离子浓度与电压呈正比。在电渗析过程中，电流的大小决定脱盐的速率。增大电流密度，酸碱浓度会迅速增大，脱盐的效率随之增加。同时，流量与溶液的初始浓度也是影响淡化效率的重要因素。在处理一定的盐溶液时，提高初始浓度和增加极室盐溶液浓度均能降低操作电压，从而降低装置的能耗。

现阶段，电渗析的大致适用范围如下：

1）当进水含盐量在 500~4000mg/L 时，采用电渗析是技术可行、经济合理的。

2）当进水含盐量小于 500mg/L 时，应结合具体条件，通过经济技术比较确定是否采用电渗析法。

3）在进水含盐量波动较大、酸碱来源和废水排放困难等特殊情况下，可采用电渗析法。电渗析器出口水的含盐量不宜低于 10~15mg/L。

（4）常见的电渗析工艺

1）填充床电渗析。填充床电渗析是电渗析和离子交换相结合的膜分离技术。装置一般由离子交换膜、隔板、电极、夹紧装置、溶液流道和管路等组成，其中膜堆由淡室和浓室交替排列组成。与常规电渗析不同的是，淡室中填充了阴离子和阳离子的交换介质，如离子交换树脂、离子交换纤维及无机离子交换剂等。常规电渗析和填充床电渗析的膜堆结构如图 3-45 所示。

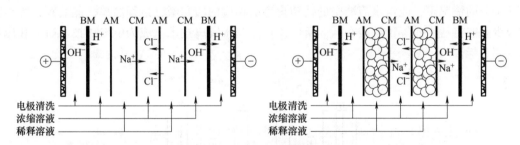

图 3-45 常规电渗析（左）和填充床电渗析（右）的膜堆结构示意图
BM—双极膜 AM—阴离子交换膜 CM—阳离子交换膜

在直流电场作用下，淡室水中的正、负离子沿树脂床和离子交换膜构成的通道分别向负极和正极方向迁移，正、负离子分别透过阳离子交换膜和阴离子交换膜进入相邻的浓室，从而生成淡水和浓水。离子交换树脂具有导电性，填充在电渗析膜堆淡室的树脂床可降低膜堆电阻和促进离子迁移，淡室由于填充了交换树脂颗粒使得电导率增加，从而减弱极化现象，提高去离子能力。阴离子交换膜催化水解离，有利于阳离子交换树脂的再生和阳离子的去除。填充床电渗析术兼有常规电渗析连续操作和离子交换深度脱盐的优点，同时还克服了常规电渗析易出现浓差极化，以及离子交换需要再生树脂和间歇操作的缺点。因此，填充床电渗析被广泛应用于废水处理、水脱硝酸盐、脱除废水中的重金属离子、发酵清洁生产与产品分离等领域。

2）倒极电渗析。倒极电渗析的原理和电渗析法基本相同，只是在运行过程中，倒极电渗析每隔一定的时间，正负电极极性相互倒换一次（国内电渗析器一般 2~4h 倒换一次）。

因此称现行的倒极电渗析为频繁倒极电渗析。其系统由电渗析本体、整流器及自动倒极系统三部分组成，倒极一般分以下三个步骤：首先转换直流电源电极的极性，使浓、淡室互换，离子流动反向进行。然后转换进、出水阀门，使浓、淡室的供排水系统互换。最后极性转换后持续 1~2min，将不合格淡水归入浓水系统，使浓、淡水各行其路，恢复正常运行。倒极电渗析器的使用，大大提高了电渗析操作电流和水回收率，延长了运行周期，同时还能自动清洗电极及离子膜上的污垢，保证离子膜不被堵塞。在净化饮用水、高含盐的废水、导致膜污染的废水、锅炉补给水和造纸废水的处理等方面有较多应用。

3）高温电渗析。高温电渗析的原理是将电渗析的进水温度加热到 80℃，使溶液的黏度下降，扩散系数增大，离子迁移数增加，从而增大极限电流密度，提高电渗析器的脱盐能力，降低动力消耗，以此降低处理费用，这个工艺对有余热可利用的工厂最为适宜。高温电渗析虽然有脱盐能力大、投资省及运转费用低等许多优点，但同时也存在耐高温膜的研制及需增加热交换器而要消耗一部分热能的问题。因此，在什么情况下采用多高的温度，需要从投资、运转费用及水温等方面综合进行技术经济比选。目前高温电渗析主要用于高含盐废水和难处理黏滞废水的处理。

4）双极膜电渗析。双极膜是一种新型离子交换复合膜，它一般由阴离子交换树脂层和阳离子交换树脂层及中间界面亲水层组成。在直流电场作用下，水分子从膜外渗透入膜间，被分解成 H^+ 和 OH^-。一方面，阳离子通过阳离子交换膜迁移至碱室，并与双极膜产生的 OH^- 结合生成相应的盐；另一方面，阴离子通过阴离子交换膜迁移至酸室，并与双极膜产生的 H^+ 结合生成相应的酸，如图 3-46 所示。与传统的电渗析相比，双极膜电渗析能够在不引入新组分的情况下，能将水溶液中的盐转化生成相应的酸和碱，过程简单，能效高，废弃物排放少且能将盐生成等量的酸和碱。所以，目前其水解离技术已成为电渗析技术研究和应用的首要目标。

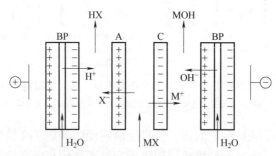

图 3-46 双极膜电渗析模型

BP—双极膜　A—阴离子交换膜　C—阳离子交换膜　MX—NaCl溶液

（5）应用　虽然电渗析技术被广泛应用于各领域，但也仅仅只是针对处理过程中的某一组分或某一处理环节进行的，还需要和其他处理工艺等相结合才能得到较好的处理效果。运用组合的工艺不仅能够克服单一工艺的缺点，而且可以有效地突出各工艺的优势，达到较为理想的处理效果。所以，面对不同组分及不同领域的污废水，寻求一种合适的组合工艺进行处理是近年来电渗析的发展趋势。

1）在制药废水处理中的应用：制药废水一般属于高含盐废水，含有较多的有机物、无机盐和生物抑制物（氰、酚）等。针对这类废水可采用电渗析技术，如采用"中和—沉降—萃取—双极膜电渗析"工艺（见图 3-47）将废水中的盐进行浓缩分离，使得出盐质量达到要求，同时还可以回收具有较高浓度的酸和碱。然后与其他工艺一起连用，在除盐的同时也能去除多个目标物。不仅去除了废水中的 COD 及其他有机物，还实现了废水处理达标排放和分离回收资源化利用的目标。

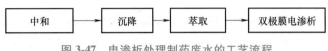

图 3-47　电渗析处理制药废水的工艺流程

2）在食品加工废水处理中的应用：食品加工废水的特点是高含盐量、多无机盐离子，以及有较高的 BOD 和 COD。因此可利用电渗析技术的脱盐、浓缩和提纯去除食品加工废水的盐分和无机盐离子，再进行生化工艺处理，使得食品加工废水处理效果更理想。此外，电渗析技术也可用在对食品的加工上。如采用电渗析技术提升酱油品质，对酱油脱盐；采用电渗析和超滤工艺来解决蛋白质污染问题，用于生产牛奶乳蛋白。

3）在印染废水处理中的应用：印染废水生化性差、色度高、毒性强，且印染废水中含有大量的无机盐离子。印染废水通常采用生化和物化法联合处理，但单一的生化或物化法无法解决印染废水中高含盐量的问题。对于实际的工业应用，一般采用"物化—生化—超滤—反渗透—电渗析"工艺（见图 3-48）。将电化学-生化结合实现印染废水的达标排放，同时也能够合理地处理污水的 COD、硬度、色度、SS、电导率等。但这项工艺还需要以反渗透法来去除主要的盐分，再进一步用电渗析技术浓缩反渗透浓水，浓缩废水含盐量高，最后通过蒸发结晶，对盐进行回收利用。

图 3-48　电渗析处理印染废水的工艺流程

4）在煤化工废水处理中的应用：煤化工废水通常含有许多无机污染物，包括氯化物、硫酸盐等无机盐，还含有酚类、酰胺类、酯类等多种有机物。它有着高 COD 浓度、高盐度和有毒性等特点。一般可采用"预处理—生化处理—超滤—反渗透—电渗析"煤化工废水的电渗析工艺（见图 3-49）。该工艺处理水质符合要求，盐水排放量少，水回用率高，而且所产生的渗透水可用作地下水回灌。目前，电渗析在处理煤化工废水的过程中主要应用于后期反渗透的浓缩液处理。

图 3-49　电渗析处理煤化工废水的工艺流程

5）在制革废水处理中的应用：制革废水一般有较多悬浮物、高有机物且含有较多的无机盐和重金属离子，一般可采用电渗析和超滤相结合的工艺来处理。用电渗析分离和浓缩低分子量的强电解质，用超滤膜片来保护阴离子膜，以防止电渗析阴离子膜被蛋白质污染，使得低分子量阴离子可渗透而蛋白质不可渗透，同时还可以去除制革废水中的化学需氧量、氨氮、铬和色度等。

3.2 混合与絮凝设备

3.2.1 混合与搅拌设备

混合设备是完成凝聚过程的重要设备。它能保证在较短的时间内将药剂扩散到整个水体，并使水体产生强烈紊动，为药剂在水中的水解和聚合创造了良好的条件。一般混合时间约为 2min，混合时的流速应在 1.5m/s 以上。常用的混合方式有水泵混合、隔板混合和机械混合。

（1）水泵混合设备　将药剂加于水泵的吸水管或吸水喇叭口处，利用水泵叶轮的高速转动达到快速而剧烈的混合目的，得到良好的混合效果，不需另建混合设备，但需在水泵内侧、吸入管和排放管内壁衬以耐酸、耐腐材料。当泵房远离处理构筑物时不宜采用，因已形成的絮体在管道出口一经破碎就难于重新聚结，不利于以后的絮凝。

（2）隔板混合设备　图 3-50 为分流隔板式混合槽。槽内设隔板，药剂于隔板前投入，水在隔板通道间流动过程中与药剂充分混合，混合效果比较好，但占地面积大，水头损失也大。

图 3-51 为多孔隔板式混合槽，槽内设若干穿孔隔板，水流经小孔时做旋流运动，使药剂与原水充分混合。当流量变化时，可调整淹没孔口数目，以适应流量变化。其缺点是水头损失较大。隔板间距为池宽的 2 倍，也可取 60~100cm，流速取值在 1.5m/s 以上，混合时间一般为 10~30s。

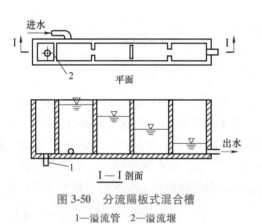

图 3-50　分流隔板式混合槽

1—溢流管　2—溢流堰

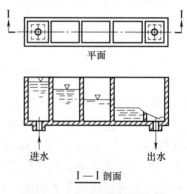

图 3-51　多孔隔板式混合槽

（3）机械混合设备　多采用结构简单、加工制造容易的桨板式机械搅拌混合槽，如图 3-52 所示。混合槽可采用圆形或方形水池，高 H 为 3~5m，桨板转动圆周速度在 1.5m/s 以上，停留时间为 10~15s。为加强混合效果，可在内壁设四块固定挡板，每块挡板宽度 b 取 $(1/12~1/10)D$（D 为混合槽内径），其上、下缘距静止液面和池底皆为 $D/4$。池内一般设带两叶的平板搅拌器，搅拌器距池底 $(0.5~0.75)D_0$（D_0 为桨板直径）。

当 $H:D \leqslant 1.2~1.3$ 时，搅拌器设一层桨板。

当 $H:D > 1.2~1.3$ 时，搅拌器设二层桨板。

如 $H:D$ 的值很大，则可多设几层桨板。每层间距为 $(1.0~1.5)D_0$，相邻两层桨板 90°

交叉安装。搅拌器桨板直径 $D_0 = (1/3 \sim 2/3)D$；搅拌器桨板宽度 $b = (0.2 \sim 0.25)D_0$。机械搅拌混合槽的主要优点是混合效果好且不受水量变化的影响，适用于各种规模的处理厂；缺点是增加了相应机械设备的维修工作量。

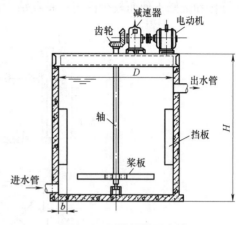

图 3-52　机械搅拌混合槽

3.2.2　反应设备

反应设备的任务是将混合后产生的细小絮体逐渐絮凝成大絮体而便于在沉淀池中沉淀。反应设备应有一定的停留时间和适当的搅拌强度，让小絮体能相互碰撞，并防止生成的大絮体沉淀。但搅拌强度太大，则会使生成絮体破碎，且絮体越大越易破碎，因此在反应设备中，搅拌强度需沿着水流方向逐渐减小。根据搅拌方式的不同，反应设备可分为隔板反应池、机械搅拌反应池和涡流式反应池三大类。

1. 隔板反应池

隔板反应池主要有往复式和回转式两种，分别如图 3-53 及图 3-54 所示。往复式隔板反应池是在一个矩形水池内设置许多隔板，水流沿两隔板之间的廊道往复前进。隔板间距（廊道宽度）自进水端至出水端逐渐增加，从而使水流速度逐渐减小，以避免逐渐增大的絮体在水流剪力下破碎。通过水流在廊道间往返流动，造成颗粒碰撞聚集，水流的能量消耗来自反应池内的水位差。

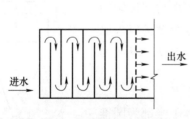

图 3-53　往复式隔板反应池

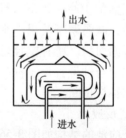

图 3-54　回转式隔板反应池

往复式隔板反应池在水流转角处 180° 急剧转弯，能量消耗大，虽会增加颗粒碰撞概率，但也易使絮体破碎，对絮体成长并不利。为减少不必要的能量消耗，特将 180° 转弯改为 90° 转弯，形成回转式隔板反应池，如图 3-54 所示。为便于与沉淀池配合，水流自反应池中央进入，逐渐转向外侧。廊道内水流断面自中央至外侧逐渐增大，原理与往复式相同。

隔板反应池池数一般不少于两座。进水管口处应设挡板，避免水流直冲隔板。隔板净间距应大于 0.5m，小型反应池采用活动隔板时可适当减小间距。隔板转弯处的过水断面面积应为廊道断面面积的 1.2 ~ 1.5 倍。池底坡向排泥口的坡度一般取 0.02 ~ 0.03，排泥管直径不小于 150mm。

2. 机械搅拌反应池

机械搅拌反应池是将反应池用隔板分为 2 ~ 4 格，每一格装一个搅拌叶轮。机械搅拌反应池根据转轴位置的不同，可分为水平轴式和垂直轴式两种。垂直轴式应用较广，水平轴式因操作和维修不便而较少使用。垂直轴式机械搅拌反应池结构如图 3-55 所示。

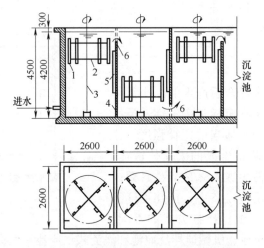

图 3-55 垂直轴式机械搅拌反应池结构

1—桨板 2—叶轮 3—旋转轴 4—隔墙 5—挡板 6—过水孔道

机械搅拌反应池池数一般不少于两座，每座池一般设 3~4 台搅拌器，各搅拌器之间用隔墙分开以防止水短路，垂直搅拌轴设于池中间。垂直轴式搅拌器的上桨板顶端应设于池子水面下 0.3m 处，下桨板底端设于距池底 0.3~0.5m 处，桨板外缘与池侧壁间距不大于 0.25m。

桨板宽度与长度之比 $b/l=1/15 \sim 1/10$，一般采用 $b=0.1 \sim 0.3m$。每台搅拌器上桨板总面积宜为水流截面的 $10\% \sim 20\%$，不宜超过 25%，以免池水随桨板同步旋转，减弱絮凝效果。水流截面面积指与桨板转动方向垂直的截面面积。所有搅拌轴及叶轮等机械设备应采取防腐措施。轴承与轴架宜设于池外，以免进入泥沙，致使轴承严重磨损和轴杆折断。

3. 涡流式反应池

涡流式反应池的结构如图 3-56 所示。池体下半部为圆锥形，水从锥底部流入，形成涡流，边扩散边上升，随着锥体面积的逐渐扩大，上升速度逐渐由大变小，有利于絮凝体的形成。在工艺设计中，涡流式反应池池数不少于 2 座，底部锥角呈 $30° \sim 45°$，超高取 0.3m，反应时间 6~10min，集水系统可在周边设置集水槽收集处理水，也可采用淹没式穿孔管收集处理水。

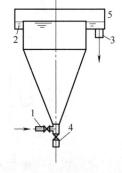

图 3-56 涡流式反应池结构

1—进水管 2—圆周集水槽
3—出水管 4—放水阀 5—格栅

各种不同类型反应池的优缺点及适用条件列于表 3-10 中。

表 3-10 各种不同类型反应池的优缺点及适用条件

反应池形式	优 点	缺 点	适 用 条 件
往复式隔板反应池	反应效果好，构造简单，施工方便	容积较大，水头损失大	水量大于 1000m³/h，且水量变化较小

（续）

反应池形式	优　点	缺　点	适用条件
回转式隔板反应池	反应效果良好，水头损失较小，构造简单，管理方便	池较深	水量大于 1000m³/h 且水量变化较小，改建或扩建旧有设备
机械搅拌反应池	反应效果好，水头损失小，可适应水质水量的变化	部分设施处于水下，维护不便	大水量均适用
涡流式反应池	反应时间短，容积小，造价低	池较深，圆锥形池底难于施工	水量小于 1000m³/h

3.2.3　澄清池

1. 澄清池的基本原理与工作特征

澄清池是一种将絮凝反应过程与澄清分离过程综合于一体的构筑物。在澄清池中沉泥处于被提升起来并均匀分布的悬浮状态，于池中形成高浓度稳定的活性泥渣层。该层悬浮物浓度为 3~10g/L。原水在澄清池中由下向上流动，泥渣层由于重力作用在上升水流中处于动态平衡状态。当原水通过活性泥渣层时，利用接触絮凝原理，原水中的悬浮物便被活性泥渣层阻留下来，使水获得澄清。清水在澄清池上部被收集。澄清池的工作效率取决于泥渣悬浮层的活性与稳定。泥渣悬浮层是在澄清池中加入较多的混凝剂，并适当降低负荷，经过一定时间运行后逐步形成的。为使泥渣悬浮层始终保持絮凝活性，必须让泥渣层处于新陈代谢的状态。即一方面形成新的活性泥渣，另一方面排除已老化的泥渣。

2. 澄清池的类型

澄清池从基本原理上可分为泥渣悬浮型和泥渣循环（回流）型两大类。

（1）泥渣悬浮澄清池

1）悬浮澄清池。图 3-57 为悬浮澄清池流程。原水由池底进入，靠向上的流速使絮凝体悬浮。因絮凝作用，悬浮层逐渐膨胀，超过一定高度时，通过排泥窗口排入泥渣浓缩室，压实后定期排出池外。悬浮澄清池的优点是构造较简单，能处理高浊度水（双层式需在悬浮层底部开孔）；缺点是需设气水分离室，对水量、水温较敏感，处理效果不够稳定，且双层式池深较大，目前较少采用。

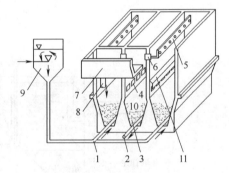

图 3-57　悬浮澄清池流程
1—穿孔配水管　2—排泥管　3—泥渣悬浮层
4—排泥窗口　5—穿孔集水槽　6—出水口
7—总集水槽　8—强制出水管　9—气水分离室
10—泥渣浓缩室　11—挡板

2）脉冲澄清池。图 3-58 为脉冲澄清池。加药后的原水在真空泵的作用下，从进水管进入配水竖井中，当配水竖井中的水位上升到预定高度时，开启空气阀，关闭真空泵，水位下降，原水从底部配水系统的支管孔眼喷出，向池内进水。当水位下降至一定高度时，空气阀关闭，真空泵开启，配水竖井中的水位开始上升，进入下一个输水周期，从而实现脉冲式间歇进水。在脉冲作用下，池内悬浮层一直周期性地处于膨胀和压缩状态，进行一上一下的运动。这种脉冲作用使悬浮层的工作稳定，断面上的浓度分布均匀，并加强颗粒的接触碰撞，改善混合絮凝的条件，从而提高了净水效果。脉冲澄清池的优点是混合充分，布水较均匀，且池深较浅，便于改建平流式沉淀池；缺点是需要一套真空设备，水头损失大，周期较难控制，另外对水质、水温变化适应性差。脉冲澄清池适用于大、中、小型水厂。

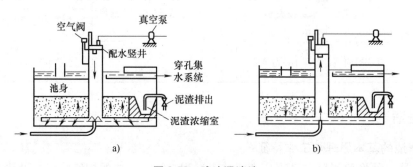

图 3-58 脉冲澄清池

a）竖井排空期 b）竖井弃水期

（2）泥渣循环（回流）澄清池

1）机械加速澄清池。机械加速澄清池是将混合、絮凝反应及沉淀工艺综合在一个池内完成的设备，如图 3-59 所示。这种池多为圆形钢筋混凝土结构，小型的池子有时也采用钢板结构，主要由混合区、反应区及回流区几部分组成。工作时原水、加入的药剂同澄清区沉降下来的回流泥浆一起流入一次混合及反应区，在装在池中心的叶轮搅拌下形成较大絮体。由于叶轮的提升作用，混合后的泥水被提升到二次混合及反应区，继续进行混合反应，并溢流到导流区。导流区设有导流板，其作用是消除反应区带来的环形运动，使废水平稳地进入沉淀区。沉淀的污泥部分进入回流区，回流量为进水量的 3～5 倍，可通过调节叶轮开启度来控制。

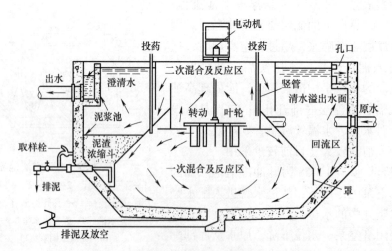

图 3-59 机械加速澄清池

为保持池内悬浮层浓度稳定，要排除多余的污泥，在池内设有 1～3 个泥渣浓缩斗。当池子直径较大或进水含砂量较高时，需装设机械刮泥机。该池的优点是效率较高且比较稳定；对原水水质和处理水量的变化适应性较强；操作运行比较方便，是废水处理中应用最广的澄清池。

机械加速澄清池的优点：单位面积产水量大，处理效率高；处理效果较稳定，适应性较强。它的缺点是需设置机械搅拌设备，维修较麻烦。机械加速澄清池一般适用于进水悬浮物含量<5g/L（短时间允许 5~10g/L）的大、中型水厂。

2）水力循环加速澄清池。图 3-60 为水力循环加速澄清池。原水由底部进入池内，经喷嘴喷出。喷嘴上面为混合室、喉管和第一反应室。喷嘴和混合室组成一个射流器，喷嘴高速水流将池子锥形底部含有大量絮凝体的水吸进混合室，与进水掺和后，经第一反应室喇叭口溢流进入第二反应室。吸进去的流量称为回流，为进口流量的 2~4 倍。第一反应室和第二反应室构成一个悬浮层区，第二反应室的出水进入分离室，相当于进水量的清水向上流向出口，剩余流量则向下流动，经喷嘴吸入与进水混合，再重复上述水流过程。

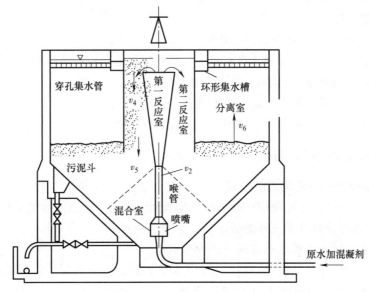

图 3-60　水力循环加速澄清池

水力循环加速澄清池的优点是无须使用机械搅拌设备，且构筑物结构简单，运行管理比较方便，设备锥底角度大，排泥效果好；缺点是投药量较大，水头损耗大，对水质、水温的变化适应性差。由于水力循环加速澄清池内的反应时间较短，造成运行过程中的稳定性较差，常用于进水悬浮物含量小于 2g/L（短时间允许 5g/L）的中、小型水厂，而不能用于处理大水量工艺。

3.3　吸收设备

气体吸收是气体混合物中的一种或多种组分溶解于选定的液体吸收剂中或者与吸收剂中的组分发生选择性化学反应，从而将其从气流中分离出来的一种处理方法。在大气污染控制工程中，这种方法已广泛用于处理含二氧化硫、氮氧化物、氟化物及其他气态污染物的净化上，成为控制气态污染物排放的重要技术之一。

3.3.1 吸收设备的基本要求与分类

塔式或塔板式反应器常用于吸收操作，主要用于两种流体之间相互反应的过程，塔的高度一般为塔直径的数倍至十余倍。吸收设备的主要功能就在于建立最大的并能迅速更新的气液相接触面积，提高反应效率。为了强化吸收过程，降低设备的投资和操作费用，吸收设备应满足以下基本要求：

1）气液之间有较大的接触面积和一定的接触时间。

2）气液之间扰动强烈，吸收阻力小，吸收效率高。

3）操作稳定，具有一定的操作弹性。

4）气流通过时压降小。

5）结构简单，制作维修方便，造价低廉。

6）具有抗腐和防腐能力。

工业上常用的吸收设备可分为以下几类：

1）表面式吸收设备，如液膜式吸收器、石墨管吸收器和机械液膜吸收器等。

2）填料式的吸收设备，如填料吸收塔、湍球塔等。

3）鼓泡式吸收设备，如板式塔、鼓泡塔等。

4）喷洒式吸收器，如喷淋塔、喷射塔、文丘里洗涤器等。

3.3.2 常用吸收设备的结构与特点

1. 表面式吸收器——液膜式吸收器

在液膜式吸收器中，气液两相在流动的液膜表面上接触。根据液膜的载体及液膜流向的不同，液膜吸收器可分为以下三种类型：

1）列管式吸收器：液膜沿垂直圆管的内壁流动。

2）板状填料吸收器：填料是一些平行的薄板，液膜沿垂直薄板的两侧流动。

3）升膜式吸收器：液膜向上（反向）流动。

前两类设备是在气液逆流的条件下操作（气体迎着液膜自下而上地运动），但它们也可以在两相并流下降的条件下操作（气体和液体均自上而下运动）。第三类吸收器则是在两相并流上升的条件下操作的（气体和液体均自下而上运动）。

（1）列管式吸收器　图3-61a为列管式液膜吸收器的简单结构示意图。这种吸收器与垂直喷淋的列管式换热器形状相同，由管板2和固定在管板上的垂直管束1所组成，并设有专门装置将喷淋液体引向管壁；冷却剂（通常是水）在吸收器管间流动以除去吸收时放出的热量；气体则在管内流动，从上方出口排出。

（2）板状填料吸收器　图3-61b为板状填料吸收器的简单结构示意图。这种吸收器是装有垂直薄板状填料3的塔，填料可用各种硬质材料（金属、木材或塑料），也可用拉紧的织物幅片制成。设备的上部有液体分布器4，它能够将液体均匀地喷淋在每片薄板的两面。该设备也可以采用由平行薄板组装成的填料束，将其沿塔高一层层叠放起来。精确地垂直安装薄板，并使喷淋液体分布均匀，这是薄板填料吸收器正常操作的条件。

（3）升膜式吸收器　升膜式吸收器的操作原理：自下向上的气体达到足够高的流速（大于10m/s）时，气体能带动液膜一起向上移动，从而实现两相并流运动。这类设备一般

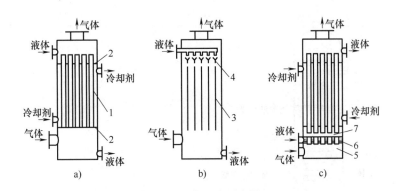

图 3-61　表面式吸收器

a）列管式吸收器　b）板状填料吸收器　c）升膜式吸收器

1—管束　2—管板　3—垂直薄板状填料　4—液体分布器　5—室　6—导管　7—缝隙

都在很高的气速下（可达 40m/s）操作，因此能达到很高的传质系数。

图 3-61c 是升膜式吸收器的简单结构示意图，由管板 2 和固定在管板上的管束 1 等部件组成。气体由室 5 进入与管束同心安装的导管 6；在导管上缘与管束下缘之间留有缝隙 7，液体则经此缝隙被气流带动进入管束 1 中，并以液膜的形式沿管内壁上升。液体自管束 1 流出后汇合在顶部的管板上，再流出设备，气体则从上方出口排出。当需要除去吸收放出的热量时，可在管间通冷却液体。

列管式吸收器和升膜式吸收器可在同时需要散热的吸收过程中应用。按单位体积内的两相接触表面和传质强度来说，这些吸收器均远胜于水平液面的表面吸收器。列管式吸收器和板状填料吸收器即使在气速相当大的情况下（4~5m/s），其阻力降也不大；在高速下（>15~20m/s）操作的升膜式吸收器虽然是高效设备，但它的阻力降却相当大。目前，液膜式吸收器中最常用的是列管式吸收器，常用于从高浓度气体混合物中同时取出热量的易溶气体（如 HCl、NH_3 等）的吸收。

2. 填料式吸收器

（1）填料塔　填料塔的结构如图 3-62 所示，其外形是一个圆筒形塔体，中间填充着一定高度的填料，塔底有支承栅板，用以支承填料。塔上方有喷淋装置，以保证液体能均匀地喷淋到整个塔截面上。操作时气体由塔底引入，自下而上地在填料间隙中通过，再从塔顶引出；液体吸收剂经喷洒装置自上而下沿填料表面流动，由塔底引出。气液两相互成逆流在填料表面进行接触，从而完成传质吸收过程。为防止气流速度较大时把吸收液带走、减少雾沫夹带（液滴中的一部分被上升气流夹带至上层），在填料塔顶部往往装有挡雾层（用钢丝或塑料丝网等组成）。填料塔属于连续接触式的气液传质设备，正常操作状态下，气相为连续相，液相为分散相。

填料塔是工业上使用最早、最普遍的吸收塔，不仅结构简单，操作稳定，适用范围广，还具有阻力小和便于用耐腐蚀材料制造的优点。在处理有腐蚀性的物料或用于压强较小的真空蒸馏塔系统时，填料塔都表现出良好的性能。对于液气比很大的蒸馏或吸收操作，应采用填料塔，若采用板式塔，降液管将占用过多的塔截面面积。填料塔也有一定的缺陷：①填料造价高；②当液体负荷较小时，不能有效地润湿填料表面，传质效率降低；③不能直接用于有悬浮物或容易聚合的物料；④不适用于对侧线进料和出料等复杂精馏。

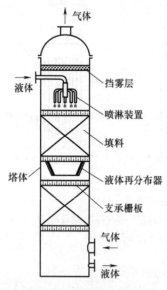

图 3-62 填料塔结构简图

动图 3-62 填料塔的工作原理

填料塔的主要组成部分：

1）塔体。填料塔的塔体一般由钢制的圆筒体组成，其高度一般是直径的 8~10 倍；上下封头一般采用椭圆封头，底部用裙式支座。由于塔体太长，为了设备制造与安装方便，塔体一般分为几节，中间用设备法兰连接。塔体的材质应根据介质的腐蚀性及设计压力而定，塔筒体的厚度应根据设计压力、设备承重、风载、地震荷载等因素决定。

2）填料。填料是提供气液两相传质表面的部分，有实体填料与网体填料两大类。实体填料包括环形填料（如拉西环、鲍尔环和阶梯环）和鞍形填料（如弧鞍、矩鞍）以及栅板填料、波纹填料等，如图 3-63 所示。网体填料主要是由金属丝网制成的各种填料（如鞍形网、θ 网、波纹网等）。

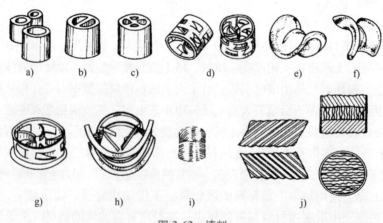

图 3-63 填料

a）拉西环 b）θ 环 c）十字格环 d）鲍尔环 e）弧鞍
f）矩鞍 g）阶梯环 h）金属鞍环 i）θ 网环 j）波纹填料

为使填料塔发挥良好的效能，填料应符合以下几项要求：

① 要有较大的比表面积（单位体积内所具有的填料表面积）：比表面积越大，填料被液体润湿的表面积就越大，气液两相的接触面积增大，吸收效率得到提高。同时，填料良好的润湿性能有利于液体均匀分布。

② 要有较高的空隙率（单位体积内填料层中所具有的空隙体积）：空隙率越高，流体的流动阻力越小，流通量越大。

③ 要有较小的堆积密度（单位体积内填料层的质量）：在机械强度允许范围内，减小堆积密度，填料层中的空隙率得以提高，还能够减少材料消耗，提升经济效益。

④ 要求单位体积填料的重量轻、造价低、坚牢耐用，不易堵塞，有足够的机械强度，对于气液两相介质都有良好的化学稳定性等。

⑤ 要求所选填料的直径要与塔径符合一定比例。若填料直径与塔径之比过大，容易造成液体分布不良，故塔径与填料直径之比 D/d 有下限而没有上限。计算所得 D/d 的值不能小于表 3-11 中列出的最小值，否则应改选更小的填料进行调整。对于一定的塔径，满足径比下限的填料可能有几种尺寸，应按经济因素进行选择。所选填料还应有一定的通过能力（填料的极限通过能力就是液泛的空塔气速）：几种常用填料在相同压力降时，通过能力为拉西环<矩鞍环<鲍尔环<阶梯环<鞍环。

表 3-11 塔径与填料之比的最小值

填料种类	拉西环	金属鲍尔环	矩鞍环
$(D/d)_{min}$	20~25	8	8~10

3）喷淋装置。喷淋装置的结构形式详见喷淋装置一节。

4）液体再分布器。由于塔壁形状与填料形状存在差异，导致液体在塔壁面处的流动阻力小于中心处，因此液体会向壁面集中，这种流动现象称为壁流。任何程度的壁流都会降低吸收效率，此时必须用液体再分布器来改善液体的壁流现象，即在填料塔中每隔一定高度的填料层上设置液体再分布器，将沿塔壁流下的液体导向填料层内。

为避免出现壁流现象，填料层的总高度与塔径之比超过一定界限时，填料需要分段填装，各填料段之间加装液体再分布器。再分布器的间距一般取 $L \leq 6D_N$，对于较大的填料塔（如 $D_N > 800mm$ 时），可取 $L \leq (2~3)D_N$，而最小间距 L 不低于 $(1.5~2)D_N$，否则将严重影响气体沿塔截面的均匀分布。填料段的高度与填料种类有关，对于大直径的塔，每个填料段的高度不应超过 6m。

液体再分布器中较为简单的是截锥式再分布器，较为常用的是槽盘式再分布器。如图 3-64 所示，图 3-64a 为没有放置填料支承板的截锥式再分布器，塔体内能够全部堆放填料，液体沿塔壁流入液体再分布器的中央部分，再经过中间圆孔流入下一填料段，气体由下而上通入，与液体接触实现传质；图 3-64b 则是放置了填料支承板的截锥式再分布器，在截锥下方隔一段距离才能堆放填料，与图 3-64a 相比，可以分段更换填料，但占用的空间较大。图 3-64c、d 是槽盘式液体再分布器，图 3-64c 为图 3-64d 的构件细化图（内部方形柱体为升气管，圆形代表喷淋孔，最上方的则是挡液帽），气体沿升气管上升，液体从喷淋孔中流出进入下一填料段。槽盘式液体再分布器能使气液快速地均匀分布，且流通面积大，压力降小，所占空间小，因而使用较为广泛。

5）填料的支承装置。填料的支承结构应满足以下几个条件：

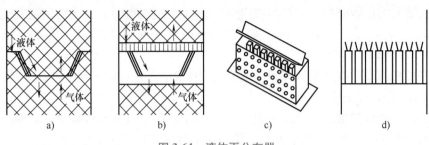

图 3-64　液体再分布器

① 使气液能顺利通过，对于普通的填料塔，支承件上流体通过的自由截面应为塔截面的50%以上，且应大于填料的自由界面或等于填料的自由空间率。

② 有足够的强度承受填料重量，还须考虑填料孔隙中的拦液重量，以及可能产生的系统压力波动、机械振动温度变化等。

③ 要有一定的耐腐蚀性能。

常用的支承装置有栅板和气体喷射式支承板两种。

① 栅板。栅板是填料塔中最常用的支承装置。栅板的结构如图3-65所示，一般由扁钢焊接而成。栅板可制成整块的或分块的，塔径小于或等于500mm时，采用整块式栅板；塔径为600~800mm时，采用对开式栅板；为了便于安装，塔径为900~1200mm时，采用3块栅板；塔径大于1400mm时，可采用4块或更多块栅板，其结构如图3-65d所示。

② 气体喷射式支承板。气体喷射式支承板形状如图3-66所示。与栅板式相比，气体喷射式支承板具有如下优点：

a. 自由截面大，一般在90%以上，有些超过100%，流体阻力小。

b. 气体通过波纹板的顶部及其两侧面密布的孔喷射进入填料层，液体通过板底部的孔流入下层，气液流动线路分开，因此压力降与液体负荷有关，从而有最大的生产能力和最小的压力降，避免了液体的再循环或夹带，确保了填料的传质效率。

c. 结构强度好，由于薄板冲压成拱形梁，所以断面系数大，材料耗用较少，可支承较重的填料层。

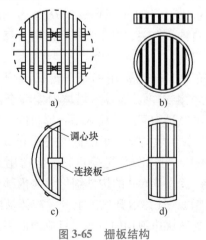

图 3-65　栅板结构

a) 整块式　b) 整块式　c) 对开式　d) 多块式

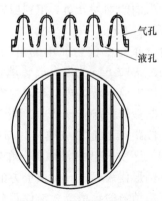

图 3-66　气体喷射式支承板

填料塔结构简单，制造方便，适用于处理黏性、易起泡、热敏性的物料及传质速率由气相（膜）控制的物料。但体积大，重量大，吸收效率低，不适用于处理污浊介质。为了避免"液泛"现象（指吸收液不再沿填料向下流而开始随同上升的气流一起被带出塔外的现象），气流速度不宜太大。有时填料成本高，投资大。

（2）活动填料吸收器（湍球塔）　湍球塔的结构如图 3-67 所示，主要由支承板（栅板）、轻质小球、润湿器和聚沫器组成。它是将一定数量的球形填料（塑料球、中空合成树脂、多孔球或轻金属薄壳球）放在栅板上，将需净化的气体从底部通入，在上升气流的冲力、液体的浮力和小球自身重力的作用下，小球浮起呈悬浮（流化）状态，并达到湍动旋转和相互碰撞的运动状态，任意方向的湍流运动和搅拌作用，使液膜表面不断更新，气液两相充分接触，从而加强了传质作用。

湍球塔填料一般采用空心或实心的小球，有时填料还做成其他形状，譬如环状。试验表明，环形填料的效率优于球形填料，但阻力较大。

填料层的位置由下面的支承栅板和上面的限位栅板所确定，限位栅板可以阻止填料被气流带出，在多段设备中上一段的支承栅板又可起下一段限位栅板的作用。一般支承栅板的开孔率取 0.35～0.45，限位栅板取 0.8～0.9。填料的静止床层高度（非流化状态）为 0.2～0.3m，栅板之间的距离为 1～1.5m，因此填料层的膨胀率可达 3～4。当喷淋密度为 25～100m/h 时，空塔气速取 2.5～5m/s。

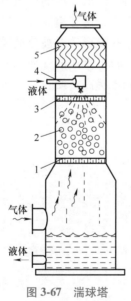

图 3-67　湍球塔　　　　　　动图 3-67　湍球塔

1—支承栅板　2—球形填料　3—上限位栅板
4—润湿器　5—聚沫器

在某些情况下（如静止床层很高，塔径太大时），可以发现流态化是不均匀的：小球从设备的一边向上运动，又被非湍流的下降气流从另一边带下去，这样恶化了气液之间的接触。为了避免在大直径的湍球塔中发生这种现象，可把上下栅板之间的空间用纵向隔板分隔成方形、矩形或扇形的小空间。

湍球塔的优点是结构简单，气液分布比较均匀，操作弹性和处理能力比较大，不易被固体或黏性物料堵塞，强化传质，塔体较低；缺点是小球无规则地湍动会造成上下一定程度的返混（部分流体发生反向流动并在流道横截面上充分混合），在湍动过程中的磨损较大，使用寿命较短，所以只适合易于吸收的过程。同时，塑料小球不能承受高温，因此，操作温度受限制（一般操作温度应限制在80℃以下）。湍球塔一般用于不可逆的化学吸收。

3. 板式鼓泡式吸收器

板式鼓泡吸收器外形与填料塔一样，只是塔内部沿塔高装有某种结构的塔板，气、液两相在每块塔板上接触一次，因此在这类设备中进行逐级地多次接触。气体从塔底进入，从上方排出，液体则由上而下地进出，使各级逆流联结。根据塔盘结构的不同，板式鼓泡式吸收器可分为泡罩塔、浮阀塔和筛板塔。泡罩塔在泡罩升气管的作用下，具有一个固定的液体液位高，在生产波动较大的企业中具有一定的灵活性；浮阀塔和筛板塔由于效率高、设备廉价、易于掌握而被广泛用于工业的大型化生产。

（1）泡罩塔　泡罩塔的整体结构如图 3-68 所示，主要由塔板、出口堰和泡罩组成，泡罩作为塔板上的主要部件，呈钟形支在塔板上。如图 3-69 所示，泡罩下沿有长条形或椭圆形的小孔，均与板面保持一定的距离。罩内覆盖着一段很短的升气管，升气管的上口略高于罩下沿的小孔；出口堰则主要由溢流堰和降液管构成，如图 3-70 所示。泡罩塔进行吸收操作时，液体进入塔顶的第一层板沿板面从一侧流到另一侧，越过出口堰的上沿，落到降液管而到达第二层板，依次沿塔板向下流动。气体则从塔底最低一层的塔板下方通入，经板上的升气管进入泡罩内部，沿泡罩下部的小孔进入塔板上方。由于溢流堰在塔板上维持着一定的高度，泡罩下沿的小孔被液体浸没，因此，气体经小孔流出后，被分散成很多气泡使液层成为泡沫层，从液面升起时又带出一些液沫。每一层塔板上生成的气泡和液沫为气液两相接触提供了较大的截面面积，并造成了一定的湍动，有利于提高传质速率。由于泡罩塔板上的升

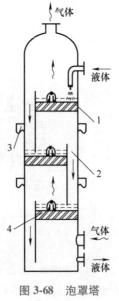

图 3-68　泡罩塔

1—塔板　2—出口堰　3—吊耳　4—泡罩

动图 3-68　泡罩塔

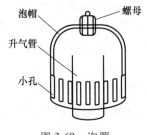

图 3-69　泡罩

动图 3-69　泡罩

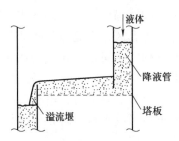

图 3-70　出口堰

气管出口伸到板面以上，故上升气流即使暂时中断，板上液体也不会流尽，气体流量减少，对其操作的影响也小。泡罩塔可以在气、液负荷变化较大的范围内正常操作，并保持稳定的吸收效率。然而，泡罩塔的结构比较复杂，造价高，阻力大，气、液通过量和效率也比其他类型的塔低。

（2）浮阀塔　浮阀塔塔体结构与泡罩塔相似，区别在于塔板形式的不同。如图 3-71a 所示，浮阀塔主要由塔板、出口堰和浮阀组成。浮阀塔板上开有正三角形排列的阀孔。阀片为圆形（直径为 48mm），下有三条带脚钩的垂直腿，插入阀孔（直径为 39mm）中，如图 3-71c 所示。这种形式（标准 F-1 型）气速达到一定值时，阀片被推起，但受脚钩的限制，最高也不能脱离阀孔。气速减小则阀片落到板上，靠阀片底部 3 处突起物支承住，仍与板间保持约 1.5mm 的距离。塔板上开孔的数量按气体流量的大小而有所改变。

浮阀的直径比泡罩小，在塔板上可排列得更紧凑，从而可增大塔板的开孔面积。同时气体以水平方向通入液层，使带出的液沫减少而气液接触时间加长，故可增大气体流速而提高生产能力（比泡罩塔提高 20%），板效率也有所增加，压力降比泡罩塔小。此塔的缺点是因阀片活动，在使用过程中有可能松脱或被卡住，造成该阀孔处气液通过状况异常。

动图 3-71c　F-1 型浮阀的结构

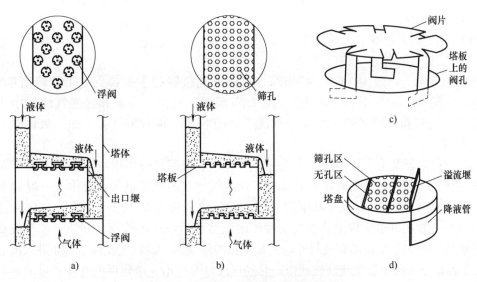

图 3-71　浮阀塔、筛板塔及其塔板结构

a）浮阀塔　b）筛板塔　c）F-1 型浮阀　d）筛板塔盘

（3）筛板塔　如图 3-71b 所示，筛板塔由多个筛板塔盘构成，筛板塔盘上分为筛孔区、无孔区、溢流堰及降液管几部分，如图 3-71d 所示。筛孔孔径为 3~8mm，按正三角形排列，孔间距与孔径之比为 2.5~5。进行吸收操作时，液体从上一层塔盘的降液管流下，横向流过塔盘，经溢流管流入下一层塔盘。气体自下而上穿过筛孔时，分散成气泡，在穿过板上液层时，进行气液间的传热和传质。塔盘依靠溢流堰保持液层高度，使降液管出口形成水封，防止气流沿降液管上升。运行时应维持一定的气流压力，阻止废水经筛板下漏。

筛板塔的优点是结构简单，制作维修方便，塔板压力降低，塔板效率高，有较好的操作弹性；缺点是小孔径筛板易堵塞，不适宜处理脏的、黏性大的和带固体粒子的料液。

4. 喷液式吸收器

（1）喷淋塔　喷淋塔是构造最简单的一种洗涤器，一般不用作单独除尘。当气体需要除尘、降温或在除尘的同时要求去除其他有害气体时，有时用这种除尘设备。

根据喷淋塔内气体与液体的流动方向，可分为顺流、逆流和错流三种形式。最常用的是逆流喷淋塔，如图 3-72 所示。其工作原理是，含尘气体从塔的下部进入，通过气流分布格栅 1，使气流能均匀进入塔体，液滴通过喷嘴 4 从上向下喷淋，喷嘴可以设在一个截面上，也可以分几层设在几个截面上。通过液滴与含尘气流的碰撞、接触，液滴就捕获了尘粒。净化后的气体通过挡水板 3 以去除气体带出的液滴。这种设备结构简单，造价低，但反应效率较低，喷头易堵塞，预处理要求高，适用于受传质速率控制的反应。

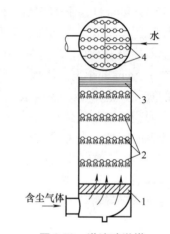

图 3-72　逆流喷淋塔

1—气流分布格栅　2—喷嘴　3—挡水板　4—水管

（2）文丘里洗涤器　文丘里洗涤器是湿式洗涤器中效率最高的一种除尘器。但动力消耗比较大，阻力一般为 1470~4900Pa。文丘里洗涤器的主要特点：①结构简单紧凑，体积小，占地少，价格低；②既用于高温烟气降温，高温、高湿和易燃气体的净化，也可净化含有微米和亚微米粉尘及易于被洗涤液吸收的有毒有害气体，如二氧化硫、氯化氢、硫酸等。

文丘里洗涤器是由文丘里管（文氏管）和脱水装置两部分所组成，如图 3-73 所示，文氏管 3 包括渐缩管、喉管和渐扩管三部分。含尘气体从渐缩管进入，液体（一般为水）可从渐缩管进入（溢入式），也可从喉管进入。液气比一般为 0.7L/m³ 左右，气体通过喉部时，其流速一般在 50m/s 以上，这就使喉部的液体成为细小的液滴，并使尘粒与液滴发生有效的碰撞，增大了尘粒的有效尺寸。夹带尘粒的液滴通过旋转气流调节器 4 进入离心分离器 2，在离心分离器中带尘液滴被截留，并经排液口 5 排出。净化后的气体通过消旋器 1 后排入大气。液体进入文氏管的主要方式如图 3-74 所示。

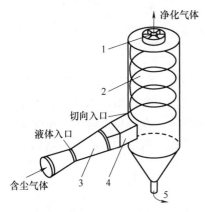

图 3-73 文丘里洗涤器
1—消旋器 2—离心分离器 3—文氏管
4—旋转气流调节器 5—排液口

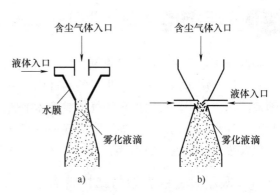

图 3-74 液体进入文氏管的方式及雾化情况
a）溢入式 b）喉部进入

3.3.3 吸收设备的选用

气态污染物吸收净化过程，一般处理气体量大，且污染物浓度低，故多选用气相为连续相、湍流程度较高、相界面大的吸收设备。最常用的是填料塔，其次是板式塔，此外还有喷洒塔和文丘里吸收器。常用吸收设备的比较见表 3-12。

表 3-12 常用吸收设备的比较

设 备 名 称	吸 收 效 率	主 要 吸 收 气 体
填料塔	中等	SO_2、H_2S、HCl、NO_2
喷射塔	小	HF、SiF_4、HCl
旋风洗涤器	小~中	含粉尘多的气体
文丘里洗涤器	中~大	HF、H_2SO_4、烟尘
各类板塔（多孔塔、浮阀塔、泡罩塔、栅板塔等）	小~中	Cl_2、HF
湍流吸收塔	中	HF、NH_3、H_2S
气泡塔	中	Cl_2、NO_2
旋流板塔	中	SO_2

要选择合适的塔型必须通过调查研究，充分了解生产任务的要求，选择有较好特性的合理塔型。一般来说，同时满足生产任务要求的塔型有多种，但应从经济性、生产经验和具体条件等方面综合考虑。选型时应遵循的原则：物料系统易起泡沫，宜用填料塔；有悬浮固体和残渣的物料，或易结垢的物料，宜用板式塔中的大孔径筛板塔、十字架型浮阀和泡罩塔；高黏性物料或具有腐蚀性的介质宜用填料塔；对于处理过程中有热量放出或需加入换热系统，宜采用板式塔；传质速率由气相控制宜用填料塔；传质速率由液相控制宜用板式塔；当处理系统的液气比小时，宜用板式塔；操作弹性要求较大时，宜采用浮阀塔、泡罩塔等；对伴有化学反应（特别是当此反应不太迅速时）的吸收过程，采用板式塔较有利；气相处理量大的系统宜采用板式塔，处理量小则填料塔适宜。

3.4 吸附设备

吸附净化是用多孔固体吸附剂将气体（或液体）混合物中的一种或数种组分聚积或凝缩在其表面，从而达到分离净化目的的过程。由于吸附作用可以进行得相当完全，因此能有效地清除用一般手段难以处理的气体或液体中的低浓度污染物。在环境工程中，吸附法常用于废气、废水的净化处理，如回收废气中的有机污染物，治理烟道气中的硫氧化物和一氧化碳，以及废水的脱色、脱臭等。

3.4.1 吸附设备的类型与结构特点

根据吸附剂在吸附器中的工作状态，吸附设备可分为固定床吸附器、移动床吸附器及流化床吸附器。固定床吸附器的吸附床层是固定不动的；移动床吸附器的吸附床层则可以进行整体移动，吸附颗粒作为一个整体进行移动，颗粒之间无相对运动；流化床吸附器的吸附床层在流体通过速度达到一定值时，呈现流动状态，吸附颗粒之间进行无规则运动，且全部悬浮于流体之上。

（1）固定床吸附器　固定床吸附器是最古老的一种吸附装置，但目前仍然是应用最广的吸附装置。在固定床吸附器内，吸附剂在承载板上固定不动。按照吸附剂床层的布置形式，固定床吸附器可分为立式、卧式、方形、圆环形和圆锥形等，如图 3-75 所示。同时，根据反应气流穿过吸附剂的流动方向不同，可分为轴向式和径向式反应器，图 3-75a 为轴向式反应器，其余为径向式反应器。径向式反应器与轴向式反应器相比，气流流程短，阻力降小，减少了动力消耗。因而可采用颗粒较细的吸附剂，提高吸附剂的有效系数。

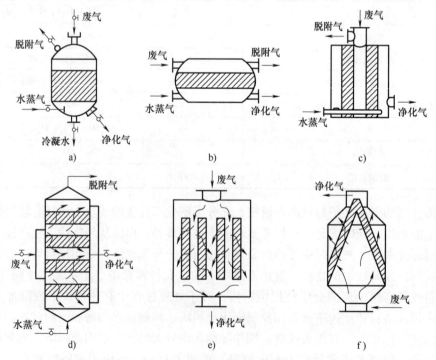

图 3-75　常见的固定床吸附器

a）立式　b）卧式　c）圆环形　d）立式多层　e）竖式薄床　f）圆锥形薄床

由于固定床吸附器结构简单、制作容易、价格低廉，对于小型、分散、间歇性的污染源治理特别适合，在连续性的治理中使用也相当普遍。固定床吸附器的缺点是需要间歇操作，吸附剂的吸附及再生过程必须进行周期性更换，因此在设计流程时应根据其特点，设计多台吸附器互相切换，并转配较多的进、出口阀门，以保证操作正常运行。

固定床吸附器属于固定式反应器的一类，还有一类为管式固定床反应器，此类反应器属于非绝热式反应器。根据催化剂装填的部位不同，管式固定床反应器可分为多管式和列管式。列管式固定床反应器的催化剂装在管间，载热体或冷却剂从管内通过，如图 3-76a 所示。图 3-76b 则为多管式固定床反应器，管内装催化剂，反应物料自上而下地通过床层，管间则为载热体与管内的反应物料进行换热，以维持所需的温度条件。

多管式和列管式二者相比，列管式催化剂装载量大，生产能力大，传热面积大，传热效果好，但催化剂在管间不便装卸。当反应要求换热条件好，使用的催化剂寿命较长时，可用列管式固定床反应器。从某种意义上说，滴流床反应器也属于固定床反应器，如图 3-77 所示。此类反应器常用于使用固体催化剂的气液反应，反应气体与液体自上而下成并流流动，有时也采用逆流操作。

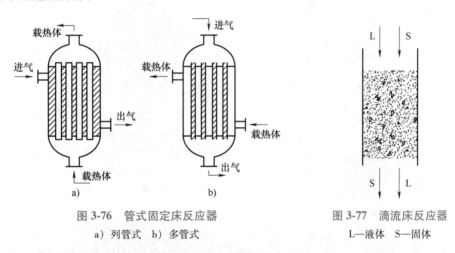

图 3-76　管式固定床反应器
a) 列管式　b) 多管式

图 3-77　滴流床反应器
L—液体　S—固体

（2）移动床吸附器　移动床吸附器中的固体吸附剂在吸附床中由上向下不断移动，气体则由下向上流动，两者形成逆流操作。如果被净化的气体是连续而稳定的，固体和气体都以恒定的速度流过吸附器，且吸附器内任一断面的组成都不随时间变化时，操作便达到了连续与稳定的状态。此种反应器适用于催化剂需要连续进行再生的催化反应过程和固相加工反应。因此，对于稳定、连续、量大的气体净化，用移动床比固定床要好。

移动床吸附器的结构如图 3-78a 所示。它分为几段，最上段 1 是冷却器，用于冷却吸附剂，下面是吸附段（Ⅰ）、精馏段（Ⅱ）、汽提段（Ⅲ），它们之间由分配板 3 分开。最下部是脱附器 2，它和冷却器一样，也是列管式换热器。它的下部还装有吸附剂控制机构 6、料面指示器 7、封闭装置 8、卸料阀门 9。

移动床吸附器的工作原理如下：经脱附后的吸附剂从设备顶部进入冷却器，温度降低后，经分配板进入吸附段，借重力作用不断下降，通过整个吸附器。需净化的气体，从上面第二段分配板下面引入，自下而上通过吸附段，与吸附剂逆流式接触，易吸附的组分全被吸附。净化后的气体从顶部引出。吸附剂下降到汽提段时，由底部上来的脱附气（易吸附组分）与其接触，进一步吸附，并将难吸附气体置换出来，难吸附的气体以中间馏分的形式排除。上述步骤使吸附剂上的组分更纯，最后进入脱附器，在这里用加热法使易吸附的气体脱附出来，吸附剂得到再生。脱附后的吸附剂用气力输送到塔顶，进入下一个循环操作。由上可以看出，吸附和脱附过程是连续完成的。由于净化气体中可能含有难脱附的物质。它们在脱附器中不能释出，影响吸附能力。为此必须将部分吸附剂导入高温再生器5中进行再生。

移动床吸附器的吸附剂下降速度由控制机构控制，如图 3-78c 所示。它由上面一组固定短管，中间一组可以做往复运动的活动短管和下面一个多孔圆盘组成。只有当两组短管的管口对齐时，吸附剂才进入中间管中，当中间管管口与下面多孔板的孔对齐时，吸附剂才从多孔板卸出。

分配板的作用是使气体分布均匀，气体与吸附剂分离而不带走吸附剂，其结构如图 3-78b 所示。气体汇集在塔盘下面，并由塔壁周围均匀分布的几个口排出，进入环形集气管。

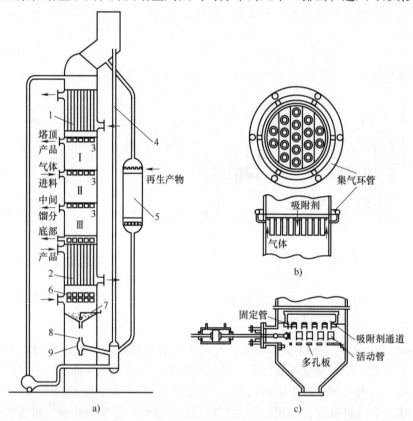

图 3-78 移动床吸附器

a）移动床吸附器 b）移动床吸附器的分配板装置 c）移动床吸附器的吸附剂控制机构

1—冷却器 2—脱附器 3—分配板 4—提升管 5—高温再生器

6—吸附剂控制机构 7—料面指示器 8—封闭装置 9—卸料阀门

（3）流化床吸附器 流化床吸附器如图 3-79 所示。该吸附器由吸附塔、旋风分离器、吸附剂提升管、通风机、冷凝冷却器、吸附质储槽等部分组成。吸附塔按各段所起作用的不同分为吸收段、预热段和再生段。

流化床吸附的方式：需净化的气体从进口管以一定速度进入筒体吸附段，气体通过筛板向上流动，将吸附剂吹起，使吸附剂与气流均匀混合、相互接触以吸收气流中的吸附质，在吸附段完成吸附过程。由于磨损的原因，流化床吸附器的排出气常带有吸附剂粉末，所以在其后面加装除尘设备——旋风分离器（有时也将除尘器直接装在流化床的扩大段内）。净化后的气体进入旋风分离器，这样收集的吸附剂可以回到床层继续参加吸附过程；而净化后的气体从出口管排出。吸附剂下降到预热段进行预热，最后进入再生段，由底部上来的脱附气（易吸附组分）与其接触，并通入加热蒸气使被吸附组分脱附出来，吸附剂得到再生。脱附后的吸附剂用气力输送到塔顶，进入下一个循环操作。

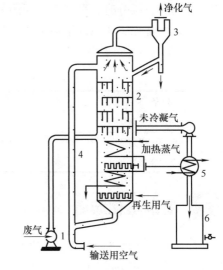

图 3-79 流化床吸附器

1—通风机 2—吸附塔 3—旋风分离器
4—吸附剂提升管 5—冷凝冷却器 6—吸附质储槽

这种吸附器的优点是气固逆流操作，处理气量大，吸附剂可循环使用；缺点是动力和热量消耗较大，吸附剂强度要求高。流化床吸附器的特点是气体与固体接触相当充分，气流速度比固定床的气速大 3 倍以上，所以该工艺强化了生产能力，非常适合连续性、大气量的污染源治理。此外，由于流化床操作过程中，气体与吸附剂混合非常均匀，床层中没有浓度梯度，因此，当一个床层的吸附不能达到净化要求时，就要用多层床来实现。在多层床中，层与层之间形成浓度梯度，以达到进一步净化的目的。

流化床吸附器属于流化床反应器的一类，流化床反应器可用于气固、液固以及气液固催化或非催化反应，是工业生产中较广泛使用的反应器，典型的例子是催化裂化反应装置，还有一些气固相催化反应，如萘氧化、丙烯氨氧化和丁烯氧化脱氢等也采用此种反应器。用于固相加工也是十分典型的，如黄铁矿和闪锌矿的焙烧、石灰石的煅烧等。

3.4.2　吸附流程和吸附器的选择

在布置吸附流程和选择吸附器时应注意以下几点：

1）当气体污染物连续排出时，应采用连续式或半连续式的吸附流程；间断排出时，采用间歇式吸附流程。

2）排气连续且气量大时，可采用流化床吸附器。固定床吸附器可用于各种场合。

3）根据流动阻力、吸附剂利用率，酌情选用不同形式的吸附器。

4）处理的废气流中含有粉尘时，应先用除尘器除去粉尘。

5）处理的废气流中含有水滴或水雾时，应先用除雾器除去水滴或水雾。对气体中水蒸气含量的要求随吸附系统的不同而不同。当用活性炭吸附有机物分子时，气体中相对湿度应小于 50%；当用分子筛吸附 NO_2 时，气体中水蒸气越少越好。

6）处理废气中污染物浓度过高时，可先用其他方法脱除一部分。

7）吸附流程需与脱附方法和脱附流程同时考虑。

3.4.3　常用脱附方法及其选择

吸附剂的脱附方法主要有升温脱附、降压脱附、吹扫脱附、取代脱附等几类。

吸附剂吸附量随温度变化较大时可采用升温脱附。当吸附系统的变压操作范围可处于吸附等温线的陡直部分时，采用降压脱附较合适。当吸附质没有回收价值时，可将脱附的吸附质通入燃烧炉烧掉，该情况下可采用吹扫脱附。对热敏感性强的吸附质，可采用取代脱附。表 3-13 为常用的吸附设备比较。

表 3-13　常用的吸附设备比较

设 备 名 称	吸 附 反 应	主 要 吸 附 气 体
固定床吸附器	气固反应	SO_2、NH_2、含烃类物质
移动床吸附器	液固反应、气固反应	挥发性有机物
流化床吸附器	液固反应、气固反应	含烃类物质、酸性气体

3.5　喷淋雾化装置

为了有效地分配液体，常在塔顶安装喷淋装置，安装的位置一般高于填料层 150~300mm，以提供足够的自由空间，使上升气流不受约束地穿过液体分布器。

工程上对液体分布器装置的设计要求：液体分布均匀，自由截面大，操作弹性好（适用的流量范围广），不易堵塞，装拆方便等。

为了满足塔径、液体流量及不同的均布要求，喷淋雾化装置（液体分布器装置）结构形式很多，下面介绍几种常用的类型。

1. 管式喷淋器

根据结构的不同，管式喷淋器可分为单管式喷淋器及排管式喷淋器。

（1）单管式喷淋器　单管式喷淋器如图 3-80a 所示，其结构简单，制造、安装方便，但喷洒面积小，液流不均匀，喷洒口也易堵塞，适用于直径较小（塔径一般小于 300mm）、喷淋均匀性要求不高的塔，且适用于液体负荷不大、液体中无固体颗粒的工艺。为避免液体直接冲击填料，增强液体分布均匀性，可在液体流出口下方设一挡液板。

（2）排管式喷淋器　图 3-80b 为排管式喷淋器，主管上连接一排支管，支管并列均布于整个塔截面，支管的下部开有 2~3 个小孔。主管底部开有一泪孔，目的是停产时能将液体排空。该种喷淋器适用于直径较大的塔，喷淋器本身也较大较重，因而每根支管和主管均需要支承。

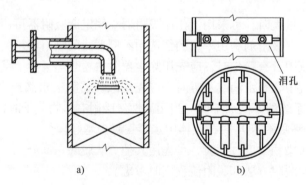

a)　　　　　　　　　　b)

图 3-80　管式喷淋器

a) 单管式喷淋器　b) 排管式喷淋器

2. 盘式喷淋器

盘式喷淋器的结构如图 3-81 所示，为开小孔盘式喷淋器，盘径约为 $0.75D_N$，小孔正三角形排列或同心圆排列，小孔直径为 3~10mm。该喷淋器制作较为复杂，小孔部位易发生堵塞，液体通过时阻力较小，分布较均匀，所受干扰较小，适用于塔径小于 1m 的场合。

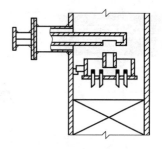

图 3-81　盘式喷淋器

3. 莲蓬头式喷淋器

莲蓬头式喷淋器为一种常用的喷淋器，其结构较为简单，造价较低，如图 3-82 所示。通常取莲蓬头直径为塔径的 1/5~1/3；球面半径为 $(0.5~1.0)D_N$；喷洒角一般小于 80°，喷洒外圈距塔壁 70~100mm，小孔直径为 3~10mm，莲蓬头厚度计为 t（不锈钢>2mm，碳钢>3mm）。莲蓬头式喷淋器一般用于直径小于 0.6m 的塔，不适用于处理较为污浊的液体。

4. 冲击式喷淋器

冲击式喷淋器的结构如图 3-83 所示，其最大的优点是喷洒半径大（最高时可达 3m），液体流量大，为 50~200m³/h，构造简单，单管中液体分布性好，能够达到均匀喷淋的目的；缺点是改变液体流量或压头时会影响喷洒半径。因此，这种装置常应用在操作比较恒定及塔径较小的工艺中。

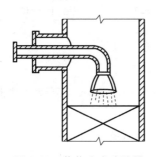

图 3-82　莲蓬头式喷淋器

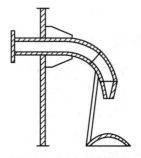

图 3-83　冲击式喷淋器

💡 习　题

3-1　知识考查

1. 在污水处理中，格栅、沉砂池和沉淀池的主要作用分别是什么？它们的去除对象有何不同？

2. 请分别简述电解气浮、布气气浮和溶气气浮装置的工作原理。

3. 膜分离设备中，微滤、超滤、纳滤和反渗透的截留物质粒径范围和工作压力有何不同？

3-2　知识拓展

1. 请查阅相关资料，简述膜分离技术未来的发展方向。

2. 在混合与絮凝设备中，水泵混合、隔板混合和机械混合的工作原理和优缺点分别是什么？

第4章

水的生化处理设备

通常，污水的生化处理以好氧方式为主。根据微生物在反应器中的生长形式，好氧生物处理技术主要分为活性污泥法和生物膜法。本章将分别对活性污泥法设备和生物膜法设备进行介绍。

4.1 活性污泥法设备

活性污泥工艺一般由曝气池、二沉池、污泥回流和剩余污泥排除系统构成，曝气池是其中最主要的设备，如图4-1所示。

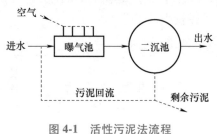

图4-1 活性污泥法流程

4.1.1 曝气池

曝气池实质上是一种生化反应器，是活性污泥系统的核心设备，活性污泥系统的净化效果在很大程度上取决于曝气池的功能是否能够正常发挥。工程实践中曝气池的构造和曝气方式密切相关，根据曝气方式的不同，可分为鼓风曝气、机械曝气、射流曝气和旋流曝气。

1. 鼓风曝气系统

鼓风曝气系统由空压机、空气扩散装置和一系列连通的管道组成。鼓风曝气系统具有操作比较简便、设备简单、自动化程度较高的优点，但也存在中大孔扩散设备氧利用率较低、微孔曝气设备易堵塞、曝气膜片易撕裂等问题。其中空气扩散装置是使空气形成不同尺寸的气泡，气泡的尺寸决定了氧在混合液中的转移率，气泡的尺寸则取决于空气扩散装置的形式，鼓风曝气系统的空气扩散装置主要可分为微气泡型、中气泡型、大气泡型、水力剪切型、水力冲击型等类型。大气泡型曝气装置因氧利用率低，现已极少使用。

（1）微气泡型空气扩散装置 典型的微气泡型空气扩散装置是由微孔材料（陶瓷、钛粉、氧化铝、氧化硅和尼龙）制成的扩散板、扩散盘或扩散管等，所产生的气泡直径在2mm以下。微气泡型空气扩散装置的优点是氧利用率高（$E_A = 15\% \sim 25\%$），动力效率高（$E_p \geq 2kg \cdot O_2/h$）；其缺点是易堵塞，空气需经过滤净化，扩散阻力大等。

1）扩散板呈正方形，尺寸多为300mm×300mm×35mm，扩散板采用图4-2的形式安装，每个板闸有自己的进气管，便于维护管理、清洗和置换。

2）扩散管一般采用的管径为60~100mm，长度多为500~600mm，常以组装形式安装，

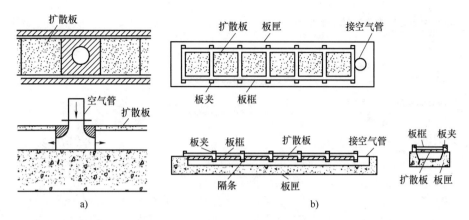

图 4-2　扩散板空气扩散装置

以 8~12 根管组装成一组,如图 4-3 所示。

3) 固定式平板型微孔空气扩散器,结构如图 4-4 所示,主要组成包括气泡扩散板、通气螺栓、配气管、三通短管、橡胶密封圈和压盖等。型号有 HWB-1、HWB-2、BYW-I(Ⅱ) 等。

4) 固定式钟罩型微孔空气扩散器,结构如图 4-5 所示,主要组成包括气泡扩散盘、配气

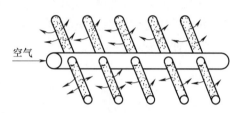

图 4-3　扩散管组安装图结构

管、通气孔等。型号有 HWB-3、BGW-1 等。固定式平板型和固定式钟罩型微孔空气扩散器两种结构的优点是氧利用率都较高;缺点是微孔易被堵塞,空气需要净化。

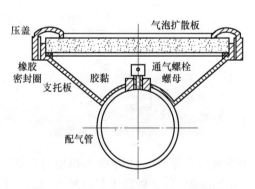

图 4-4　固定式平板型微孔空气扩散器

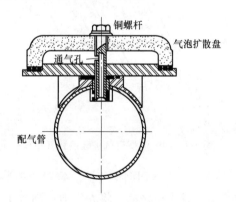

图 4-5　固定式钟罩型微孔空气扩散器

5) 膜片式微孔空气扩散器,结构如图 4-6 所示。扩散器的气体扩散板由弹性合成橡胶膜片制造,膜片上均匀布置着 5000 个孔径为 150~200μm 的小孔,膜片上的微孔随着充气压力的产生和停止自动张开和闭合,避免孔眼堵塞。产生的空气泡直径为 1.5~3.0mm。

(2) 中气泡型空气扩散装置

1) 中气泡型空气扩散装置(穿孔管)结构如图 4-7 所示,由直径介于 25~50mm 的钢管或塑料管制成,在管壁两侧向下 45°处,开直径为 3~5mm 的小孔,间距为 50~100mm,空气由孔眼溢出。这种扩散装置构造简单、不易堵塞、阻力小,但氧利用率和动力效率较低。

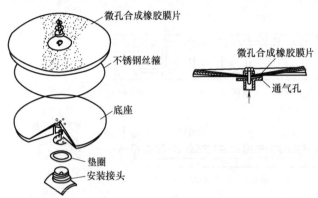

图 4-6　膜片式微孔空气扩散器　　　　动图 4-6　膜片式微孔空气扩散器

2）网状膜空气扩散装置结构如图 4-8 所示，由本体、螺盖、网状膜、分配器和密封垫组成。本体采用工程塑料注塑成型，网状膜则由聚酯纤维制成。该装置的特点是不易堵塞，布气均匀，便于管理。

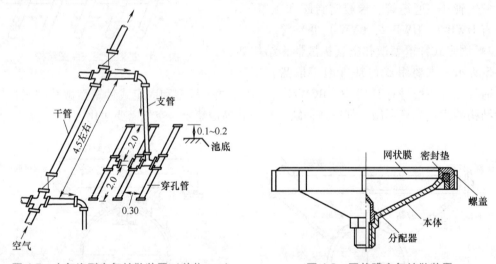

图 4-7　中气泡型空气扩散装置（单位：m）　　　图 4-8　网状膜空气扩散装置

（3）水力剪切型空气扩散装置　该装置利用本身构造能产生水力剪切作用的特征，在空气从装置吹出之前，将大气泡切割成小气泡。固定螺旋空气扩散装置是一种典型的水力剪切型空气扩散装置，由圆形外壳和固定在壳体内部的螺旋叶片组成，每个螺旋叶片的旋转角度为 180°，两个相邻叶片的旋转方向相反。空气由布气管从底部进入装置内，向上流动，由于壳体内外混合液的密度差产生提升作用，使混合液在壳体内不断循环流动，空气泡在上升过程中，被螺旋叶片反复切割，形成小气泡。目前生产的类型有固定单螺旋、固定双螺旋和固定三螺旋三种。固定螺旋空气扩散装置如图 4-9 所示，可均匀布置在池内。

（4）水力冲击型空气扩散装置　自吸式自激振荡脉冲射流曝气器是使用最为广泛的水力冲击型空气扩散器，其结构如图 4-10 所示。当一股驱动流体从混气室的出口向下游流动时，入流中一定频率范围内的涡量扰动在自激振荡腔室内得到放大。在剪切层中形成一连串离散涡环，当其到达碰撞壁并与之相互作用时，将在碰撞区（碰撞壁附近的某些区域）产生压力振荡波，该波以声速向上游传播，又在上游诱发新的涡量脉动。若使分离区与碰撞区的压力脉动互为反相，就会形成"涡量扰动—放大—新涡量脉动"产生的正反馈循环过程，该过程不断重复，就会在腔室内形成强烈的自激振荡，一定循环次数后，气液两相流则以脉冲形式从扩散管喷射出。

自激振荡使气液混合体受到反复的剪切作用，气泡尺寸被剪切得更小，提高了气液两相的接触面积；气液两相接触面在剧烈的"涡量扰动—放大—新涡量脉动"产生的循环下快速地进行变换，加速了气液界面中液膜的更新；由于气液混合液以脉冲方式喷射而出，增大了出流压力和速度，提高了曝气池内的对流能力和服务面积；更小的气泡在水中的停留时间长，即延长了气液两相的接触时间，提高了氧的转移效率。

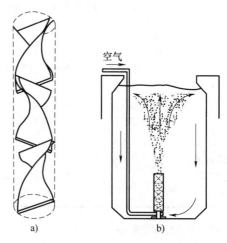

图 4-9　固定螺旋空气扩散装置

a）内部构造　b）工作状态时的示意图

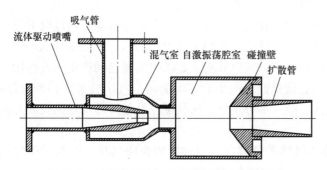

图 4-10　自吸式自激振荡脉冲射流曝气器结构

动图 4-10　自吸式自激振荡脉冲射流曝气器的结构原理

各类鼓风曝气装置的技术参数和特点见表 4-1。

表 4-1　各类鼓风曝气装置的技术参数和特点

类别	类型	技术参数	特点
微气泡型空气扩散装置	扩散板	水深小于 4.8m 时，氧利用率 7%~14%，动力效率 1.8~2.5kgO$_2$/(kW·h)	便于维护管理、清洗和置换，但易堵，扩散阻力大
	扩散管	扩散管的氧利用率 10%~13%，动力效率 2kgO$_2$/(kW·h)	易堵塞，空气需过滤净化，扩散阻力大等
	固定式平板（钟罩）型微孔空气扩散器	曝气量 0.8~3m^2/(h·个)，服务面积 0.3~0.75m^2/个，氧利用率 20%~25%，动力效率 4~6kgO$_2$/(kW·h)	氧利用率高，微孔易堵塞，空气需净化等
	膜片式微孔空气扩散器	曝气量 1.5~9m^2/(h·个)，服务面积 0.5~2m^2/个，氧利用率为 18.4%~27.7%，动力效率则为 3.46~5.19kgO$_2$/(kW·h)	氧利用率高，服务面积大，孔眼不易堵塞等

（续）

类别	类 型	技 术 参 数	特 点
中气泡型空气扩散装置	穿孔管	氧利用率只有 4%~6%，动力效率可达 1kgO₂/ (kW·h)	构造简单，不易堵塞，阻力小，但氧利用率小
	网状膜空气扩散装置	氧的利用率高，为 12%~15%，动力效率为 2.7~ 3.7kgO₂/(kW·h)	不易堵塞，布气均匀，便于管理
水力剪切型空气扩散装置	固定螺旋空气扩散装置	服务面积 3~9m²，氧利用率 7.4%~11.1%，动力效率 1.5~2.6kgO₂/(kW·h)，适用水深 3.4~8m	
水力冲击型空气扩散装置	射流式空气扩散装置	氧的转移率>20%	氧利用率高，达 20% 以上

2. 机械曝气系统

机械曝气系统相较于鼓风曝气设备具有明显的优越性：无须建造鼓风机房，需要布设的管道与曝气头也较少，安装较为简单，成本的投入较低；但同样存在一些需要解决的问题：能耗高，氧利用率低，可调节性差，且运营维护费成本较高。

机械曝气装置安装在曝气池水面上部，在动力的驱动下进行高速转动，通过以下三个作用将空气中氧转移到污水中：①曝气装置的转动，使得水面上的污水不断以水幕状由曝气器抛向四周，形成水跃，液面呈剧烈的搅动状，将空气卷入；②曝气器转动产生提升作用，使混合液连续地上、地下循环流动，气、液界面不断更新，不断将空气中的氧转移到液体内；③曝气器转动，在其后侧形成负压区，吸入部分空气。机械曝气装置按传动轴的安装方向可分成竖轴式和卧轴式两种。

（1）竖轴式机械曝气器　竖轴式机械曝气装置，也称为表面曝气机，在我国应用比较广泛，常用的类型包括泵型、K 型、倒伞型和平板型四种。

1）泵型叶轮曝气机。该曝气机结构如图 4-11 所示，该装置的工作原理是利用叶轮的提升和输水作用，使曝气池内液体不断循环流动，更新气液接触面，不断从大气中吸氧。

泵型叶轮曝气机的充氧量和轴功率可按下列公式计算：

$$Q_s = 0.379K_1v^{2.8}D^{1.88} \qquad (4-1)$$

$$N_轴 = 0.0804K_2v^3D^{2.08} \qquad (4-2)$$

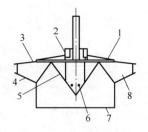

图 4-11　泵型叶轮曝气机结构图
1—上平板　2—进气孔　3—上压罩
4—下压罩　5—导流锥顶　6—引气孔
7—进水口　8—叶片

式中，Q_s 是在标准条件下（水温 20℃，一个大气压）清水的充氧量（kgO₂/h）；$N_轴$ 是叶轮轴功率（kW）；v 是叶轮周边线速度（m/s）；D 是叶轮公称直径（m）；K_1 是池型结构对充氧量的修正系数，对于曝气池为 0.85~0.98；K_2 是池型结构对轴功率的修正系数，对于曝气池为 0.85~0.87。

该曝气机在选型和使用时应注意：叶轮外缘最佳线速度应在 4.5~5.0m/s 的范围内；叶轮在水中浸没深度应不大于 40mm，过深会影响曝气量，过浅易于引起脱水，运行不稳定；

叶轮不能反转。

2）K 型叶轮曝气机。结构如图 4-12 所示，最佳运行线速度在 4.0m/s 左右，浸没深度为 0~10mm，叶轮直径与曝气池直径或正方形边长之比大致为 1/10~1/6。

3）倒伞型叶轮曝气机。结构如图 4-13 所示，该装置叶轮旋转时，在周边形成水跃，使液面激烈搅动，从而将空气中的氧卷入水中。这种曝气机叶轮构造简单，易于加工。

（2）卧轴式机械曝气机　卧轴式机械曝气机的曝气充氧能力受浸没深度影响较大，且需与导流板配合使用。卧轴式机械曝气机的优点是结构较简单，运行可靠，维修方便；缺点是曝气效率不高，曝气效果局限于水面的上层，无法进行深层曝气。目前应用的卧轴式机械曝气机主要是水平推流式表面曝气机械，适用于城市生活污水和工业污水处理的氧化沟，卧轴式机械曝气机结构如图 4-14 所示。卧轴式机械曝气机由水平轴和固定在轴上的叶轮组成。操作时转轴带动叶片转动搅动水面溅起水花，空气中的氧气通过气液界面转移到水中，同时也推动氧化沟中污水流动。

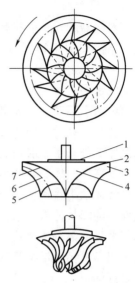

图 4-12　K 型叶轮曝气机结构图
1—法兰　2—盖板　3—叶片　4—后轮盖
5—后流线　6—中流线　7—前流线

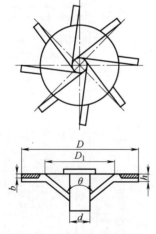

图 4-13　倒伞型叶轮曝气机　　　　动图 4-13　倒伞型叶轮曝气机

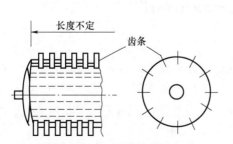

图 4-14　卧轴式机械曝气机　　　　动图 4-14　卧轴式机械曝气机

3. 旋流曝气器

旋流曝气器的外观形状有多种，其主要结构由进气口、曝气筒、导流板和切割器四个部分构成，结构如图 4-15 所示，采用工程塑料（ABS）注塑成型，安装方便，防腐能力强。工作时，空气通过位于旋流曝气器底部的进气口进入，在曝气时气流以很高的速度上升，带动周围的泥水混合物一起上升，当高速气体进入旋流曝气器底部进口时，气液两相流会一起在曝气筒内向上运动，首先穿过导流板，导流板呈三维曲面状，目的是引导气液两相流呈螺旋上升趋势，运动过程中使气相和液相有更充分的接触。然后气液两相流经过切割器，原始模型切割器上分布了 8 层切割齿，每层切割齿上有 10 个三棱柱状的切割齿，这些切割齿主要用来切割高压气体，并使高压气体在上升过程中能破碎成很多小直径气泡。最后被切割的气体带动液体从上盖冒出不断向上运动，产生不同直径的气泡。这些气泡与曝气池中的液体互相接触，为曝气池内的活性污泥提供充足的氧分子，增加了氧气的传质速率和氧利用率。旋流曝气器具有氧利用率高、不结垢不堵塞、坚固耐用寿命长、运行维护简单、压力损失低、节电明显、污泥量少等诸多优点，适用于不同水质状况的污水处理，如市政污水和工业废水的处理。

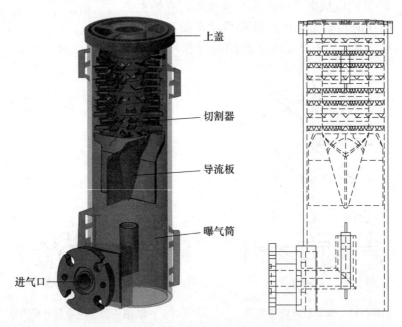

上盖

切割器

导流板

曝气筒

进气口

图 4-15　旋流曝气器的结构组成

4. 常用曝气设备的比较

随着我国工业化进程的加快，氧曝技术的应用尚存在不断深入和发展的空间，在我国当前的大规模经济建设中，氧曝技术对环保产业起了很大的作用，广泛应用于工业废水处理和城镇污水处理等各个方面。曝气机在实际的应用中要考虑企业的实际需要和承担成本来选择合适的曝气机。现将常用曝气设备的比较列举在表 4-2 中。

表 4-2　常用曝气设备的比较

项目	微孔曝气器	旋流曝气器	射流曝气器
工作原理	气泡向上，底部有淤泥堆积	形成整个池体的旋流	沿喷嘴方向单向射流
设备特点	微孔，气泡小，氧利用率最高，但易老化堵塞	大孔通道，无堵塞，使用寿命长，氧利用率高	大孔通道，无堵塞，使用寿命长，氧利用率高
底部	有污泥沉积	无污泥沉积	无污泥沉积
运行方式	间歇运行时容易堵塞	可间歇运行	可间歇运行
污泥浓度	不能太高	不限	不限
使用寿命	正常 $1\sim3$ 年	>10 年	>10 年
服务面积	$0.3\sim0.5m^2$/个	$5\sim7m^2$/个	$50\sim100m^2$/个
使用特点	投资和运行费用稍低，但设备更换成本最高	投资和运行成本稍高，但设备无须维护更换	设备无须维护和更换，但运行成本最高

4.1.2　活性污泥法脱氮除磷工艺

氮、磷是生命活动所需要的重要营养元素，但同时也是引起水质超标的主要污染物和当前污水处理的热点和难点。生活污水的水质与社会发展、人们生活水平的提高息息相关，随着生活质量的提高，人们对肉蛋奶等蛋白质类食品的摄入量增加，导致生活污水中的氮、磷含量增多，增加了水体富营养化的风险。2018 年，在对全国城市污水处理厂出水水质的调查中发现出水中氮、磷含量普遍超标。目前，水体中氮、磷含量超标是水体恶化的主要因素，这也使得污水处理工艺目标由单一的有机物和悬浮固体去除转变为氮、磷的削减。截至 2021 年底，全国共有 53.2% 的污水处理厂执行《城镇污水处理厂污染物排放标准》（GB 18918—2002）一级 A 标准，其中总氮含量要求为 15mg/L，总磷为 0.5mg/L。

活性污泥法以其高效、低耗的特点广泛运用于世界各地污水处理厂，能够有效去除氮、磷等营养物质。本小节将系统性地介绍活性污泥法脱氮除磷工艺流程及相关设备。

（1）活性污泥法脱氮除磷原理　生物脱氮主要是由氨化菌、硝化菌和反硝化菌通过氨化、硝化和反硝化作用将含氮化合物转变为氮气（N_2），从而实现总氮的去除。氨化作用即具有氨化功能的细菌、真菌和放线菌在好氧或厌氧的条件下将有机氮化合物分解产生氨氮（NH_4^+）。硝化作用是亚硝化细菌和硝化细菌在好氧条件下协同作用。首先是亚硝化反应，即氨氧化细菌（AOB）将 NH_4^+ 转化为亚硝态氮（NO_2^-）；随后产生的 NO_2^- 被亚硝酸氧化菌（NOB）氧化为硝态氮（NO_3^-）。大多数反硝化细菌是异养型兼性厌氧细菌。在缺氧条件下，反硝化菌利用低分子有机物作供氢体，以 NO_3^- 为最终电子受体，将 NO_3^- 还原为 N_2。生物脱氮流程如图 4-16 所示。

有机氮化合物 $\xrightarrow[\text{好氧/厌氧}]{\text{细菌、真菌、放线菌}}$ 氨氮 $\xrightarrow[\text{好氧}]{\text{氨氧化细菌}}$ 亚硝态氮 $\xrightarrow[\text{好氧}]{\text{亚硝酸氧化菌}}$ 硝态氮 $\xrightarrow[\text{缺氧}]{\text{反硝化菌}}$ 氮气

图 4-16　生物脱氮流程

污水生物除磷主要是由聚磷菌（PAOs）作用完成的。在厌氧条件下，聚磷菌分解体内的多聚磷酸盐产生 ATP，吸收易生物降解的基质，同时在体内合成聚 β-羟基丁酸（PHB）/聚 β-羟基戊酸（PHV）并储存为营养物质，与此同时释放 PO_4^{3-} 并产生能量。在好氧条件

下，聚磷菌分解体内的 PHB/PHV 和外源基质，合成 ATP，将剩余的 PO_4^{3-} 以多聚磷酸盐的形式储存在细胞内，随剩余污泥排出系统，达到高效除磷的目的。

（2）活性污泥法脱氮除磷工艺　传统的脱氮除磷工艺包括氧化沟工艺、A/O 工艺及其衍生工艺（两段式和多段进水多级 A/O 工艺）、A^2/O 工艺及其衍生工艺（多级 A^2/O 工艺）、SBR 工艺、CASS 工艺、A/B 工艺、UCT 工艺、Johannesburg 工艺、VIP 工艺和 Bardenpho 工艺等，这些工艺都是依靠调节工艺参数尽可能地降低各因素影响，为微生物的生长和代谢提供良好的条件，从而实现氮和磷的去除。脱氮除磷工艺种类多样，其中氧化沟工艺、A^2/O 工艺和 SBR 工艺普遍运用于实际污水处理厂。

1. 氧化沟工艺简介

氧化沟工艺因其构筑物呈封闭的环形沟渠而得名，该工艺是一种改良型活性污泥法，水流流态特征独特，介于完全混合和推流之间，其表面曝气设备可调节供氧量并且表面曝气与微孔曝气相结合可在沟内形成好氧和缺氧的交替区，能够实现同步硝化、反硝化。该工艺具有流程简易、运行方式灵活、污泥产量低、耐冲击负荷、出水水质稳定、处理效果良好等显著优点；缺点是占地面积大，易产生污泥膨胀、泡沫和流速不均及污泥沉积等问题。

氧化沟由沟体、曝气设备、进水分配井、出水溢流堰和自动控制设备等组成，氧化沟的典型布置如图 4-17 所示。氧化沟的主要类型有卡鲁赛尔氧化沟、改良型卡鲁赛尔氧化沟和奥贝尔氧化沟。

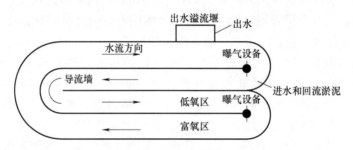

图 4-17　氧化沟的典型布置

（1）氧化沟沟体构造　氧化沟沟体的平面形状呈环状沟渠形，也可以是长方形、圆形或其他形状。氧化沟的断面形状多为矩形和梯形（见图 4-18），可以用钢筋混凝土建造，也可以用土堤围筑，但应在其斜坡上浇筑 10cm 厚的混凝土护面。

（2）曝气设备　曝气设备是氧化沟的主要装置，它起着供氧、推动水流在水平方向流动和防止活性污泥沉淀等作用。常用的曝气设备有曝气转刷、曝气转盘、立式表面曝气机、射流曝气机和微孔曝气器等。曝气设备通常安装在沟体直线段的适当位置上，并应考虑通过改

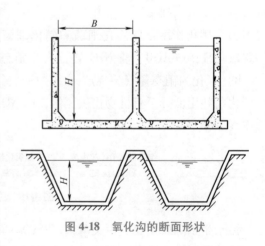

图 4-18　氧化沟的断面形状

变曝气机的转速或淹没深度来调节曝气机的充氧能力，以适应运行的要求，节省电耗。

（3）进水分配井　当设有两组以上的氧化沟时，必须设置进水配水井，以分配和控制进水量。由于废水处理厂（站）的同类型构筑物往往成组布置，能否将来水均匀地分配给每个处理构筑物，对处理效果影响很大，为了实现均匀配水，应在成组地处理构筑物前设置配水设备。配水设备的形式如图 4-19 所示。图 4-19a 为中管式配水井；图 4-19b 为倒虹吸管式配水井。只要来水的水头能在配水井中基本上消除，并且设计对称性好，就能获得良好的配水效果，这种配水设备多用在向一组圆形池子供水的情况；图 4-19c 为一组向并排池子供水的配水设备；图 4-19d 为另一组向并排池子供水的配水设备，效果较好，但占地较大，转弯处易沉淀堵塞；图 4-19e 为一种简单的配水槽，但均匀配水不易保证；图 4-19f 为溢流管式配水井，多设在水泵加压管上，水泵将废水加压后打入配水井，在井内设有一组溢流管，废水由设在井内的一组溢流管分别流向众多的同类型处理设备。这类配水井往往很高，需要钢筋混凝土结构加固。为了保证均匀配水，从配水井流出的废水在流到处理设备之前，还应保持相同的水力条件，使阻力基本相同。

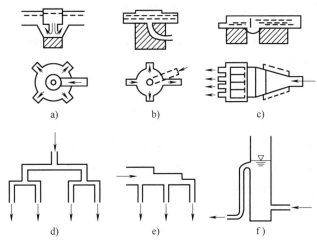

图 4-19　配水设备的形式

a）中管式配水井　b）倒虹吸管式配水井　c）一组向并排池子供水的配水设备
d）另一组向并排池子供水的配水设备　e）一种简单的配水槽　f）溢流管式配水井

（4）出水溢流堰　氧化沟的出水溢流堰的堰高一般应制成可调节的形式，通过调节堰高来改变曝气设备的淹没深度，以适应各种需氧量的要求。

（5）自动控制设备　通常包括溶解氧控制系统、进水分配井、闸门操作以及出水堰的控制等。

2. 氧化沟的主要类型

（1）卡鲁赛尔氧化沟　污水在卡鲁赛尔氧化沟的水力停留时间约为 13h，厌氧池的混合液从沟底部进入卡鲁赛尔氧化沟缺氧区，进水处溶解氧一般为 0~0.5mg/L，缺氧区在缺氧条件下，吸收刚进入污水中的充足碳源进行反硝化反应，同时好氧区已硝化的污水经沟内回流回到缺氧区，硝化和反硝化污水相互混合并反应，顺利实现脱氮。此后混合液进入好氧区，好氧区设有低速潜水推流器，一方面加大沟内流速，防治污泥沉积；另一方面起到

动图 4-20　卡鲁赛尔氧化沟

混合作用。此外，在好氧区的弯道处进行两次曝气充氧，曝气机下游为局部好氧区，上游为局部缺氧区，形成两个 A/O 的串联，进一步实现硝化和反硝化的串联，以达到高效脱氮除磷以及去除碳源污染物的作用，卡鲁赛尔氧化沟的布置如图 4-20 所示。

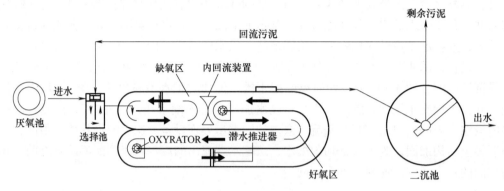

图 4-20　卡鲁赛尔氧化沟

（2）改良型卡鲁赛尔氧化沟　卡鲁塞尔氧化沟由于设计或运行管理的原因，在实际运行过程中，经常出现脱氮效果较差、出水总氮不能达标等情况。针对这种现象，对卡鲁赛尔氧化沟做出了改进。改良型卡鲁塞尔氧化沟分设厌氧段、缺氧段及好氧段。污水及回流污泥首先进入厌氧段，聚磷菌在厌氧条件下吸收水中充足的碳源后可完成磷的释放，聚磷菌在好氧段的富氧条件下，可过量吸收水中的磷，从而实现除磷。硝化细菌在好氧段将氨氮转化为硝态氮，实现硝化作用。通过内回流将部分硝态氮回流至缺氧段，在反硝化菌的作用下将硝态氮还原成氮气从水中逸出，从而完成生物脱氮。改良型卡鲁塞尔氧化沟工艺具有流程简单，投资费用较少，有利于建设过程中的分期、分组实施，以及更易实现出水稳定达标的特点。改良型卡鲁赛尔氧化沟的布置如图 4-21 所示。

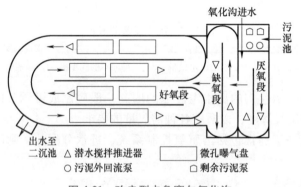

图 4-21　改良型卡鲁赛尔氧化沟

（3）奥贝尔氧化沟　奥贝尔氧化沟是一种多级氧化沟，一般由 3 个同心圆或椭圆形沟道（外沟、中沟和内沟）组成，沟中安有水平旋转装置的曝气转盘，用来充氧和混合。污水从外沟进入，通过水下输入口连续地从一条沟进入下一条沟，每一条沟都是一个封闭的、连续循环的、完全混合反应器。每个沟中的水流在排出前，污水及污泥在沟内绕了数十圈甚至数百圈后再流入下一沟，最后，污水由第三沟流入二沉池，进行固液分离，回流污泥由二沉池打回第一沟。奥贝尔氧化沟的外沟道溶解氧通常控制在 0~0.3mg/L，中沟道溶解氧通常控制在 0.5~1.5mg/L，内沟道溶解氧通常控制在 2~3mg/L。奥贝尔氧化沟特有的外中内沟道溶解氧的分布形式，可同时进行有机物的氧化降解和氮的硝化、反硝化，并可有效去除污水中的磷，出水水质好。

在奥贝尔脱氮除磷工艺中，外沟道体积占整个氧化沟体积的 50%~55%，溶解氧控制趋于 0~1mg/L，高效地完成主要氧化作用；中间沟道的容积为总容积的 25%~30%，溶解氧控制在 1mg/L 左右，其作为"摆动沟道"可发挥外沟道或内沟道的强化作用；内沟道的容积占总容积的 15%~20%，需要较高的溶解氧值（1~2mg/L 左右），以保证有机物和氨氮有较高的去除率。奥贝尔氧化沟的工艺原理如图 4-22 所示。

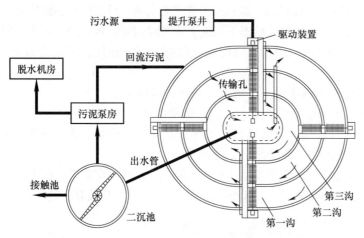

图 4-22　奥贝尔氧化沟的工艺原理

动图 4-22　奥贝尔氧化沟的工艺原理

3. SBR 脱氮除磷工艺

SBR 工艺具有独特的运行方式，即间歇式运行，原污水流入、有机底物降解反应、泥水分离、出水排放等各项污水处理过程均在唯一的反应器内完成。该系统工艺流程简单，基建与维护运行费用较低，能够有效控制活性污泥膨胀，可依据实际进水水量和水质调整运行方式，灵活掌控时间，为氮、磷的有效去除创造良好条件。

（1）工艺流程　通过时间顺序上的控制，SBR 工艺可以进行脱氮除磷。SBR 脱氮除磷工艺流程分为六个阶段。

1）充水-厌氧阶段。静止进水或进行厌氧搅拌，保证混合液处于厌氧状态，此阶段反应池内进行反硝化和厌氧释磷过程。

2）曝气-好氧阶段。进水结束后进行充氧曝气，该阶段反应池内进行有机物氧化、硝化和好氧吸磷过程。

3）搅拌-缺氧阶段。停止曝气，保持搅拌混合，主要是在缺氧条件下进行反硝化，达到脱氮的目的，反硝化碳源来自污泥内碳源或外加碳源。缺氧阶段不宜过长，以防止磷的二次释放。

4）沉淀阶段。停止搅拌混合，进行泥水分离。

5）排水阶段。反应器排放处理后的水。

6）闲置阶段。处理系统为多池运行时，反应器会有一个闲置期。此阶段从反应器排出富磷的活性污泥。SBR 脱氮除磷工艺流程如图 4-23 所示。

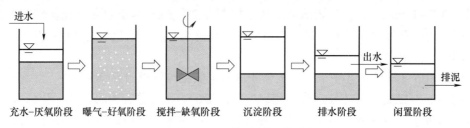

图 4-23　SBR 脱氮除磷工艺流程

（2）SBR 工艺优点

1）简单控制各个运行阶段，实现好氧、缺氧、厌氧状态交替，具有良好的脱氮除磷效果。

2）运行效果稳定，污水在理想的静止状态下沉淀，需要时间短，效率高，出水水质好。

3）耐冲击负荷，池内有滞留的处理水，对污水有稀释、缓冲作用，可以有效抵抗水量和有机污物的冲击。

4）工艺过程中的各工序可根据水质、水量进行调整，运行灵活。

5）反应池内存在 COD、BOD_5 浓度梯度，可以有效抑制活性污泥膨胀。

6）工艺流程简单、造价低。主体设备只有一个序批式间歇反应器，无二沉池、污泥回流系统，调节池、初沉池也可省略，布置紧凑、占地面积小。

7）应用范围广，适用于生活污水以及食品、化工、轻工、制药、印染等有机工业废水。

（3）规格　常见 SBR 反应器构造如图 4-24 所示，反应器的尺寸规格及其日处理量见表 4-3。

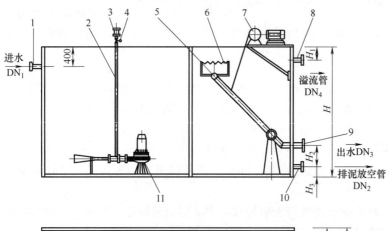

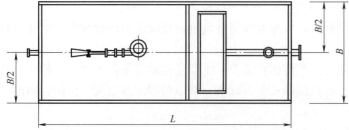

图 4-24　常见 SBR 反应器构造

1—进水管　2—空气管　3—消声器　4—电动阀　5—排水软管　6—滗水槽
7—滗水器电动机　8—溢流管　9—出水管　10—排泥放空管　11—曝气器

动图 4-24　常见 SBR
反应器的工作原理

表 4-3　SBR 型间歇式生物处理装置规格及性能

型号	处理水量/ (t/d)	L/m	B/m	H/m	进水/(mg/L)		出水/(mg/L)		生产厂
					BOD_5	COD	BOD_5	COD	
SBR-1	120	4.3	2.6	4.0	350	500	30	60	北京桑德 环保产业 集团
SBR-2	200	6.6	2.8	4.0	350	500	30	60	
SBR-3	300	9.3	3.0	4.0	350	500	30	60	
SBR-4	500	13.5	3.2	4.2	305	500	30	60	

4. A^2/O 脱氮除磷工艺

A^2/O 工艺是最简单的同步脱氮除磷工艺，该工艺结构简单，水力停留时间短，它由厌氧池、缺氧池、好氧池、二沉池系统构成，工艺流程如图 4-25 所示。

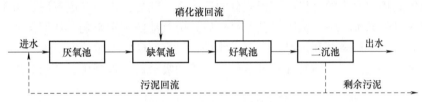

图 4-25　A^2/O 脱氮除磷工艺流程

污水及从二沉池回流的活性污泥进入厌氧池，聚磷菌厌氧释磷，分解易降解有机物和易挥发性脂肪酸（VFA），部分含氮有机物在厌氧池中进行氨化。随后污水进入缺氧池，此外，好氧池中含硝态氮的混合液回流到缺氧池，回流量为原污水流量的 2~4 倍。在缺氧池中，反硝化细菌将硝态氮转化成氮气实现脱氮。部分有机物在反硝化细菌的作用下被降解去除。混合液从缺氧反应池进入好氧反应池，在好氧反应池除进一步降解有机物外，还主要进行氨氮的硝化和磷的吸收，吸收的磷随剩余污泥排出。A^2/O 工艺的布置如图 4-26 所示。

动图 4-26　A^2/O 工艺

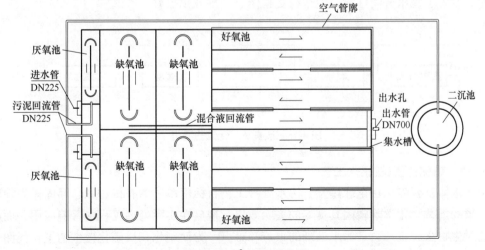

图 4-26　A^2/O 工艺布置

A²/O 脱氮除磷工艺流程简洁，脱氮除磷效果好，运行得当情况下，该系统出水中总氮和磷的含量可分别降至 15mg/L 和 1mg/L 以下。此外 A²/O 脱氮除磷工艺流程能够有效抑制丝状菌的大量繁殖，污泥沉降性能好。

该工艺需要注意的问题：首先，进入沉淀池的混合液通常需要保持一定的溶解氧浓度，以防止沉淀池中反硝化和污泥厌氧释磷，但这会导致回流污泥和回流混合液中存在一定的溶解氧。其次，由于部分污泥是由好氧池回流进入缺氧池，没有经历完整的厌氧、好氧过程，影响了污泥对磷的充分吸收。最后，硝化细菌是自养菌，对环境条件变化较为敏感，世代周期长，系统由于兼顾硝化细菌的生长而不可能太短，导致除磷效果难以进一步提高。

（1）倒置 A²/O 工艺　为了进一步提高 A²/O 工艺的除磷效果，张波、高廷耀等提出将工艺的缺氧段和厌氧段倒置 A²/O 工艺，其工艺流程如图 4-27 所示。在倒置 A²/O 工艺中，缺氧池位于工艺的最前端，进水和来自二沉池的回流污泥首先在缺氧池内进行混合。回流污泥中的硝态氮利用进水中的有机物进行充分的反硝化，随后污水进入厌氧段，由于硝酸盐在前面的缺氧区已经基本去除，消除了硝态氮对后续厌氧池的不利影响，从而保证厌氧池的绝对厌氧环境，有利于聚磷菌利用剩余的有机物进行厌氧释磷，微生物在厌氧释磷后直接进入生化效率较高的好氧环境，使其在厌氧条件下形成的吸磷动力得到更有效的利用。

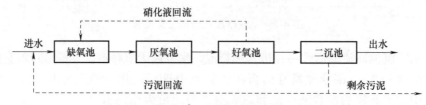

图 4-27　倒置 A²/O 生物脱氮除磷工艺流程

（2）改良 A²/O 工艺　改良 A²/O 工艺是中国市政华北设计院针对泰安市污水处理厂的设计流程及工艺参数提出的，其工艺流程如图 4-28 所示，该工艺综合了 A²/O 和 UCT 改良工艺的优点，即在厌氧池前增加前置缺氧池。一部分进水和回流污泥进入该池使回流污泥中的硝酸盐反硝化以减少对后续厌氧段的不利影响，有利于厌氧池的释磷，同时抑制了丝状菌的繁殖，改善了泥水分离性能，使运行更稳定、处理效果更好。

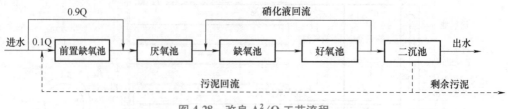

图 4-28　改良 A²/O 工艺流程

5. 短程硝化-厌氧氨氧化工艺

由于水体富营养化在全球爆发，污水处理工艺目标由单一的有机物和悬浮固体去除转变为氮、磷的削减。化学除磷因其良好的去除效果，现已在实际处理工程中普遍应用，而脱氮仍需通过生物法，且一直是污水处理的重点和难点。为使硝化和反硝化微生物生长代谢获得优势的氧化沟、SBR、A²/O 等传统的工艺均需要充足的碳源。然而，我国 70% 以上的城市污水呈现出低碳氮比的特征，传统脱氮除磷工艺需要大量外加碳源。20 世纪 90 年代发现的厌氧氨氧化工艺不需要有机碳源、曝气，是目前最经济高效的污水脱氮技术。但由于难以稳定获取反应基质亚硝态氮，该工艺未能实现规模化应用。彭永臻院士团队将短程硝化与厌氧氨氧化结合，破解了上述难题，为城市污水低碳高效脱氮开辟了新途径。下面将对短程硝化-厌氧氨氧化生物脱氮工艺进行介绍。

（1）短程硝化-厌氧氨氧化原理 短程硝化指利用亚硝化菌和硝化菌在动力学特性上存在的固有差异（见表 4-4），控制硝化反应只进行到 NO_2^- 阶段，不再产生 NO_3^-，再由大量积累的 NO_2^- 直接生成 N_2（$NH_3 \rightarrow NO_2^- \rightarrow N_2$）。厌氧氨氧化是一种新型的生物氮转化途径，它是指在缺氧条件下，厌氧氨氧化菌利用 NO_2^- 作为电子受体氧化水中的 NH_4^+，两者共同转化为 N_2（$NH_4^+ + NO_2^- \rightarrow N_2 + 2H_2O$）的过程。由于实现厌氧氨氧化脱氮需要环境中同时存在 NH_4^+ 和 NO_2^-，而大多数污水中氮素的主要存在形式为 NH_4^+，实际应用中可以通过短程硝化（$NH_4^+ \rightarrow NO_2^-$）为厌氧氨氧化菌提供 NO_2^-，从而构成短程硝化-厌氧氨氧化工艺。根据短程硝化和厌氧氨氧化能否在一个反应器中同步进行，分为一段式厌氧氨氧化工艺和两段式厌氧氨氧化工艺。

表 4-4 亚硝化菌与硝化菌的差异

项　　目	亚硝化菌	硝化菌
菌属	亚硝酸盐单胞菌属、亚硝酸盐球菌属	硝酸盐杆菌属、螺旋菌
世代时间/h	8~36	12~59
最佳 pH	7.5~8.5	6.5~7.5
溶解氧半饱和常数 $K_{O_2}/(mg \cdot L)$	0.2~0.4	1.2~1.5
温度/℃	<15 或>30	15~30
FA（游离氨）敏感性	不敏感（10~150mg/L）	较敏感（0.1~1mg/L）

（2）一段式厌氧氨氧化工艺 一段式厌氧氨氧化工艺是通过控制 pH 和 DO 等参数的梯度变化，使好氧氨氧化（$NH_4^+ + O_2 \rightarrow NO_2^-$）和厌氧氨氧化（$NH_4^+ + NO_2^- \rightarrow N_2$）两个过程可以在同一反应器中同时发生。一段式厌氧氨氧化工艺原理如图 4-29 所示，在限氧条件下，由于溶解氧传质的限制，会在生物膜或颗粒污泥内部形成分层，外部为好氧层，内部为厌氧层。在好氧层，氨氧化细菌利用 O_2 将 NH_4^+ 氧化为 NO_2^-；而在内部的厌氧层，厌氧氨氧化菌将扩散进来的 NH_4^+ 和 NO_2^- 转化为 N_2，从而达到生物脱氮的目的。

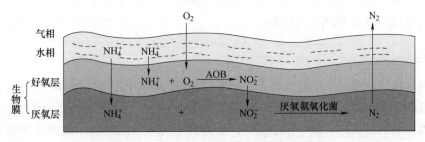

图 4-29 一段式厌氧氨氧化工艺原理示意图

一段式短程硝化-厌氧氨氧化工艺对操作条件等的控制要求较高。首先，厌氧氨氧化菌生长缓慢、世代时间长，会导致反应器启动期较长；其次，要想得到较高的氨氮去除率，就必须限制硝酸盐的生成，同时也要保证短程硝化产生的亚硝酸盐可满足厌氧氨氧化的消耗量。因此，要在完全混合的活性污泥系统中实现氨氧化菌和厌氧氨氧化菌共存并协同，除氮是比较困难的。但是与两段式厌氧氨氧化工艺相比，一段式厌氧氨氧化工艺具有节省占地面积和基建投资、启动快、便于运行调控的优点，因此应用更为广泛。

（3）两段式厌氧氨氧化工艺　两段式厌氧氨氧化工艺指亚硝化和厌氧氨氧化反应在两个反应器内进行耦合脱氮。该工艺根据氨氧化菌和硝化菌的不同生长条件，使氨氧化菌成为反应器的优势菌属，并通过控制反应器的水力停留时间稳定控制氨氮的氧化速率。亚硝化和厌氧氨氧化反应器均由有机玻璃制成，其内设置推进器且在侧壁垂直方向设置进出水及取样口（见图 4-30）。反应器采用水浴加热，温度控制在 $30 \sim 35 ℃$ 范围内，pH 控制在 $7.5 \sim 8.1$ 范围内。反应器均以序批式模式运行，进出水等均由自动控系统控制。

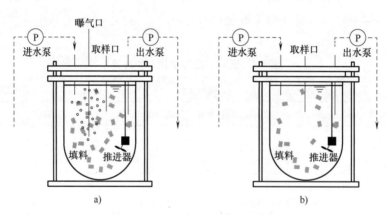

图 4-30　亚硝化及厌氧氨氧化反应器示意图
a）亚硝化反应器　b）厌氧氨氧化反应器

（4）短程硝化-厌氧氨氧化工艺的应用现状　目前短程硝化-厌氧氨氧化工艺已经成功应用于高温高氨氮的污水处理中。截止到 2014 年底，全球范围已有超过 100 座厌氧氨氧化实际工程，主要应用于污泥消化液、垃圾渗滤液、养殖废水、光电废水等高氨氮废水的处理。目前厌氧氨氧化工程的工艺形式包括移动床生物膜反应器（moving bed biofilm reactor，MBBR）、颗粒污泥工艺和 SBR 工艺。其中 SBR 是目前厌氧氨氧化实际工程最常用的反应器形式，占工程项目数量的 50% 以上，其次是颗粒污泥反应器和 MBBR 反应器。

MBBR 工艺流程
（动图）

4.1.3　二沉池

二沉池和曝气池是一个反应系统中两个不可分割的组合体，它们构成了活性污泥法的重要组成内容，二沉池的运行正常与否，直接关系到曝气池以至整个系统的运行。

沉淀池的结构已在第 2 章中介绍过了，从原理上讲，二沉池与一般的沉淀池并无不同，但在实际应用中二沉池与初沉池在构造特点、处理对象及所起的作用等方面存在不同。

1. 构造特点

二沉池主要由进出水管、澄清区、絮凝区、成层沉降区、污泥压缩区和排泥管组成，如图 4-31 所示。由于功能要求和沉淀类型不同，所以二沉池的设计原理和构造与一般的沉淀池有所区别。二沉池的设计横断面积，不仅应满足设计水力表面负荷率的要求，也应满足设计污泥固体表面负荷率（或污泥固体通量）的要求。这样才有可能获得较好的泥、水分离效率。二沉池的构造与污水厂的初沉池一样，可以采用平流式、竖流式和辐流式沉淀池。但要注意以下特点：

1）二沉池的进水部分要仔细考虑，应使布水均匀并形成有利于絮凝的条件，使泥花结大。

2）二沉池中污泥絮体较轻，容易被出流水挟走，因此要限制出流堰处的流速。可在池面布置较多的出水堰槽，使单位堰长的出水量不超过 $10m^3/(m \cdot h)$。

3）澄清区的容积要满足固液分离的要求。为避免池内水流异常的影响，澄清区通常要有一定的水深要求，一般不小于 2m。

4）设计泥污斗的容积时，要考虑污泥浓缩的要求。在二沉池内，活性污泥中的溶解氧只有消耗，没有补充，容易耗尽。缺氧时间过长可能影响活性污泥中微生物的活力并可能因反硝化而使污泥上浮。故浓缩时间一般不超过 2h。

5）二沉池污泥从底部的排出，一般采用机械排泥方式。这样可使二沉池的埋深不致过大，避免增加施工难度及造价。若采用水力排泥方式，则污泥斗的斗壁应有足够的斜度，让污泥自行滑落至斗底。这个斜度取 60° 为宜，排泥所需静水头应不小于 0.9m。

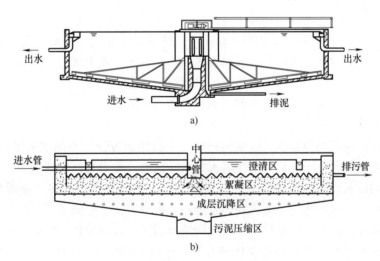

图 4-31　二沉池构造及其功能区域分布

a）二沉池构造　b）二沉池功能区域分布

2. 处理对象

二沉池的处理对象是活性污泥混合液，它具有浓度高（2000～4000mg/L）、絮凝性、质轻、沉速较慢等特点。在进行泥水分离时，泥水之间有清晰的界面，属于成层沉淀。二沉池除进行泥水分离外，还起着污泥浓缩的作用。在二沉池中同时进行两种沉淀，即成层沉淀和压缩沉淀。成层沉淀满足澄清的要求，压缩沉淀完成污泥浓缩的功能。所以与初沉池相比所需要的面积大于进行泥水分离所需要的池面积。设计时采用表面负荷率计算二沉池的面积，用固体通量进行校核。

3. 所起作用

二沉池在功能上与一般的沉淀池存在不同，二沉池具有两方面的功能：一是对反应池出水进行泥水分离，保证出水中的悬浮物达到排放标准；二是对污泥进行浓缩、回流，使反应池中的微生物浓度保持在一定范围内，保证废水生物处理系统的稳定运行。

4. 容积计算

二沉池的容积计算方法与一般沉淀池并无不同，但由于水质和功能不同，采用的设计参数也有差异。计算的方法可简明地用下列两公式反映：

$$A = \frac{q_V}{\mu} \tag{4-3}$$

$$V = rq_V t \tag{4-4}$$

式中，A 是澄清区表面积（m^2）；q_V 是废水设计流量，用最大时流量（m^3/h）；μ 是沉淀效率参数 [$m^3/(m^2 \cdot h)$ 或 m/h]；V 是污泥区容积（m^3）；r 是最大污泥回流比；t 是污泥在二沉池中的浓缩时间（h）。

计算澄清区面积时，也有人采用混合液的流量（污水量加回流污泥量）。但是，混合液进池以后基本上分为两路：一路流过澄清区从沉淀池出水槽流出池子；另一路流过污泥区从排泥管排出。这样，流过澄清区的应是污水的流量，故采用污水的最大时流量作为设计流量。

4.1.4 污泥回流

污泥回流可以维持系统所需的污泥浓度，提高脱氮除磷效率，是水处理过程的重要环节，对处理的出水水质影响深远。污泥回流泵是污水处理行业中常用的污泥回流设备。污泥回流泵的作用是使曝气池中的悬浮固体浓度保持稳定状态，使曝气池内的污泥在曝气池中保持均匀，不发生凝固现象。常用的污泥回流泵为潜水排污泵。

潜水排污泵是一种泵与电动机连体，并同时潜入液下工作的泵类产品，与一般卧式泵或立式排污泵相比，具有结构紧凑、占地面积小，安装维护方便，不用灌引水直接起动水泵，振动噪声小，电动机运行温度低，对环境无污染等优点。潜水排污泵特别适合于输送含有坚硬固体、纤维物的液体以及特别脏、黏、滑的液体，因此在进水泵房、集泥泵房、污水提升、剩余污泥泵房、污泥回流、集泥井等各种污水处理单元中得到了广泛的应用。

潜水排污泵按功能分为切割排污泵、无堵塞排污泵、自动搅拌排污泵等系列。无堵塞排污泵是常用的一种，它有两种类型 WQ 和 QW（见图 4-32），WQ/QW 型排污泵的功能在日

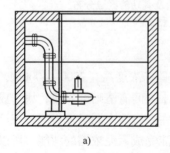
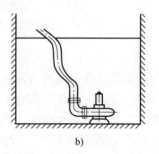

a)   b)

图 4-32　潜水排污泵
a）WQ 系列潜水排污泵　b）QW 系列潜水排污泵

常使用过程中实际上是相同的，一种是固定式，另一种是移动式。WQ 系列潜水排污泵称为固定式，它固定在一个地方，与管道配合，排除污水；QW 系列潜水排污泵一般会配置一个弯头，然后根据需要接水管，因此称为移动式，主要是临时使用。WQ/QW 型排污泵采用流道式叶轮，一般具有节能、防缠绕、无堵塞、自动安装、自动控制以及能够排送固体颗粒和长纤维垃圾等优点。

潜水排污泵型号意义说明如下：

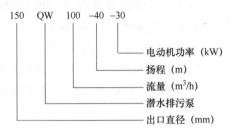

下面以 QW 型潜水排污泵为例进行介绍。QW 型潜水排污泵的结构如图 4-33 所示。QW 型潜水排污泵由叶轮、泵体、上下端盖、电动机、保护装置及出线装置等组成。上、下两列轴承能承受所有的轴向和径向负荷，并完全与泵输送的介质分开。在水泵运行发生异常时，通过保护装置可实现自动报警或切断电源，保护水泵。

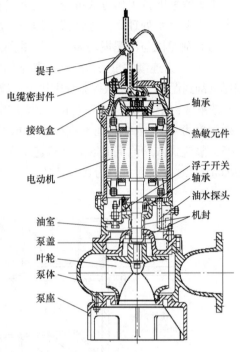

图 4-33　QW 型潜水排污泵的结构

4.2　污泥处理设备

在我国污水事业发展过程中，"重水轻泥"问题突出，对污泥处理设施的建设重视不够、投资不足，使得大量的城镇污泥未得到有效处置，污泥问题凸显。据统计，我国 2018 年上半年城镇污泥年产量约为 1800 万 t（80% 含水率）。由于污水处理过程中约 40% 的污染物最终进入污泥，污泥具有成分复杂、含水量高、含有重金属成分、有恶臭等特点，如果处理不当将对环境造成二次污染。如何实现产量巨大的污泥的减量化、资源化、无害化处理，已成为环境治理中的重要问题。主要的污泥处理技术包括污泥浓缩、脱水、稳定。

4.2.1　污泥浓缩

城市污水处理厂产生的污泥通常含水率都很高，初沉池污泥的含水率大于 97%，二沉池的含水率大于 99%。污泥含水率高、体积大，给后续处理造成极大困难。污泥浓缩的目的在于减少容积，主要减少的是污泥中的间隙水。如果后续处理是厌氧消化，则消化池的容积、加热量、搅拌能耗等都可以极大地降低；如果后续处理是机械脱水，则浓缩后调理污泥的混凝剂用量以及机械设备的处理量都可极大地减少。经过浓缩的污泥的含水率可降至 95%~97%，基本实现了污泥的减量化。污泥浓缩的主要方式有重力浓缩、离心浓缩、气浮浓缩、带式浓缩机浓缩、转股机械浓缩等。根据我国污泥的特点，重力浓缩和气浮浓缩是城市污水处理厂最常用的污泥浓缩方法。

（1）重力浓缩 重力浓缩的原理是在重力作用下将污泥中的间隙水挤出，从而使污泥得到浓缩，属于压缩沉淀类型，该方法适用于密度较大的污泥和沉渣。

重力浓缩池按工作方式可分成间歇式和连续式，前者适用于小型污水处理厂，后者适用于大、中型污水处理厂。连续式浓缩池一般采用辐流式浓缩池，结构类似于辐射式沉淀池，可分为有刮泥机与污泥搅动装置、不带刮泥机及多层浓缩池（带刮泥机）等形式。

图 4-34 为连续式重力浓缩池的基本结构，操作时污泥由进泥管连续进泥，浓缩污泥通过刮泥机刮到泥斗中，并从排泥管中排出，澄清水由溢流堰溢出。如果浓缩池较小，也可采用竖流式浓缩池，结构如图 4-35 所示。重力浓缩池设计数据如下：固体通量为 $30 \sim 60 kg/(m \cdot d)$，有效深度为 4m，浓缩时间不宜小于 12h，刮泥机外缘线速度为 $1 \sim 2 m/s$，池底坡度不宜小于 0.05，竖流式浓缩池沉淀区上升流速不大于 $0.1 mm/s$；辐流式浓缩池，当污泥浓度为 $2000 \sim 3000 mg/L$ 时，表面负荷为 $0.5 m^3/(m^2 \cdot h)$，当污泥浓度为 $5000 \sim 8000 mg/L$ 时，表面负荷为 $0.3 m^3/(m^2 \cdot h)$。

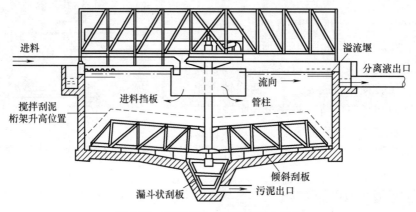

图 4-34　连续式重力浓缩池基本结构

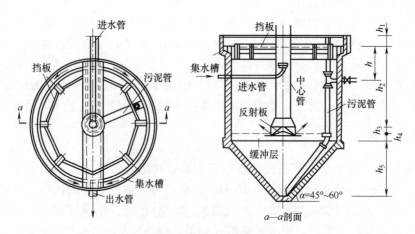

图 4-35　竖流式浓缩池结构

（2）气浮浓缩 重力浓缩法比较适合于密度大的污泥（如初次原污泥等），对于密度接近于 1 的疏水性污泥最好采用气浮浓缩法。

气浮浓缩法的原理是依靠大量的微小气泡附在污泥颗粒表面上，通过减小颗粒的密度使污泥上浮。图4-36为污泥气浮浓缩工艺流程，其工作流程如下：澄清水从池底引出，一部分用水泵引入压力溶气罐加压溶气，另一部分外排。溶气水通过减压阀从底部进入进水室，减压后的溶气水释放出大量微小气泡，并迅速依附在待气浮的污泥颗粒上，从而使污泥颗粒密度下降易于上浮。进入气浮池后，能上浮的污泥颗粒上浮，在池表面形成浓缩污泥层由刮泥机刮出池外。

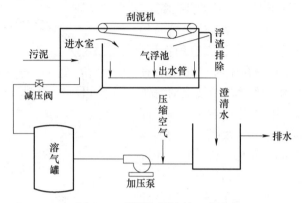

图 4-36　污泥气浮浓缩工艺流程

气浮浓缩池的主要设计参数：气固比（有效空气总重量与入流污泥中固体物总重量之比）为 $0.03 \sim 0.04$；水力负荷为 $1.0 \sim 3.6 \mathrm{m}^3/(\mathrm{m}^2 \cdot \mathrm{h})$，一般选用 $1.8 \mathrm{m}^3/(\mathrm{m}^2 \cdot \mathrm{h})$；停留时间与气浮浓度有关。

4.2.2　污泥的脱水设备

污泥经浓缩处理后，含水率（95%～97%）仍很高，需进一步降低含水率，将污泥的含水率降低至85%以下的过程称为脱水。污泥脱水的传统方法是自然干化，其缺点是占地面积大，容易造成环境污染，适用范围小，不适合在大型城市使用。相比之下，污泥的机械脱水具有占地面积小、处理效率高等优势。目前常用的脱水设备主要有真空过滤机、板框压滤机、滚压带式压滤机、离心脱水机等。其原理都是在多孔介质（滤材）两侧施加压力差，将悬浮液过滤分成滤饼、澄清液两部分，以达到脱水的目的。各种脱水干化方法效果对比见表4-5。

表 4-5　各种脱水干化方法效果对比

项　　目	自然干化	机械脱水				干燥法	焚烧法
		真空过滤法	压滤法	滚压带法	离心法		
脱水装置	自然干化场	真空转鼓 真空转盘	板框压 滤机	滚压带式 压滤机	离心机	干燥设备	焚烧设备
脱水后含水率（%）	70～80	60～80	45～80	78～86	80～85	10～40	0～10
脱水后状态	泥饼状	泥饼状	泥饼状	泥饼状	泥饼状	粉状、粒状	灰状

1. 真空过滤设备

真空过滤是目前使用最广的机械脱水方法，它具有处理量大、能连续生产、操作平稳等优点，主要用于初沉池污泥和消化污泥的脱水。间歇式真空过滤器有叶状过滤器，只适用于少量的污泥；连续式真空过滤设备有圆筒形、圆盘形及水平形，适用于处理含固体颗粒较多的稠厚悬浮液。

（1）转鼓式真空过滤机 转鼓式真空过滤机结构如图4-37所示。转鼓式真空过滤机的工作流程如下：覆盖有过滤介质的空心转鼓1浸在污泥槽2内，转鼓被径向隔板分隔成许多扇形间隔3，每个间隔有单独的连通管，管端与分配头4相接。分配头由两片紧靠在一起的部件5（转动）与6（固定）组成。6和缝7与真空管13相通，孔8与压缩空气管路14相通。转动部件5有一列小孔9，小孔通过连接管与各扇形间隔相连。转鼓旋转时，由于真空的作用，将污泥吸附在过滤介质上，液体通过介质沿真空管13流到气水分离罐。吸附在转鼓上的滤饼转出污泥槽后，若扇形间隔的连通管9在固定部件的缝7内，则处于滤饼形成区及吸干区内继续脱水；当管孔9与固定部件的孔8相通时，便进入反吹区与压缩空气相通，滤饼被反吹松动剥落介质，然后由刮刀10刮除，经皮带输送器外输，再转过休止区进入滤饼形成区，周而复始。

真空转鼓每旋转一周依次经过滤饼形成区、吸干区、休止区及反吹区，完成对污泥的过滤及剥落。转鼓式真空过滤机的外滤面是刮刀卸料结构，适用于分离0.01~1mm固体颗粒的悬浮液。

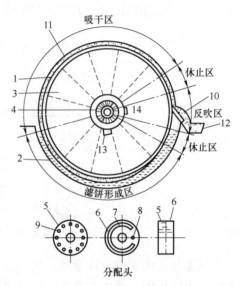

图4-37 转鼓式真空过滤机结构

1—空心转鼓 2—污泥槽 3—扇形间隔 4—分配头
5—转动部件 6—固定部件 7—与真空泵通的缝
8—与空压机通的孔 9—与各扇形格相通的孔
10—刮刀 11—泥饼 12—皮带输送器
13—真空管路 14—压缩空气管路

（2）水平真空带式过滤机 水平真空带式过滤机过滤面水平，具有上部加料和卸料方便等特点，是近年来发展最快的一种真空过滤设备，主要形式有橡胶带式、往复盘式、固定盘式和连续移动式四种，图4-38为橡胶带式过滤机。环形胶带由电动机经减速拖动连续运行，滤布敷设在胶带上与之同步运行。胶带与真空室滑动接触（真空室与胶带间有环形摩擦带并通入水形成水密封），当真空室接通真空系统时，在胶带上形成真空抽滤区；料浆由布料器均匀地布在滤布上，在真空的作用下，滤液穿过滤布经胶带上的横沟槽汇总并由小孔进入真空室，固体颗粒被截留而形成滤饼；进入真空室的液体经气水分离器排出。随着橡胶带移动已形成的滤饼依次进入滤饼洗涤区、吸干区；最后滤布与胶带分开，在卸滤饼辊处将滤饼卸出；卸除滤饼的滤布经清洗后可再次使用。

2. 压滤设备

加压过滤是通过对污泥加压，将污泥中的水分挤出，作用于泥饼两侧的压力差比真空过滤时大，因此能取得含水率较低的干污泥。间歇式加压过滤机有板框压滤机和凹板压滤机两类，连续式加压过滤机有旋转式和滚压带式两大类。

（1）板框压滤机 板框压滤机与其他固液分离设备相比，压滤机过滤后的泥饼有更高的含固率和优良的分离效果。板框压滤机设备构造简单、推动力大，适用于各种性质的污泥，且形成的滤饼含水率低，但它只能间歇运行，操作管理麻烦，滤布容易损坏。板框压滤机可分为人工与自动板框压滤机两种。

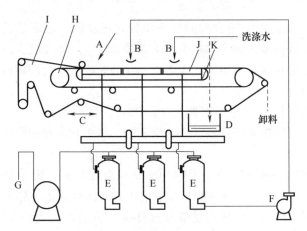

图 4-38　橡胶带式过滤机　　　　　　动图 4-38　橡胶带式过滤机

A—加料装置　B—淋洗装置　C—纠偏装置　D—清洗装置　E—气液分离器
F—返水泵　G—真空泵　H—橡胶带　I—滤布　J—真空盒　K—摩擦带、橡胶带

　　板框压滤机主要由止推板（固定滤板）、压紧板（活动滤板）、滤板和滤框、横梁（扁铁架）、过滤介质（滤布或滤纸等）、压紧装置、集液槽等组成（见图 4-39），其中过滤介质和集液槽由用户自备，也可由供应商代配。板框压滤机中交替排列的滤板和滤框构成一组滤室。滤板的表面有沟槽，其凸出部位用以支承滤布。滤框和滤板的边角上有通孔，组装后构成完整的通道，能通入悬浮液、洗涤水和引出滤液。板、框两侧各有把手支托在横梁上，由压紧装置压紧板、框。板、框之间的滤布起密封垫片的作用。由供料泵将悬浮液压入滤室，在滤布上形成滤渣，直至充满滤室。滤液穿过滤布并沿滤板沟槽流至板框边角通道，集中排出。过滤完毕，可通入洗涤水洗涤滤渣。洗涤后，有时还通入压缩空气，除去剩余的洗涤液。随后打开压滤机卸除滤渣，清洗滤布，重新压紧板、框，开始下一工作循环。随着过滤过程的进行，泥饼厚度逐渐增加，过滤阻力加大，过滤时间越长，分离效率越高。特殊设计的滤布可截留粒径小于 $1\mu m$ 的粒子。

　　板框压滤机的设计主要包括压滤机面积的设计，可通过下式计算：

$$A = 1000(1-P)Q/L \tag{4-5}$$

式中，A 是压滤机过滤面积（m^2）；P 是污泥含水率；Q 是污泥量（m^3/h）；L 是压滤机产率 [$kg/(m^2 \cdot h)$]。

　　其他设计参数如最佳滤布、调节方法、过滤压力、过滤产率等可由试验求得。压滤机的产率与污泥性质、滤饼厚度、过滤时间、过滤压力、滤布等条件有关，一般为 $2 \sim 4kg/(m^2 \cdot h)$。

动图 4-39　板框压滤机

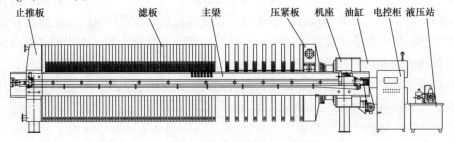

止推板　　滤板　　主梁　　压紧板　机座　油缸　电控柜　液压站

图 4-39　板框压滤机

（2）滚压带式压滤机　带式压滤机中，较常见的是滚压带式压滤机。滚压带式压滤机的特点是可以连续生产，机械设备较简单，动力消耗少，不需要高压泵和空压机，已广泛用于污泥的机械脱水。该设备由滚压轴及滤布带组成，压力施加在滤布带上，污泥在两条滤布带间挤轧，利用滤布的压力和张力使污泥脱水。

污泥在压滤前需先经过重力过滤脱水（浓缩时间为 10～30s），目的是使污泥失去流动性，以免在压榨时被挤出滤布带，之后进入压榨段，依靠滚压轴的压力与滤布的张力除去水分，压榨段的停留时间为 1～5min。

滚压的方式取决于污泥的特性。一般有两种，图 4-40a 是相对压榨式，滚压轴上下相对，压榨的时间几乎是瞬时的，但压力大；图 4-40b 是水平滚压式，滚压轴上下错开，依靠滚压轴施加于滤布的张力压榨污泥，因压榨的压力受张力的限制，压力较小，所需压榨时间较长，但在滚压过程中对污泥有一种剪切力，可促进污泥的脱水。

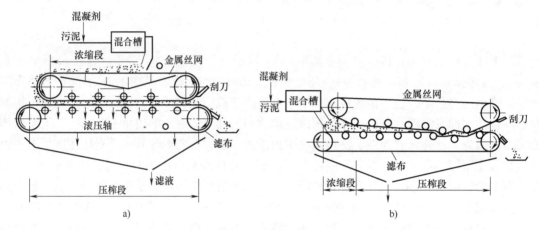

图 4-40　滚压带式压滤机

3. 离心设备

离心设备的推动力是离心力，推动的对象是固相，离心力的大小可控制，比重力大得多，因此脱水的效果比重力浓缩好。它的优点是设备占地小，效率高，可连续生产，自动控制，卫生条件好；缺点是对污泥预处理要求高，必须使用高分子聚合电解质作为调理剂，设备易磨损。

根据分离速度的不同，离心机可分为低速离心机、中速离心机和高速离心机三类。在污泥脱水处理中，由于高速离心机转速快、对脱水泥饼有冲击和剪切作用，因此适宜用低速离心机进行污泥离心脱水。

根据形状，离心机可分为转筒式离心机和盘式离心机等，其中以转筒式离心机在污泥脱水中应用最广泛。它的主要组成部分是转筒和螺旋输泥机（见图 4-41）。工作过程如下：污泥通过中空转轴的分配孔连续进入筒内，在转筒的带动下高速旋转，由于固体和液体存在比重差，固体优先快速沉降在筒内壁，实现泥水分离。螺旋输泥机和转筒同向旋转，但转速有差异，即二者之间存在相对转动，这一相对转动使得泥饼被推出排泥口，而分离液从另一端排出。整个分离过程连续完成。转筒式离心机具有结构紧凑、连续操作、运转平稳、适应性强、生产能力大、维修方便等特点。

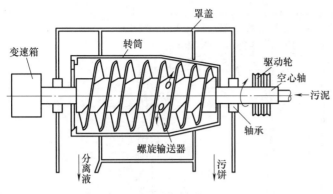

图 4-41　转筒式离心机　　　　　动图 4-41　转筒式离心机

4.2.3　污泥稳定

污水处理厂污泥中的有机质一般可占到 60% 以上，稳定性非常差，容易造成腐化及恶臭，在运输和处置过程难度加大，对环境造成严重危害。污泥稳定化处理主要是为了减少污泥中挥发性固体物质与有机质含量、杀死病原菌、减小污泥体积，使污泥在处置的过程中二次污染的风险降低，保证污泥更好地安全处置。主要的污泥稳定化技术有污泥消化技术、污泥堆肥化技术、污泥固化稳定化技术、污泥湿式氧化技术等，由于污泥堆肥化技术和污泥固化稳定化技术涉及固体废弃物的知识，在此不做详细介绍。

1. 污泥消化技术

污泥消化根据对氧的需求分为污泥厌氧消化和污泥好氧消化。污泥厌氧消化指污泥在厌氧条件下，利用厌氧菌和兼性菌进行厌氧生化反应，污泥中有机物最终矿化为无机物和以 CH_4 为主的沼气，该过程一般包括酸性发酵和甲烷发酵两个阶段。污泥消化后呈黑色粒状结构，体积明显减少，性质稳定。一般可使污泥减量 30%，具有运行成本低、生物去除率（30%～50%）较高等优点。污泥厌氧消化在污泥厌氧消化池中进行，如图 4-42 所示。

污泥厌氧消化池常见有圆柱形和蛋形。圆柱形池径一般为 6～15m，池总高度与池径比为 0.8～1.0。污泥消化池简称消化池，消化池设有进、排泥管，消化气管，蒸汽管和水射器等装置（见图 4-42）。消化温度可采用中温消化（30～35℃）或高温消化（50～53℃），加热可采取池外热交换或蒸汽直接加热方法。搅拌可采用机械搅拌、池外循环搅拌或污泥气搅拌方法等。中温消化时，污泥消化时间为 20～30d。消化池挥发性固体容积负荷：一般重力浓缩后的原生污泥为 0.6～1.5kgVSS/$(m^3 \cdot d)$，机械浓缩后的原生污泥不大于 2.3kgVSS/$(m^3 \cdot d)$。

污泥好氧消化指经过长时间的曝气作用，微生物因营养状况不良处于内源呼吸状态，消耗内在储存的物质以完成重要的生命活动，细胞物质合成的量远远低于矿化分解的量，从而达到污泥减量与稳定的效果。好氧消化法无臭稳定，降解程度高；但消化污泥量少，运行费用高，温度波动对降解程度影响较大，相较于厌氧消化，其病原菌去除效果差。

2. 污泥湿式氧化技术

湿式氧化法（WO 法）是将空气在高温高压条件下压入，将污泥中的还原性无机物和有机物氧化成水、CO_2 及少量固体残渣。WO 法对各种难降解有机污泥处理效果较好，在一定的压力及 300℃ 以上高温氧化 30min 后，污泥中有机物被降解 82%，MLSS 去除率高于 70%。

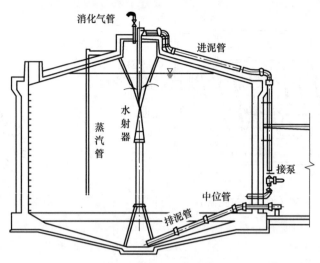

图 4-42　污泥厌氧消化池

湿式氧化技术在当今处理污泥方面应用十分普遍与广泛。目前比较流行的针对城市污泥的处理方法有传统湿式氧化法、催化湿式氧化法和超临界湿式氧化法等。现对上述三种湿式氧化法的反应原理及优缺点进行对比，并列于表4-6。

表 4-6　不同湿式氧化法的比较

方　法	反应原理	优　点	缺　点
传统湿式氧化法	高温高压条件下利用空气中的氧使污泥中的有机物被氧化分解	处理效率较高，氧化速度较快，而且产生二次污染小，并可回收有用有机物和能量	能耗较高，要求设备耐高温高压，设备较容易腐蚀，设备投资及运行成本高，不能直接排水
催化湿式氧化法	在原湿式氧化基础上，加入氧化剂或催化剂，进一步提高对污泥的氧化性，降低反应所需要的温度、压强等条件，缩短反应时间	除传统湿式氧化法的优点外，反应速度更快，反应设备相对简单	催化剂流失而引起二次污染，使得处理成本上升
超临界湿式氧化法	水达到其临界温度（374.3℃）和临界压力（22.05MPa）时，利用超临界水作为反应介质，与溶解于其中的有机物发生剧烈的氧化反应。这使有机物最后能被氧化成无毒的小分子化合物（CO_2、H_2O、N_2 等）的过程	效率极高，处理彻底，反应速度快，反应容器小，无二次污染。而且当有机物含量大于2%时，可完全自热，无须外加热	成本高，对设备要求高，在超临界水氧化环境中金属更容易受到腐蚀，废水中的盐分沉积出来会引起反应器或管路的堵塞

4.3　生物膜法设备

污水处理中的生物膜指以滤料作为介质，微生物负载在介质上，微生物通过自身的代谢繁殖，构成一层以微生物为主的生物膜。生物膜结构稳定，吸附能力强，当污水流经生物膜时，生物膜可吸附、降解其中的有机物、氮、磷等污染物，从而达到净化水质的目的。最初，由于滤池填料发展迟缓，极大地限制了生物膜法的应用推广。1960年，生物膜介质材料有了很大进步，生物膜工艺由此得到了明显改善，发展出了曝气生物滤池、旋流式生物滤池等不同形式、结构的生物膜反应器。近年来，属于生物膜法的普通生物滤池、高负荷生物滤池、塔式生物滤池、生物转盘反应装置、生物接触氧化池和生物流化床得到了较多的研究和应用。

4.3.1 普通生物滤池

普通生物滤池又叫作滴滤池，是生物滤池早期的类型，即第一代生物滤池。普通生物滤池的优点：处理效果好，BOD_5 的去除率达 95% 以上；运行稳定，便于管理，节省能源。其主要缺点是负荷低、占地面积大、处理水量小、滤池易堵；卫生条件差、易产生池蝇散发臭味等。这种滤池一般适用于处理每日污水量不高于 $1000m^3$ 的小城镇污水及工厂有机废水。

普通生物滤池由池体、滤床、布水装置和排水系统组成，其构造如图 4-43 所示。

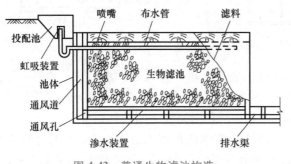

图 4-43 普通生物滤池构造

动图 4-43 普通生物
滤池的工作原理

（1）池体 普通生物滤池池体的平面形状多为方形、矩形和圆形。池壁一般采用砖砌或混凝土建造，起围挡滤料的作用。有的池壁上带有小孔，用以促进滤层的内部通风。为防止风吹而影响废水的均匀分布，池壁顶应高出滤层表面 0.4~0.5m，滤池壁下部通风孔总面积不应小于滤池表面积的 1%。

（2）滤床 滤床由滤料组成，滤料对生物滤池工作有很大的影响，对污水起净化作用的微生物就生长在滤料表面上。滤料应选用强度高、耐腐蚀、质轻、颗粒均匀、比表面积大、空隙率高的材料。滤床一般分为工作层和承托层两层：工作层粒径为 25~40mm，厚度为 1.3~1.8m；承托层粒径为 60~100mm，厚度为 0.2m。

滤料粒径的选择对滤池工作影响较大，滤料粒径小、比表面积大，但孔隙率小，增加了通风阻力；相反，粒径大、比表面积小，影响了污水和生物膜的接触面积。粒径的选择还应综合考虑有机负荷和水力负荷的影响，当负荷较高时采用较大的粒径。

过去常用球状滤料，如碎石、炉渣、焦炭等；近年来，常采用塑料滤料，主要由聚氯乙烯、聚乙烯、聚苯乙烯、聚酰胺等加工成波纹板、蜂窝管、环状及空圆柱等复合式滤料。这些滤料的特点是比表面积大（达 $100~200m^2/m^3$），孔隙率高（可达 80%~90%）从而大大改善膜生长及通风条件。

（3）布水装置 布水装置设在填料层的上方，用以将污水均匀分配到整个滤池表面，并具有适应水量变化、不易堵塞和易于清通等特点。根据结构可分成固定式和活动式两种，现对常用的固定喷嘴式布水装置进行介绍。

图 4-44 为常用的固定喷嘴式布水装置的结构，它由馈水池、虹吸装置、配水管道和喷嘴组成。污水进入馈水池，当水位达到一定高度后，虹吸装置开始工作，污水进入布水管

路。配水管安置在滤料层中距滤料表面 0.7~0.8m 处，配水管设有一定坡度以利于放空；喷嘴安装在布水管上，伸出滤料表面 0.15~0.2m，喷嘴的口径一般为 15~20mm。当水从喷嘴喷出，受到喷嘴上部设有的倒锥体的阻挡，使水流向四处分散，形成水花，均匀地喷洒在滤料上。当馈水池水位降到一定程度时，虹吸被破坏，喷水停止。这种布水器的优点是受气候影响较小，但布水不均匀，需要较大的作用压力（19.6kPa）。

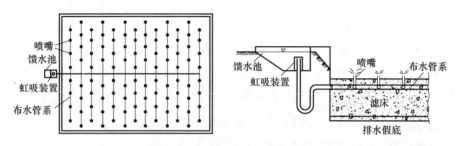

图 4-44　固定喷嘴式布水装置的结构

（4）排水系统　排水系统位于池体的底部，用以排除处理水，支承滤料，以及保证通风。排水系统通常分为两层，即包括滤料下的渗水装置和底板处的集水沟及总排水渠。渗水装置的排水面积应不小于滤池表面积的 20%，它同池底之间的间距应不小于 0.3m。滤池底部可用 0.01 的坡度坡向池底集水沟，废水经集水沟汇流入总排水沟，总排水沟的坡度应不小于 0.005。总排水沟及集水沟的过水断面应不大于沟断面积的 50%，以保留一定的空气流通空间。如果生物滤池的池面积不大，池底可不设集水沟，而采用坡度为 0.005~0.01 的池底将水流汇向池内或四周的总排水沟。

4.3.2　高负荷生物滤池

高负荷生物滤池是为了解决普通生物滤池在净化功能和运行中存在的实际负荷低、易堵塞等问题而开发出来的构筑物。高负荷生物滤池是通过限制进水 BOD_5 值和在运行上采取处理水回流等技术来提高有机负荷率和水力负荷率，其中高负荷生物滤池要求进水 $BOD_5 <$ 200mg/L。

1. 高负荷生物滤池基本结构

高负荷生物滤池基本结构如图 4-45 所示，其结构基本上与低负荷生物滤池相同，平面形状多为圆形，布水装置采用旋转布水装置。

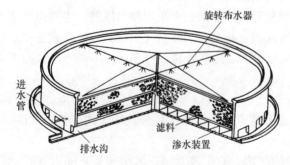

图 4-45　高负荷生物滤池基本结构

动图 4-45　高负荷生物滤池的工作原理

高负荷生物滤池所采用的滤料粒径和厚度都较普通生物滤池大。粒状滤料粒径一般为 40~100mm，空隙率较高；其中工作层层厚 1.8m，滤料粒径为 40~70mm；承托层层厚 0.2m，滤料粒径为 70~100mm。当滤层厚度超过 2.0m 时，一般应采用人工通风措施。

高负荷生物滤池广泛使用聚氯乙烯、聚苯乙烯和聚酰胺等材料制成的波形板状、管状和蜂窝状等人工滤料。

2. 旋转布水器的设计

旋转布水器是一种连续式喷淋装置，这种布水装置布水均匀，使生物膜表面形成一层流动的水膜，能保证生物膜得到连续的冲刷，目前得到广泛应用。旋转布水器适用于圆形或多边形生物滤池。

旋转布水器的结构如图 4-46 所示，它主要由进水竖管和可转动的布水横管组成，固定的进水竖管通过轴承和配水短管连接，配水短管连接布水横管，并一起旋转，可采用电力或水力驱动。布水横管常用钢管或塑料管制造。

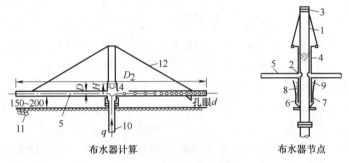

图 4-46　旋转布水器的结构

1—固定竖管　2—出水孔　3—轴承　4—转动部分　5—布水横管　6—固定环
7—水银　8—滚珠　9—甘油　10—进水竖管　11—滤料　12—拉杆

旋转布水器按最大设计污水量计算，布水横管一般为 2~4 根，长度为池内径减去 200mm，横管中心高出滤层表面 0.15~0.25m。布水横管沿一侧的水平方向开设有直径 10~15mm 的布水孔。为满足布水均匀的要求，布水孔间距由中心向外逐渐减小，一般从 300mm 逐渐缩小到 40mm。当布水孔向外喷水时，在反作用力推动下布水横管旋转。为了使废水能均匀喷洒到滤料上，每根布水横管上的布水孔位置应错开，或者在布水孔外设可调节角度的挡水板，使废水从布水孔喷出后能成线状，均匀地洒在过滤料表面。

主要计算公式如下：

每根布水管上布水小孔个数 m：

$$m = \frac{1}{1-(1-4d^2/D_2)} \tag{4-6}$$

布水小孔于布水器中心的距离：

$$r_1 = R\sqrt{i/M} \tag{4-7}$$

式中，d 是布水小孔直径；D_2 是布水器直径；i 是布水横管上的布水小孔从布水器中心开始的序列号。

旋转布水器所需水头一般为 0.25~1.0m，旋转速度为 0.5~9r/min。实际中所需的水压往往大于计算结果，实际值比计算结果增加 50%~100%。

3. 高负荷生物滤池的回流及方式

高负荷生物滤池最明显的特征就是回流，回流的作用如下：①稀释、均化和稳定进水水质、水量。回流比一般为 0.5~3 倍进水量，也可高达 5~6 倍进水量，回流比不宜过高，否则动力运行费用会增加。在温度较低的季节，采用过高的回流比会影响处理效果。②回流能够较好地增加水力负荷，对生物膜能够进行更好地冲刷，还能够抑制厌氧层的发育，使膜活性能够更加持久。③回流能够很好地控制滤水蝇的发育生长，还能够减轻臭味。

高负荷生物滤池的回流方式有三种，分别为一段滤池回流、两段（级）滤池直接回流和两段滤池交替回流。

（1）一段滤池回流 一段滤池回流方式是把二沉池出来的水再输送到滤池的入口，以此来提高滤池的水力负荷。也可以把滤池出水和二沉池的污泥一起输送到初沉池，这样既能够提高水力负荷，又能够提高初沉的效率并且保证膜的接种，同时这种方法必须增大初沉池的体积。

（2）两段（级）滤池直接回流 两段（级）生物滤池处理系统适用于进水的浓度非常高或者对污水的处理要求非常高的场合。这种系统的主要目的是提高污水处理后的出水水质，一般情况下，出水 $BOD_5<30mg/L$，这种回流方式具有硝化作用。

（3）两段滤池交替回流 当滤池在工作时，一、二级生物滤池是串联在一起进行工作的，污水经过第一次沉淀后进入一级生物滤池中，出水通过对应的中间沉淀池对残膜进行去除以后，用电泵输送到二级生物滤池，在二级生物滤池中进行沉淀后直接排到污水厂外。一级生物滤池在工作一段时间之后，滤池表层的生物膜逐渐累积，出现堵塞现象。为解决这一问题，把它改作二级生物滤池，以前的二级生物滤池改成一级生物滤池（见图 4-47）。在正常工作中两个滤池交替作为一级和二级生物滤池进行使用。这种交替式二级生物滤池流程的负荷率要比并联流程的负荷率高 2~3 倍。

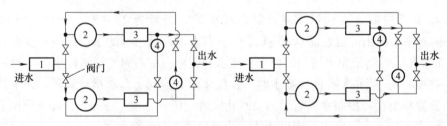

图 4-47 两段滤池交替回流示意图

4.3.3 塔式生物滤池

塔式生物滤池是一种塔式结构的生物滤池，属于第三代生物滤池，其工艺特点如下：加大滤层厚度来提高处理能力；提高有机负荷以促使生物膜快速生长；提高水力负荷冲刷生物膜，加速生物膜的更新，使其保持良好的活性。塔式生物滤池各层生物膜上生长的微生物种属不同，但又适应各层的水质，有利于有机物的降解，并且能承受较大的有机物和毒物的冲击负荷，常用于处理高浓度的工业废水和各种有机废水。

1. 塔式生物滤池构造

塔式生物滤池由塔身、滤料、布水系统、通风系统和排水系统组成，其构造如图 4-48

所示。塔身截面呈圆形、方形或矩形，一般高度为 8～24m，直径为 1～3.5m，径高比为 1/8～1/6。大、中型滤塔多采用电动机驱动的旋转布水器，也可采用水力驱动的旋转布水器，小型滤塔则多采用固定喷嘴式布水系统、多孔管和溅水筛板布水器。

塔式生物滤池宜采用轻质滤料，使用比较多的是环氧树脂固化的玻璃布蜂窝滤料。这种滤料的比表面积大，结构均匀，有利于空气流通与污水的均匀分布，流量调节幅度大，不易堵塞。滤料层沿高度方向分层建造，在分层处设格栅，格栅承托在塔身上，每层高度以不大于 2m 为宜，每层都应设检修孔、测温孔和观察孔。最上层滤料应比塔顶低 0.5m 左右，以免风吹影响污水的均匀分布。

塔式生物滤池一般采用自然通风，塔底有高度 0.4～0.6m 的空间，周围留有通风孔，其有效面积不得小于滤池总面积的 7.5%～10%，当用塔式生物滤池处理工业废水（或吹脱有害气体）时，多采用人工机械通风。

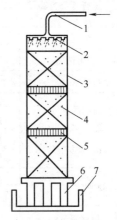

图 4-48　塔式生物滤池构造
1—进水管　2—布水器　3—塔身
4—滤料　5—滤料支承
6—塔底进风口　7—集水管

2. 塔式生物滤池性能与适用条件

塔式生物滤池负荷比高负荷生物滤池大好几倍，比普通生物滤池大好几十倍（见表 4-7），可承受较高浓度的废水，耐负荷冲击能力强，要求通风量大，在不利的水温条件下，往往需要实行机械通风。

塔式生物滤池的滤层厚，水力停留时间长，分解的有机物数量大，单位滤池面积的处理能力强，占地面积小，管理方便，工作稳定性好，投资和运转费用低，还可采用密封塔结构，避免废水中挥发性物质二次污染，卫生条件好。但是，塔式生物滤池出水浓度较高，常有游离细菌，所以一般适宜用于二级处理串联系统中作为第一级处理设备，也可以在废水处理要求不高时使用。

3. 三种生物滤池的性能比较

三种生物滤池的性能比较见表 4-7。

表 4-7　普通生物滤池、高负荷生物滤池和塔式生物滤池的性能比较

项目	普通生物滤池	高负荷生物滤池	塔式生物滤池（超速滤池）
表面负荷/[m³/(m²·d)]	0.9～3.7	9～36（包括回流）	16～97（不包括回流）
BOD 负荷/[g/(m³·d)]	110～370	370～1840	高达 4800
深度/m	1.8～3.0	0.9～2.4	>12
回流比	无	1～4（一般）	一般无回流
滤料	碎石、焦炭、矿渣	塑料滤料	塑料滤料
比表面积/(m²/m³)	43～65	43～65	82～115
空隙率（%）	45～60	45～60	93～95
动力消耗/(W/m³)	无	2～10	

（续）

项目	普通生物滤池	高负荷生物滤池	塔式生物滤池 （超速滤池）
蝇	多	很少	很少
生物膜剥落情况	间歇	连续	间歇
运行要求	简单	需要一些技术	
投配时间间歇	不超过5min，一般是间歇投配，也可连续投配	不超过15s，必须连续投配	
二次污泥	黑色、高度氧化、轻的细颗粒	棕色，未充分氧化、细颗粒、易腐化	
处理水	高度硝化，进入硝酸盐阶段，$BOD \leqslant 20mg/L$	未充分硝化，一般只到亚硝酸盐阶段，$BOD \geqslant 30mg/L$	有限度硝化，$BOD \geqslant 30mg/L$
BOD去除率（%）	85~95	75~85	65~85

4.3.4　生物转盘反应装置

生物转盘是在生物滤池基础上发展起来的一种高效、经济的污水生物处理设备。它具有结构简单、运转安全、电耗低、抗冲击负荷能力强、不发生堵塞的优点。目前已广泛运用到我国的生活污水及许多行业的工业废水处理中，并取得良好效果。

1. 生物转盘的结构及净化作用原理

生物转盘的净水机理和生物滤池相同，但其构造却完全不一样。生物转盘污水处理装置由转盘、接触反应槽和驱动装置等组成，构造如图4-49所示。生物转盘由固定在一根轴上的许多间距很小的圆盘或多角形盘片组成，盘片是生物转盘的主体和生物膜的载体，要求具有质轻、强度高、耐腐蚀、防老化、比表面积大的优点；接触反应槽（氧化槽）位于转盘的正下方，一般采用钢板或钢筋混凝

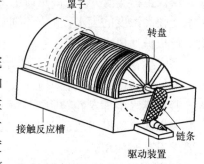

图4-49　生物转盘构造

土制成与盘片外形基本吻合的半圆形，在氧化槽的两端设有进出水设备，槽底有放空管。

盘片有接近一半的面积浸没在半圆形、矩形或梯形的氧化槽内。在电动机带动下，盘片组在水槽内缓慢转动，废水在槽内流过，水流方向与转轴垂直，槽底设有排泥管或放空管，以控制槽内废水中悬浮物浓度。

盘片作为生物膜的载体，当生物膜处于浸没状态时，废水中的有机物被生物膜吸附。而当它处于水面以上时，空气中的氧向生物膜传递，生物膜内吸附的有机物被氧化分解，生物膜恢复活性。这样，生物转盘每转动一圈即完成一个吸附-氧化的周期。由于转盘旋转及水滴挟带氧气，所以氧化槽被充氧，有一定的氧化作用。增厚的生物膜被盘面转动时形成的剪切力剥落下来，悬浮在氧化槽的液相中，并随废水流入二沉池进行分离。二沉池排出的上清液即处理后的废水，沉泥作为剩余污泥排入污泥处理系统。

与生物滤池相同，生物转盘也无污泥回流系统，为了稀释进水，可考虑出水回流，但是生物膜的冲刷不依靠水力负荷的增大，而是通过控制盘片转速来达到。

2. 生物转盘结构设计

1）盘片。盘片用聚氯乙烯、聚乙烯、泡沫聚苯乙烯、玻璃钢、铝合金或其他材料制成；盘片的形状可以是平板或波纹板。盘片的直径一般为 2.0~3.6m，如现场组装直径可以大一些，甚至可达 5.0m，采用表面积较大的盘片能够缩小反应槽的平面面积，减少占地面积。盘片的厚度与材料种类相关，见表 4-8。

表 4-8　不同材料的盘片厚度

材 料 名 称	聚苯乙烯泡沫塑料	硬聚氯乙烯板	玻璃钢	金属板
盘片厚度/mm	10~15	3~5	1~2.5	1

2）盘片间距。进水段一般为 25~35mm，出水段一般为 10~20mm。

3）盘片周边与反应槽内壁的距离。一般为 0.1D（直径），但不得小于 150mm。

4）转轴中心与水面距离。不得小于 150mm。

5）转盘浸没率。即转盘浸于水中面积与盘面总面积之比，一般为 20%~40%。

6）转盘转速。一般为 0.8~3.0r/min，线速度为 15~18m/min。

生物转盘在实际应用中有各种构造形式，最常见的是多级转盘串联，以延长处理时间，提高处理效果。但级数一般不超过四级，级数过多，处理效率提高不大。根据圆盘数量及平面位置，可以采用单轴多级或多轴多级形式。

3. 生物转盘的优缺点

生物转盘是一种较新型的生物膜法废水处理设备，国外使用比较普遍，国内主要用于工业废水处理，如含酚废水、印染废水、制革废水和造纸废水等。

与活性污泥法相比，生物转盘在使用上具有以下优点：

1）操作管理简便，无活性污泥膨胀现象及泡沫现象，无污泥回流系统，生产上易控制。

2）剩余污泥数量少，污泥含水率低，沉淀速度大，易于沉淀分离和脱水干化。据生产实践统计，转盘污泥形成量通常为 0.4~0.5kg/kg（去除 BOD_5），污泥沉淀速度可达 4.6~7.6m/h。污泥开始沉淀，底部即开始压密，故一些生物转盘将氧化槽底部作为污泥沉淀与储存用，从而省去二次沉淀池。

3）设备构造简单，无通风、回流及曝气设备，运转费用低，耗电量低，一般去除 BOD_5 耗电量为 0.024~0.03kW·h/kg。

4）可采用多层布置，设备灵活性大，可节省占地面积。

5）可处理高浓度的废水，承受 BOD_5 可达 1000mg/L，耐冲击能力强。根据所需的处理程度，可进行多级串联，扩建方便。

6）废水在氧化槽内停留时间短，一般在 1~1.5h 左右，处理效率高，BOD_5 去除率一般可达 90% 以上。

生物转盘同一般生物滤池相比，也具有一系列优点：

1）无堵塞现象。

2）生物膜与废水接触均匀，盘面面积的利用率高，无沟流现象。

3）废水与生物膜的接触时间较长，而且易于控制，处理程度比高负荷生物滤池和塔式生物滤池高，可以调整转速改善接触条件和充氧能力。

4）同一般普通生物滤池相比，它占地较小，如采用多层布置，占地面积可同塔式生物滤池相媲美。

5）系统的水头损失小，能耗省。

但是，生物转盘也有它的缺点：

1）盘材较贵，投资大。从造价考虑，生物转盘仅适用于小水量、低浓度的废水处理。

2）因为无通风设备，转盘的供氧依靠盘面的生物膜接触大气，这样，废水中的 VOC 易挥发将会产生二次污染。采用从氧化槽的底部进水可以减少挥发物的散失，比从氧化槽表面进水好，但是，挥发物质污染依然存在。因此，生物转盘最好作为第二级生物处理装置。

3）生物转盘的性能受环境气温及其他因素影响较大，所以，在北方设置生物转盘时，一般置于室内，并采取一定的保温措施。建于室外的生物转盘都应加设雨篷，防止雨水淋洗使生物膜脱落。

4.3.5 生物接触氧化池

生物接触氧化池的早期形式为淹没式好氧滤池，即经曝气的废水流经填料层，使填料颗粒表面长满生物膜，废水和生物膜接触，在生物膜作用下废水得到净化。随着各种新型塑料填料的制成和使用，目前这种淹没式好氧滤池已发展成为接触氧化池。接触氧化池内用鼓风或机械方法充氧，填料大多为蜂窝型硬性填料或纤维型软性填料。

接触氧化池由池体、填料及支架、曝气装置、进出水装置及排泥管道等组成，如图 4-50 所示。接触氧化池的池体在平面上多呈圆形、矩形或方形，用钢板焊接制成的设备或用钢筋混凝土建造的构筑物，各部位尺寸：池内填料高度为 3.0~3.5m；底部布气层高为 0.6~0.7m；顶部稳定水层高为 0.5~0.6m；总高度约为 4.5~5.0m。

生物接触氧化池的形式按曝气装置的位置分为：

（1）分流式 污水充氧与填料接触分别在不同的隔间内进行，废水在充氧后在池内进行单向或双向循环，这种形式使废水在池内反复充氧，废水同生物膜接触时间长，但耗气量大；污水流过填料速度慢，有利于微生物的生长，但是冲刷力太小，生物膜更新慢且易堵塞，尤其是处理高浓度废水时，这种情况更加明显。

（2）直流式 曝气装置在填料底部，直接向填料鼓风曝气使填料区的水流上升；填料内的水力冲刷依靠水流速度和气泡在池内碰撞、破碎形成的冲击力，只要水流及空气分布均匀，填料就不易堵塞。这种形式的接触氧化池耗氧量小，充氧效率高，同时，在上升气流的作用下，液体出现强烈的搅动，促进氧的溶解和生物膜更新，使生物膜能保持较高的活性，并避免产生堵塞现象。目前国内大多采用直流式。

另外，生物接触氧化池按水流循环方式分为内循环式和外循环式；按供氧方式可分为鼓风式、机械曝气式、洒水式和射流曝气式几种。

生物接触氧化池的填料要求比表面积大、空隙率大、水阻力小、性能稳定。垂直放置的塑料蜂窝管填料比表面积大，单位填料上生长的生物膜数量较大，因而曾被广泛采用。但这种填料各蜂窝管间各不相通，当负荷增大或布水均匀性较差时，易出现堵塞；此时若加大曝气量，又会导致生物膜稳定性变差，发生周期性大面积剥离，净化功能不稳定。后来人们研究开发了塑料规则网状填料。在这种填料中，水流可以四面八方连通，相当于经过多次再分布，从而防止了由于水气分布不均匀而造成的堵塞现象。其缺点是填料表面较光滑，挂膜缓慢且易脱落。国内也采用软性填料，即由纵向安放的纤维绳上绑扎一束束人造纤维丝，形成

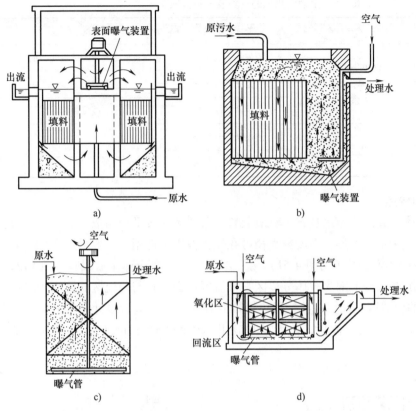

图 4-50 接触氧化池基本构造

a) 设表曝机的中心曝气式接触氧化池 b) 鼓风曝气单侧曝气式接触氧化池
c) 鼓风曝气直流式接触氧化池 d) 外循环直流式接触氧化池

动图 4-50 接触氧化池的工作原理

巨大的生物膜支撑面积。实践表明，这种填料耐腐蚀，耐生物降解，不易堵塞，造价低，体积小，重量轻，易于组装，适应性强，处理效果好。但这种填料在氧化池停止工作时会形成纤维束结块，清洗较困难。

4.3.6 生物流化床

生物流化床是使废水通过的流化颗粒床。流化的颗粒床表面生长有生物膜，废水在流化床内同分散十分均匀的生物膜相接触而获得净化。生物流化床的废水净化机理综合了流化机理、吸附机理和生物化学机理。尽管净化机理复杂，但由于生物流化床内载有生物膜的流化介质能均匀分布全床，同上升水流接触条件良好，因此它兼备有活性污泥法均匀接触条件所形成的高效率和生物膜法能承受冲击负荷的优点。如采用直径 1mm 的砂粒做载体，其比表面积为 3300m²/m³，是一般生物滤池的 50 倍，比采用塑料滤料的塔式生物滤池高约 20 倍，比平板式生物转盘高 60 倍。因此，在流化床内能维持相当高的微生物浓度，比一般的活性污泥法高 10~20 倍，故废水底物的降解速度很快，停留时间很短，负荷相当高。

1. 生物流化床的类型

生物流化床主要根据使载体流化的动力来源划分，表 4-9 所列举的是生物流化床的分类及充氧方式。

表 4-9　生物流化床的分类及充氧方式

流　化　床	去 除 对 象	流　化　方　式	充　氧　方　式
好氧流化床	有机污染物 （BOD、COD） 氮	液流动力流化床	表面机械曝气、鼓风曝气、加压溶解
		气流动力流化床	
		机械搅动流化床	鼓风曝气
厌氧流化床		液流动力流化床	
		机械搅动流化床	

2. 生物流化床的构造

生物流化床由床体、载体、布水装置、充氧装置和脱膜装置等部分组成。

（1）床体　一般呈圆形或方形，高度与直径可在较大范围中选用，一般采用 3∶1～4∶1 为宜。内循环式三相生物流化床（见图 4-51）由三部分组成，在床体中心设空气和污水输送管，其外侧为载体沉降区，上部为载体分离区，升流区截面面积与降流区截面面积之比宜接近 1，流化床顶部的澄清区应按照截流被气体挟带的颗粒的要求进行设计。机械搅动流化床（见图 4-52）为反应、沉淀一体化，在计算时应用 $120m^3/(m^2 \cdot d)$ 的水面负荷率加以核对。

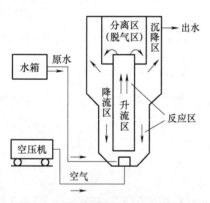

图 4-51　内循环式三相生物流化床

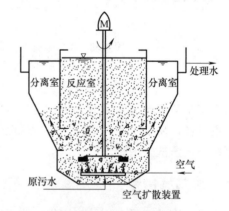

图 4-52　机械搅动流化床

（2）载体　一般是砂、活性炭、焦炭等较小的颗粒物质，直径为 0.6～1.0mm，能提供的表面积十分大。常用载体有聚丙烯球、活性炭、焦炭、无烟煤和细石英砂。

（3）布水装置　对于液流动力流化床，载体的流化主要由底部进入的废水造成，因此要求布水装置能均匀布水，常用的布水装置如图 4-53 所示。

（4）充氧装置　体内充氧一般采用射流充氧或扩散曝气装置。

（5）脱膜装置　对于液体动力流化床需要脱膜装置，常用振动筛、叶轮脱膜装置、刷式删膜装置等。

3. 内循环式三相生物流化床

内循环式三相生物流化床（见图 4-51）对废水中主要污染物有降解作用的好氧生物通

图 4-53　常用的布水装置

过一定的方式固定在一定粒度的载体上，空气和待处理的废水从反应器底部同向进入，通过控制气、液两相的流速，使流化床反应器内载有生物体的固相呈流化状态。废水中的污染物与生长在载体上的好氧微生物接触反应，降解去除废水中的污染物。在反应器顶部，通过分离装置实现三相分离，澄清的废水从溢流槽排出。由于空气的搅动使生物膜及时脱落，控制载体上生物膜的厚度，也无须另设专门的脱膜装置。在流化床内，填料流态化的同时，还进行氧的吸收和有机物的降解两个过程。

4.3.7　填料的性能及选用参数

1. 填料的性能要求

填料作为生物膜水处理工艺的核心部分，影响着微生物的附着、生长繁殖和脱落，其性能将直接影响和制约着充氧性能、污水处理效率、基建投资、运行周期和费用。在生物膜法废水处理系统中，对填料的性能要求有以下几个方面：①水力特性，要求比表面积大、空隙率高、水流畅通、阻力小、流速均匀；②生物膜附着性，有一定的生物膜附着性能；③化学与生物稳定性，要求经久耐用，不溶出有害物质，不产生二次污染；④经济性，要求价格便宜、货源广，便于运输和安装。

2. 填料的分类

1）填料按形状可分为蜂窝状、束状、筒状、列管状、波纹状、板状、网状、盾状、圆环辐射状及不规则粒状等。

2）填料按性状可分为硬性、软性、半软性等。

3）填料按材质可分为塑料、玻璃钢、纤维等。

3. 常用填料

（1）蜂窝状填料　如图 4-54 所示，蜂窝状填料材质为玻璃钢或塑料，这种填料的主要特性是比表面积大（133～360m²/m³，根据内切圆直径而定）；空隙率高（97%～98%）；质轻且强度高，堆积高度可达 4～5m；管壁无死角，衰老生物膜易于脱落等。其主要缺点是，如选定的蜂窝孔径与 BOD 负荷率不相适应，生物膜的生长与脱落就会失去平衡，填料易于堵塞；如采用的曝气方式不适宜，蜂窝管内的流速难于均匀。选用蜂窝状填料时，蜂窝孔径应与BOD 负荷率相适应，并采取全面曝气方式和分层充填措施。填料安装时两层之间留有 200～300mm 的间隙，每层高 1.0m，使水流在层间再次分配，形成横流与紊流，均匀分布，并可防止中下部填料因受压而变形。

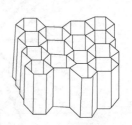

图 4-54　蜂窝状填料

（2）波纹板状填料　波纹板状填料结构如图 4-55 所示，由硬聚氯乙烯平板和波纹板相隔黏结而成。这种填料的主要特点是孔径大，不易堵塞；结构简单，便于运输、安装，可单片保存现场黏合；质量轻、强度高，防腐蚀性能好；主要缺点是难以得到均匀的流速。

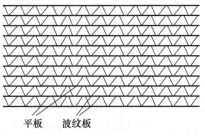

平板　　波纹板

图 4-55　波纹板状填料

（3）改型软性填料　软性填料结构如图 4-56 所示，也称为软性纤维状填料，由于它具有比表面积大、利用率高、空隙可变不堵塞、质量轻、强度高、性能稳定、运输方便、组装容易等优点，被广泛应用于印染、丝绸毛纺、食品、制药、石油化工、造纸、麻纺、医院、含氰等废水处理中。后来有关科研单位对软性填料进行了改进，克服了原产品实际表面积不大、中心绳易断、纤维束中间结团等弊病。改型的软性填料采用纺搓的纤维绳串联压有纤维丝均匀分布的塑料圆片，组成一定长度的单元纤维束，改变了原来的中心绳散丝打结抗拉力不均匀、运转时易断及纤维丝在水中难以横向展开、分布不均匀、偏向、生物膜结团、实际比表面积低、使用寿命短等弊病。

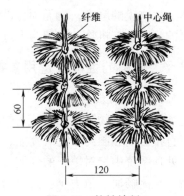

图 4-56　软性填料

（4）半软性填料　半软性填料如图 4-57 所示，由变性聚乙烯塑料制成具有一定的刚性和柔性，能保持一定形状又有一定变形能力的填料。它具有散热性能好，阻力小，布水、布气均匀，质量轻，耐腐蚀，不堵塞，安装运输方便等特点。

（5）组合填料　组合填料是在软性与半软性填料基础上发展而成的，其结构如图 4-58 所示，由高分子聚合塑料和合成纤维长丝制成。塑料片体经特殊加工能与纤维同时挂膜，且能有效地切割气体，提高氧利用率，纤维均匀分布在塑料片体周围，使纤维的表面积得到充分利用，大大提高生化池有效容积内的生物污泥量，从而提高污水处理效果。它的性能优于软性和半软性填料，弥补了前两种填料的不足，使得它易于挂膜，老化的生物膜又容易脱落。

图 4-57　半软性填料

图 4-58　组合填料

（6）不规则粒状填料　不规则粒状填料有砂粒、碎石、无烟煤、焦炭及矿渣等，粒径范围在几毫米到数十毫米之间。这类填料的主要特点是表面粗糙、易于挂膜、截留悬浮物的能力较强、易于就地取材、价格便宜等；缺点是水流阻力大、易于产生堵塞现象。应根据污水处理工艺选择合适的填料及其粒径。

4. 悬浮填料

除上述填料类型外，科研人员研发出了一种新型生物填料——悬浮填料。相比传统的软性填料、半软性填料及复合填料等，悬浮填料具有比表面积大、能耗低及空隙率大等特点，在水处理行业得到了广泛应用。此外，悬浮填料可直接向曝气池中投加，比重接近于水，形状通常为圆筒状、球状或粒状，生长生物膜后，在池中随曝气搅拌悬浮于水中并全池均匀流化，并且填料在流化过程中会切割分散气泡，使得布气均匀，氧利用率得到提高。悬浮填料根据形状和大小的差异可分为环形悬浮填料、球形悬浮填料、多孔泡沫填料及齿面型悬浮填料。

（1）环形悬浮填料　环形悬浮填料因其外观如环状或半环状而得名，具有比表面积利用率高、气液分布性能好、分散效率高、操作弹性大等优点，其主要包含鲍尔环、阶梯环、矩鞍环及海尔环这几种类型，如图 4-59 所示。

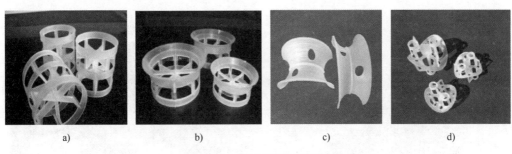

图 4-59　典型环形悬浮填料

a）鲍尔环　b）阶梯环　c）矩鞍环　d）海尔环

鲍尔环的环外径与高度相等，在环壁上开有长方形小窗，小窗叶在环中心相搭，上下二层窗位置交错，每层窗孔有 5 个舌片。这种结构改善了气液分布，充分利用了环的内表面，因此阻力降低，气速可提高，液相分布均匀。

阶梯环是对鲍尔环的改进，环高与环径比仅为鲍尔环的一半，使得气体绕填料外壁的平均路径大大缩短，减少了气体通过填料层的阻力。此外，在环的一端加了锥形翻边，锥形翻边不仅增加了填料的机械强度，而且使填料之间由线接触为主变成以点接触为主，这样不但增加了填料间的空隙，同时也成为液体沿填料表面流动的汇集分散点，可以促进液膜的表面更新，有利于提高传质效率。

矩鞍环外形如马鞍状，环内外采用不同的曲率半径，比鲍尔环阻力小、通量大、效率高、填料强度和刚性较好，具有通量大、压降低、效率高等优点。

海尔环采用鞍状与筒状结合的构型，并在其上开有小孔，使它不仅具有通量大、压降低、耐腐蚀及抗撞击性能好等优点外，还具有填料间不会嵌套，壁流效应小和气液分布均匀等优点。

（2）球形悬浮填料　球形悬浮填料又称为多孔旋转球形悬浮填料，其结构如图 4-60 所示，该填料由聚乙烯材料注塑而成，直径不一，在球体内设多个成规律状或不规律状的空间或者小室，使其在水中能保持动态平衡。这种填料具有生物附着能力强、化学和生物稳定性好、比表面积大、孔隙率高、亲水性能强等特点。它的形式多样，主要有球形多面空心球均质填料和球型内充物悬浮填料两种形式。

图 4-60　球形悬浮填料

（3）多孔泡沫填料　多孔泡沫填料形状为小方框，大小为 12~15mm，材质多为聚氨酯泡沫块，密度稍小于水，如图 4-61 所示。工艺中填料投加率为 15% ~ 30%，可极大提高曝气池中的生物浓度，填料表面和内部均能生长微生物。填料比重与水接近，可随曝气和搅拌在曝气池中翻动，呈流化状态。

（4）齿面型悬浮填料　齿面型填料为圆柱状，以聚乙烯塑料为主要材质，外观呈外棘轮状，填料内壁具有十字筋加强结构，如图 4-62 所示。比重为 0.92~0.96g/cm³，最大填料填充率可达 70%，有效生物膜面积可达 350m²/m³ 反应器容积，生物量浓度可达 3~4gMLSS/L。该填料具有亲水性能强，微生物附着能力好、不易脱落，生物膜活性高、不易脱落，污泥产量少等特点。

图 4-61　多孔泡沫填料

图 4-62　齿面型悬浮填料

4.4　厌氧处理设备

在污水处理中，厌氧法通常用于处理较高浓度的有机废水或好氧法难以降解的有机废水，有厌氧生物滤池、厌氧接触法、升流式厌氧污泥床反应器、厌氧流化床反应器、分段厌氧消化法（两相厌氧消化法）等工艺。

4.4.1　厌氧生物滤池

20 世纪 60 年代末，科研人员基于微生物固定化原理首次发明了厌氧生物滤池（AF），其构造与一般的好氧生物滤池相似，池内设置填料，但池顶密封。如图 4-63 所示，废水由池底进入，由池顶部排出。填料浸没于水中，微生物附着生长在填料上，污水流经填料时，污染物被生物膜吸附降解。滤池中微生物量较高，平均停留时间长达 150d 左右，因此可以达到较高的处理效果。滤池填料可采用碎石、卵石或塑料等，平均粒径在 40mm 左右。

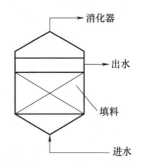

图 4-63　厌氧生物滤池示意图

　　厌氧生物滤池按其水流方向，可分为升流式厌氧生物滤池和降流式厌氧生物滤池两大类（见图 4-64）。厌氧生物滤池内生物固体浓度随填料高度的不同，存在很大的差别。升流式厌氧生物滤池底部的生物固体浓度有时是其顶部生物固体浓度的几十倍，因此底部容易出现部分填料间水流通道堵塞、水流短路现象。而降流式厌氧生物滤池向下的水流有利于避免填料层的堵塞，其中生物固体浓度的分布比较均匀。但是经验表明，在相同的水质条件和水力停留时间下，升流式厌氧生物滤池的 COD 去除率要比降流式厌氧生物滤池高，因此实际运用中的厌氧生物滤池多采用升流式厌氧生物滤池。

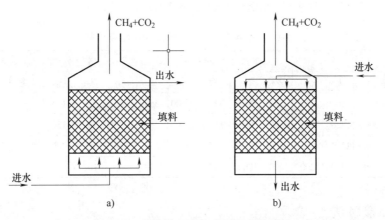

图 4-64　升流式、降流式厌氧生物滤池

a）升流式　b）降流式

　　厌氧生物滤池的主要优点：处理能力较高，厌氧污泥可以在饥饿条件下存活；滤池内可以保持很高的微生物浓度，具有较高的容积负荷 $[10 \sim 16 \text{kgCOD}/(\text{m}^3 \cdot \text{d})]$，对难降解、高浓度有机物具有很好的降解性能；不需要另外的泥水分离设备，出水 SS 较低；污泥停留时间长且剩余污泥量仅为好氧处理的 10%；设备简单、操作管理方便。其主要缺点是易堵塞，特别是滤池下部的生物膜较厚，更易发生堵塞的现象，因而它主要适用于含悬浮物很低的溶解性有机废水。根据对一些有机废水的试验结果分析总结发现，厌氧生物滤池的容积负荷与填料有关，当温度在 $25 \sim 35℃$、使用碎石填料时，厌氧生物滤池的容积负荷 COD 可达到 $3 \sim 6 \text{kg}/(\text{m}^3 \cdot \text{d})$；使用塑料填料时，容积负荷 COD 可达到 $3 \sim 10 \text{kg}/(\text{m}^3 \cdot \text{d})$。

　　图 4-65 为 UAAF 型厌氧生物滤池外形及安装尺寸，规格及性能见表 4-10。

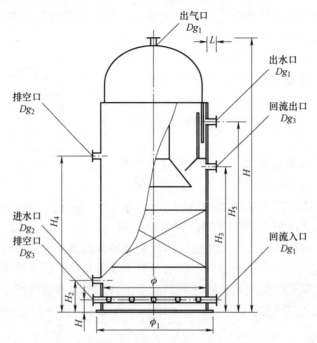

图 4-65　UAAF 型厌氧生物滤池外形及安装尺寸

表 4-10　UAAF 型厌氧生物滤池规格及性能

型　号	基本尺寸/mm												设备质量/t	运行质量/t	生产厂
	ϕ	ϕ_1	H	H_1	H_2	H_3	H_4	H_5	L	D_{g1}	D_{g2}	D_{g3}			
UAAF-200	5000	5200	11800	250	500	9000	9200	10600	250	100	50	125	32	240	江苏天雨环保集团
UAAF-300	5700	5900	13200	250	500	10000	10200	12000	250	1250	60	150	42	350	
UAAF-400	6500	6800	13200	300	500	10000	10200	12000	250	150	80	200	50	450	
UAAF-600	8000	8300	13200	300	500	10000	10200	12000	250	200	100	250	68	670	

4.4.2　厌氧接触法

厌氧接触法流程类似于传统的好氧活性污泥法，如图 4-66 所示。废水先进入混合接触池（消化池）与回流的厌氧污泥混合，废水中的有机物被厌氧污泥吸附、分解，厌氧反应

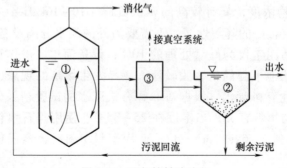

图 4-66　厌氧接触法流程

产生的消化气由顶部排出；消化池出水于沉淀池中完成固液分离，上清液由沉淀池排出，部分污泥回流至消化池，另一部分作为剩余污泥处置。

在消化池中，搅拌可以用机械方法，也可以用泵循环等方式。排出的消化气可以用于混合液升温，以提高生化反应速度。为提高固液分离效果，混合液在进入沉淀池前通常需要进行真空脱气预处理。

由于采取了污泥回流措施，厌氧接触法有机负荷率较高，并适合于悬浮物含量较高的有机废水处理。微生物可大量附着生长在悬浮污泥上，使微生物与废水的接触表面积增大，悬浮污泥的沉降性能也较好。据报道，肉类加工废水（BOD_5 为 $1000 \sim 1800mg/L$）在中温消化时，经过 $6 \sim 12h$ 的消化，BOD 去除率可达 90% 以上。

厌氧接触法的消化池池型常见的有浮盖型和蛋型，根据实际需要也设有传统型和欧式平底型，如图 4-67 所示。消化池的顶盖有固定式和浮动式两种，由于固定式在加料和排料时，池内压强会发生变化，若有空气在此过程中进入消化池，会造成爆炸，而浮动式完美克服了上述缺点，具有广阔的使用前景。

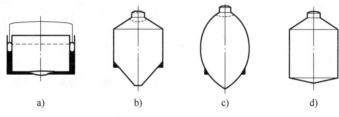

图 4-67　消化池的基本池型
a）浮盖型　b）传统型　c）蛋型　d）欧式平底型

图 4-68 是固定盖式消化池的构造示意图。图 4-68 为一圆柱形消化池，池形为了有利于污泥的搅拌、混合，使池子中部柱体高（h_3）和池子半径（$0.5D$）相等。一般搅拌设备设在池子中心位置，若池子直径很大，搅拌设备也可在池中均布几个。池子顶部为集气罩，它的高度一般和直径相同，取 $h_1 = d_1 = 2m$。池子底部锥体底面直径 $d_2 = 1m$。池顶、池底锥体的倾斜度为 $1:2.8$（倾角 $20°$）。具有这样池形的消化池容积（集气罩部分除外）为 $V = 0.485D^3$，总表面积（含集气罩）为 $F = 3.25D^2$。在实际使用中，考虑到池中水位应低于集气罩底面，一般为离罩底 $h_2/2$ 处（见图 4-69），故实际消化池容积 V 应比 $0.485D^3$ 小一些，一般容积减小 5%。池盖可做成固定式的（见图 4-68）或浮动式的（见图 4-70）。浮动式池盖（浮盖）可随池中水位变化而升降浮动，这样就可防止池内形成负压，保证池内气压（一般为 $2 \sim 3kPa$）高于池外气压，使池外空气不至于进入池内而形成爆炸性混合气体。

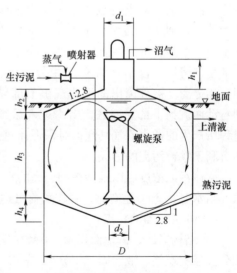

图 4-68　固定盖式消化池

此外，为了保温，防止池内热量过多散失，池子应尽可能埋入土中，一般只有集气罩部分池顶露出地面（见图 4-70）。

除了上述的池形呈圆柱形的消化池外，目前还有一种池形呈蛋形（椭圆体形）的消化池，这种形式的消化池在结构受力、消化工艺方面都较好（见图 4-69）。蛋型消化池搅拌均匀，池内无死角，污泥不会在池底固结，污泥清除周期长，利于消化池运行；浮渣易于清除；在池容相等的情况下，池总表面积小，利于保温；蛋型结构受力条件好，抗震性能高，还可节省建筑材料。我国杭州四堡污水厂的污泥处理采用蛋型消化池，单池容积高达 1.09 万 m^3。

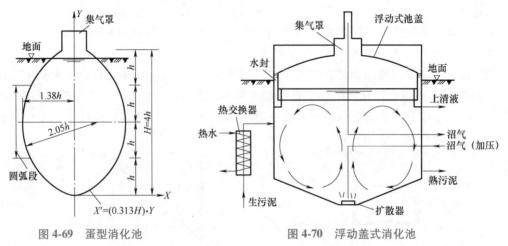

图 4-69　蛋型消化池　　　　　　　图 4-70　浮动盖式消化池

4.4.3　升流式厌氧污泥床反应器（UASB）

升流式厌氧污泥床反应器处理过程具有厌氧过滤法及厌氧活性污泥法的双重特点，适用于处理各类有机废水，其构造如图 4-71 所示。废水自下而上地通过厌氧污泥床，床体底部是一层絮凝和沉淀性能良好的污泥层，中部是一层悬浮层，上部是澄清区。澄清区设有三相分离器，用以完成气、液、固三相分离。被分离出的消化气由上部导出，被分离的污泥则自动回流到下部反应区，出水进入后续构筑物。厌氧消化过程所产生的微小沼气气泡，对污泥床进行缓和的搅拌作用，还有利于颗粒污泥的形成。

图 4-71　UASB 反应器

床体污泥浓度可以维持在相当高的水平，如 40～80g/L，因而对于一般的高浓度有机废水，当水温在 30℃左右时，容积负荷可达 10～20kgCOD/（m^3·d）。

UASB 反应器的特点：

1）结构紧凑，占地面积少。UASB 反应器集厌氧生物降解反应与沉淀为一体，通过三相分离器实现气、液、固三相分离，一次性投资低。

2）能耗低。UASB 反应器内有机物为厌氧消化，故无鼓风曝气和污泥回流等设备。能耗仅为废水的提升。同时还可以回收生物能源——沼气。

3）有机负荷高，处理效果好。UASB 反应器内厌氧微生物浓度高，比活性大。在正常运行时，常温条件下（25℃左右），有机负荷为 4～10kg/（m^3·d），COD 去除率大于 85%；中温条件下（35～37℃），有机负荷为 8～16kg/（m^3·d），COD 去除率大于 90%；高温条件下（55℃左右），有机负荷为 10~20kg/（m^3·d），COD 去除率大于90%。

4）污泥产率低，污泥处理方便。好氧生物法处理有机污水，其去除有机物的50%左右转化为污泥，这种剩余污泥稳定性和脱水性能均很差，污泥处置费用很高。而 UASB 反应器内只有不足10%的有机物转化为厌氧污泥，这种污泥稳定性和脱水性很好，可作为其他厌氧处理装置的种泥，也可喂鱼或作农肥。

5）可以间歇运行。UASB 反应器可用于处理生产不连续、季节性生产的有机废水。长期停运后，可直接再次运行，不需要重新接种和启动。

UASB 反应器是目前应用最为广泛的厌氧反应器，该技术在国内外已发展成为厌氧处理的主流技术之一。UASB 反应器可广泛应用于酿酒、酒精、制糖、丙酮、酵母、柠檬酸、味精、抗生素、淀粉、粉丝、豆制品、乳品、屠宰、甲醇、脂肪酸、维生素 C、养殖场等食品、化工、生化制药废水的处理。该法的应用发展很快，世界上最大设计容量已达到每日处理数千吨废水的水平。有研究者将厌氧颗粒污泥经过滤后在 55~58℃下烘干作为种泥，用于加快 UASB 反应器的初次启动和提高处理效果，获得了良好效果，脱水颗粒污泥保存于冰箱中长期备用。

4.4.4　厌氧流化床反应器

厌氧流化床是一种高效的生物膜法处理方法。它是利用砂或填料等比表面积大的物质为载体。厌氧微生物以生物膜形式结在砂或其他载体的表面，在污水中成流动状态，微生物与污水中的有机物进行接触，吸附分解有机物，从而达到处理的目的。

厌氧流化床反应器包括进水分配系统、回流系统、出水堰、布水器及填料区，结构如图 4-72 所示。废水首先进入厌氧流化床反应器上部的溢流槽，与反应器出水进行混合，再通过反应器外循环泵回流到反应器的底部。反应器进水 pH 控制在 4.0 左右，可中和反硝化产生的大量碱度，使反应器内的 pH 控制在反硝化反应的适宜范围内。通过大比例出水回流保证了载体流化状态，强化营养物质的传质，也有利于反硝化产生的氮气和碱度的释放。同时厌氧流化床反应器配备了进水分配系统，通过进水滤头保证了反应器内流态稳定。在厌氧流化床反应器内，污水中的硝酸根和有机物进行着高效的生物反硝化反应，与传统反硝化水池相比，厌氧流化床生物反应器具有如下优点：①硝酸盐氮负荷高，启动快，能耗低，抗冲击负荷能力强；②可以在高水力负荷下运行；③处理槽内污泥浓度高，容积负荷高，反应器采用塔式结构，节省占地。

图 4-73 是 YLH 型厌氧流化床反应器，采用以砂为载体，设备结构为内外两个圆筒，利用特别的轴

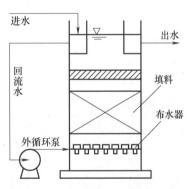

图 4-72　厌氧流化床反应器结构

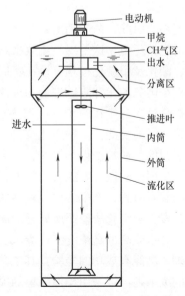

图 4-73　YLH 型厌氧流化床反应器外形示意

流泵，使污水和有生物膜的砂在内筒中进行循环，达到流化的目的。由于砂的比表面积大，为 $55\sim65m^2/m^3$（折合一般填料 $0\sim50m^3$），因而生物接触面积大，处理效率很高，$1m^3$ 有效反应器容积可处理 COD $35\sim45kg/d$。

YLH 型厌氧流化床采用循环处理，污水流进入设备后由电动机带动内筒中的推进叶，把污水向下压形成较高流速的下向流。污水充到底部后进入内外筒之间，这时污水为上向流，使污水充分混合，污水与砂在内筒中不断循环，从而达到流化的目的。

处理出水同设备上面的砂、水分离设备分离后，水流出而砂留在设备内。运行所产生的甲烷气体在设备的上方由专门设备送到储气罐后备用。

YLH 型厌氧流化床反应器规格及性能见表 4-11。

表 4-11 YLH 型厌氧流化床反应器规格及性能

性能	YLH-1.6	YLH-2.0	YLH-2.5	YLH-3.0	YLH-3.5	YLH-4.0	生产厂
直径/m	1.6	2.0	2.5	3.0	3.5	4.0	宜兴市运城环保设备厂
有效容积/m³	8	15	30	53	84	125	
处理 COD 能力/(kg/d)	320	600	1200	21200	3360	5000	
日产气量/m³	112	210	420	742	1175	1750	
COD 去除率			85%~90%				
BOD 去除率			90%~95%				
电动机功率/kW	1.5	3	5.5	7.5	11	15	
处理费用 COD/(元/kg)	0.03	0.025	0.022	0.02	0.02	0.015	

注：1. 反应器容积负荷（COD）按 $40kg/(m^3 \cdot d)$ 计。
　　2. 产气量按 1kgCOD 产气 $0.35m^3$ 计。

4.4.5　分段厌氧消化法（两相厌氧消化法）

厌氧消化细菌主要由产酸菌群和产甲烷菌群组成。但是，产甲烷菌与基质的反应速度比产酸菌小，因此，两类细菌共栖在一个厌氧池的条件下，需要尽可能营造适合产甲烷菌与产酸菌的生长环境，这使得消化效果难以进一步提高。分段厌氧消化法为了克服上述缺点，将水解、酸化及甲烷化过程分设在不同的容器内进行，以营造各自最佳的生存条件。

根据厌氧消化分阶段进行的理论，研究开发了二段式厌氧消化法，即将水解酸化的过程和甲烷化过程分别在两个反应器内进行，以使两类微生物都能在各自的最佳条件下生长繁殖。第一段的功能：水解酸化有机底物使之成为可被甲烷菌利用的有机酸；由底物浓度和进水量引起的负荷冲击得到缓冲，有害物质也在这里得到稀释；一些难降解的物质在此截留，不进入后面的阶段。第二段的功能：保持严格的厌氧条件和合适的 pH，以利于甲烷菌的生长；降解有机物，产生含甲烷较多的消化气；截留悬浮固体，以保证出水水质。

二段厌氧消化法按照所处理的废水水质情况，可以采用不同的方法进行组合。例如，对悬浮物含量较高的高浓度工业废水，采用厌氧接触法的酸化池和上流式厌氧污泥床串联的方法处理，已经有成功的经验，其工艺流程如图 4-74 所示；而对悬浮物含量较低、进水浓度不高的废水则可以采用操作简单的厌氧生物滤池作为酸化池，串联厌氧污泥床作为甲烷发酵池。二段厌氧消化法具有运行稳定可靠，能承受 pH 变化、毒物等的冲击，有机负荷高，消化气中甲烷含量高等特点。但这种方法设备较多、流程较复杂，在带来运转灵活性的同时，也使得操作管理变得比较复杂。研究也表明，二段式并不是对各种废水都能提高负荷。例如，对于容易降解的废水，不论是用一段法或二段法，负荷和效果都差不多，但二段法的运行较稳定，而设备和操作管理较复杂。因此，采用何种反应器及如何进行组合，要根据具体的水质等情况而定。

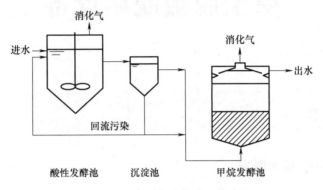

图 4-74　二段厌氧消化法工艺流程

习　题

4-1　知识考查

1. 鼓风曝气系统中不同类型空气扩散装置的优缺点分别是什么？

2. 活性污泥法脱氮除磷工艺中，氧化沟工艺、A^2/O 工艺和 SBR 工艺在运行过程中的关键控制参数有哪些？

3. 在污泥处理过程中，污泥浓缩和气浮浓缩的原理、适用污泥类型及优缺点分别是什么？

4. 生物膜法中普通生物滤池、高负荷生物滤池和塔式生物滤池在结构和性能上主要有哪些区别？

4-2　知识拓展

1. 请查阅相关资料，总结短程硝化-厌氧氨氧化工艺相较于传统的 A^2/O 工艺的优势，同时了解短程硝化-厌氧氨氧化工艺在我国的应用现状。

2. 在国家双碳战略目标的背景下，请展望城市污水处理厂未来的发展趋势。

第 5 章

除尘脱硫脱硝设备

5.1 除尘装置

5.1.1 除尘装置的基本概况

1. 分类

除尘装置是废气处理工程中最常用的设备，它的种类很多，按除尘机理一般分为五类。

（1）机械力除尘器　该类除尘器是利用质量力（重力、惯性力和离心力等）的作用从含尘气流中分离尘粒的装置，有重力除尘器、惯性除尘器和旋风除尘器。

（2）过滤式除尘器　该类除尘器是使含尘气流通过织物或多孔的填料层进行过滤分离的装置，主要有袋式除尘器、颗粒层除尘器等。

（3）电除尘器　该类除尘器利用高压电场使尘粒荷电，在库仑力的作用下使粉尘与气流分离。电除尘器一般分为干式和湿式两类，根据荷电和分离区的空间布置不同，也可分为单区电除尘器和双区电除尘器。

（4）湿式除尘器　该类除尘器是利用液滴或液膜将尘粒从含尘气流中分离出来的装置，可分为冲击式除尘器、文氏管除尘器等。

（5）组合式除尘器　该类除尘器主要利用多种净化机理进行综合净化，一般有机械与过滤、机械与静电、湿式与静电等组合方式。

在实际应用中常根据除尘效率的高低将除尘器分为高效、中效与低效除尘器，目前国内外应用较广的高效除尘器有电除尘器、袋式除尘器及部分湿式除尘器，中效除尘器有旋风除尘器和其他湿式除尘器，低效除尘器有重力除尘器及惯性力除尘器。

2. 除尘器的选择

正确选择和使用不同类型的除尘器，不仅可以提高产品质量和降低生产成本，还能降低粉尘排放量。而错误的选择往往会引起除尘器的性能恶化，甚至不能使用。例如，未充分了解掌握粉尘的分散性、凝聚性和湿润性等特点，会产生黏结而使设备出灰不良，严重影响设备的连续运转；忽视含尘气体的腐蚀成分（三氧化硫、氯化氢等）的流向、温度和循环状况，会导致设备的耐用年限大大缩短。因此，正确选择和使用除尘器是治理大气环境污染的关键环节。

此外，各种除尘器的除尘效率、设备费用及操作费用各不相同，因此在选择除尘器时，应对各种除尘器的性能有深刻的理解，在调查研究的基础上，根据粉尘的不同性质（净化效率、处理能力、动力消耗与经济性），组成最佳、最经济的除尘系统。常用除尘器的类型与性能见表 5-1。

表 5-1　常用除尘器的类型与性能

形式	除尘作用力		除尘器种类	适用范围				不同粒径效率（%）			投资比		能耗/（kW/m³）
				粉尘粒径/μm	粉尘浓度/（g/Nm³）	温度/℃	阻力/Pa	粒径/μm			初投资	年成本	
								50	5	1			
干式	惯性、重力		惯性除尘器	>15	>10	<400	200~1000	96	16	3	<1	<1	—
	离心力		中效旋风除尘器	>5	<100	<400	400~2000	94	27	8	1	1.0	0.8~1.6
			高效旋风除尘器					96	73	27	15	1.5	1.6~4.0
	静电力		电除尘器	>0.05	<30	<400	100~200	>99	99	86	9.5	3.8	0.3~1.0
								100	>99	98	15	6.5	
	惯性、扩散与筛分	袋式除尘器	振打清灰	>0.1	3~10	<300	800~2000	>99	>99	99	6.6	4.2	3.0~4.5
			气环清灰					100	>99	99	9.4	6.9	
			脉冲清灰					100	>99	99	6.5	5.0	
			高压反吹清灰					100	>99	99	6.0	4.0	
湿式	惯性、扩散与凝集		自激式洗涤器	0.05~100	<100	<400	800~10000	100	93	40	2.7	2.1	35
			高压喷雾洗涤器		<10	<400		100	96	75	2.6	1.5	
			高压文氏管除尘器		<10	<800		100	>99	93	4.7	1.7	

选择时应考虑的主要因素如下。

1）含尘气体的种类、成分、温度、湿度、密度、毒性、腐蚀性、爆炸性等物理、化学性质。

2）粉尘的种类、成分、密度、浓度、粒径分布、比电阻、腐蚀性、吸水性等物理、化学性质。

3）除尘器的净化效率、阻力、废气排放标准及环境质量标准等。

4）除尘器的投资、运行费用、维护管理情况、安装位置及收集物的处理与利用等。

除尘器选择方法和步骤如图 5-1 所示。

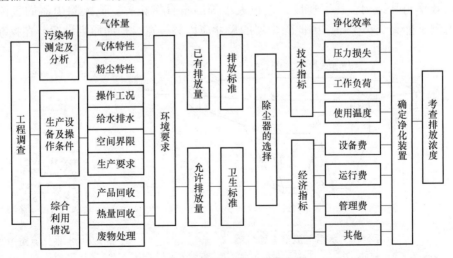

图 5-1　除尘器选择方法和步骤

5.1.2 机械式除尘器

机械式除尘器通常指利用质量力（重力、惯性力和离心力等）的作用使颗粒物与气流分离的装置，包括重力除尘器、惯性除尘器和旋风除尘器等。机械式除尘器构造简单、投资少、动力消耗低，除尘效率一般在 40%~90%，是国内常用的除尘设备。在排气量比较大或除尘要求比较严格的场合，可利用这类设备可进行预处理，以减轻第二级除尘设备的负荷。常用机械式除尘器的特性参数见表 5-2。

表 5-2　常用机械式除尘器的特性参数

除尘器类型	最大烟气处理量/（m³/h）	可去除最小粒径/μm	除尘效率（%）	压力损失/Pa	使用最高温度（烟气温度）/℃
重力除尘器	可根据安装场地决定最大烟气处理量	350	80~90	50~130	850~550
旋风除尘器	85000	10	50~60	250~1500	350~550
旋流除尘器	30000	2	90	<2000	<250
串联旋风除尘器	170000	5	90	750~1500	300~550
惯性力除尘器	127500	10	90	750~1500	<400

5.1.2.1　重力除尘器

重力除尘器是一种最古老、最简易的除尘设备，分为水平气流重力除尘器和垂直气流重力除尘器两种。作为一种收尘设备，简易重力除尘器效率是有限的，大多数重力除尘器只能除去粒径大于 43μm 的尘粒。但这种除尘装置也有一些明显的优点，如结构简单、造价低、压降小、可处理高温气体，且适用于去除磨蚀性砂粒等。

1. 水平气流重力除尘器

图 5-2 为水平气流重力除尘器，它基本上是一根底部装有灰斗的长型管道。重力除尘器的工作原理：含尘气体进入空室后，流动截面面积的扩大会使气体流速降低，较大的尘粒可以依靠自身重力作用自然沉降而进入灰斗，净化后的气体则从除尘器的另一端排出。该除尘器的除尘效率与其结构、气流速度、尘粒大小等因素直接相关。流入除尘器的气流速度越低，越有利于捕集细小尘粒，因此除尘器的尺寸应以矮、宽、长的原则设置。在控制室内气

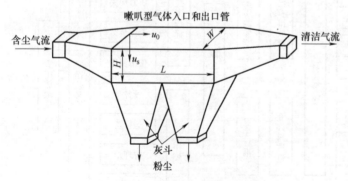

图 5-2　水平气流重力除尘器

动图 5-2　水平气流重力除尘器

L—长度　W—宽度　H—高度　u_0—横向流速　u_s—纵向流速

流速度一定的条件下，为了提高除尘器的除尘效率，可以增加除尘器的纵深（长度小于10m），或在除尘器内布置挡墙、隔板、喷雾等，均能在一定程度上提高 10%～15% 的除尘效率。

　　如采用在除尘器内布置人字形挡板或垂直隔板，装置结构如图 5-3 所示。安装人字形挡板能够加快烟气的扩散，并使气流均匀地充满整个除尘器，从而提高除尘效率。而安装垂直隔板，一方面是为了改变气流的运动方向，粉尘由于惯性较大，不能随同气体一起改变方向，会撞到挡板上，从而失去继续飞扬的动能，最后沉降到灰斗中；另一方面是为了延长粉尘的通行路程，从而使它在重力作用下逐渐沉降下来，以达到分离的目的。相比于同一尺寸的除尘器来说，安装了人字形挡板或垂直隔板的除尘器的除尘效率可提高 15% 以上。

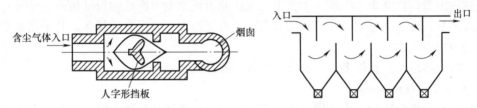

图 5-3　布置人字形挡板的重力除尘器（左）和布置垂直隔板的重力除尘器（右）

2. 垂直气流重力除尘器

　　垂直气流重力除尘器的结构如图 5-4 所示。与水平气流重力除尘器不同，该类型的除尘器气流从管道进入除尘器后，截面扩大降低了气流速度，因此沉降速度大于气流速度的尘粒沉降下来。

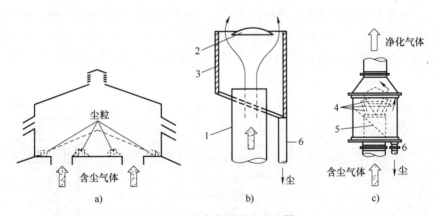

图 5-4　垂直气流重力除尘器

a）屋顶式　b）扩大烟囱式　c）带导流锥的重力除尘器

1—烟道　2—反射板　3—耐火涂料　4—导流锥　5—斜板　6—下灰管

　　屋顶式重力除尘器是最简单的一种（见图 5-4a），通入除尘器的气流从除尘器的下端口进入，此时，气流中的尘粒沉降在入口周围，净化后的气流则从上端口流出，该设备操作简单，但需要定期停止运行，以便清除积尘。扩大烟囱式（见图 5-4b）和带导流锥的重力除尘器（见图 5-4c）的气流方向也是由下至上，只是分别在除尘器内设置了反射板 2 和导流锥 4，使得去除掉的尘粒可通过下灰管进入灰斗，从而进一步提高了除尘效率。需要注意的是，扩大烟囱式重力除尘器直径应约为烟道的 2.5 倍，使得气体进入除尘器的流速比烟道流速低 6.25 倍。当烟道流速为 1.5m/s 时，可以去除 200~400μm 的尘粒，去除效率可达 90% 以上。此外，其对粒径为 50μm 的粉尘的除尘效率也可达 50% 以上。

5.1.2.2 惯性除尘器

惯性除尘器是使含尘气流与挡板相撞或急剧改变气流方向，在尘粒本身惯性力的作用下，将粉尘捕获以净化气体的一种除尘装置。它多用于处理密度大、颗粒粗的金属和矿物性粉尘，对密度小、颗粒细的粉尘或黏结性、纤维性粉尘，则因易堵塞而不宜采用。因此，惯性除尘器一般只用于多级除尘中的第一级除尘，捕集密度和粒径较大的金属或矿物性粗尘粒（粒径大于 30μm），除尘效率约为 70%，阻力依形式而异，压力损失一般为 100~1000Pa。特殊形式的惯性除尘器可改善除尘性能，如迷宫式除尘器可去除 10μm 左右的微粒。

惯性除尘器的性能影响因素：①含尘气流在冲击或改变方向前的速度越高，流出装置的气流速度越低，除尘效率越高；②气流方向转变角度越大，转变次数越多，其净化效率则越高，压力损失也越大。

惯性除尘器结构形式很多，一般分为反转式和冲击式。

1. 反转式惯性除尘器

反转式惯性除尘器的工作原理：通过多次改变含尘气体的气流方向，并在转向过程中把尘粒分离出来。一般，通入反转式除尘器的气体转向半径越小，转向速度越快，其除尘效率越高。

图 5-5 为常见的反转式惯性除尘器结构示意图，其中弯管型除尘器（见图 5-5a）中的含尘气流顺着弯板流动，在弯板区中尘粒由于重力不同而被捕集，最后由出气口排出。百叶窗型反转式除尘器（见图 5-5b）中的含尘气体从进气口进入后与百叶层碰撞，由于气体与尘粒重力不同，导致与百叶窗碰撞后动量损耗不同，使得尘粒顺着百叶层下落，而气体则顺着隔板向右边的弯板区流去，从而实现分离。这两种除尘器都适用于烟道除尘，而多层隔板塔除尘器（见图 5-5c）因气流转向次数较多且尘粒在除尘器内的停留时间较长，除尘效果较好，能够分离小于 10μm 粒径的尘粒或雾滴。

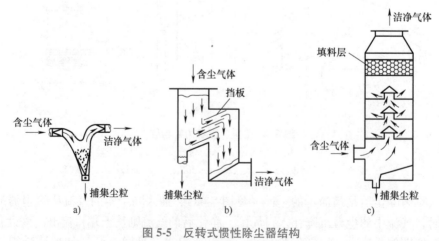

图 5-5 反转式惯性除尘器结构

a）弯管型 b）百叶窗型 c）多层隔板塔

2. 冲击式惯性除尘器

冲击式惯性除尘器的工作原理：含尘气体由进风口进入除尘器后，因碰撞到挡板而使得尘粒与气体分离。该类除尘器一般沿气流方向装设有一道或多道挡板，通入该除尘器的气流撞到挡板之前速度越高，碰撞后速度越低，则分离效果越好，除尘效率越高。

图 5-6 为冲击式惯性除尘器结构示意图，其中图 5-6a 为单级型冲击式惯性除尘器，它仅有一层挡板，而多级型冲击式惯性除尘器（见图 5-6b）内含多层挡板，相当于含尘气体进行了多次冲击分离，除尘效果比单级型的好。图 5-6c 为迷宫型（带喷嘴）惯性除尘器，其内部装有喷嘴，可以增加气体的冲撞次数，增大除尘效率，适用于安装在烟道上。

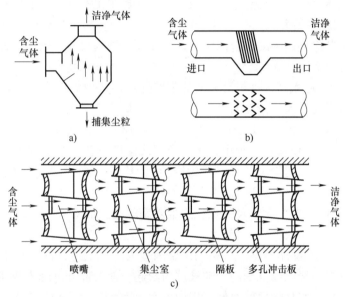

图 5-6　冲击式惯性除尘器结构
a）单级型　b）多级型　c）迷宫型

5.1.2.3　旋风除尘器

旋风除尘器是一种利用含尘气体旋转产生离心力，使得尘粒从含尘气流中分离出来的除尘设备，该设备能有效地收集粒径在 $5\mu m$ 以上的尘粒，且结构简单，造价低廉，维护工作量少，粉尘适应性强，是目前应用较多的一种除尘设备。此外，旋风除尘器在普通操作条件下，作用于尘粒的离心力是重力的 5~2500 倍，其效率显著高于重力除尘器。

1. 旋风除尘器的结构与除尘原理

普通旋风除尘器是由烟气进气管、筒体、锥体、空气排出管和排灰口等组成，气流流动状况如图 5-7 所示。其除尘机理是使含尘气流进入除尘器后，沿壳体内壁由上向下进行旋转运动，同时有少量气体沿径向运动到中心区域。当大部分的旋转气流到达锥体底部后，经锥体反弹转而向上沿轴心旋转，最后经排出管排出。气流做旋转运动时，尘粒在离心力的作用下，

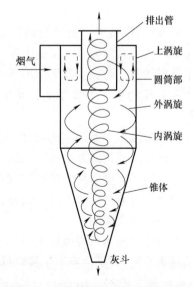

图 5-7　普通旋风除尘器结构及原理

147

逐步移向内壁，到达内壁的尘粒在气流和重力共同作用下沿壁面落入灰斗，从而实现分离。

通常将旋转向下的外圈气流称为外涡旋，旋转向上的中心气流称为内涡旋，两者的旋转方向是相同的。气流从除尘器顶部向下高速旋转时，顶部的压力下降，一部分气流带着细小的尘粒沿筒内壁旋转向上，到达顶部后，再沿排出管外壁旋转向下，最后到达排出管下端附近被上升的内涡旋带走，从排出管排出，这股旋转气流称为上涡旋。对旋风除尘器内气流运动测定后发现，实际的气流运动是很复杂的，除了切向和轴向运动外，还有径向运动。如在外涡旋中有少量气体沿径向运动到中心区域，在内涡旋中也存在着离心的径向运动。

2. 除尘效率的影响因素

影响旋风除尘器除尘效率的综合因素：入口流速、结构尺寸、粉尘粒径、二次效应以及气体温度和黏度等。

1）入口流速：流速太高，会把已分离的某些尘粒卷入内涡旋重新带走，导致除尘效率下降。此外，压力损失与入口速度的平方成正比，入口流速过大，压力损失上升。因此，旋风除尘器的入口流速一般为 12~20m/s，但不宜低于 1m/s，以防止入口管道积灰。

2）结构尺寸：除尘设备直径越小，在同样切线速度下，尘粒所受离心力越大，除尘效率则越高。对于几何相似的除尘器（一般为锥形），其尺寸越小，除尘效率越高，而对阻力无明显影响。

3）粉尘粒径：除尘器对大粒径的尘粒除尘效率较高，而对于粒径较小的尘粒除尘效率较低。

4）二次效应：影响除尘器除尘效率的主要因素为二次效应，即被捕集粒子重新进入气流。由于粒子被反弹回气流或沉积的尘粒被重新吹起，使得部分沉降入灰斗的尘粒随净化后的气流一起排走，导致实际除尘效率低于理论效率。因此，为了避免二次效应，一般可以用雾化器将水喷淋在旋风除尘器内壁上。

5）气体温度和黏度：气体黏度随温度升高而变大，旋风除尘器的除尘效率随气体温度与黏度的增加而降低。

6）除尘设备下部的气密性：除尘器静压从外壁向内逐渐降低，即使除尘在正压下运行，锥体底部也可能处于负压状态。若除尘器下部不严而漏入空气，则会把已落入灰斗的粉尘重新带走，从而使得除尘效率明显下降。

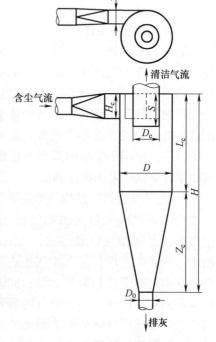

典型旋风除尘器的结构尺寸如图 5-8 所示，其各部分尺寸很难用理论的方法进行精确设计和计算，一般是先通过对旋风除尘器性能的影响因素做定性分析，做出模型设计，再通过试验方法，调整模型尺寸，并根据相似原理进行放大或缩小。

典型的切向入口旋风除尘器尺寸比例变化对性能的影响见表 5-3。它是由斯泰尔曼（Stairmand）、斯威夫特（Swift）和拉普尔（Lapple）提出的。表中将筒体直径 D 定为 1，其他部位尺寸则是与筒体的比值。

图 5-8 典型旋风除尘器结构尺寸

l 是自然长度——气流在除尘器内完成气体涡流所需的长度（m）。

$$l = 2.3 D_e \left(\frac{D^2}{H_c B_c} \right)^{\frac{1}{3}} \qquad (5\text{-}1)$$

式中，D_e 是排气管直径；D 是筒体直径；H_c 是入口高度；B_c 是入口宽度。

表 5-3　旋风除尘器尺寸比例变化对性能的影响

比 例 变 化	性能趋向		投资趋向
	压力损失	效　率	
增大旋风除尘器直径（D）	降低	降低	提高
加长筒体（L_c）	稍有降低	提高	提高
增大入口面积（$H_c \times B_c$）（流量不变）	降低	降低	—
增大入口面积（$H_c \times B_c$）（速度不变）	提高	降低	降低
加长锥体（Z_c）	稍有降低	提高	提高
增大锥体的排出孔（D_0）	稍有降低	提高或降低	—
减小锥体的排出孔（D_0）	稍有提高	提高或降低	—
加长排出管伸入器内的长度（S）	提高	提高或降低	提高
增大排气管直径（D_e）	降低	降低	提高

3. 结构类型与分类

分离理论研究取得的重大进展（如 20 世纪 30 年代初的转圈分离理论、20 世纪 50 年代的筛分理论及 20 世纪 70 年代初的紊流连续径向混合分离理论），使得旋风除尘器技术得到很快的发展，相应的结构形式也不断推陈出新。旋风除尘器的结构类型很多，分类方法也很多，下面介绍常用的几种。

（1）按性能分类

1）高效旋风除尘器，其筒体直径较小，用来分离较细的粉尘，相对断面比（按筒体断面积与进气口断面积之比）$K = 6 \sim 13.5$，除尘效率 $\eta \geqslant 95\%$。

2）高流量旋风除尘器，筒体直径较大，用于处理很大气体流量，$K < 3$，除尘效率 $\eta = 50\% \sim 80\%$。

3）通用旋风除尘器，介于上述两者之间，用于处理适当的中等气体流量，$K = 4 \sim 6$，除尘效率 $\eta = 80\% \sim 95\%$。

（2）按排灰方向及排灰方式分类

1）按排灰方向分类，旋风除尘器可分为轴向排灰和周向排灰两种。

2）按排灰方式分类，旋风除尘器可分为干式和湿式两种。粉尘被分离到除尘器内壁后，直接依靠重力和旋转气流的推力而落入灰斗中，称为干式清灰。如果通过喷水或淋水的方法，将内壁上粉尘冲洗到灰斗中，则称为湿式清灰，如水膜除尘器及中心喷水除尘器。

4. 旋风除尘器的设计与选用要求

（1）旋风除尘器各部分主要尺寸设计要求

1）筒体直径越小，除尘效率越高，但一般不宜小于 150mm，以防堵塞；最大不宜超过 1100mm，以免除尘效率下降太大。大流量旋风除尘器筒体直径 D 可达 3.6m 或更大，筒高

一般取 $2D$。

2）入口尺寸。宽度为 b、高度为 h 的矩形断面入口，一般取 h/b 为 $2.0~4.0$。

3）排气管圆筒形的排气管直径 d 越小，除尘效率越高，一般取 d 为 $0.4D~0.6D$，且与除尘器本体同心。其插入深度稍低于进气口的底部，以防气流短路。

4）锥体高度 H 增加，有利于降低除尘器的阻力和提高除尘效率，当增加到 $3.2D$ 时，效率提高不明显，因此一般取 H 为 $1D~3D$。

5）排尘口直径 d_3 过小时，易发生堵塞；过大时，灰斗中的尘粒易被进入灰斗的旋转气流卷走，一般取 d_3 为 $1/3D~1/2D$，并大于 $70mm$。

（2）旋风除尘器的选型方法　旋风除尘器选型时先要收集资料，具体参见第 5.1.2 小节。然后根据工艺提供或收集到的设计资料选择除尘器时，一般有两种方法：计算法和经验法。

1）计算法。旋风除尘器选型计算的步骤大致如下：

① 由已知的初含尘浓度 C_i 和要求的出口浓度 C_o（或排放标准）计算出要求达到的除尘效率 η。

② 选择确定除尘器的结构形式。根据含尘浓度、粒度分布、密度等烟气特征及除尘要求、允许的阻力和制造条件等因素全面分析，合理地选择旋风除尘器的形式。特别应当指出，锅炉排烟的特点是烟气流量大，而且烟气流量变化也很大。因此，在选用旋风除尘器时，应使烟气流量的变化与旋风除尘器适宜的烟气流速相适应，并且在锅炉工况变动时，也能取得良好的除尘效果。

③ 根据选取除尘器的分级效率 η_d 和净化尘粒的粒径频率分布 ΔD，计算除尘器能达到的总效率 η'，若 $\eta' \geqslant \eta$，则满足设计要求，否则要重新选择高性能的除尘器或改变运行参数。

④ 选定除尘器型号规格（除尘器的尺寸），若超出样本范围，可相应放大结构尺寸，并计算出放大后的除尘效率 η''，若 $\eta'' \geqslant \eta$，则说明选定的除尘器形式和规格皆符合净化要求，否则需重复进行二次计算。

⑤ 根据查得的压力损失系数 ζ 和确定的入口速度 v_i 计算运行条件下的压力损失 ΔP。

2）经验法。实际上由于分级效率 η_d 和粉尘粒径频率分布 ΔD 的数据非常缺乏，相似放大的计算方法还不成熟，因此现在大多采用经验法来选择除尘器的形式和规格。经验法的选择步骤如下：

① 计算要求的除尘效率（同计算法）。

② 选择确定旋风除尘器结构形式（同计算法）。

③ 根据使用时允许的压力降确定入口气速 v_i。如果制造厂已提供各种操作温度下进口气速与压力降的关系，则根据工艺条件允许的压力降就可选定入口气速 v_i；若没有气速与压力降的关系数据，则需要根据允许的压力降计算入口气速，即

$$v_i = \sqrt{\frac{2\Delta p}{\zeta \rho_g}} \tag{5-2}$$

式中，Δp 是压力损失（Pa）；ρ_g 是气体密度（kg/m³）；ζ 是压力损失系数。

若没有提供压力损耗数据，一般可取进口气速为 $12~15m/s$。

④ 确定除尘器筒体直径 D。根据需要处理的含尘气体流量 Q 与上一步求出的入口气速

v_i，查已选定形式的除尘器的性能表，在保证所选除尘器的处理气量 Q_1 大于需要处理的含尘气体流量 Q 的情况下确定除尘器的型号。

⑤ 校核选定型号的除尘器的压力降。根据选定型号的除尘器，首先可得到除尘器的进口截面面积 A，然后由需要处理含尘气体流量 Q 与除尘器的进口截面面积 A 可求得实际工况下的进口气速 v_i'，再计算实际工况下压力降 $\Delta P'$，若该值小于使用时允许的压力降 ΔP，则说明选定的除尘器形式和规格皆符合净化要求，否则需重复步骤③和④，进行二次计算。

（3）旋风除尘器的选型要求

1）旋风除尘器适用于净化密度和粒径大于 $5\mu m$ 的尘粒，对细微尘粒，其除尘效率较低，但高效旋风除尘器对细微尘粒也有一定的净化效果。

2）一般用于净化非纤维性粉尘及温度在 400℃ 以下的非腐蚀性的气体。

3）旋风除尘器对入口粉尘浓度变化的适应性强，可处理高含尘浓度的气体。

4）旋风除尘器不适宜用于黏结性强的粉尘，当处理相对湿度较高的含尘气体时，应注意避免因结露而造成的黏结。

5）设计或运用时必须采用气密性好的卸灰装置或其他防止旋风除尘器底部漏风的措施，以防底部漏风，效率下降。

6）由于风量波动对旋风除尘器除尘效率和压力损失影响较大，故旋风除尘器不宜用于气量波动大的情况。

7）当旋风除尘器内的旋转气速较高时，应注意加耐磨衬，防止磨损。

8）性能相同的旋风除尘器一般不宜两级串联使用。当必须串联使用时，应采用不同结构尺寸。

9）在并联使用旋风除尘器时，要尽可能使每台除尘器的处理气量相等。

5. 国内主要旋风除尘器类型代号

旋风除尘器类型代号一律采用汉语拼音字母，以表示除尘器的工作原理和构造型式特点，对需要在类型代号后列入系列规格的，一律用阿拉伯数字表示，如除尘器额定风量（以 m^3 为单位）、除尘器系列规格的袋数、配用锅炉的蒸发量和外筒直径（以 dm 为单位）等。

（1）编制规定　第一位字母表示除尘器按工作原理的分类，暂分为以下四大类：X（旋 Xuan）——旋风式，S（湿 Shi）——湿式，L（滤 Lü）——过滤式，D（电 Dian）——静电式。第二、三位字母以表示除尘器的构造、形式特点为主。为避免同其他除尘器形式代号重复，必要时也可包括或表示工作原理方面的特点。类型代号一般不多于 3 个字母。

（2）代号字母举例

1）构造类型方面：L——立式（立 Li），W——卧式（卧 Wo），S——双级（双 Shuang），T——筒式（筒 Tong），C——长锥体（长 Chang），Z——直锥体（直 Zhi），P——旁路（旁 Pang），N——扭底版（扭 Niu），X——下排烟（下 Xia）。

2）工作原理方面：P——平旋（平 Ping），M——水膜（膜 Mo），G——多管（管 Guan），K——扩散（扩 Kuo），Z——直流（直 Zhi）。

3）除尘系统安装位置方面：根据除尘器在除尘系统安装位置的不同分：吸入式（除尘器安装在通风机之前），用 X 汉语拼音字母表示；压入式（除尘器安装在通风机之后）用 Y

字母表示。为了安装方便，又于 X 型和 Y 型中各设 S 型和 N 型两种，S 型进气按顺时针方向旋转，N 型进气是按逆时针方向旋转。

4）国内外常用的旋风除尘器的类型代号：XLT 型除尘器，X——旋风、L——立式、T——筒式；XLK 型除尘器，X——旋风、L——立式、K——扩散；XZD/G 型除尘器，X——旋风、ZD——锥体底版、G——用于锅炉除尘；XZZ/G 型除尘器，X——旋风、Z——直型旁室、Z——直筒型锥体；G——用于锅炉除尘。

6. 国内主要旋风除尘器结构和性能

旋风除尘器种类很多，且新型旋风除尘器还在不断地出现，限于篇幅，在此仅能重点介绍一些国内主要旋风除尘器的结构和性能。根据各类型旋风除尘器的压力损失系数可将旋风除尘器进行型号分类，见表 5-4。

表 5-4　旋风除尘器型号分类

旋风除尘器型号	XLT	XLP	XLK	多管式
ζ	5.3	8.0	8.5	6.5~8.5

（1）XLT 型旋风除尘器　XLT 型旋风除尘器是应用最早的旋风除尘器，各种类型的旋风除尘器都是由它改进而来的。它结构简单、制造容易，压力损失小，处理气量大，有一定的除尘效率。XLT 型旋风除尘器适用于捕集密度和颗粒较大的、干燥的非纤维性粉尘。

结构特点：XLT 型旋风除尘器结构如图 5-9 所示，它的排气管直径较大，压力损失较低。

主要性能及结构尺寸：以筒体直径为基准，XLT 型旋风除尘器有 $\phi500\sim1800\mathrm{mm}$ 共十种规格，排气方式有水平排气（X 型）和正中排气（Y 型）两种。其主要性能参数见表 5-5。

其中 XLT/A 型旋风除尘器是 XLT 旋风除尘器的一种改进型，其结构形式如图 5-10 所示。它的结构特点是具有向下倾斜的螺旋切线形气体进口，顶板为螺旋形的导向板。导向板的角度越大，除尘器的压力损失就越小，但除尘效率会随之降低。一般情况下，导向板角度宜采用 $8°\sim20°$，而 XLT/A 型旋风除尘器采用的是 $16°$。由于烟气从切向进入，又有导向板的作用，XLT/A 型旋风除尘器既可消除进入气体向上流动而形成的小旋涡气流，又可减少动能消耗，从而提高除尘

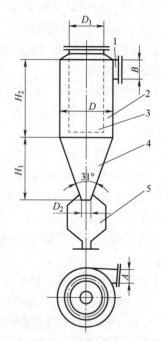

图 5-9　XLT 型旋风除尘器
1—进口　2—筒体　3—排气管
4—锥体　5—灰斗

效率。该除尘器的另一个特点是筒体和锥体较长，且锥体的锥角较小，有效地提高了除尘效率。经试验证明，含尘气体进入入口管的速度 $v_i>10\mathrm{m/s}$，但不超过 $18\mathrm{m/s}$ 时，压力损失为 $500\sim700\mathrm{Pa}$，除尘效率为 $80\%\sim93\%$。XLT/A 型旋风除尘器的特点是处理风量大，设备占地面积小，一般进入旋风除尘器的气流速度可高达 $15\sim20\mathrm{m/s}$。此外，该除尘器结构简单，属于中效除尘器，适用于钢铁、有色冶金、化工、建材、轻工等行业。

表 5-5　XLT 型旋风除尘器主要性能参数

项　目	型　号	进口气速/(m/s)		
		12	15	18
气量/(m³/h)	XLT-5.5	1000	1200	1500
	XLT-7.6	2000	2500	3000
	XLT-9.6	3000	3800	4500
	XLT-11	4000	5000	6000
	XLT-12	4900	6100	7300
	XLT-13	5700	7100	8600
	XLT-14	6700	8400	10100
	XLT-15	8300	10400	12500
	XLT-17	10000	12600	15200
	XLT-18	11500	15200	17200
压力损失/Pa	X 型	440	670	990
	Y 型	490	770	1110

（2）XLP 型旋风除尘器　XLP 型旋风除尘器又称旁路式旋风除尘器，它是在一般旋风除尘器基础上增设旁路分离室的一种除尘器。旁路式旋风除尘器有 A 类和 B 类两种（XLP/A 和 XLP/B 型），这两种除尘器都带有灰尘隔离室，它们的压力损失较小，特别对 $5\mu m$ 以上的粉尘有较高的除尘效率。目前，在工业上应用较多的是 B 型，XLP/B 型结构如图 5-11 所示。

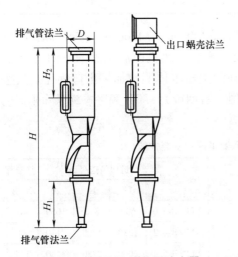

图 5-10　XLT/A 型旋风除尘器

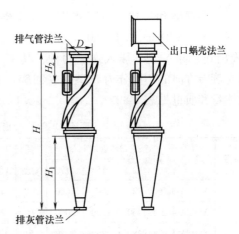

图 5-11　XLP/B 型旁路式旋风除尘器

结构特点：

1）旁路式旋风除尘器具有螺旋形旁路分离室。与一般旋风除尘器相比，旁路式旋风除尘器的进口位置较低，顶部有充足的空间，这使得粉尘能够形成上升的旋涡和粉尘环。粉尘通过旁路分离室被引至锥体部分，使得原本不利于除尘的二次气流转变为能够促进粉尘聚集的上升旋涡气流，减少了粉尘从排风口的逸出，提高了除尘效率。此外，把旁路分离室设计成螺旋形，使进入的含尘气体切向进入锥体，避免扰乱锥体内壁气流。常用 XLP/A 型呈半螺旋形，XLP/B 型呈全螺旋形。

2）外形呈特殊形锥体。XLP/B 型是具有较小圆锥角的单锥体，锥体较长，能提高除尘效率，但相应的压力损失也较大。

3）用于清除工业废气中含有密度较大的非纤维性及黏结性的灰尘，能有效地分离烟草灰、滑石粉、石英粉、石灰石粉、矿渣水泥、水泥生料等，具有结构简单、操作方便、耐高温、阻力低及除尘效率高的特点。

主要性能：

1）除尘效率。在粉尘种类一定、进口气速不同的情况下，除尘效率随着进口气速的增加而增加，但在进口气速较高时，除尘效率增加缓慢，见表 5-6。

2）压力损失。在不同出口形式下的压力损失系数 ζ 可按表 5-7 选用。

表 5-6　旁路式旋风除尘器不同气速下的除尘效率

进口气速/(m/s)		8	9	10	11	12	13	14	15	16	17	18	19
除尘效率 (%)	XLP/A 型	90.8	91.7	92.5	93.2	93.8	94.3	94.7	95.0	95.2	95.3	95.4	95.5
	XLP/B 型	89.2	90.1	90.9	91.7	92.3	92.8	93.2	93.6	93.8	94.1	94.3	94.4

表 5-7　旁路式旋风除尘器不同出口形式条件下的压力损失系数 ζ

型　号	出口形式		
	出口不带蜗壳或风帽	出口带蜗壳	出口带风帽
XLP/A 型	7.0	8.0	8.5
XLP/B 型	4.8	5.8	5.8

主要规格和形式：旁路式旋风除尘器系列有 $\phi300mm$、$\phi420mm$、$\phi540mm$、$\phi700mm$、$\phi820mm$、$\phi940mm$ 和 $\phi1060mm$ 共七种规格。根据安装在风机前后位置的不同可分为 X 型（吸出式）和 Y 型（压入式）两种，其中 X 型在除尘器本体上增加了出口蜗壳。又按出口蜗壳旋转方向的不同分为 N 型（左回旋）和 S 型（右回旋）。部分旁路式旋风除尘器的处理气体量和质量见表 5-8。

表 5-8　部分旁路式旋风除尘器的主要性能

项目	规　格	进口气速/(m/s)			质量/kg		项目	规　格	进口气速/(m/s)			质量/kg	
		12	15	17	X 型	Y 型			12	16	20	X 型	Y 型
处理气体量/ (m³/h)	XLP/A-3.0	750	935	1060	52	42	处理气体量/ (m³/h)	XLP/B-3.0	630	840	1050	46	36
	XLP/A-4.2	1460	1820	2060	94	77		XLP/B-4.2	1280	1700	2130	84	66
	XLP/A-5.4	2280	2850	3230	151	122		XLP/B-5.4	2090	2780	3480	135	106
	XLP/A-7.0	4020	5020	5700	252	204		XLP/B-7.0	3650	4860	6080	222	174
	XLP/A-8.2	5500	6870	7790	347	279		XLP/B-8.2	5030	6710	8380	310	242
	XLP/A-9.4	7520	9400	10650	451	366		XLP/B-9.4	6550	8740	10920	397	313
	XLP/A-10.6	9520	11910	13500	601	461		XLP/B-10.6	8370	11170	13930	498	394

（3）XLK 型旋风除尘器　XLK 型旋风除尘器又称扩散式旋风除尘器或带倒锥体旋风除尘器，具有除尘效率高、结构简单、加工制造容易、投资低和压力损失适中等优点，适用于捕集干燥的、非纤维性的颗粒粉尘，特别适用于捕集 5～10μm 以下的颗粒。扩散式旋风除尘器早期多用于通风除尘系统，近几年应用于锅炉消烟除尘，效果也很好。这种除尘器可单管使用，也可组合使用。

结构特点：扩散式旋风除尘器是由矩形截面进气管、圆形筒体及排气管、倒锥形壳体及灰斗等部件所组成，其结构如图 5-12 所示。扩散式旋风除尘器与一般旋风除尘器最大的区别是具有呈倒锥体形状的锥体，并在锥体的底部装有反射屏，这样可以逐渐增大自筒体壁至锥体中心的距离，从而减少了含尘气体由锥体中心短路到排气管的可能性。反射屏可使已经被分离的粉尘沿着锥体与反射屏之间的环缝落入灰斗，有效防止了上升的净化气体重新把粉尘卷起带走，特别是把 5～10μm 细微粉尘卷起带走，从而提高了除尘效率。

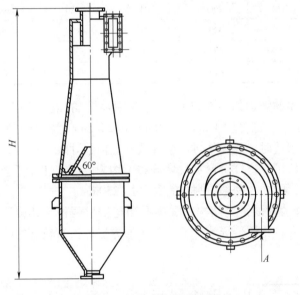

图 5-12　扩散式旋风除尘器　　　　　　　动图 5-12　扩散式旋风除尘器

主要性能：扩散式旋风除尘器处理气体量大，当进口气速相同时，扩散式旋风除尘器处理气体量比常见的旋风除尘器大 3 倍以上。除尘效率可达 88%～98%，当进口气速为 10～20m/s 时，压力损失为 900～1200Pa。XLK 型扩散式旋风除尘器选型见表 5-9。

扩散式旋风除尘器的标准系列是 XLK 型扩散式旋风除尘器，自直径 150～700mm 共有 10 个规格。单个处理含尘气体量为 210～9200m³/h。钢板厚度采用 3～5mm，当用于磨损较大的场合或有腐蚀性介质时，钢板厚度应适当加厚。

（4）多管式旋风除尘器　多管式旋风除尘器及旋风体结构如图 5-13 所示。该除尘器是目前应用较多的旋风除尘器，该除尘器由多个相同尺寸和构造的小型旋风除尘器单元或直流型旋风除尘器单元组合而成，它们并联在一个壳体内使用，组合后的多管式旋风除尘器能够有效捕集 5～10μm 的粉尘。多管式旋风除尘器常用于处理粉尘浓度高、烟气量大的高温烟气，因此除尘器内的旋风体（又称旋风子）磨损较快。根据旋风体的安装位置，多管式旋风除尘器可分为立式和卧式两种。虽然卧式多管式旋风除尘器的除尘效率比立式多管式旋风除尘器的高，但由于卧式多管式旋风除尘器的金属耗量太大，难以推广。因此下面主要介绍立式多管式旋风除尘器。

表 5-9　XLK 型扩散式旋风除尘器选型

处理气体量/	气　速/（m/s）					
（m³/h）	10	12	14	16	18	20
公称直径/mm　150	210	250	295	335	380	420
200	370	445	525	590	660	735
250	595	715	835	955	1070	1190
300	840	1000	1180	1350	1510	1680
350	1130	1360	1590	1810	2040	2270
400	1500	1800	2100	2400	2700	3000
450	1900	2280	2660	3040	3420	3800
500	2320	2780	3250	3710	4180	4650
600	337	4050	4720	5400	6060	6750
700	4600	5520	6450	7350	8300	9200

结构特点：立式多管式旋风除尘器的结构如图 5-13 所示，其主要特点有以下两点。

1）旋风体直径较小。旋风体的直径一般有 100mm、150mm 和 250mm 三种。单个旋风体除尘效率随直径的减小而提高。但制造时，旋风体过小会导致其几何尺寸难于保证，同时使用小的旋风体会相应增加旋风体的数量，这样会增加气体分布不均匀的可能性，还会增加旋风体之间气体经过总灰斗时的溢流，因此，一般旋风体直径采用 250mm。

2）采用导流片结构。旋风体内导流片的常用结构有螺旋形和花瓣形两种，螺旋形导流片阻力较低，不易被堵塞，但除尘效率较花瓣形导流片低。花瓣形导流片虽有较高的除尘效率，但易堵塞。

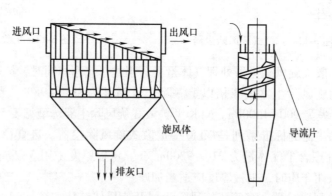

图 5-13　多管式旋风除尘器及旋风体结构

主要性能：立式多管式旋风除尘器的入口气速一般为 10~20m/s，入口粉尘浓度高达 100g/m³，设备阻力为 490~784Pa，可捕集 5~10μm 的粉尘，除尘效率可达 85%。立式多管式旋风除尘器的金属耗量也较大，一般每处理 1000m³ 的烟气量，平均需耗金属 150~200kg。若采用陶瓷旋风子时，金属耗量将下降 70%，它可以处理 400℃ 以下的高温烟气。立式多管式旋风除尘器旋风体的压力损失系数见表 5-10。几种立式多管式旋风除尘器旋风体的主要性能见表 5-11。

表 5-10　立式多管式旋风除尘器旋风体的压力损失系数

旋风体直径/mm	导　流　片		压力损失系数
	形　式	导流片倾角	
100	花瓣形	25°	90
150			
250		30°	65
250	螺旋形	25°	85

表 5-11　几种立式多管式旋风除尘器旋风体的主要性能

旋风体直径/mm	导　流　片		含尘气体允许浓度/(g/m³)			旋风体能力/(m³/h)	
	形　式	叶片倾角	I	II	III	最　大	最　小
100	花瓣形	25°	40	15	—	120/114	94/98
		30°			—	129/134	100/115
150	花瓣形	25°	100	35	18	250/257	214/226
		30°				294/302	251/258
250	花瓣形	25°	200	75	33	735/765	630/655
		30°				865/900	740/770
250	螺旋形	25°	250	100	50	755/790	650/675

注：1. 旋风体处理能力指处理气温为 200℃ 时的能力。分母为钢制旋风体，分子为铸铁旋风体。

　　2. I、II、III 为粉尘黏度分类。I 为没有黏结性的粉尘，II 为黏结性弱的粉尘，III 为中等黏结性的粉尘，属于强黏结性的粉尘不宜用多管式旋风除尘器。

5.1.3　湿式除尘器

湿式除尘器是使含尘气体与洗涤水或其他液体（通常为水）密切接触，利用水滴和尘粒的惯性碰撞或其他作用，来捕集尘粒、去除部分有害气体的设备，可以利用水滴、水膜、气泡去除废气中的尘粒，同时还具有吸收有害气体的作用。湿式除尘器结构简单、耗用钢材少、投资低、运行安全，因此在现代除尘技术中得到广泛运用。

湿式除尘器有以下优点：

1）在消耗同等能量的情况下，湿式除尘器的除尘效率要比干式的高。高能湿式洗涤器（文氏管除尘器）对于小至 0.1μm 的粉尘仍有很高的除尘效率。

2）湿式除尘器可用于处理高温、高湿的烟气以及黏性大的粉尘。

3）湿式除尘器结构简单，一次性投资低，占地面积少。

4）根据有害气体的性质选择适当的喷淋液体，既可除尘，又可净化有害气体。

湿式除尘器有以下缺点：

1）湿式除尘器不适用于憎水性和水硬性粉尘。

2）当净化有腐蚀性的气体时，气体的腐蚀性会转移到水中，因此污水系统必须用防腐材料制造，成本较高。

3）从湿式除尘器中排出的泥浆要进行处理，否则容易造成二次污染。而二次治理的费用也会增加，即运行成本提高。

4）此外，在寒冷地区还需要增加防止冬季结冰的投资。

5.1.3.1 湿式除尘器的分类

湿式除尘器的类型很多。按其消耗的能量（除尘器的压力损失），可分为：

1）低能耗（ΔP<1kPa），除尘效率可达90%，常见的低能耗湿式除尘器有重力喷雾洗涤除尘器和板式塔洗涤除尘器。

2）中能耗（ΔP=1~4kPa），除尘效率介于高能耗和低能耗湿式除尘器，常见的中能耗湿式除尘器有储水式冲击水浴除尘器和旋风水膜除尘器。

3）高能耗（ΔP>4kPa以上），对细微粉尘除尘效率高，常见的高能耗湿式除尘器有文丘里洗涤除尘器和机械动力洗涤除尘器。

按湿式除尘器的结构形式可分为：

1）储水式，内装一定量的水，高速含尘气体冲击形成水滴、水膜和气泡，对含尘气体进行洗涤，如储水式冲击水浴除尘器。

2）加压水喷淋式，向除尘器内供给加压水，利用喷淋或喷雾产生水滴而对含尘气体进行洗涤，如填料塔除尘器等。

3）强制旋转喷淋式，借助机械力强制旋转喷淋，或转动叶片，使供水形成水滴、水膜、气泡，对含尘气体进行洗涤，如旋风水膜除尘器。

按其除尘机制的不同，可分为：

1）采用机械喷雾或其他方式使水形成大小不同的水滴，将水滴分散于气流中以捕集尘粒，如重力喷雾洗涤除尘器（见图5-14a）、文丘里洗涤除尘器（见图5-14f）。

2）在除尘器内壁上形成水膜，气流中的粉尘由于惯性、离心力等作用撞击到水膜中而被分离除去，如旋风水膜除尘器（见图5-14b）、填料塔除尘器（见图5-14e）、机械动力洗涤除尘器（见图5-14g）。

3）使含尘气流穿过水层，根据气流的速度、水的表面张力等因素的不同，产生不同大小的气泡。在惯性、重力和扩散等作用下，粉尘将会在气泡中沉降而分离，如储水式冲击水浴除尘器（见图5-14c）、板式塔洗涤除尘器（见图5-14d）。

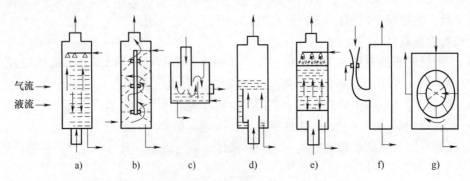

图5-14 常见七种类型湿式除尘器工作示意

a）重力喷雾洗涤除尘器　b）旋风水膜除尘器　c）储水式冲击水浴除尘器　d）板式塔洗涤除尘器

e）填料塔除尘器　f）文丘里洗涤除尘器　g）机械动力洗涤除尘器

在实际的湿式除尘器中，含尘气流与水的接触可能兼有以上两种或三种接触形式，其中表 5-12 列出常见七种类型湿式除尘器的性能特性。

表 5-12　常见七种类型湿式除尘器的性能特性

装置名称	气体流速/ (m/s)	最大气体流量/ (m³/h)	压力损失/ Pa	液气比/ (L/m³)	水　压	最小捕集 粒径/μm
重力喷雾洗涤除尘器 (图 5-14a)	0.5~2	600000	50~500	0.05~1	大	3~5
旋风水膜除尘器 (图 5-14b)	1~2	30000	500~1500	0.5~5	中	1
储水式冲击水浴除尘器 (图 5-14c)	5~100	30000	500~2000	1~5	小	0.3
板式塔洗涤除尘器 (图 5-14d)	1.3~2.5	14500	50~250	1.1~2.7	小	5
填料塔除尘器 (图 5-14e)	1~2	1800	1000~3000	1~10	小	1~2
文丘里洗涤除尘器 (图 5-14f)	30~150	9000	3000~20000	0.3~2	中	0.1~0.3
机械动力洗涤除尘器 (图 5-14g)	1~2	60000	2000~4000	0.5~2	小	0.2

5.1.3.2　常见湿式除尘器类型介绍

根据水形成的状态不同，湿式除尘器可分为水滴状（洗涤塔和文丘里洗涤除尘器等）、水膜状（立式旋风水膜除尘器和卧式旋风水膜除尘器等）、水层状（储水式冲击水浴式除尘器和冲激式除尘机组等）。

1. 水滴除尘器

（1）洗涤塔　洗涤塔又称喷淋塔、喷雾塔（见图 5-15），最早的形式是在空塔内喷水，使其逆向与上升的含尘气体相接触，接触碰撞后尘粒与水滴相互凝集，或是尘粒与尘粒间相互团聚，使得尘粒的质量大大增加，从而使其能够依靠自身重力沉降下来，与气流分离。但实际上，洗涤塔效率低。因此，人们常在塔内安装填料或塔板等结构，增加水与含尘气体的接触面积，减少除尘器的体积以提高除尘效率。这便是填料塔、板式塔及湍球塔的由来，其结构及工作原理可参见吸收设备一节。

洗涤塔的特点是压力损失小（空塔的压力损失为 250~500Pa），可以处理高浓度的含尘气流，喷水量小（在水压为 $1.4 \times 10^5 \sim 7.3 \times 10^5$ Pa 时，为 $0.4 \sim 2.7$ L/m³），在耗水量较大的情况下，还可以采用循环水（为总水量的 30%~35%）。洗涤塔的除尘效率与喷水量有关，喷水量越大，效率越高。一般对粒径大于 10μm 的粉尘，其除尘效率为 70%。而对于粒径小于 5μm 的粉尘，除尘效率则较低。因此，洗涤塔常用于降低烟气温度和进行预除尘处理。

湍球塔（见图 5-16）的除尘原理是在网板上放置一定量的轻质球形填料，在上升高速气流的冲力、液体的浮力和自身重力等各种力的相互作用下，球形填料悬浮起来湍动旋转并相互碰撞，使得尘粒与液滴密切接触，从而实现高效除尘。此外，由于小球的各向无规则运动，表面经常受到碰撞和冲洗，在一定烟气流速下，湍球塔能够在较大的喷淋量范围内保持较好的效率。在除尘过程中，其喷淋密度一般可取 $35\sim40\mathrm{m^3/(m^2 \cdot h)}$，其中，对于 $2\mu\mathrm{m}$ 的粉尘，湍球塔的压力损失较低，一般为 $750\sim1250\mathrm{Pa}$，除尘效率高达 99%。

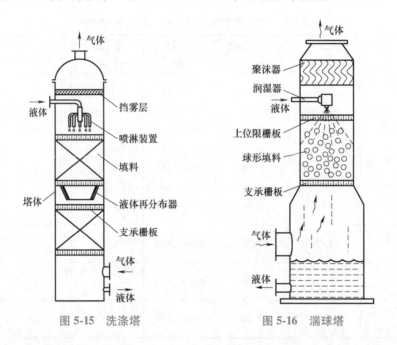

图 5-15　洗涤塔　　　　　　　　　图 5-16　湍球塔

（2）文丘里洗涤除尘器　文丘里洗涤除尘器如图 5-17 所示，它是由喷雾器、文氏管和脱水器三部分组成的湿式除尘器，这三部分分别实现了雾化、凝并及脱水三个过程。文氏管是该除尘器的核心部件，由收缩管、喉管及扩散管所组成。含尘气流由进风管进入收缩管，气流速度逐渐增加，在喉管中，气流速度最高。此时，高速气流的冲击使喷嘴喷出的水滴进一步雾化。在喉管中，由于气液两相的充分混合，尘粒与水滴不断碰撞凝并成为更大的颗粒。气流在扩散管内速度逐渐降低，已经凝并的尘粒经连接管进入脱水器中，由于颗粒较大，在一般的分离器（如旋风脱水器）中就可以将其分离出来，从而使气流得到净化。

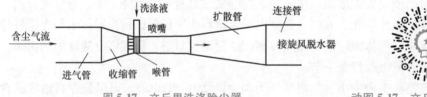

图 5-17　文丘里洗涤除尘器　　　　　　动图 5-17　文丘里洗涤除尘器

文丘里洗涤除尘器具有结构简单、布置灵活、投资费用低、可处理高温高湿烟气等优点。此外，该除尘器还具有较高的除尘效率，其对 $1\mu\mathrm{m}$ 的粉尘，除尘效率可达 99%。而它主要的缺点是阻力大，一般为 $6000\sim7000\mathrm{Pa}$。

主要系列和性能参数：文丘里洗涤除尘器的喉管速度要求 $50\sim180\mathrm{m/s}$，若小于 $40\mathrm{m/s}$，效率会大大降低，最佳的速度为 $50\mathrm{m/s}$。此外，喉管对长度也有一定的要求，一般要求长度应大于 $200\mathrm{mm}$，喉管过长，阻力会增大。且要求进水量要适中，太小形不成水帘子，太大则会反方向跑掉，也不能完全喷成雾状，一般控制的水气比为 $0.5\sim1\mathrm{L/m^3}$。进气管直径由与之相连的管道直径确定，收缩管的收缩角度常取 23°～25°，扩散管的扩散角则为 5°～7°，喉管的直径则按喉管气速确定，其截面面积与进口管截面面积之比应为 1∶4。

2. 水膜除尘器

采用喷雾或其他方式，使除尘装置的壁上形成薄层水膜，以捕集粉尘。常用的水膜除尘器有以下几种形式。

（1）立式旋风水膜除尘器　立式旋风水膜除尘器在国内应用较为广泛，这种除尘器的优点是构造简单且除尘效率较高（一般大于 90%），金属耗量少；缺点是高度较高，布置较困难。

1）结构与工作原理。立式旋风水膜除尘器的结构如图 5-18 所示，它由涡形管、喷嘴、进风管、灰斗和筒体等部分组成。其工作原理：该除尘器的喷嘴设在筒体上部，将水雾切向喷向器壁，在筒体内表面始终保持一层连续不断的水膜。含尘气体从筒体下部切向进入除尘器，沿筒体内壁做旋转运动，尘粒在离心力作用下甩向器壁，并被下降流动的水膜捕获，然后随洗涤水从除尘器底部排出，而净化后的气体沿筒体从上部排出。

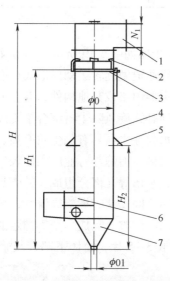

图 5-18　立式旋风水膜除尘器
1—涡形管　2—喷嘴　3—进水管　4—筒体
5—支座　6—进风管　7—灰斗

动图 5-18　立式旋风
水膜除尘器

2）特点。这种除尘器的入口最大允许浓度为 2g/m³，处理大于此浓度的含尘气体时，应在其前设一级除尘器，以降低进气含尘浓度。除尘器含尘气体入口速度一般控制在 15～22m/s，如果速度过大，不仅压力损失激增，而且可能会破坏水膜层，出现严重滞水现象，其主要性能见表 5-13。

表 5-13　立式旋风水膜除尘器的主要性能

项目型号	进口气速/ （m/s）	处理气体量/ （m³/h）	用水量/ （L/s）	喷嘴数	压力损失 /Pa
D315	18	1600			55
	21	1900	0.14	3	76

（续）

项 目 型 号	进口气速/ （m/s）	处理气体量/ （m³/h）	用水量/ （L/s）	喷嘴数	压力损失 /Pa
D442	18 21	3200 3700	0.20	4	550 760
D570	18 21	4500 5250	0.24	5	550 760
D634	18 21	5800 6800	0.27	5	550 760
D730	18 21	7500 8750	0.30	6	550 760
D793	18 21	9000 10400	0.33	6	550 760
D888	18 21	11300 13200	0.36	6	550 760

（2）卧式旋风水膜除尘器

1）结构与工作原理。卧式旋风水膜除尘器如图 5-19 所示，一般又称为旋筒式除尘器或鼓式除尘器，它是一种利用含尘气体沿螺旋通道做旋转运动以形成离心力的除尘设备。在旋转过程中，气体通过产生的离心力冲击除尘器内壁或其他构件，并在液面上形成水膜，进而捕获粉尘，从而使气体得到净化。由于这种卧式旋风除尘器综合了旋风、水膜及冲击水浴三种除尘形式，其除尘效率较高。卧式旋风水膜除尘器具有除尘效率高、结构简单、操作和维护方便、耗水量小、不易磨损等特点，在机械、冶炼等行业应用比较广泛。卧式旋风水膜除尘器主要由筒体、内芯、导流片、灰浆斗、水槽等几部分组成。外壳是横置式筒形的，内芯横截面一般为圆形和倒梨形，在外壳和内芯之间安装有螺旋导流片，导流片绕在内芯上，外侧固定在外壳内壁上，使外壳和内芯之间的间隙被分隔成一个等螺距的螺旋状的通道，导流片数根据处理风量和筒体规格选择，一般取 3~5 片，筒体下部接灰浆斗，灰浆斗下面安装水槽以保持液面稳定。

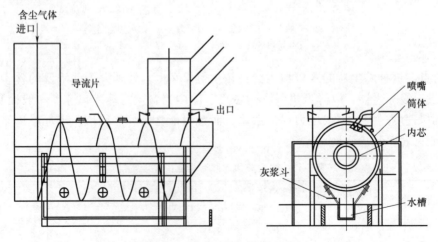

图 5-19　卧式旋风水膜除尘器

2）除尘原理。烟尘气体从除尘器一端沿切线方向高速进入，并在外壳与内芯之间沿螺旋导流片做螺旋运动前进。在离心力的作用下，尘粒被甩向筒壁，气流冲击水面激起的水滴和尘粒碰撞，捕获一部分尘粒。气流冲击水面时，尘粒也能与水结合，从而捕获部分尘粒。携带水滴的气流继续做旋转运动，水滴被甩向器壁形成水膜，捕获落在器壁上的尘粒。最后，被捕获的尘粒在灰浆斗内靠重力沉淀，并通过阀门定期排出。也可以在粉尘浮于水面时进行人工清理。而经过处理净化后的烟气，则通过除尘器另一端出口方管排入大气。

3）技术性能参数及其选取。实际运行表明，该类除尘器除尘效率可达 85% ~ 92%。卧式旋风水膜除尘器的除尘效率与其结构尺寸有关，特别是与螺旋导流片的螺距、螺旋直径有关。螺旋导流片的螺距和螺旋直径越小，除尘效率越高。在其运行时，只要将水面调整到适当位置（据国内使用经验，水槽水位高度为 80 ~ 150mm），螺旋通道内断面烟气流速为 8 ~ 18m/s，进气量在 20% 范围内变化，则除尘效率几乎不受影响。该设备的进口气速可在 11 ~ 16m/s 范围内选取，压力损失为 300 ~ 1000Pa，且运行维护费用低、耗水量少。这种除尘器适合于非黏固性及非纤维性粉尘，常用于常温及无腐蚀场合。

3. 水层除尘器

冲击水浴式除尘器是一种高效率的湿式除尘设备，它没有喷嘴，也没有很窄的缝隙。因此，不容易发生堵塞，是一种比较常用的湿式除尘设备。

（1）储水式冲击水浴式除尘器

1）构造及工作原理。储水式冲击水浴式除尘器结构如图 5-20 所示，该除尘器由喷头、本体、水池、挡水板、进气管、排气管、进水管及溢流管等部分组成。含尘气体以一定的速度通过本体中央的喷头冲入水中，喷头没入水面以下。依靠气流的冲击作用，造成气液间的激烈搅动，并在液面上层形成大量泡沫，这些泡沫对除尘和气体冷却起到一定作用。净化后的气体通过折式挡水板去除雾滴后排出（通常采用呈 90°的 4 ~ 6 折挡水板）。因蒸发或气流夹带而失去的水分由进水管放水补充，溢流管的作用是保持喷头有一定的没水深度。

设计参数如下：在一般情况下，通过喷头的气流速度可取 10 ~ 15m/s，除尘器内截面风速取 1 ~ 2m/s，喷头没水深度维持在 10 ~ 20mm。如果喷头气流速度过大、没水深度过高，除尘器阻力相应地增大，而除尘效率只会出现小幅度的提高。采用过大的气流速度，虽然除尘器本体截面尺寸减小，但可能使挡水设备失效。

2）特点。储水式冲击水浴式除尘器具有简单紧凑、占地面积小、便于施工、维修管理简单、用水量少等优点，适用于净化各种非纤维性粉尘，但压力损失较大。

（2）冲激式除尘机组　冲激式除尘机组通常由冲激式除尘器与风机、清灰装置和水位自动控制装置组成。它除了具有结构简单紧凑、占地面积小、便于施工、维护管理简单、除尘效率高、用水量少等优点外，同时

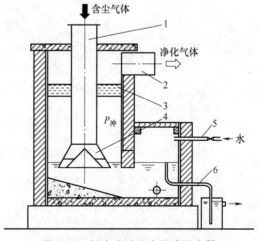

图 5-20　储水式冲击水浴式除尘器
1—进气管　2—排气管　3—挡水板
4—喷头　5—进水管　6—溢流管

这种除尘器没有喷嘴，也没有很窄的缝隙，因此不易堵塞，是一种常用的湿式除尘器。但它压力损失也较大，一般在1000~1600Pa。该机组适用于净化无腐蚀性的、温度不大于300℃的含尘气体，特别是对含尘浓度较高的场所尤为适宜。允许入口浓度为$1\times10^4\,mg/m^3$，对于净化具有一定黏性的粉尘也能获得很好的效果。

1）结构与除尘原理。冲激式除尘器靠含尘气流自身直接冲击水面而激起的浪花与水雾来达到除尘的目的。依此特点又称自激水雾除尘器。

冲激式除尘机组的结构如图5-21所示。当机组通电以后，除尘器自行充水，至启动水位（与上叶片下沿平齐，即图5-21中虚线位置）后风机就自动启动。含尘气体由进风口进入后转弯向下冲击水面，由于断面扩大，尘粒便靠重力作用掉入水中被水捕集。未被除去的细小尘粒随着气体携带冲激卷起的大量水滴进入两叶片间的S形通道，含尘气体与水滴充分接触，使得尘粒被水滴黏附。经过S形通道时，气体突然转向，形成离心力，将被水滴黏附的尘粒甩至外壁，并顺壁流下，从而使细小尘粒被水捕获，气体得到净化。气体流出S形通道后进入净气分雾室，由于重力的作用，水滴及部分被水黏附的细小尘粒返回水中，净化气体向上流动，经过挡水板再次除去细小水滴后由排气口排出。被捕集的尘粒靠自重沉降于器底，通过排泥浆装置排出器外。新水由供水管路提供。

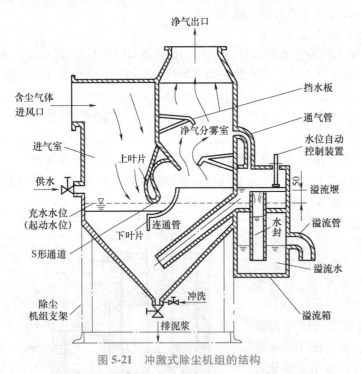

图5-21 冲激式除尘机组的结构

动图5-21 冲激式除尘机组的工作原理

2）特点。冲激式除尘器内水位的高低对设备压力损失和除尘效率都有直接影响。水位增高，压力损失和除尘效率也相应提高，但水位过高，除尘效率增加不显著而且压力损失增加较大；水位过低，则除尘效率明显下降。因此，为了保证除尘器内有一个稳定水位，除尘机组设有水位自动控制装置。冲激式除尘器内水位随着风量变化而自动升降，当处理风量变化小于20%时，对除尘效率几乎没有影响。因此该类型的除尘器适用于风量变化较大的场合。

5.1.3.3　脱水装置

湿式除尘器的脱水装置又称气液分离装置或除雾器。当用湿法治理烟尘和其他有害气体时，从处理设备排出的气体常常夹带尘粒和其他有害物质的液滴。为了防止含尘或其他有害物质的液滴进入大气，在洗涤器后面一般都装有脱水装置，把液滴从气流中分离出来。脱水器的脱水机理类似除尘机理，如重力沉降、惯性分离、离心分离。洗涤器带出的液滴直径一般为 $50 \sim 500 \mu m$。由于液滴的直径比较大，因此比较容易去除。脱水器的种类很多，主要有以下几种：

（1）重力沉降法脱水装置　重力沉降法是最简单的一种方法，它与重力除尘器原理相同，即在洗涤器后设一空间，气体进入这空间后因流速降低，使液滴依靠重力而下降的速度大于气流的上升速度。只要有足够的高度，液滴就可以从气体中沉降下来而被去除。脱水器的形式要根据水滴的大小、所要求的脱水效率、除尘器的类型等因素进行选择。重力脱水器可以脱除含粗颗粒的水滴，例如当气流上升速度小于 $2m/s$ 时，可以脱下的含尘水滴直径为 $120 \sim 150 \mu m$。含尘水滴浓度大时（在 $1kg/m^3$ 以上），重力脱水器的脱水效果好，但由于该脱水器的占地面积较大，因此实际应用较少。

（2）挡板式脱水装置　挡板式是一种应用比较广泛的脱水装置，种类比较多，常见的挡板式脱水装置如图 5-22 所示。

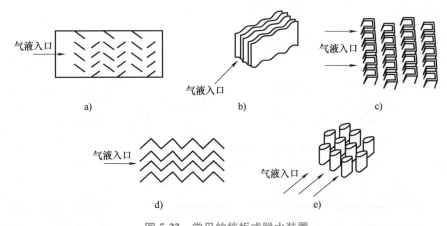

图 5-22　常见的挡板式脱水装置

a）Z 形挡板　b）波纹板　c）交错槽　d）线形分离装置　e）流线形管状分离装置

这些挡板都设在除尘器的出口处，其原理与惯性除尘器相同。当含有液滴的气流撞击在板上后，液滴就被截留，气体则通过脱水装置而排入大气。为了使含液滴气流撞击板后不再形成新的小液滴并保持板上的液膜不破坏，设备运行时必须要控制气流的速度和气流与板的角度。一般气流速度最好不超过 $3m/s$，气流与板的角度一般以 $30°$ 为宜。这类脱水装置的阻力一般为 $98Pa$ 左右。其中，Z 形和线形分离挡板的分离效果较好。

（3）弯头脱水器　弯头脱水器是借助气流在弯头中折转 $90°$ 或 $180°$ 时产生的离心力将水滴甩出，主要用于文氏管洗涤除尘器的脱水。图 5-23 为弯头脱水器的一种形式。通过文氏管喉口的高速气流在扩散管内速度不断降低，而水滴由于其质量大，在惯性力的作用下，速度降低较慢，因此在进入弯头脱水器时，水滴与气流的速度有明显差别。当气流折转 $90°$ 时，水滴由于惯性和离心力被甩到弯头脱水器的底部，由排水槽排出，完成脱水。弯头脱水器能够分离粒径大于 $30 \mu m$ 的水滴，脱水效率可达 $95\% \sim 98\%$。进口速度为 $8 \sim 12m/s$，出口速度为 7~9m/s，阻力损失为 294~490Pa。

（4）旋风脱水器　旋风脱水器可脱除较细的水滴，且脱水效率较高。它的脱水原理是气体高速地切向进入旋风筒，水滴在离心力作用下与脱水器壁发生碰撞，使水滴失去动能与气体分离，以达到脱水的目的。根据脱水的特点，旋风脱水器一般体积较小，结构简单，图 5-24 为其中的一种。这种旋风筒常设在文氏管的后面，气流进入旋风筒的切向进口流速一般控制在 22~45m/s，气体在筒横截面的上升速度一般不超过 4.5m/s，筒体直径与筒高的关系可参考表 5-14。旋风筒的阻力为 490~1470Pa，可除去的最小液滴直径为 5μm 左右。

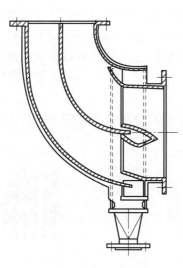

图 5-23　弯头脱水器

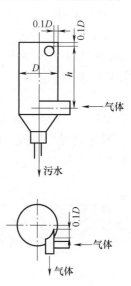

图 5-24　旋风脱水器

表 5-14　筒体直径与筒高的关系

气体在筒体截面的流速/(m/s)	2.5~3	3~3.5	3.5~4.5	4.5~5.5
筒体高度	2.5D	2.8D	3.8D	4.6D

5.1.3.4　湿式除尘器的运行维护

湿式除尘器由于尘粒及其他物质的沉淀和黏附，容易造成堵塞，设备的干湿面交界处及腐蚀性气体或液体通过的部位都容易遭到腐蚀。此外，气体、液体的高速流动也会使设备受到磨损，所以湿式除尘器的运行维护应比干式除尘器更精心。湿式除尘器运行时，一般对其的维护如下：

1）在设备停运时，应检查设备腐蚀情况，及时对腐蚀部位进行修补，或者更换备件。

2）应经常注意除尘器挡板磨损情况，磨损严重时要及时更换。

3）给水喷嘴的堵塞是经常发生的，维护中除优先选用不堵塞喷嘴外，还要对堵塞部分进行清理。此外，为避免喷嘴堵塞还要注意循环水中不能有过多杂质，注意补给新水。

5.1.4　过滤式除尘器

过滤式除尘器是使含尘气体通过一定的过滤材料来分离气体中固体粉尘的一种高效除尘设备。目前常用的有袋式除尘器和颗粒层除尘器。采用纤维织物作滤料的袋式除尘器，主要用于工业尾气的除尘方面；采用廉价的砂、砾、焦炭等颗粒物作为滤料的颗粒层除尘器，是一种高效除尘装置，目前主要用于各种工业废气的除尘方面。

5.1.4.1　袋式除尘器

袋式除尘器是使含尘气体通过滤袋（简称布袋）滤去其中粉尘微粒的分离捕集装置，是过滤式除尘器的一种。合成纤维滤料的出现与脉冲清灰及滤袋自动检漏等新技术的应用，为袋式除尘器的进一步发展及应用开辟了广阔的前景。袋式除尘器对粒径为 $1\mu m$ 的细微尘粒净化效率可高达 99%，压力损失为 $1.0 \sim 1.5 kPa$。袋式除尘器不仅具有结构简单、操作方便、性能稳定可靠、便于回收干料、工作效率高等特点，而且可以捕集不同性质的粉尘，因而获得越来越广泛的应用。但是，袋式除尘器占地面积大，且不适用于净化黏性强及吸湿性强的粉尘，含尘气流在入口时的浓度不宜大于 $15g/m^3$。

袋式除尘器的优点：

1）袋式除尘器对净化含微米或亚微米数量级的粉尘粒子的除尘效率较高，一般可达 99% 以上。

2）这种除尘器可以捕集多种干性粉尘，特别是对于高比电阻粉尘，采用袋式除尘器净化要比用电除尘器的净化效率高很多。

3）含尘气体浓度在相当大的范围内变化对袋式除尘器的除尘效率和阻力影响不大。

4）袋式除尘器可设计出适应不同烟气量要求的型号。除尘器处理的烟气量可从每小时几立方米到几百万立方米。

5）袋式除尘器可以做成小型的结构，安装在散尘设备上或散尘设备附近，也可安装在车上做成移动式袋式过滤器。这种小巧、灵活的袋式除尘器特别适用于分散尘源的除尘。

6）袋式除尘器运行稳定可靠，没有污泥处理和腐蚀等问题，操作和维护简单。

袋式除尘器的缺点：

1）袋式除尘器的应用主要受滤料的耐温和耐腐蚀等性能所影响。目前，通常应用的滤料最大可耐温度为 250℃，若采用特别滤料处理高温含尘烟气，投资费用将会大大增加。

2）袋式除尘器不适用于净化含黏结和吸湿性强的粉尘的气体。用袋式除尘器净化烟尘时的温度不能低于露点温度，否则会产生水珠，堵塞布袋滤料的孔隙。

3）据概略的统计，用袋式除尘器净化大于 $17000m^3/h$ 的含尘烟气量所需的投资费用要比电除尘器高。因此，袋式除尘器不适用于净化高浓度的含尘烟气。

1. 结构与除尘机理

简单的机械振动袋式除尘器如图 5-25 所示，它主要由滤袋、灰斗与振动机构等几个主要部分组成。工作时含尘气流从下部进入圆筒形滤袋，在通过滤料的孔隙时粉尘被捕集于滤料上，透过滤料的清洁气体由排出口排出。沉积在滤料上的粉尘，可以在机械振动的作用下从滤料表面脱落，落入灰斗中。内滤式滤袋的结构安装与过滤过程如图 5-26 所示。

2. 结构特点与分类

袋式除尘器中的滤袋排列方式有三角形和正方形两种，如图 5-27 所示。三角形排列占地面积小，但检修不便，对空气流通也不利，一般很少采用。正方形排列较常采用，当滤袋直径为 150mm，间距选取 $180 \sim 190mm$；直径为 210mm，间距选取 $250 \sim 280mm$；直径为 230mm，间距选取 $280 \sim 300mm$。即圆袋中心距比滤袋直径大 $50 \sim 100mm$，滤袋直径大和过长的取上限值。滤袋与外壁或隔板间距一般为 $100 \sim 200mm$。

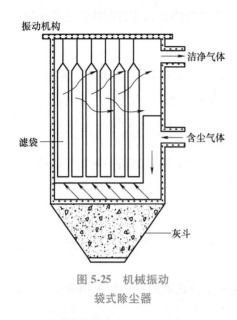

图 5-25　机械振动
袋式除尘器

动图 5-25　机械
振动袋式除尘器

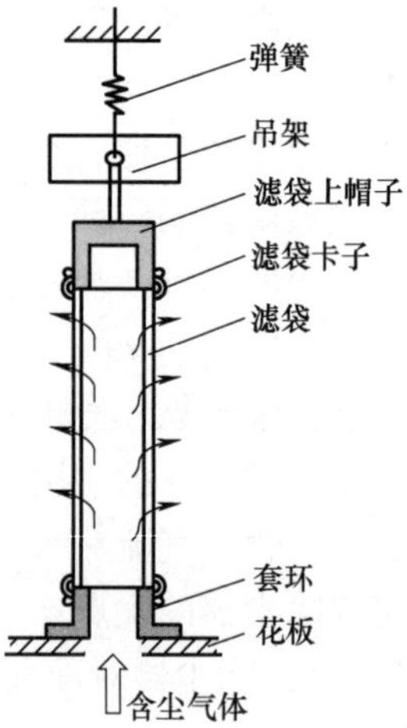

图 5-26　内滤式滤袋的
结构安装与过滤过程

为了便于安装和检修，当滤带较多时，可将滤袋分为若干组，最多可由 6 列组成一组。滤袋组之间设有检修人行通道时，其间距为 450~600mm。滤袋间距以不会在滤袋间产生堵塞、清灰时邻袋不相互触及、产生摩擦，或影响灰尘下落为准，一般为 15~75mm，且要求安装与更换滤袋方便，清灰彻底，具有一定的平板张力等。组合滤袋布置如图 5-28 所示。根据滤袋排列方法，在确定滤料直径后，依照上述原则就可确定简易袋式除尘器的平面尺寸。

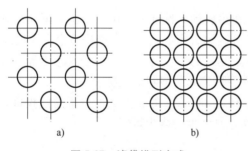

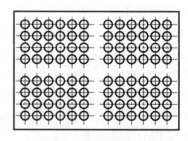

图 5-27　滤袋排列方式
a）三角形　b）正方形

图 5-28　组合滤袋布置

袋式除尘器的结构形式有多种多样，袋式除尘器的分类方法也很多，按滤袋形状可分为圆筒形和扁形；按进气方式可分为上进气与下进气；按过滤方式可分为内滤式与外滤式；按清灰方式可分为人工、机械振动、逆气流反吹、气环反吹、脉冲喷吹与联合清灰等不同种类。

（1）滤袋形状　滤袋形状一般有圆袋和扁袋。圆袋应用较广，其直径一般为 120~300mm，最大可达 600mm，袋长一般为 2~3.5m，最长可达 10m，长径比（e/d）一般为 10~25，最大可达 40。滤袋长径比与过滤风速有关，一般可按表 5-15 选用。扁袋一般有平板形和梯形两种，平板形的长度或宽度主要由织物的宽度确定，一般在 100~2000mm 范围内。梯形袋一般设计成长边 300mm，两短边分别为 40mm 和 80mm，袋高为 2~3m，最高可达 6m。

表 5-15　圆形滤袋长径比

过滤风速/(m/min)	<0.5	0.5~1.5	>1.5
滤袋长径比 (e/d)	≤30	≤25	≤20

（2）进气方式　进气方式有上进气与下进气（见图 5-29）两种。采用上进气时，粉尘的沉降速度与气流速度相重叠，能在滤袋上形成较均匀的粉尘层，过滤性能好，但配气室设在上部，使除尘器高度增加，并有积灰等现象。采用下进气方式时，粗尘粒可直接沉降于灰斗中，降低了滤袋的负荷与磨损。但由于气流方向与灰尘下落方向相反，清灰后的细尘会重新积附于滤袋表面，降低了清灰效果。

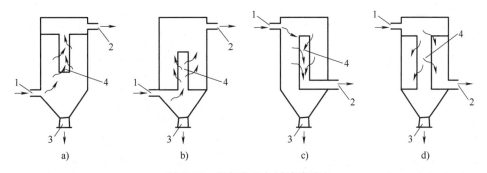

图 5-29　进气方式与过滤方式

a）下进上排外滤式　b）下进上排内滤式　c）上进下排外滤式一　d）上进下排外滤式二
1—进风口　2—排气口　3—排灰口　4—圆形滤袋

（3）过滤方式　有内滤（见图 5-29b）和外滤两种方式（见图 5-29a、c、d）。内滤式是含尘气体由滤袋内向滤袋外流动，粉料被分离在滤袋内，净气穿过滤袋逸至袋外，袋外干净，便于换袋与检修，且袋内无骨架，减少了滤袋的磨损，但滤布扭曲较大，仅适用于机械振打与逆气流清灰方式；外滤气流方向则相反，含尘气体由滤袋外向滤袋内流动，粉料被分离在滤袋外，但由于含尘气体由滤袋外向滤袋内流动，因此滤袋内必须设置骨架，以防止滤袋吹瘪，而滤袋与骨架磨损较大，一般适于脉冲喷吹、高压气流喷吹等清灰方式。

（4）清灰方式　目前使用较多的有人工、机械振打；逆气流、气环反吹；脉冲喷吹；反吹与振动联合等清灰方式。一般反吹与振动为间歇式，即清灰时切断气流。气环反吹和脉冲喷吹为连续式，即清灰时不切断气流，但气环反吹对滤袋磨损快，气环相与传动构件易发生故障，目前较少被采用。

3. 影响因素

影响袋式除尘器性能的主要因素：过滤风速、过滤面积、清灰方式、入口含尘浓度、气体性质、滤料种类等。

（1）过滤风速　过滤风速在很大程度上直接影响除尘器的主要性能，风速过高会把积聚于滤料上的粉尘层压实，清灰困难，阻力急剧增加，甚至有颗粒渗入滤料内部，透过滤料，使净化效率降低；风速过低则处理气体所需的设备大、占地面积大，但阻力低、净化效率高。因此，设计者应根据不同的清灰方式、滤料、粉尘性质等进行合理选用。表 5-16 列出了袋式除尘器推荐的过滤风速。不同滤料应选取的过滤风速见表 5-17。

表 5-16　袋式除尘器推荐的过滤风速

粉尘	过滤速度/[m³/(m²·min)]			粉尘	过滤速度/[m³/(m²·min)]		
	抖 动 型	脉 喷 型	逆气流缩袋型		抖 动 型	脉 喷 型	逆气流缩袋型
铝	45~55	146~183	—	石灰	45~55	183~220	29~39
石棉	55~65	183~220	—	石灰石	49~60	146~183	—
铁矾土	45~60	146~183	—	云母	49~60	165~201	33~39
炭黑	27~37	90~110	20~27	颜料	46~56	128~146	37~40
煤	45~55	146~183	—	纸	64~73	183~220	—
可可粉	51~60	220~270	—	塑料	45~56	128~165	—
黏土	45~60	165~183	27~37	石粉	55~64	165~183	—
水泥	37~56	146~183	22~27	石英	51~59	165~183	—
化妆粉	27~37	183~220	—	砂	45~56	183~220	—
釉料	45~55	165~183	27~37	木锯末	64~73	220~274	—
粮谷	65~91	256~274	—	硅	42~51	128~165	22~27
化肥	55~64	146~165	33~37	皂粉	37~46	92~110	22~27
面粉	55~64	220~274	—	片岩	64~73	220~256	—
石墨	37~46	92~110	27~37	香料	49~60	183~220	—
石膏	37~46	183~220	33~37	淀粉	55~64	146~165	—
铁砂	55~64	201~220	—	糖	37~46	128~183	—
硫化铁	37~45	110~146	27~37	滑石	45~55	183~220	—
氧化铝	37~45	110~146	27~33	烟草	64~73	238~274	—
皮革	64~73	220~274	—	氧化锌	37~46	92~110	27~32
长石	40~51	156~183	—				

表 5-17　不同滤料的过滤风速

滤　　料	过滤风速/(m/min)
棉、毛滤料	0.6~1.2
合成纤维	0.5~1.0
玻璃纤维	0.3~0.9

（2）过滤面积　过滤面积指袋式除尘器中用于过滤含尘气体的有效表面积。在袋式除尘器中，含尘气体通过滤袋进行过滤，灰尘被阻挡在滤袋外表面，而净化后的气体则通过滤袋进入净气室排出。过滤面积的大小直接影响除尘器的过滤效率和处理能力。

（3）清灰方式　清灰周期对除尘器的性能影响很大，如清灰周期过长，则会造成滤袋堵塞，滤袋的寿命缩短，驱动部分的寿命也会缩短，增加能耗。但清灰周期过短，易发生泄漏，并且除尘布袋初层被破坏，对整体的除尘效率不好。

（4）入口含尘浓度　入口含尘浓度增大，在相同过滤面积情况下，设备阻力也增加，除尘效率下降。因此，为维持一定的设备阻力，当入口含尘浓度过大时，应适当缩短除尘器的清灰周期。

（5）气体性质　如粒径大小直接影响除尘器的除尘效率与排放质量浓度。滤料在不同状态下的除尘效率，均随粒径的增大而提高。此外，由于部分尘粒荷电易于使微细粉尘凝并，且荷电尘粒易于被感应而产生相反电荷的滤料吸附，从而也会影响袋式除尘器的性能。

（6）滤料种类　滤料是袋式除尘器的核心部分，它的性能对袋式除尘器的操作影响很大。滤料的选用应从过滤效率、容尘量、透气率、耐温、耐蚀、吸湿、粉尘的剥落以及耐磨、耐折、抗拉等几个主要方面考虑。性能良好的滤料应具有容尘量大、吸湿性小、效率高、阻力低、使用寿命长的优点，同时还需具备耐温、耐磨、耐腐蚀、机械强度高的特性。滤料特性除与纤维本身的性质有关外，还与滤料表面结构有很大关系。表面光滑的滤料容尘量小，清灰方便，适用于含尘浓度低、黏性大的粉尘，采用的过滤速度不宜过高。表面起毛（绒）的滤料容尘量大，粉尘能深入滤料内部，可以采用较高的过滤速度，但必须及时清灰。滤料的种类有很多，按滤料材质分，有天然纤维、无机纤维和合成纤维等；按滤料结构分，有素布、绒布和毛毡三大类，其中素布又分有平纹、缎纹和斜纹三种。平纹净化效率高，但透气性差，阻力高，难清灰；缎纹透气性好，易于清灰，但净化效率低；斜纹耐磨性好，净化效率和清灰效果都较好，是常采用的滤布织纹。绒布的透气性和净化效率都比素布好，但清灰较难。常用滤料的性能见表 5-18。

表 5-18　常用滤料的性能

品名	化学类别	密度/（g/cm³）	直径/μm	拉伸强度/（g/mm²）	伸长率（%）	耐酸、碱性能		抗虫及细菌性能	耐温性能/℃		吸水率（%）
						酸	碱		经常	最高	
棉	天然纤维	1.47~1.6	10~20	35~76.6	1~10	差	良	未经处理时差	75~85	95	89
麻	天然纤维	—	16~50	35				未经处理时差	80		—
蚕丝	天然纤维	—	18	44	—	—	—	未经处理时差	80~90	100	—
羊毛	天然纤维	1.32	5~15	14.1~25	25~35	弱酸、低温时良	差	未经处理时差	80~90	100	10~15
玻璃	矿物纤维（有机硅处理）	2.45	5~8	100~300	3~4	良	良	不受侵蚀	260	350	0
维纶	聚乙烯醇类	1.39~1.44	—	—	12~25	良	良	优	40~50	65	0
尼龙	聚胺	1.13~1.15	—	53.1~84	25~45	冷：良　热：差	良	优	75~85	95	4~4.5
耐热尼龙（诺梅克斯）	芳香族聚酰胺	1.4				良	良	优	200	260	5
腈纶	（纯）聚丙烯腈	1.14~1.15		30~65	15~30	良	弱质：可	优	125~135	150	2
	聚丙烯腈与聚胺混合聚合物	1.17	—	—	18~22	良	弱质：可	优	110~130	140	1

（续）

品名	化学类别	密度/ (g/cm³)	直径/ μm	拉伸强度/ (g/mm²)	伸长率 (%)	耐酸、碱性能		抗虫及 细菌性能	耐温性能/℃		吸水率 (%)
						酸	碱		经常	最高	
涤纶	聚酯	1.38	—	—	40~55	良	良	优	140~160	170	0.4
特氟龙	聚四氟乙烯	2.3		33	10~25	优	优	不受 侵蚀	200~250	—	0
杜耐尔	—	—	—	—	—	优	优	优	80	115	

由于袋式除尘器的应用范围很广，而且环境保护要求日趋严格，所以科研工作者和生产厂家都在致力于开发效率更高、性能更好、寿命更长和价格更廉的新型滤料，并取得了重大进展：

1）高温滤料。为了处理工业上常遇到的高温烟气，国内外均以耐高温的化纤为原料织成耐高温滤料，用以净化 150~250℃ 的含尘烟气。为了净化更高温度的气体，把玻璃纤维滤料用聚四氟乙烯和硅石墨处理，可耐温 260℃。用金属纤维和碳素纤维织成的滤料，耐温都在 350℃ 以上。更高者是陶瓷纤维滤料和刚玉纤维滤料，耐温高达 400~800℃。

2）防静电滤料。由于化学纤维滤料均带有静电，从除尘和安全角度看，都不甚理想，于是有的厂家把微量（约 2%）特种金属纤维织进滤料，使其性能发生重大变化，不仅安全，而且提高净化性能。也有把导电纤维以 2cm 间距镶嵌织成机织布，除尘效果与普通滤料完全一样。该纤维是 32 支聚丙烯腈纤维纱线用皂液洗净后浸入硫酸铜溶液中加温搅拌，用硫化钠、硫化氢、焦亚硫酸铜、连二亚硫酸钠和硫代硫酸钠等含硫还原剂之一进行还原，调节反应液的 pH 在酸性条件下，待反应完成后取出纤维洗净晾干，即异电纤维。

3）耐强酸强碱的特氟龙滤料。

4）防水滤料。这种滤料经过药物处理，具有不怕潮湿、不怕水蒸气、不怕烟气结露等优点。

总之，各种新滤料的诞生，为各种袋式除尘器的应用和发展创造了更好的条件。

4. 常用袋式除尘器结构

根据清灰方式不同，袋式除尘器分为以下两种类型。

（1）反吹风袋式除尘器　反吹风袋式除尘器集合了旋风除尘方法和过滤式除尘方法的优势，并采用特殊的清灰方式，在工业生产中应用较为广泛。反吹风袋式除尘器有多种，其中应用较多的是脉冲袋式除尘器。

脉冲袋式除尘器是一种周期性地向滤袋内或滤袋外喷吹压缩空气来达到清除滤袋上积尘目的的袋式除尘器。它具有处理风量大、除尘效率高的优点，而且清灰机构没有运动部件，滤袋不受机械力作用，损伤较小，滤袋使用期长，因而应用广泛。但这种除尘器结构复杂，投资较大。脉冲袋式除尘器如图 5-30 所示。该装置的主体包括上部箱体（喷吹箱）、中部箱体（滤尘箱）和下部箱体（集尘斗）三部分。上部

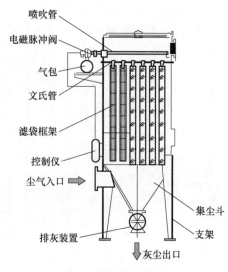

图 5-30　脉冲袋式除尘器

箱体装有喷吹管和把压缩空气引进滤袋的文氏管，并附有气包、电磁脉冲阀、控制仪及净化气体出口。中部箱体装有滤袋和滤袋框架。下部箱体装有排灰装置和含尘气体进口，脉冲控制仪装在机体外壳上。脉冲袋式除尘器用电磁脉冲阀作为喷吹气源开关，先由控制仪输出信号，通过控制仪实现脉冲喷吹。根据控制仪（表）的不同，控制仪有电磁阀、气动阀和机控阀三种。脉冲袋式除尘器除尘机理：含尘气体由外向里通过滤袋，把尘粒阻隔在滤袋外表面，气体得到净化。处理后的空气经过喇叭形的文氏管进入上箱体，最后从排气口排走。滤袋用钢丝框架固定在文氏管上。

在每排滤袋上部均装有一根喷吹管，喷吹管上有直径为 6.4mm 的小孔与滤袋相对应。喷吹管前装有与压缩空气相连的电磁脉冲阀。由脉冲控制仪不断发出短促的脉冲信号，通过控制阀按程序触发每个脉冲阀。当脉冲阀开启时，与它相连的喷吹管就和压缩空气包相通，高压空气从喷吹孔以极高的速度吹出。在高速气流的引射作用下，诱导几倍于喷气量的空气进入文氏管，吹到滤袋内，使滤袋急剧膨胀，引起冲击振动。在这一刹那的时间内产生一股由里向外的气流，使黏附在滤袋外表面上的粉尘吹扫下来，落进下部集尘斗内，最后经泄尘阀排出。

脉冲袋式除尘器的基本技术性能：比负荷（单位时间和单位面积通过的气体体积）为 $120 \sim 240 \mathrm{m}^3 / (\mathrm{m}^2 \cdot \mathrm{h})$ [一般取 $180 \mathrm{m}^3 / (\mathrm{m}^2 \cdot \mathrm{h})$]，表示过滤速度为 $2 \sim 4 \mathrm{m} / \mathrm{min}$（一般取 $3 \mathrm{m} / \mathrm{min}$）。设备阻力：除尘阻力与过滤速度、含尘气体浓度、粉尘性质和滤袋材质有关，通常控制在 $980 \sim 1180 \mathrm{Pa}$。除尘效率：工业涤纶 208 制作的滤袋，效率可达 99.6%；工业毛毡（厚度为 $1.5 \sim 2 \mathrm{mm}$）制作的滤袋，效率可达 99.9%。适用的初始含尘浓度一般为 $3 \sim 5 \mathrm{g} / \mathrm{m}^3$。压缩空气用量按下式计算：

$$Q = 0.06 q' n \alpha / T \tag{5-3}$$

式中，q' 是喷吹空气量，$2 \sim 3 \mathrm{L} / (次 \cdot 条袋)$；$n$ 是滤袋总数；T 是喷吹周期，一般为 $60 \sim 120 \mathrm{s}$；α 是安全系数，可取 $1.2 \sim 1.5$；喷气压力是 $686 \sim 988 \mathrm{kPa}$。

脉冲袋式除尘器有定型产品，选择脉冲袋式除尘器的规格时，首先应确定比负荷，然后根据总处理风量计算出过滤面积，并据此选择除尘器。脉冲袋式除尘器的比负荷与喷吹压力 P、脉冲宽度 τ、喷吹周期 T 以及尘粒性质、含尘气体浓度诸因素有关，一般情况下取决于含尘气体初始浓度。

（2）机械振打袋式除尘器　采用机械传动装置周期性振打滤袋，以清除滤袋上粉尘的除尘器称为机械振打袋式除尘器。按振打部位的不同，可分为顶部振打袋式除尘器（LD 型）和中部振打袋式除尘器（LX 型）。由于借助机械振打方式清灰，所以单位面积上的过滤负荷比简易袋式除尘器高，但滤袋受到机械力的作用，损坏较快。其中机械振打袋式除尘器（见图 5-31）采用中部振打方式清灰，它比顶部振打方式清灰结构简单，

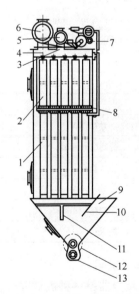

图 5-31　机械振打袋式除尘器

1—过滤室　2—滤袋　3—回气管阀　4—排气管阀
5—回气管　6—排气管　7—振打装置　8—框架
9—进气口　10—隔气板　11—电热器
12—螺旋输送机　13—星形阀

维修方便。并且，顶部振打方式清灰极易损坏玻璃纤维滤袋，故采用中部振打袋式除尘器较多。

机械振打袋式除尘器除尘机理：含尘气体由进气口经隔气板进入过滤室，过滤室根据不同规格，分成 2~9 个分室，每个分室有 14 个滤袋，含尘气体经滤袋净化后由排气管排出。经一定的过滤周期，振打装置将排气管阀关闭而把回气管阀打开，同时振动框架，滤袋随着框架振动而抖动，由于滤袋的抖动和回气管中的回气作用，附着在滤袋上的粉尘被清除并落入灰斗，由螺旋输送机和星形阀排出。为了适应低气温或气体湿度大的情况，还装有电热器。振打清灰依各室轮流进行，整个除尘器为连续操作。各种规格机械振打袋式除尘器技术性能和规格见表 5-19 和表 5-20。

表 5-19　机械振打袋式除尘器技术性能

气体含尘浓度/ (g/m³)	气速/ [m³/ (m²/min)]				
	0.8	1.25	1.5	2.0	2.5
	平均压力损失/Pa				
<10	108	245	441	588	980
150~300	470	1078	1862	—	—

表 5-20　机械振打袋式除尘器规格

规　格		ZX50-28	ZX75-42	ZX100-56	ZX125-70	ZX150-34	ZX175-98	ZX200-112	ZX225-126
滤袋个数		28	42	56	70	84	98	112	126
滤袋有效面积/m²		50	75	100	125	150	175	200	225
处理能力/ (m³/h)	$v=1m^3/ (m^2 \cdot min) $	3000	4500	6000	7300	9000	10500	12000	13500
	$v=1.5m^3/ (m^2 \cdot min) $	4500	6750	9000	11250	13500	15750	18000	20250
压力损失/ Pa	$v=1m^3/ (m^2 \cdot min) $	686							
	$v=1.5m^3/ (m^2 \cdot min) $	882							
振打机构电动机	型号	JO41-6							
	功率/kW	1							
	转速/ (r/min)	940							
排灰装置电动机	型号	JTC502							
	功率/kW	1							
	转速/ (r/min)	48							
质量/kg		3124	4224	5836	6868	8092	9372	9828	11599

5. 选用说明

袋式除尘器是一种高效除尘器，适宜捕集微细尘粒，性能稳定可靠，对负荷变化适应性较好，但选用时应注意以下几点：

1）袋式除尘器主要用于控制粒径在 1pm 左右的微粒，气体含尘浓度超过 5g/m³ 时，最好采用二级除尘。

2）要根据处理气体及粉尘的物理、化学性质，来选择恰当的滤布和本体材质。要充分注意粉尘的粒度、化学成分、酸碱性、温度、湿度、吸湿性、带电性、爆炸性、腐蚀性等性质。

3）要合理确定过滤速度，计算出需要的过滤面积。过滤速度过小，则过滤面积过大，设备费用增高；过滤速度过大，则过滤面积过小，压力损失增大，并且缩短滤袋使用寿命。确定过滤速度时，可以根据处理气体量的大小以及袋式除尘器的阻力与过滤速度、气体的含尘浓度、清灰方式等因素确定。

4）要根据粉尘的性质和运转条件，选择适当的清灰方式，袋式除尘器的原理简单，选择设计时主要看清灰方式是否恰当。

5）根据内部的正压或负压的大小，主体应选择具有足够强度的材料。

5.1.4.2　颗粒层除尘器

颗粒层除尘器是一种用石英砂、河砂、焦炭、金属屑、陶粒、玻璃球、填充环等颗粒状物料构成过滤层的除尘器。其优点有耐高温（选择适当的过滤材料，使用温度可高达600℃）、耐磨损、不燃不爆、滤料来源广、价格低、使用时间长、除尘效率高（可达99%以上）、捕集灰尘种类多等，且该除尘器的除尘效率几乎不受气温、气量、灰尘波动的影响。颗粒层除尘器的缺点有除尘设备庞大，占地面积大，对亚微米的细微尘粒的净化效率欠佳。

1. 颗粒层除尘器的分类

颗粒层除尘器的种类很多，可按颗粒床层的位置、运动状态、清灰方式及床层数目来分类。

（1）按颗粒床层的位置分类　颗粒层除尘器可分为垂直床层和水平床层颗粒层除尘器。

1）垂直床层颗粒层除尘器：指颗粒床层垂直放置的除尘器。颗粒滤料垂直放置，两侧由滤网或百叶片夹持（以防颗粒滤料飞出），含尘气流则水平通过。

2）水平床层颗粒层除尘器：颗粒床层水平放置的除尘器。颗粒滤料置于水平的筛网或筛板上，铺设均匀，保证一定的颗粒层厚度。气流一般均由上而下，使床层处于固定状态，有利于提高除尘效率。

（2）按颗粒床层的运动状态分类　颗粒层除尘器可分为固定床、移动床和流化床颗粒层除尘器。

1）固定床颗粒层除尘器：在除尘过程中其颗粒床层固定不动的颗粒层除尘器。

2）移动床颗粒层除尘器：在除尘过程中，颗粒床层不断移动的颗粒层除尘器。而移动床颗粒层除尘器根据操作工况又分为间歇式和连续式移动床颗粒层除尘器。

3）流化床颗粒层除尘器：即在除尘过程中床层呈流化状态。

（3）按颗粒床层的清灰方式分类　颗粒层除尘器可分为不再生（或器外再生）、振动加反吹风清灰、耙式反吹风清灰、沸腾反吹风清灰等颗粒层除尘器。

（4）按颗粒床层的数目分类　颗粒层除尘器可分为单层和多层颗粒层除尘器。

2. 影响颗粒层除尘器性能的主要因素

影响颗粒层除尘器性能的因素较多，主要有材料的性质、颗粒大小及形状、颗粒层厚度、过滤风速等几个方面。

（1）颗粒粒径　颗粒状物料的粒径对除尘器的性能有很大的影响。粒径增加，颗粒间隙也增大，灰尘穿透性能增强，扩散和重力效应增大，质量因素增加，惯性与截留则减小，净化效率降低，但滤层的容尘能力增加。粒径减小，净化效率增加，但阻力上升，容尘能力也较差。因而目前颗粒层除尘器一般用以去除粒径为 2~4mm 的颗粒。

（2）颗粒层厚度　较厚的颗粒层可以获得较高的除尘效率，但阻力也相应增加，因此设计颗粒层厚度时，应根据净化系统中除尘器允许损耗的压头来确定，一般采用 60~150mm 的颗粒层厚度。

（3）过滤风速　过滤风速提高，阻力增加，净化效率降低。过滤风速越低，灰尘在滤层中的穿透深度越小，在滤层中的分布也越不均匀，影响颗粒层的过滤质量。所以一般使用的过滤风速为 0.3~0.8m/s，设备阻力维持在 1000~1500Pa 的范围内。

3. 颗粒层除尘器的结构形式

颗粒层除尘器的结构形式有多种，下面介绍几种常见的结构形式。

（1）耙式颗粒层除尘器　耙式颗粒层除尘器是迄今为止使用最广泛的一种形式。图 5-32 为一种单层耙式颗粒层除尘器。图 5-32a 为工作（过滤）状态，含尘气体总管切向进入颗粒床层下部的旋风筒，大粒径粉尘在此被清除，而气流通过插入管进入过滤室中，然后向下通过过滤床层进行最终净化。净化后的气体由净气体室经阀门引入干净气体总管。分离出的粉尘由下部卸灰阀排出。

当阻力达到给定值时，除尘器开始清灰（见图 5-32b），此时阀门将干净气体总管关闭，而打开反吹风风口，反吹气体气流先进入干净气体室，然后以相反的方向通过过滤床层，反吹风气流将颗粒上凝聚的粉尘剥落下来，并将其带走，通过插入管进入下部的旋风管中。粉尘在此沉降，气流返回到含尘气体总管，进入同时并联的其他正在工作的颗粒层除尘器中净化。

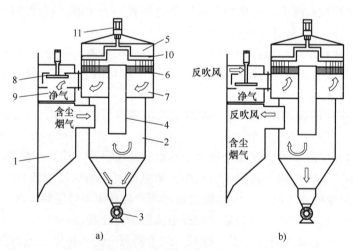

图 5-32　单层耙式颗粒层除尘器

a）过滤　b）清灰

1—含尘气体总管　2—旋风筒　3—卸灰阀　4—插入管　5—过滤室　6—过滤床层
7—干净气体室　8—换向阀门　9—干净气体总管　10—耙子　11—电动机

在反吹清灰过程中，电动机带动耙子转动。耙子的作用一方面是打碎颗粒层中生成的气泡和尘饼，并使颗粒松动，利于粉尘与颗粒分离；另一方面将床层表面耙松平，能使气流在过滤时均匀通过过滤床层。耙式颗粒层除尘器的主要性能和技术参数见表 5-21。

表 5-21　耙式颗粒层除尘器的主要性能和技术参数

主 要 参 数		推 荐 数 据	主 要 参 数	推 荐 数 据
除尘器直径/m		0.8~2.8	反吹风速/(m/min)	45~50
每组过滤层数/堰		3~5	反吹压力/Pa	1000~1100
过滤风速/(m/s)		0.5~0.7	反吹时间/min	1.5
滤料粒径/mm		2~5	反吹周期/min	30~40
过滤层厚度/mm		100~150	耙子转速/(r/min)	11~13
颗粒层	初阻力/Pa	400~600	烟气温度/℃	<650
	终阻力/Pa	900~1000		

（2）沸腾颗粒层除尘器　耙式颗粒层除尘器由于具有传动部件而结构复杂，增加了设备的维修工作。沸腾颗粒层除尘器清灰的基本原理是足够流速的反吹空气从颗粒床层的下部经分布板鼓入过滤层中，使颗粒呈流态化。颗粒间互相搓动，上下翻腾，使积于颗粒层中的灰尘从颗粒中分离和夹带出去，从而达到清灰的目的。反吹停止后，颗粒滤料层的表面应保持平整均匀，以保证过滤速度。

图 5-33 为沸腾颗粒层除尘器的结构示意图。含尘气体由进气口进入，粗尘粒在除尘器中沉降。细尘粒经过滤空间从上而下穿过过滤床层。气体净化后经净气口排入大气。反吹清灰时，开启阀门使反吹风口的侧孔打开，反吹气流由下而上进入颗粒层，使颗粒滤料呈流化状态。然后夹带已凝聚成大颗粒的粉尘团进入除尘器中沉降下来，气流则进入其他颗粒层中净化。粉尘经排灰口排出。沸腾颗粒层除尘器的主要性能和技术参数见表 5-22。

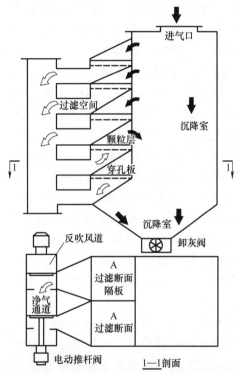

图 5-33　沸腾颗粒层除尘器的结构示意图

表 5-22　沸腾颗粒层除尘器的主要性能和技术参数

技术性能	数 量	
	双 排 阀	单 排 阀
使用温度/℃	400（短时间尚可超限）	普通钢板 370；锅炉钢板 550（瞬时）
每块滤层面积/m²	1×0.9	1
过滤风速/(m/s)	0.3~0.45	0.25~0.42
滤层阻力/Pa	1000~1200	500~1200
反吹风速/(m/s)	1.2~1.4	0.68~1.19

（续）

技术性能	数　量	
	双　排　阀	单　排　阀
反吹阻力/Pa	2000～2200	1600～2300
反吹宽度/s	10～30	5
石英砂层厚度/mm	100～120	100～150
石英砂粒平均粒径/mm	2.0	1.3～2.2
除尘效率（%）	95～97	95左右，最高达97～99

（3）逆流式颗粒层除尘器　逆流式颗粒层除尘器属于滤层移动式颗粒层除尘器。它是针对前几种颗粒层除尘器的不足而开发、研制的。这种除尘器与反吹风方式清灰的除尘器相比，采用了振动筛、提升机构来代替反吹风机控制阀等设备，因此针对高温状态的除尘，设备维护简单。由于滤料是搁置在环形滤料环上，所以没有堵塞筛网孔的危险；由于刮板的周期旋转，使得滤层表面无板结，不用担心出现反吹吹不动的故障。下面以典型的逆流式颗粒层除尘器为例介绍其结构，如图5-34所示。含尘高温烟气切向进入除尘器下部的旋风筒式的预净气室，其中20%～40%的粗粉尘被沉积，初分离后的含尘气体由下向上垂直进入中部含尘气室，径向进入搁置在滤料支承环上的滤料层，而后转换成垂直方向，离开滤层，进入外部干净气室，由引风机抽出排放。沉积于滤层的粉尘，由中心间断旋转的刮板驱动轴带动刮板刮入回料管中，落到下部存放粉尘的装置内，与先期落下的粉尘汇集，经粉尘排出装置排出除尘器外，滤料和粉尘由振动筛进行分离，洁净的滤料再通过斗式提升机等装置重新添入除尘器内。进入除尘器内的滤料经滤料分配室，流入滤料供管，依靠分配环、滤料的自重，重新堆积在滤料支承环上，形成新的滤

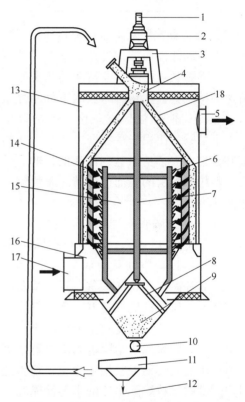

图5-34　逆流式颗粒层除尘器的结构
1—电动机　2—减速机　3—上支座　4—滤料分配室
5—净气出口　6—刮板　7—刮板驱动轴　8—下支座
9—收集的粉尘、滤料　10—粉尘排出　11—振动筛
12—粉尘排出口　13—干净气室　14—滤料支承环
15—中部含尘气室　16—除尘器下部预净气室
17—含尘烟气入口　18—滤料供管

料层。由于滤料是间歇地补充到滤料支承环上，其方向由上向下，而含尘气体是连续不断地由下往上通过滤层，从而形成逆向流动，因而起名为逆流式颗粒层除尘器。

逆流式颗粒层除尘器的滤料选用当量直径为1.3～2.8mm的石英砂。床层厚度为170～200mm。过滤速度一般取0.25～0.33m/s。对于滤料支承环的尺寸设计，由于逆流式颗粒层

除尘器依靠滤料的自重下滑在支承环上形成斜锥形滤层，因此在设计中，需根据滤料的材质、堆积密度、材料的休止角等物理性能进行设计。对于直径为 1.3~2.8mm 的石英砂，经试验，取分配环下部出口至支承环内径边缘间的夹角为 34°~35°。滤料分配室的溜槽角度应大些，约为 40°，以增大滤料的下滑作用。对于中心回转轴转速的设计，由于刮板运行速度较高时，颗粒层容尘量减少，单位时间内滤料的循环量增加，颗粒层的压力损失低。因此，综合考虑后取中心回转轴的转速为 0.23r/min。此外，还采用间断控制机构，以便控制中心驱动轴的转动和停止的间隔时间，以适应含尘量不同的烟气除尘，从而提高除尘效率。

（4）移动床颗粒层除尘器 移动床颗粒层除尘器利用颗粒滤料在重力作用下，向下移动以达到更换颗粒滤料的目的，因此这种形式的除尘器一般都采用垂直床层。其中根据气流与颗粒层的流动方向可分为交叉流式和平行流式两种。交叉流式颗粒层除尘器是在两层筛网或百叶的夹持下，保持一定的颗粒层厚度，以一定的速度由上至下流动，含尘气流水平通过颗粒层得到净化。平行流式的气流流动与颗粒过滤层的流动处于平行位置。两流动方向相同时为顺流式，相对时为逆流式，两种流动方式都具有时为混合式。

图 5-35 为新型移动床颗粒层除尘器的结构示意图，这种除尘设备将移动式颗粒过滤床（以下简称移动颗粒床）与普通的扩散型旋风除尘器巧妙地结合为一体，气流的运动基本上和旋风除尘器气流走向一致。除尘器主要由旋风体（含 3、9）、移动颗粒床（含 4、5、6、7、19）、滤料清灰装置（含 17、18）、清洁滤料输送装置（含 12、20）、滤料移动置换速度调控阀（含尘气流入口管 2）和洁净气流输出管路（含 1、22、23）等几部分组成。

除尘器工作时，含尘气流由输入管路进入具有大蜗壳的上旋风体内，在旋转离心力作用下，粗大的尘粒随气流旋转过程中，被抛至旋风体边壁，最后落入集灰斗。而其余的微细粉尘随内旋气流切向进入了装有颗粒滤料的颗粒床（由颗粒床外滤网筒、内滤网筒、颗粒滤料所构成的过滤床层），借其综合的筛滤效应得到进一步净化。净化后的洁净气流沿颗粒床的内滤网筒旋转上升，最后经过出风道、出风支进道和洁净气流出口管，再通过风机（按实际除尘系统的需要选配）的作用排出体外进入大气。使用过的颗粒滤料，经过床下部的调控阀门调控阀固定盘和调控阀活动盘，按设定的移动速度缓慢落入滤料清灰装置

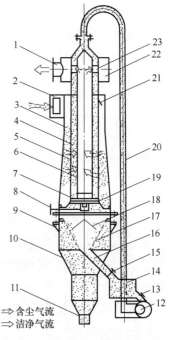

图 5-35 新型移动床颗粒层除尘器

1—洁净气流出口管 2—含尘气流入口管 3—旋风体上体
4—颗粒滤料 5—颗粒床外滤网筒 6—颗粒床内滤网筒
7—调控阀固定盘 8—调控阀操纵机构 9—旋风体下体
10—集灰斗 11—集灰斗出口管 12—滤料输送装置
13—储料箱出口阀 14—储料阀 15—溜道管出口阀
16—溜道口管 17—倒锥形清灰筛 18—反射导流屏
19—调控阀活动盘 20—滤料输送管道 21—气流导向板
22—出风道 23—出风支进道

⇒ 含尘气流
⇒ 洁净气流

（锥形筛与反射导流屏），微细粉尘穿过倒锥形清灰筛落入集灰斗，而被清灰筛筛过的洁净滤料沿锥形筛孔及其相衔接的溜道流进储料箱，最后通过滤料输送装置经滤料输送管道将其再度灌装到颗粒床内，以便继续循环使用。

与常规颗粒层除尘器相比，该移动床颗粒层除尘器具有如下结构特点：

1）将一个结构极其简单的圆筒状颗粒床除尘器（一级除尘）和普通的扩散型旋风除尘器（一级除尘）有机地组为一体，巧妙地利用了旋风体内的有限空间。若旋风体直径不变，则圆筒状颗粒床除尘器过滤面积远大于水平布置的颗粒层除尘器的过滤面积。

2）移动床颗粒层除尘器颗粒滤料清灰是在颗粒床外进行的，省去了水平布置颗粒层除尘器那套复杂的耙式反吹风清灰系统。移动床颗粒层除尘器仅在颗粒床下部设置了一个倒锥形固定滤料清灰筛，为改善颗粒滤料在筛上滚动清灰效果，在筛上部安装了一个伞形反射导流屏，借助床下部调控阀门动作可实现在颗粒床过滤不间断的情况下清灰，再生过滤介质。而颗粒层除尘器只能在停机状态下，间断清灰。

3）为了实现清筛过的洁净滤料重新灌注到颗粒床循环使用，除尘器需要配置滤料气力输送装置或小型斗式提升机附加设备。

综上所述，该移动床颗粒层除尘器实现了如下几方面的实质性技术进步：颗粒料不放在筛网或孔板上，避免了筛网或孔板被堵塞，从而确保了除尘器的正常运行。在过滤不间断的情况下，移动床颗粒层除尘器能再生过滤介质（颗粒滤料）且过滤面积的设计值不需要超过实际处理风量。该除尘器的变层内清灰为床外清灰，彻底甩掉了包含众多运动部件的耙式反吹风清灰机构。因此，除尘器体内的维修几乎是不必要的，因而从根本上解决了颗粒层除尘器的运行可靠性问题。

5.1.5　电除尘器

电除尘器是含尘气体在通过高压电场过程中使尘粒荷电，并在电场力的作用下使尘粒沉积在集尘极上，将尘粒从含尘气体中分离的一种除尘设备。电除尘过程与其他除尘过程的根本区别在于：分离力（主要是静电力）直接作用在粒子上，而不是作用在气流上，这就使得该除尘器具有分离粒子耗能少、气流阻力小的特点。电除尘器对 $1 \sim 2\mu m$ 粉尘的净化效率可高达 99% 以上，每小时可处理气体上百立方米，阻力仅为 $200 \sim 300Pa$；正常操作温度可高达 $400℃$。此外，因为电除尘器作用在粒子上的静电力相对较大，所以它也能有效地捕集亚微米级（100nm 以上）的粒子。

电除尘器的主要优点：压力损失小，一般为 $200 \sim 500Pa$；处理烟气量大，一般为 $10^5 \sim 10^6 m^3/h$；能耗低，一般为 $0.2 \sim 0.4W/m^3$；对细粉尘有很高的捕集效率，可高于 99%；可在高温或强腐蚀性气体下操作。但缺点是一次投资费用大，占地面积大，对粉尘有一定的选择性，不能使所有粉尘都能获得很高的净化效率，且结构复杂，安装、维护管理要求严格。

5.1.5.1　电除尘器的类型

1. 按集尘极的结构形式分类

1）管式电除尘器（见图 5-36）。集尘极为圆管、蜂窝管、多段喇叭管、扁管等。电晕极线装在管的中心，电晕极和集尘极的极间距（异极间距）均相等。电场强度的变化较均匀，具有较高的电场强度，但清灰比较困难。除硫磺、黄磷等特殊情况外，一般都用于湿式电除尘器或电除雾器。由于含尘气体从管的下方进入管内，往上运动，故仅适用于立式电除尘器。

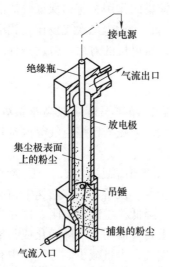

图 5-36　管式电除尘器示意图　　　　动图 5-36　管式电除尘器原理

2）板式电除尘器（见图 5-37）。集尘极（收尘极）由平板组成。为了减少被捕集到的粉尘再飞扬和增强极板的刚度，一般板式电除尘器做成波形等形式，清灰较方便，制作、安装比较容易，但电场强度变化不够均匀。

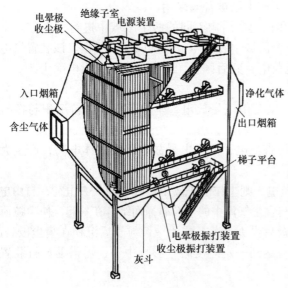

图 5-37　板式电除尘器示意图　　　　动图 5-37　板式电除尘器原理

2. 按气体流向分类

1）立式电除尘器。气体在电除尘器内从下往上垂直流动。它占地面积小，但高度较大，检修不方便，气体分布不均匀，粒度细的粉尘被捕集后容易产生二次飞扬。气体出口可设在顶部。通常规格较小，处理气量少，适宜在粉尘性质便于被捕集的情况下使用。

2）卧式电除尘器。气体在电除尘器内沿水平方向流动，可按生产需要适当增加或减少电场的数目。其特点是分电场供电，避免各电场间互相干扰，有利于提高除尘效率；便于分别回收不同成分、不同粒度的粉尘，达到分类捕集的作用，容易保证气流沿电场断面均匀分布；由于粉尘下落的运动方向与气流运动方向垂直，粉尘二次飞扬比立式电除尘器要少；设备高度较低，安装、维护方便；适宜负压操作，对风机的寿命、劳动条件均有利。但占地面积较大，基建投资较高。

3. 按清灰方式分类

1) 干式电除尘器。收集的粉尘呈干燥状态，操作温度一般高于被处理气体露点 20~30℃，可达 350~450℃，甚至更高。可采用机械、电磁、压缩空气等振打装置清灰。常用于收集经济价值较高的粉尘。

2) 湿式电除尘器。除下来的粉尘为泥浆状，操作温度较低，一般含尘气体都需要进行降温处理，在温度降至 40~70℃时再进入电除尘器，设备需采取防腐蚀措施。一般采用连续供水来清洗集尘极，定期供水来清洗电晕极，以降低粉尘的比电阻，使除尘容易进行。因无粉尘的再飞扬，所以湿式电除尘器的除尘效率很高，适用于气体净化或收集无经济价值的粉尘。另外，由于水对被处理气体的冷却作用，烟气含尘量减少。若气体中有一氧化碳等易爆气体，用湿式电除尘器还可减少爆炸危险。

3) 电除雾器。气体中的酸雾、焦油液滴等以液体状被除去，采用定期供水或蒸汽的方式清洗集尘极和电晕极，操作温度在 50℃ 以下，且电极必须采取防腐措施。

4. 按电极在电除尘器内的配置位置分类

1) 单区式。气体含尘尘粒的荷电和积尘在同一个区域中进行，电晕极系统和集尘极系统都装在这个区域内。这种形式在工业生产中已被普遍采用。

2) 双区式。气体含尘尘粒的荷电和积尘在结构不同的两个区域中进行，在前一个区域内装电晕极系统以产生离子，而在后一个区域中装集尘极系统以捕集粉尘。该装置供电电压较低，结构简单。但尘粒若在前区未能荷电，到后区就无法被捕集而逸出电除尘器。

5.1.5.2　电除尘器的工作原理

静电除尘的工作原理（见图 5-38）主要由电晕放电、尘粒荷电、尘粒沉积与振打清灰等过程组成。

1) 电晕放电。在电晕极上施加高压直流电，产生电晕放电，使气体电离，产生大量正离子和负离子。

2) 尘粒荷电。若电晕电极附近带负电，则尘粒的正离子被吸引而失去电荷，自由电子和负离子受电场力的作用向集尘极移动，与含尘气流中的尘粒碰撞而结合在一起，使尘粒荷电。

3) 尘粒沉积。荷电尘粒到达集尘极后失去电荷，成为中性粒子后沉积在集尘极表面。

4) 振打清灰。当集尘极表面的尘粒达到一定厚度时，影响中和，需借助振打装置使电极抖动，将尘粒振掉，自动落入灰斗。

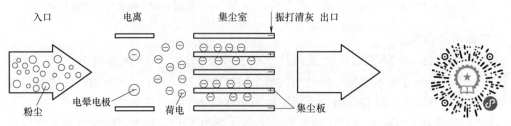

图 5-38　静电除尘的工作原理　　　　动图 5-38　静电除尘的工作原理

5.1.5.3　电除尘器的结构

电除尘器的结构由除尘器本体、供电装置和附属设备三部分组成。

1. 本体结构

电除尘器的本体主要由电晕极、集尘极、气流分布板、振打清灰装置、外壳及灰斗等几个主要部件组成，如图 5-39 所示。

（1）电晕极系统　电晕极是电除尘器的放电极（阴极）。电晕极要有良好的放电性能以便于粉尘的荷电，也应有较好的机械强度，能耐一定的温度和含尘气体的腐蚀。电晕极系统包括电晕线、电晕极框架、框架吊杆、支承套管及电晕极振打装置等。其中，电晕线越细，其起晕电压越低。此外，电除尘器的电晕线还应具备好的机械强度。因此对电晕线具有如下要求：放电性能好、起晕电压低、击穿电压高、伏-安特性好，对烟气变化的适应性能强；放电强度大，电晕电流高；机械强度好，耐腐蚀、耐高温，清灰效果好；制造容易，重量轻，成本低。

常见电晕线的形式如图 5-40 所示。

1）圆形线。圆形线是电除尘器中应用最早的一种电晕线，从放电强度和振打强度综合考虑，通常用直径为 2~3mm 的镍铬线制成，一般为重锤悬吊式结构，也有刚性框架式结构。

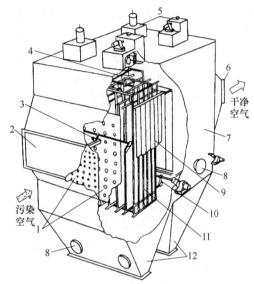

图 5-39　卧式电除尘器本体结构

1—入口　2—气流分布板　3—气流分布板的清灰装置
4—电晕极的清灰装置　5—绝缘子室　6—出口
7—除尘器外壳　8—观察孔　9—集尘极
10—集尘极的清灰装置　11—电晕极　12—灰斗

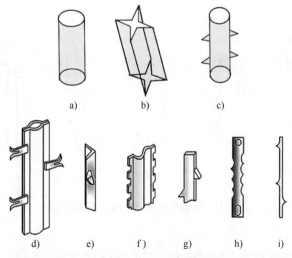

图 5-40　常见电晕线的形式

a）圆形线　b）星形线　c）锯齿线　d）三角形芒刺　e）角钢芒刺
f）波形芒刺　g）扁钢芒刺　h）锯形芒刺　i）条状芒刺

2）星形线。材质一般用 4~6mm 的普通碳素钢冷拉制成，也有做成扭麻花形的。星形线放电强度大，机械强度高，断线的可能性少，且材料易得、价格便宜，易于制造。常用框架式结构，也有用重锤悬吊的。但在使用时容易因吸附粉尘而肥大，适用于含尘浓度低的情况。

3）锯齿线。电极用厚 1.5mm、宽 7mm 的钢带做成，制成锯齿状的为锯齿线。这类电极起晕电压低，伏安特性好，制造容易、成本低，包装运输方便，对较高的烟气流速适应性强，对较高比电阻的粉尘适应性也较好；缺点是断线率较高。

4）芒刺线。采用 A3 钢，在电晕线的主干上焊上若干个长为 7~11mm 的芒刺，在刺尖上能产生强烈的电晕放电。对导电性能差的粉尘可减轻电晕闭塞现象；同时，强烈的离子流可产生数米的电风而提高粉尘的驱进速度，提高电除尘效率。芒刺形的电极式样很多，上述的锯齿形电极也是其中一种，此外还有三角形芒刺、角钢芒刺、波形芒刺等。这类电极的放电强度高、起晕电压低、不易断线，其中三角形芒刺因放电性好、刚度大，已在我国广泛应用。

（2）集尘极　电除尘器的集尘极也可称为除尘电极、集尘电板或阳极等。集尘极型式很多，常见的有板式、管式两大类。性能良好的集尘极应满足以下基本要求：具有良好的电性能，极板电流密度分布要均匀；具有良好的振动加速度分布性能；具有良好的防止粉尘二次飞扬性能；钢材耗量少，强度大，不易变形。

卧式电除尘器的集尘极板型式如图 5-41 所示，国内常见的有平板型、Z 型、C 型、波浪型和棒帷型等。其中大致可分成如下三类：

1）平板式。耗钢量最少，耐温性能好，但防止二次扬尘的性能很差，因而只有在气流速度小于 0.3m/s 时才获得较高的效率。

2）箱式。箱式集尘极板型一般为波浪型，耗钢量最多，但防止二次扬尘的效果好。

3）型板式。型板式集尘极的型式很多，大多为 Z 型和 C 型。它一般用 1.2~3.0mm 厚的钢板冷压冷拉成型，板高一般为 2~12m。型板式耗钢量虽然比平板式多，但粉尘重返气流的可能性以及振打时的二次扬尘都较少。

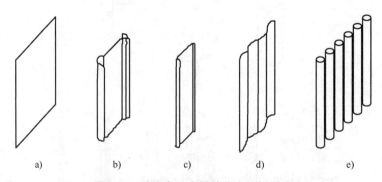

图 5-41　卧式电除尘器的集尘极板型式
a）平板型　b）Z 型　c）C 型　d）波浪型　e）棒帷型

图 5-41 所示的 C 型极板的阻流宽度大，不能充分利用电场空间。Z 型板由于有较好的电性能以及振动力、速度均匀的性能，重量也较轻，因而使用较为普遍。但 Z 型板两端的防风沟朝向相反，极板在悬吊后容易出现扭曲，而 C 型极板克服了 Z 型板的这种缺点。因此，

综合考虑可将不同型式的集尘极板进行拼装，如 ZT 型极板，它不仅具有良好的电性能而且容易制造。ZT 型极板的拼装方式如图 5-42 所示。

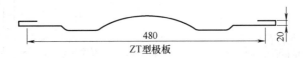

图 5-42　ZT 型极板的拼装方式

板式电除尘器的集尘极垂直安装，电晕极置于相邻两板之间。集尘极一般长为 10～20m，高为 10～15m，板间距为 0.2～0.4m，处理气体量在 1000m³/h 以上。效率高达 99.5% 的大型电除尘器含有上百对极板，极板的材料通常用普通碳素钢的三号镇静钢（A3）制作。用于净化腐蚀性气体时，应用不锈钢。对水泥磨和生料磨用的电除尘器，其极板需选用不含硅的优质结构钢（08Al）。为了控制二次扬尘，在极板面附近形成宽度 3～4mm 的死流区，以抑制粉尘二次飞扬，流体流速控制在 1m/s 左右时，防风沟宽度与板宽之比控制为 1∶10。

（3）气流分布板　电除尘器内气流分布对除尘效率具有较大影响，为了减少涡流，保证气流分布均匀，在进出口处应设变径管道，进口变径管内应设气流分布板。对气流分布的具体要求：①任何一点的流速不得超过该断面平均流速的±40%。②在任何一个测定断面上，85% 以上测点的流速与平均流速不得相差±25%。气流分布板的式样很多，最常见的气流分布板有格板式（见图 5-43a）、圆孔板式（见图 5-43b）、垂直偏转板式（见图 5-43c）、锯齿形孔板式（见图 5-43d）、X 形孔板式（见图 5-43e）和垂直折板式（见图 5-43f）。中心进气的进气箱，目前用得最多的是结构简单、易于制造的圆孔板，孔径为 40～60mm，开孔率为 50%～65%。而垂直偏转板式和垂直折板式适用于上进气口的进气箱。气流分布板的厚度通常为 3～3.5mm 的钢板，分布板层数为 2～3 层，开孔率需要通过试验确定，电除尘器正式投入运行前，必须进行测试、调整，检查气流分布是否均匀。

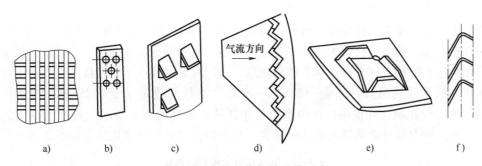

图 5-43　气流分布板的结构形式

为促进气流的均匀分布，往往在进气箱的入口处设置气流导向板。对于中心进气的气箱，多用方格子导向极式，如图 5-44 所示。当进气箱大小口的面积比大于 5 时，导向板至少要 2×2 块，导流板方向按电场分段高度确定，如图 5-45 所示，导流板长度可取 500mm。

（4）振打清灰装置　电除尘器的集尘极与电晕极保持洁净，除尘效率才能高，因此必须经常将电极上的积灰清除干净。目前电除尘器的振打清灰方法有湿式和干式两种。

1）湿式清灰。湿式清灰的原理是沉降到极板上的液滴凝聚成大液滴，靠重力作用自行流下而排掉；对于沉降到极板上的固体粉尘，一般用水冲洗集尘极板，使极板表面经常保持

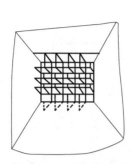

图 5-44　方格子导向板

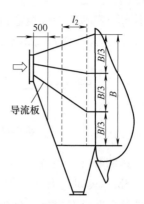

图 5-45　导流板

一层水膜，当粉尘降到水膜上，便随水膜流下，从而达到清灰目的，但同时还必须设有振打设备。形成水膜的方法可采用喷雾方式，也可采用溢流方式。湿式清灰的主要优点：二次扬尘最小、没有比电阻问题、水滴凝聚有利于小尘粒的捕集、空间电荷增强、不会产生电晕等，此外湿式除尘器还可净化有害气体，如 SO_3、HF 等。但湿式清灰的不足是设备腐蚀、结垢严重，以及污泥需要定期处理等。

2）干式清灰。

① 集尘极清灰。集尘极板清灰的原理是对极板周期性振打，使黏附在板面的粉尘清除。振打周期、频率和强度与含尘气体、粉尘性质、电除尘器的结构形式等很多因素有关。集尘极一般采用间歇振打，振打频率为 4~8 次/min，振打周期随气体含尘浓度而定。单电场除尘器的集尘极一般为 2~8 次/h，一次振打 5min。多电场的除尘器可根据实际情况确定各电场极板的振打周期。敲打极板方式中平行于板面的振打方式比垂直于板面的振打方式要好，它既可保证极板间距在振打过程中变化不大，又可使粉尘和板面间在振打时，产生一定惯性切力，使黏附在板面上的粉尘更易脱落。

集尘极的振打机构有挠臂锤击机构、弹簧-凸轮机构、电磁振打等结构形式。弹簧-凸轮机构因结构复杂，动力消耗较大，基本上不再采用。电磁振打装置由于结构复杂，目前工业上也已很少用。而挠臂锤击机构具有结构简单、运转可靠的优点，目前被国内外的电除尘器广泛采用。根据经验可知，锤重一般取 5~12kg，连杆长度取 150~225mm，曲柄长度取 100mm 左右。锤击机构在使用过程中锤头与连杆的连接柱销由于长时间磨损而易引起掉锤故障，因此，许多设计者将锤头和连杆制成一整体锤，部分振打锤头结构形式见表 5-23。

表 5-23　部分振打锤头结构形式

普通型锤头	整 体 锤 头	加强整体锤头	加强型锤头

（续）

普通型锤头	整体锤头	加强整体锤头	加强型锤头
锤头易损坏及脱落	锤头不易损坏	锤头不易损坏，振打力比普通型明显增强	锤头不易脱落，振打力比普通型明显增强

② 电晕极清灰。为了避免电晕闭塞，需设置电晕极的振打装置。电晕极振打装置的形式有水平转轴挠臂锤击装置、摆线针轮传动装置、凸轮提升振打装置。其中使用较多的是水平转轴挠臂捶击装置和凸轮提升振打装置。

振打方式和振打强度直接影响除尘效果。振打强度太小难以使沉积在电极上的粉尘脱离，电晕极常处于沾污状态，造成金属线肥大，会减弱电晕放电，使除尘效果恶化。振打强度过大，则会使已捕集的粉尘再次飞回气流或使电极变形，改变电极间距，从而破坏电除尘器的正常工作。

（5）外壳及灰斗　电除尘器的外壳一般有砖结构、钢筋混凝土结构和钢结构。外壳下部为灰斗，上部安装绝缘瓷瓶和振打机构。为防止含尘气体冷凝结露、粉尘黏结电极或腐蚀钢板，外壳需敷设保温层。灰斗内表面必须保持光滑，以免滞留粉尘。

电除尘器的外壳材料可根据处理气体的具体情况选用。常温无腐蚀性的气体可用钢板制作；烟气温度小于 400℃ 时，可用钢板外加玻璃棉、矿渣棉等材料保温，或用耐热混凝土。用来处理酸雾等腐蚀性气体时，要使用相应的耐腐蚀性材料。

灰斗的设计要考虑粉尘的物理特性和可能的储灰量。灰斗壁要保持 55° 以上的坡度，并在灰斗中加装搅拌装置和增设插到灰位以下的挡板，以防粉尘架桥和未净化的气体窜入灰斗，降低净化效率。

（6）排灰装置　电除尘器灰斗下设排灰装置，较常用的有回转式锁气器及螺旋输送机。电除尘器的排灰装置根据灰斗的形式和卸灰方式而异。但都要求密闭性能好，工作可靠，满足排灰能力。常用的有螺旋输送机、链式输送机、时轮下料机、仓式泵等。

1）螺旋输送机。螺旋输送机密闭性能好，但维护、检修不方便，不适用于易磨性粉尘。一般用于生产连续性要求高、严格要求不漏气的电除尘器，适用于槽形灰斗连续卸料。

2）链式输送机。链式输送机密闭性好、生产可靠、设备重量大，适用于槽形灰斗。

3）时轮下料机。时轮下料机适用于角锥形灰斗，需连续下料的情况。

4）仓式泵。仓式泵结构复杂，排料时要求供气压力稳定，适用于角锥形灰斗，需连续下料的情况。

在螺旋输送机或链式输送机作为排灰装置时，其出口端可装设双闸板排灰闸或叶轮下料器，以保证排灰时的密封要求。

2. 供电装置

电除尘器的供电装置选择适当与否，直接影响电除尘器的性能，因此必须保证供电装置的合理、可靠。电除尘器的供电装置主要有以下几个组成部分。

（1）升压变压器　其作用主要是把一般的交流电压（380V）升高到 60~90kV。

（2）整流器　整流器的形式如下：

1）机械整流器。电除尘器过去广泛采用机械整流器，如国产 CC-18 型机械整流器，它的电压波形有明显的峰值和最低值，能满足生产要求。但由于操作电压低、效率低、维护麻烦、运行噪声大，同时产生臭氧和一氧化氮等有害气体等，现在已被淘汰。

2）电子管整流器。电子管整流器由于使用寿命短，其连续使用时间仅限 4h 以内，因此只能作为试验性的过渡设备。

3）硒整流器。硒整流器的整流效率高、设备容量大、过载能力强、不易损坏。但它存在体积庞大、造价较高等缺陷。

4）高压硅整流器。该整流器的使用寿命长，工作可靠，无噪声，调压性能良好，自动化程度高，已被广泛采用。

（3）控制箱　它主要是控制和调节电压的操作仪表和设备，保证系统工作正常运行。为了保证电除尘器正常运行和操作人员的安全，除尘器的壳体一定要接地，接地电阻一定要小于 4Ω。

电除尘器对供电系统的要求如下：

1）直流电源。高电压（一般在 $40\sim75kV$），小电流（一般在 $50\sim300mA$ 或更大）。

2）电压波形要有明显的峰值和最低值。峰值可提高除尘效率，低值则熄弧。平滑的整流电源波形，如三相全波整流，火花特性不好，而且不易熄弧。生产实践中，大部分采用单相全波整流，效果较好，对于高比电阻的粉尘，以采用半波整流为宜。

3）电除尘器的均压与过载。电除尘器是阻容性负载，工作条件是电晕放电，有时扩大成闪络或电弧。当电场闪络时，由于系统中存在电感、电阻、电容，系统就产生振荡过电压。因此，在硅整流设备及供电回路中，必须适当配入经过选择的电感、电阻和电容，使回路振荡限制在非周期振荡和抑制过电压幅值范围内。同时在硅堆制作、设计中，必须考虑均压、过载等问题，以防止设备在负载恶化的情况下被损坏。

4）电除尘器的集尘极等要接地。电除尘器的集尘极、壳体等许多部分均要求接地；电晕极的高压电由高压整流装置引来，一般都采用负电晕，因为它具有较高的除尘效率。

5）除尘效率与供电质量的关系。要求提高除尘效率，就必须尽量提高操作电压和电晕电流，即提高电晕功率。

3. 附属设备

除本体和供电装置外，除尘器常配置一些附属设备，如湿式除尘器需配置溢流装置或加喷雾加湿装置。为防止绝缘子受到粉尘的污染而漏电，通常还需要对绝缘子加设保护装置，另外有的电除尘器还具有向烟气内兑入 SO_3 或 NH_3 等气体，用以调节烟气成分、提高除尘性能的一些装置和其他附属设备。

5.1.5.4　影响电除尘器性能的因素

影响电除尘器性能的因素很多，除供电装置和电极性能的影响外，还受电极设置、气体成分、温度和压力等因素的影响。

（1）电晕极间距　电晕极的间距太大会减弱放电强度，太密也会因屏蔽作用使其放电强度降低，一般使用间距为 $200\sim300mm$，尖刺间距通常为 $100mm$ 左右，尖刺长为 $10mm$，并要求与集尘极相对应。

（2）集尘极间距　集尘极各极板之间的间距（通道宽）与工作电压和极板的高度有关。常规电除尘器的宽度为 $200\sim350mm$，相应的电压为 $60\sim70kV$。近年来提出的宽间距电除尘器，间距宽达 $400\sim1000mm$，相应的电压达 $80\sim200kV$。由于集尘极的极板宽度要与电晕极的间距相对应，因此，对于宽为 $180\sim200mm$ 的极板，需对应 1 根电晕极，宽为 $380\sim580mm$

的极板，则要对应 2~3 根电晕极。

（3）气体组成　氢、氮和氩等惰性气体，对电子没有亲和力，不能使电子附着形成负离子；氧、二氧化硫等负性气体，能很快俘获电子，形成稳定的负离子。不同种类气体离子在电场中的迁移率各有不同：电晕放电时的伏安特性与火花电压也有差异。对电子亲和力高和迁移率低的气体可以施加更高的电压，有利于改善电除尘器的性能。

（4）温度和压力　气体的温度和压力既能改变起晕电压，又能改变伏安特性。气体的压力升高和温度降低，则气体密度增大，起晕电压增高。

（5）粒径　粒径不同时，由于电场荷电和扩散荷电均有不同，理论驱进速度值有明显的差异。对小于 $1\mu m$ 的颗粒，用肯宁汉修正系数修正后的驱进速度值会明显增大。

（6）气流速度　一般来说，气流速度增大，有效驱进速度也有所增大，已经沉降的尘粒再次回到气流中的可能性也增加，尘粒在电场内的停留时间却缩短，除尘效率将有所下降，电场速度太低，极板面积增加，投资增多。因此，电除尘器中气流速度范围一般为 $0.5\sim2.5m/s$，板式电除尘器多选为 $1.0\sim1.5m/s$。

（7）尘粒比电阻　尘粒比电阻对电除尘器的捕集效率影响很大。比电阻过低（$<10^4\Omega\cdot cm$）时，颗粒电荷易传给集尘极而呈中性，尘粒易重返气流。比电阻过高（$>5\times10^{10}\Omega\cdot cm$）时，粉尘的电荷很难传给集尘极，并残留着部分电荷，形成反电晕现象，使捕集效率显著降低。所以，电除尘器运行的最适宜比电阻范围一般为 $10^4\sim5\times10^{10}\Omega\cdot cm$。还有粉尘的浓度、分散度、黏附性等均对电除尘器的性能有一定的影响，具体需根据经验数据进行确定。

5.1.5.5　电除尘器的选择及其工艺流程中的要求

1. 电除尘器选择的基本原则

粉尘的粒度、比电阻、气体的成分、温度、含尘浓度是选择电除尘器的基本依据。

1）粉尘的比电阻适中（$10^4\sim10^{10}\Omega\cdot cm$），则采用普通干式电除尘器。

2）比电阻偏高的粉尘，则宜采用特殊型电除尘器，如宽极距型、脉冲预荷电型、三电极型、高温电除尘器等。

3）设计清灰装置时，其振打加速度应大于普通电除尘器。若仍然采用普通干式电除尘器时，则应在含尘气体中兑入适量的调理剂，如 NH_3、SO_3 或水分等，来降低粉尘的比电阻。低比电阻的粉尘由于在电场中产生跳跃，一般的干式电除尘器难以捕集。然而，粉尘由于电场的凝集作用，通过电除尘器后可凝集为大的颗粒团。所以，如果在电除尘器后面，再串接一个低阻力的旋风除尘器或袋式除尘器，便可获得很好的除尘效果。

4）立式电除尘器具有占地面积小的特点，因此适用于烟气量不大的小型工业窑炉、民用锅炉等，或者用于捕集液滴、酸雾等。但一般工业上用的大型电除尘器多采用卧式电除尘器。

5）湿式电除尘器既能捕集高比电阻的粉尘，也能捕集低比电阻的粉尘，并且具有很高的除尘效率。其最大的缺点是会带来污水处理及通风管道和电除尘器本体的腐蚀问题，所以一般尽量不采用湿式电除尘器。

2. 电除尘器的工艺流程中的要求

电除尘器可以在正压和负压条件下操作，但为了防止烟气向外逸出，最好采用负压操作。在采用正压操作时，必须配置一套热风装置，向电晕极框架各吊点的石英套管（或瓷套管）通入热风，以防止因正压操作而使烟气中的粉尘沾污绝缘套管，造成套管表面的电击穿，影响电除尘器的正常运行。

电除尘器采用负压操作时，在流程设置上应尽量使其负压值不要过大，因为过大的负压不仅需增加壳体的重量，而且会增大除尘器的漏风量。因此，对于流程阻力小、烟气量大的电除尘器，其引风机应设置在除尘器与烟囱之间，如发电厂的电除尘器大多是这样。反之，对于系统阻力较大、烟气量也大的流程，如水泥工业中的悬浮预热窑窑尾的电除尘器，则应在除尘器前、后均装设引风机。但对于一些容量较小的生产流程（如烟气量仅为 $100 \sim 200 m^3/h$），为了简化流程，也适当加高烟囱，省去除尘器与烟囱之间的引风机。因为当烟气温度约为 200℃、烟囱高度为 50m 时，烟囱产生的抽力基本上可以克服电除尘器内部的阻力，此时系统的零压点基本上位于除尘器的进口气体分布板处，除尘器内部处于微负压工作状态。在除尘器的进出口处均应设置伸缩节以补偿由于温度变化引起的壳体伸长或缩短，伸缩节的伸长量根据除尘器的长度和操作温度确定，伸缩节对除尘器的作用力不宜过大，否则会引起壳体的严重变形。

由于电除尘器有许多独特的优点，所以广泛应用于冶金、化工、水泥、建材、火力发电、轻工、纺织等工业部门。目前，电除尘器已成为当今高效除尘的主要设备之一，特别在处理高温大烟气量的场合，更是显示出其突出的优越性。

5.1.5.6　电除尘器的发展

烟气污染物的组成成分主要有烟尘颗粒物、SO_2 和 NO_x 等。针对烟气的不同组成成分，一般会采用不同的脱除设备来进行处理，其中除尘器主要是用来脱除颗粒物的。据研究发现，在烟尘颗粒物中，微米级颗粒物（PM2.5）的含量最多且最难去除。PM2.5 指直径小于或等于 $2.5 \mu m$ 的颗粒物。其粒径小、比表面积大，能够长时间停留在空气中，且易吸附空气中的重金属、细菌和病毒等，然后通过呼吸系统进入人体，使得人体呼吸道黏膜上皮的细胞受损，或者沉积在人体肺部，激活免疫细胞，引发炎症反应，从而引发人体呼吸系统疾病。不仅如此，PM2.5 还能经过食物或水从口腔进入消化道，对胃肠道产生影响，从而造成人体免疫系统的异常，严重的可能还会致癌。此外，PM2.5 对气候和大气能见度也有很大的影响。如 PM2.5 能够吸收太阳短波辐射，放射红外辐射，从而影响太阳辐射传输、加热大气、降低地表温度和影响地球长波辐射，从而影响对流层大气的温度，引起空气对流停滞，最终导致污染物不易扩散，形成雾霾天气造成环境污染。

PM2.5 是由无机物质和有机物质组成的复杂混合物，主要包括水溶性无机离子、元素碳、有机碳、重金属等。其组成主要受地域、季节、能源结构、工业水平等因素影响，不同地区的 PM2.5 化学组成差异很大。我国大气中的 PM2.5 主要来源于工业，如煤炭燃烧产生的烟尘废气、机动车排放的尾气、金属冶炼过程中金属蒸汽的冷凝聚结等。

近年来，由于 PM2.5 带来的危害越来越大，我国对烟气污染物排放的标准也开始逐年提高。2012 年实施的《火电厂大气污染物排放标准》（GB 13223—2011），要求颗粒物排放量为 $30 mg/m^3$，重点地区排放量为 $20 mg/m^3$。而到了 2015 年，颁布的《全面实施燃煤电厂超低排放和节能改造工作方案》中则要求颗粒物排放量降至 $10 mg/m^3$ 以下。因此，为实现颗粒物的最低排放要求，需要进一步减少烟气污染物的含量。

目前，我国主要采用烟气除尘技术来去除烟气颗粒物。传统的除尘技术有机械类除尘、湿式除尘、滤式除尘和静电除尘等多种，相应的除尘器性能比较见表 5-24。

表 5-24　除尘器性能比较

类　型	有效捕集粒径/mm	除尘效率（%）	工作温度/℃	设备费用	运行费用
机械类除尘器	>10	70~92	<400	少	中
湿式除尘器	>5	75~99.9	>400	中	高
滤式除尘器	>0.5	85~99.9	>350	高	较高
静电除尘器	0.01~100	98~99.9	<400	高	少

从表 5-24 中可以看出，现有的除尘技术相对比较成熟，对大颗粒物的捕集效率可达 90% 以上，个别甚至可以达到 99.9%，但除了静电除尘器，其他的常规除尘器对微米级细颗粒的除尘效率还很低。当颗粒物粒径小于 2.5μm 时，常规的除尘器一般难以去除。因此，为解决微细微粉尘（PM2.5）的控制和高比电阻粉尘的除尘问题，近年来人们对电除尘器理论研究和技术开发也在持续进行，一些性能更趋完善的电除尘器不断投入应用，电除尘器得到很大发展，概括起来包括以下几方面：电除尘器结构形式的改进；电除尘器供电方式的改进；加装凝聚器，即在烟气进入电除尘器之前利用电、化学等方法使粉尘颗粒发生凝聚，使较难收尘的细颗粒物凝聚成大颗粒后再进入电除尘器，以利于除尘；与其他除尘机理联合，即将电的作用加到其他除尘器中，以提高其效率或降低阻力。

1. 旋转电极电除尘器

常规电除尘器存在一些固有缺陷。首先，常规电除尘器难以有效克服由极板沾灰所造成的损失。带电的粉尘到达极板后，由于静电吸附力，粉尘的化学黏合力和粉尘表面的范德华力的作用，使粉尘颗粒发生凝聚并黏附在极板上。当清灰不力时，极大地妨害电场正常收尘。此外，高比电阻粉尘被吸附到极板上以后，释放电荷比较困难。当积尘达到一定厚度，就会形成电位差建立粉尘层电场。当粉尘层电场足以将尘层气隙击穿时，发生反电晕。反电晕现象导致电场空间负电荷极大减少，运行电压降低，除尘效率急剧下降。

旋转电极电除尘器的除尘原理与常规电除尘器完全相同，只是两者的清灰方式不一样。常规电除尘器采用振打、声波等方式来达到清灰的目的。而旋转电极电除尘器是先将收尘极做成可以上下移动的形式，再利用安装在灰斗中（非电场区域）的旋转刷子刷掉被捕集的粉尘，从而可以有效清除常规清灰方式难以清除的粉尘，始终保持收尘极表面相对清洁，防止反电晕的产生，有效地解决对高比电阻粉尘吸尘难的问题，最大限度地减少二次扬尘，显著降低了出口颗粒物的排放，PM2.5 的去除效率也由常规电场的 50%~70% 升至 85%~95%，如图 5-46 所示。

2. 径流式电除尘技术

将收尘阳极板垂直于气流方向布置，粉尘受到的电场力与引风力的方向在同一水平线上，使粉尘颗粒在引风力与电场力的共同作用下，在新型阳极板上完成捕集。其对细粉尘有极高的捕集率，尤其是对 PM2.5 的捕集率超过 95%。径流式电除尘设备的核心部件是泡沫金属阳极板。泡沫金属的孔隙率达到 98% 以上，是一种具有一定强度和刚度的多孔金属材料（多采用镍基材料）。这种金属材料的透气性高，几乎都是连通孔，作为过滤材料压降小、流量大、通透性强。此外，这种金属材料的孔隙表面积大，孔径小（<4mm），极易捕集 PM2.5 的粉尘颗粒。

径流式电除尘（动图）

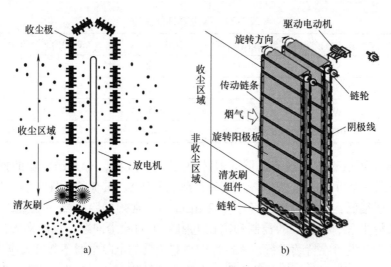

图 5-46　旋转电极电除尘器

a）旋转电极电除尘器工作原理　b）旋转电极电除尘器基本结构

3. 导电滤槽电除尘技术

常规电除尘器除尘过程中，当烟尘进入电收尘器的电场前，流通断面的粉尘浓度分布基本一样均匀，但到电场的末端，在电场力的作用下，流通断面的粉尘浓度分布发生较大的变化，在收尘板与放电极之间，越靠近收尘板附近粉尘浓度越高，越靠近放电极附近粉尘浓度越低。尽管大部分粉尘都靠近收尘板，但由于获电粉尘的相互排斥及存在粉尘有的获电不足，使部分粉尘不能被收尘板有效捕集，而出现随气流顺收尘板表面逃逸出电场的现象。显而易见，若能有效地捕集电场末端沿阳极板表面逃逸的粉尘，电除尘器的收尘以及去除细微颗粒物（PM2.5）的效率将会大幅提高。

在各排收尘板的出气端安装透气性好、导电性强的滤槽收尘装置可有效地捕集沿阳极板表面逃逸的粉尘，它既有强化静电捕集粉尘的功能，又增加了拦截过滤粉尘的新机理，同时不仅可提高电场收尘面积约 30% 以上，而且有利于各电场的气流均布，以上都是能有效提高收尘效率的主要原因。导电滤槽电除尘技术工作示意图如图 5-47 所示。从图 5-47 可看到：在电场中荷电粉尘同时受到垂直于收尘板的电场力和平行于收尘板的风力作用，其合理方向趋向于滤槽开口，这表明，游离在电场的荷电粉尘即便没被收尘板捕集，也会被导电滤槽有效捕集，由于游离在收尘板表面的粉尘和振打清灰的二次烟尘都难以逃逸出电场，因此电除尘器的收尘效率会大幅提高，其对细微颗粒物（PM2.5）的去除率高达 95% 以上。

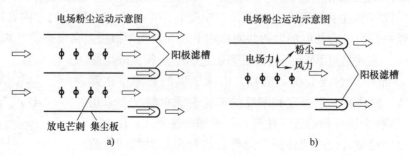

图 5-47　导电滤槽电除尘技术工作示意图

4. 机电多复式双区电除尘技术

机电多复式双区电除尘技术是将粉尘的荷电与收尘分成两个区段进行，可极大改善常规单区电除尘技术荷电和收尘在同一区域完成，而无法兼顾荷电和收尘都达到最佳状态的问题。该技术不仅能将荷电区与收尘区分开，而且采用了连续的多个分区复式配置，特别对荷电区与收尘区采用不同等级的电源独立供电，使各区段的电气运行条件最佳化，能适应高、低比电阻粉尘收集，防止高比电阻粉尘反电晕的发生和低比电阻粉尘的反弹，从而提高除尘效率。目前，双区电场已应用于末电场，作为细微颗粒的把关电场，与常规电除尘技术相比，双区电场具有下面四个优点：

1）捕集粉尘的平均效率比较高。

2）能够高效捕集到粒径小于或等于 $2.5\mu m$ 的荷电尘。

3）拥有较大表面积的管式阴极线，可以捕集到不少的荷正电尘粒。

4）对烟尘的适应性比较广，适合收集高、中、低比电阻粉尘。

从保护环境和人体健康的角度来看，机电多复式双区电除尘器的最大优点是可以减少细小粉尘的排放量，其对 PM2.5 的脱除效率高达 95.9%~98.5%。

5. 高频电源电除尘技术

电源作为电除尘器的核心部分，主要为装置提供工作所需的高压电场，而电除尘器的性能能够直接影响除尘的效果和效率。因此，电除尘器电源的改进是提升电除尘器性能、提高除尘效率的关键，同时也是节能降耗的主要环节。传统的电除尘器普遍采用可控硅电源供电。其电路结构是两相常规电源，经过可控硅移相后，送整流变压器升压整流，然后形成 100kHz 脉冲电流送至除尘器。而高频电源则是把三相电源通过整流形成直流电，然后通过逆变电路形成高频交流电，在经过整流变压器升压整流最终形成高频脉动电流送至除尘器，其工作频率可达到 20~50kHz。常规电源及高频电源工作原理如图 5-48 所示。

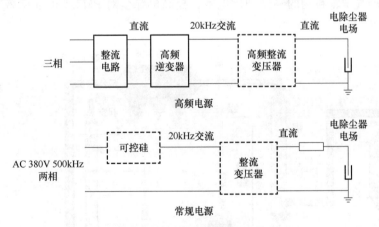

图 5-48　常规电源及高频电源工作原理

高频电源输出直流电压比常规电源平均电压要高约 30%，因为常规电源峰值电压在电除尘器电场中会触发火花，容易限制了加在电极上的平均电压。而高频电源在直流供电时的二次电压波形几乎为一条直线，近乎无波动的直流输出使得静电除尘器能够以次火花发生点电压运行，从而提高了电除尘器的供电电压和电流，提高了电除尘器的效率。而且，高频电源的供电电流可以根据电除尘器的实际工况来提供最合适的电压波形，控制方式较为灵活。

此外，高频电源还可有效抑制反电晕现象，特别适用于高比电阻粉尘工况，对细粒子的去除效果也有明显改善。根据国内各主要高频电源产品的相关数据显示，配置了高频电源的电除尘器与使用常规电源的电除尘器相比，使用高频电源可减少 40%~70% 的烟尘排放，节电至少 70% 以上，而且其对 PM2.5 的脱除效率高达 96.9%~99.8%。

6. 电凝聚电除尘技术

由于传统的除尘技术难以控制超细颗粒物的排放，因而研究超细颗粒物凝并促进技术具有重要的意义。电凝聚技术是促进超细颗粒物凝聚的重要技术，在国外大型火电厂气处理中成功应用，国内也正在实施工程，该技术投资、运行费低，安装使用对系统影响小，因此电凝聚的方式较适用于电厂除尘系统提标改造。

电凝聚装置安装在电除尘器前的烟道上，可以水平安装或垂直安装，尺寸直接与烟气管道相近。荷电凝聚装置形成微细粉尘荷电区，荷电后烟气经过特殊设计的混合区时，在该区域形成加强凝聚区，提高带有不同电荷的微细粉尘的凝聚效果。经过凝聚后的未凝聚的微细粉尘或者凝聚后的大颗粒粉尘可进一步荷电，提高了微细粉尘与大颗粒粉尘的结合能力或微细粉尘与微细粉尘之间的结合能力，从而提高粉尘在后续静电除尘器中的除尘效率，有效地减少了 PM2.5 等细微颗粒的排放，其脱除 PM2.5 的效率可达 95.3%~99.7%。

7. 化学团聚电除尘技术

化学团聚技术是通过在电除尘器入口烟道喷入化学团聚剂溶液，利用带有极性基团的高分子长链以"架桥"方式将多个 PM2.5 连接，促使 PM2.5 团聚长大。化学团聚电除尘技术工作原理如图 5-49 所示。配制化学团聚剂的试剂包括十二烷基苯磺酸钠（SDBS）、十六烷基三甲基溴化铵（CTAB）、烷基酚聚氧乙烯醚（OP-10）、壬基酚聚氧乙烯醚（TX-10）、阳离子聚丙烯酰胺（CPAM）、阴离子聚丙烯酰胺（APAM）、田菁胶（SBG）、聚丙烯酸乳液（PAE）、丁苯乳液（SBRL）等。此外还可以在电除尘烟道前喷入特殊黏性剂和降比电阻剂，同时改变烟气中颗粒物的黏性和比电阻，提高电除尘对 PM2.5 的脱除效率，脱除效率可达 95.9%~99.7%。

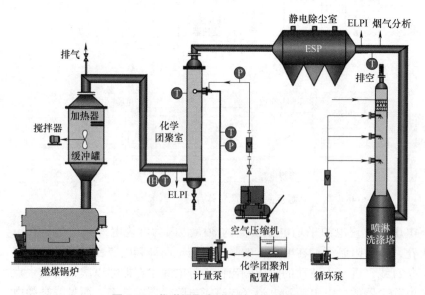

动图 5-49　化学团聚
电除尘技术工作原理

图 5-49　化学团聚电除尘技术工作原理

8. 电除尘器与其他除尘器的组合

在同一除尘器中利用互相促进的不同机理是提高除尘器性能的有效措施，几乎在各种除尘器中都可以用静电强化，所得到的效果也不完全相同。联合效果较好的除尘器有用静电强化的袋式除尘器、用静电强化的颗粒层除尘器、用静电强化的湿式除尘器和干湿联合电除尘器。

如目前应用较多的静电强化的袋式除尘器 AHPC（先进电-袋混合式除尘器）就是用静电强化的袋式除尘器，装置如图 5-50 所示。其基本原理是把静电除尘和布袋除尘集于一个腔内，把滤袋置于静电极板和极线之间，在一个室中充分混合，静电清灰产生的二次扬尘可被滤袋所捕集，而滤袋脉冲清灰的扬尘又会进入电场区，这些扬尘由于在滤袋表面凝聚，颗粒粒径增大，所以进入电场区以后很易被电场捕集，这样就提高了二者清灰的效率，从而大大提高了除尘效率，特别是 PM2.5 的脱除效率。此外，滤袋面积减少，当采用性能较好的覆膜滤料时，也会进一步实现细颗粒物的捕集进而达到超低排放的效果，PM2.5 的脱除效率可达 96.7%~99.9%。

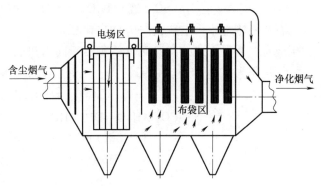

图 5-50　电-袋混合式除尘器装置

5.2 脱硫设备

目前世界各地用于烟气脱硫的方法很多，主要有石灰石/石灰洗涤法、双碱法、韦尔曼-洛德法、氧化法及氨法等。这些方法大致可分为两类：一类为干法，即采用粉状或粒状吸收剂、吸附剂或催化剂来脱除烟气中的 SO_2；另一类为湿法，即采用液体吸收剂洗涤烟气，以吸收烟气中所含的 SO_2。

干法脱硫的优点是工艺流程短，无污水、污酸排出，且净化后烟气温度降低很少，利于烟囱排气扩散。但干法脱硫由于其效率低，设备庞大，且操作技术要求高，所以发展较慢。湿法脱硫具有设备小、操作简便、脱硫效率较高的优点，但脱硫后烟气温度较低，不利于烟囱排气的扩散，针对这一问题可对烟气进行再加热来解决。因此，国内外对湿法脱硫工艺研究较多，使用也很广泛。根据国际能源机构煤炭研究组织调查统计，湿法脱硫占世界安装烟气脱硫机组总容量的 85%，其中石灰石法占 36.7%，其他湿法脱硫技术约占 48.7%。

根据所选用的脱硫工艺的不同，脱硫设备的种类和类型也不同。在传统脱硫工艺中，一般以吸收、吸附、反应设备为主。脱硫工艺中选用的吸收、反应设备，其结构类型与第 2 章所述的吸收、吸附、反应设备相似，只是为了满足防腐的要求，脱硫工艺中选用的设备材料不同。下面介绍典型脱硫工艺中的脱硫设备。

5.2.1 典型湿法脱硫工艺与设备

5.2.1.1 石灰石-石膏法烟气脱硫系统

在现有的烟气脱硫工艺中，湿式石灰/石灰石洗涤工艺技术最为成熟，运行最为可靠，应用也最为广泛。所以，石灰石-石膏法烟气脱硫系统已成为人们优先选择的脱硫工艺。湿式石灰/石灰石洗涤工艺分为抛弃法和回收法两种，它们最主要的区别是抛弃法系统中没有回收副产品石膏的系统及设备，脱硫效率也较低；回收法则强制使 $CaSO_3$ 氧化成 $CaSO_4$（石膏）后进行回收，且脱硫效率较高。

1. 石灰石-石膏法烟气脱硫系统的化学原理

在水中，气相 SO_2 被吸收并经下列反应离解。

$$SO_2(气)+H_2O === SO_2(液)+H_2O$$

$$SO_2(液)+H_2O === H^++HSO_3^- \to 2H^++SO_3^{2-}$$

石灰石则在水中溶解，产生 OH^- 和 CO_3^{2-}。由于气相 SO_2 在水中离解产生的 H^+ 被 OH^- 中和生成水，使得上述的离解反应平衡不断向右进行，实现气相中 SO_2 的吸收。向系统中鼓入空气可用来氧化 HSO_3^- 和 SO_3^{2-} 离子，最后生成石膏沉淀物。

$$CaCO_3 === Ca^{2+}+CO_3^{2-}$$

$$CO_3^{2-}+H_2O \to OH^-+HCO_3^- === 2OH^-+CO_2(液)$$

$$CO_2(液)+H_2O === CO_2(气)+H_2O$$

$$2HSO_3^-+O_2 === 2SO_4^{2-}+2H^+$$

$$2SO_3^{2-}+O_2 === 2SO_4^{2-}$$

$$Ca^{2+}+SO_4^{2-} === CaSO_4 \downarrow$$

2. 石灰石-石膏法烟气脱硫工艺及设备

典型的石灰石-石膏法烟气脱硫工艺流程如图 5-51 所示。它的系统由以下单元构成：

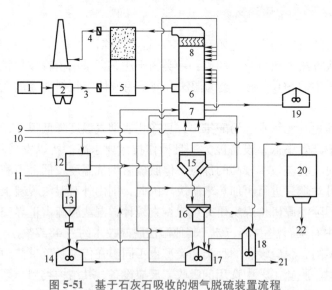

图 5-51　基于石灰石吸收的烟气脱硫装置流程

1—锅炉　2—电除尘器　3—待净化烟气　4—已净化烟气
5—气/气换热器　6—吸收塔　7—吸收塔底槽　8—除雾器
9—氧化用空气　10—工艺过程用水　11—粉状石灰石
12—工艺过程用水　13—粉状石灰石储仓　14—石灰石中和剂储箱
15—水力旋流分离器　16—皮带过滤机　17—中间储箱　18—溢流储箱
19—维修用塔槽储箱　20—石膏储仓　21—溢流废水　22—石膏

动图 5-51　基于石灰石吸收的烟气脱硫装置流程

（1）石灰石制备系统　该系统由石灰石粉料仓、石灰石磨机及测量站构成。一般将石灰石粉由罐车运到料仓存储，然后通过给料机、输粉机将石灰石粉输入浆池，加水制备成固体质量百分数为 10%～15% 的浆液。

（2）吸收和氧化系统　吸收和氧化系统包含吸收塔、除雾器、氧化槽等。

1）吸收塔。吸收塔是烟气脱硫系统的核心装置，要求气液接触面积大，气体的吸收反应良好，压力损失小，并且该设备适用于大容量烟气处理。吸收塔主要有喷淋塔、填料塔、双回路塔和喷射鼓泡塔四种类型。

① 喷淋塔。喷淋塔是湿法工艺的主流塔型，多采用逆流方式布置，烟气从喷淋区下部进入吸收塔，与均匀喷出的吸收浆液逆流接触。烟气流速为 3m/s 左右，液气比与煤含硫量和脱硫率关系较大，一般在 8～25L/m³。喷淋塔的优点是塔内部件少，故结垢可能性小，压力损失也小。此外，虽然逆流运行有利于烟气与吸收液充分接触，但逆流运行的阻力损失比顺流大。

喷淋塔的吸收区高度为 5～15m，如按塔内流速 3m/s 计算，接触反应时间为 2～5s。区内设 3～6 个喷淋层，每个喷淋层都装有多个雾化喷嘴，交叉布置，覆盖率达 200%～300%。喷嘴入口压力不能太高，在 $0.5×10^5～2×10^5$Pa。喷嘴出口流速约为 10m/s。雾滴直径为 1320～2950μm，大水滴在塔内的滞留时间为 1～10s，而小水滴则在一定条件下呈悬浮状态。喷嘴用碳化硅制造，耐磨性好，使用寿命可达 10 年以上。

② 填料塔。填料塔采用塑料格栅作为填料，相对延长了气液两相的接触时间，从而保证较高的脱硫率。格栅填料塔为逆流或顺流，逆流时气速为 2.5～5m/s，顺流时气速为 4～5m/s，顺流与逆流相比结构较紧凑。塔内压降因格栅填充高度而异。

③ 双回路塔。这类吸收塔被一个集液斗分成两个回路：下段作为预冷却区，并进行一级脱硫，控制较低的 pH（4.0～5.0），有利于氧化和石灰石的溶解，防止结垢和提高吸收剂的利用率；上段为吸收区，其排水经集液斗引入塔外另设的加料槽，在此加入新鲜石灰石浆液，维持较高的 pH（6.0 左右），以获得较高的脱硫率。

④ 喷射鼓泡塔。工艺采用喷射鼓泡反应器，烟气通过喷射分配器以一定压力进入吸收液中，形成一定高度的喷射气泡层，可省去再循环泵和喷淋装置。净化后的烟气经上升管进入混合室，除雾后排放。此塔型的特点是系统可在低 pH 下运行，一般为 3.5～4.5。生成的石膏晶体颗粒大，易于脱水。脱硫率的高低与系统的压降有关，可通过增大喷射管的浸没深度来提高压降，提高脱硫率。脱硫率为 95% 时，系统压降在 3000Pa 左右。

2）除雾器。为保证热交换器、烟道和风机等设备的正常运行，冷烟气中的残余水分一般不能超过 100mg/m³。因此，通常在净烟气的出口设除雾器，可装在塔的圆筒顶部（垂直布置）或塔出口弯道后的平直烟道上（水平布置）。此外，还应在工艺中设置冲洗水间歇冲洗除雾器，防止除雾器在运行过程发生堵塞和结垢。

3）氧化槽。氧化槽的功能是接收和储存脱硫剂，溶解石灰石，鼓风氧化 $CaSO_3$，结晶生成石膏。早期的湿式石灰/石灰石法几乎都是在脱硫塔外另设氧化塔，即由脱硫塔排出的含 $CaSO_3$ 的浆液再被引入专门的压力氧化槽中，并添加硫酸，在 pH 为 3～4 的条件下鼓风氧化。这种工艺容易导致结垢和堵塞问题。因此，对该工艺进行了改进，即将氧化系统组合在塔底的浆池内，利用大容积浆池完成石膏的结晶过程，就地强制氧化。循环的吸收剂在氧化槽内的设计停留时间与石灰石的反应性能有关，一般为 4～8min。石灰石反应性能越差，则要求它在池内滞留时间越长，以保证它能够在氧化槽中完全溶解。氧化空气一般采用罗茨风机或离心风机鼓入，压力为 $5×10^4 \sim 8.6×10^4 Pa$。

（3）烟气再热系统　经过洗涤的烟气温度已低于露点，是否需进行再热，取决于各国的环保要求。常规做法是利用烟气再加热器对洗涤后的烟气进行再加热，达到一定温度后通过烟囱排放。

（4）脱硫风机　装设烟气脱硫装置后，整个脱硫系统的烟气阻力约为2940Pa，单靠原有锅炉引风机不足以克服这些阻力，需设助催风机，或称脱硫风机。

（5）石膏脱水装置及储存装置　湿式石灰石洗涤工艺的管道和设备均需要使用防腐材料或涂层。在烟气通道中，应采用表5-25中的材料。

表 5-25　湿式石灰石洗涤工艺中装置材料

设备	温度/℃	酸露点/℃	材料	设备	温度/℃	酸露点/℃	材料
未净化 烟气管道	>100 >85 <85	<100 >85 >85	非合金钢 鳞片状玻璃涂层 软橡胶衬里	洗涤塔	40~60		软橡胶衬里 聚丙烯（PP） 玻璃钢管（GFK） 碳化硅喷嘴
洗涤塔 进口区域	>85 >160 >180 <85		鳞片状玻璃涂层 铬镍铁合金板 （Inconel625） 耐盐酸镍合金板 （HastelloyC276） 软橡胶衬里	净化后 烟气管道	40~85 >100 >85	<100 <85	软橡胶涂层 非合金钢 鳞片状玻璃涂层

5.2.1.2　湿式氨法脱硫技术

氨法烟气脱硫工艺是指利用氨做吸收剂除去烟气中的 SO_2 的工艺。湿式氨法脱硫工艺是采用一定浓度的氨水做吸收剂，在一结构紧凑的吸收塔内洗涤烟气中的 SO_2，达到烟气净化的目的。形成的脱硫副产物是可做农用肥的硫酸铵，不产生废水和其他废弃物，脱硫率在 $90\% \sim 99\%$，能严格地保证出口 SO_2 浓度保持在 $200mg/m^3$ 以下。

1. 基本原理

氨法脱硫工艺主要由两部分反应组成。

1）吸收过程。烟气经过吸收塔，其中的 SO_2 被吸收液吸收，并生成亚硫酸氨与硫酸氢铵，具体化学反应如下：

$$SO_2 + 2NH_3 + H_2O \Longrightarrow (NH_4)_2SO_3$$
$$(NH_4)_2SO_3 + SO_2 + H_2O \Longrightarrow 2NH_4HSO_3$$
$$2(NH_4)_2SO_3 + O_2 \Longrightarrow 2(NH_4)_2SO_4$$

2）中和结晶。吸收过程中产生的高溶度亚硫酸氨与硫酸氢铵吸收液，先经灰渣过滤器滤去烟尘，再在结晶反应器中与氨起中和反应，在水的间接搅拌冷却下，使亚硫酸铵结晶析出，具体反应如下：

$$NH_4HSO_3 + NH_3 \Longrightarrow (NH_4)_2SO_3$$
$$(NH_4)_2SO_3 + H_2O \Longrightarrow (NH_4)_2SO_3 \cdot H_2O$$

2. 湿式氨法脱硫工艺

湿法氨水洗涤脱硫工艺流程如图5-52所示，氨水洗涤脱硫工艺设备主要由脱硫洗涤系统、烟气系统、氨水制备储存系统、硫酸铵结晶系统等组成。该工艺的核心设备是脱硫洗涤塔。

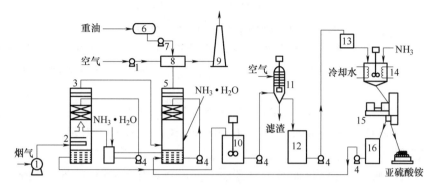

图 5-52　湿法氨水洗涤脱硫工艺流程

1—风机　2—预热段　3—1 号洗涤塔　4—泵　5—2 号洗涤塔　6—重油罐　7—油泵　8—加热炉　9—烟囱
10—饱和液槽　11—灰渣过滤器　12—母液槽　13—母液高位槽　14—中和结晶器　15—离心机　16—离心母液槽

（1）烟气系统　烟气系统包括脱硫增压风机、烟气冷却装置、热交换器等。经过除尘的烟气在热交换器中冷却，在急冷段中喷水使之冷却饱和后，进入脱硫洗涤塔经氨水洗涤脱硫，在高浓度 SO_2 条件时产生的气溶胶被塔内的湿式电除尘器除去，净化后的烟气经脱硫风机增压和热交换器升温后由烟囱排放。

（2）脱硫洗涤系统　脱硫洗涤系统是该工艺的核心，包括吸收洗涤塔、氨水供给循环装置、氧化装置。洗涤塔内置二层吸收洗涤层。洗涤层为烟气和氨吸收液密切接触提供载体。经冷却后的烟气从底部进入洗涤塔，逆流和从洗涤层上部喷淋下的氨水吸收液接触，烟气中的 SO_2 被氨吸收变成亚硫酸铵，通过在第一洗涤段加氨来不断控制洗涤液的 pH，使其在一合理的范围内。并根据 SO_2 的含量来调节第二洗涤段的喷淋量，以达到更好的效果。洗涤液中的亚硫酸铵等产物经鼓入空气氧化后形成硫酸铵，过量的洗涤液按浓度控制提供给硫酸铵储存罐。完成脱硫后的烟气通过安装于塔顶的湿式电除尘器去除吸收过程产生的气溶胶，再排出脱硫洗涤塔。

（3）氨水制备储存系统　把采购来的液氨和水以一定比例混合在容器中制成反应所需浓度的氨水，顺流的热交换器把吸收产生的热量带走，使溶液降到饱和温度。产生的氨水储存在罐中，能满足一定时间的使用量。

（4）硫酸铵结晶系统　该系统将洗涤塔中产生的液体硫酸铵溶液经浓缩结晶形成硫酸铵固态产品。装置用蒸汽加热结晶，产生的水补充做脱硫系统用的工艺水。形成的脱硫副产品以固态直径 0.2~0.6mm 的硫酸铵结晶形式储存或外运。

5.2.1.3　双碱法烟气脱硫技术

双碱法烟气脱硫工艺是为了克服石灰石法或石灰法容易结垢的缺点而发展起来的。它先用碱金属盐类如 NaOH、Na_2CO_3、$NaHCO_3$、Na_2SO_3 等的水溶液吸收 SO_2，然后在反应器中用石灰或石灰石将吸收了 SO_2 的溶液进行再生，再生后的吸收液用于循环使用，SO_2 则以石膏的形式析出，生成亚硫酸钙和石膏。

1. 化学原理

在吸收塔内吸收 SO_2：

$$2NaOH + SO_2 =\!=\!= Na_2SO_3 + H_2O$$

$$Na_2SO_3+SO_2+H_2O \Longrightarrow 2NaHSO_3$$
$$Na_2CO_3+SO_2 \Longrightarrow Na_2SO_3+CO_2$$

将吸收了 SO_2 的吸收液送至石灰反应器，进行吸收液的再生和固体副产品的析出。如以钠盐作为脱硫剂，用石灰（CaO）对吸收剂进行再生，则在石灰反应器中会进行下列的反应：

$$Ca(OH)_2+Na_2SO_3 \Longrightarrow 2NaOH+CaSO_3$$
$$Ca(OH)_2+2NaHSO_3 \Longrightarrow Na_2SO_3+CaSO_3 \cdot 0.5H_2O+1.5H_2O$$

2. 工艺流程

双碱法烟气脱硫的工艺流程如图 5-53 所示。气体与含有 Na_2SO_3 的溶液接触，在某些情况下，溶液中还含有 NaOH 或 $NaCO_3$。Na_2SO_3 把被吸收的 SO_2 转化成亚硫酸氢盐，抽出一部分再循环液与石灰反应，则形成了不溶性的 $CaSO_3$ 和可溶性的 Na_2SO_3 及 NaOH。

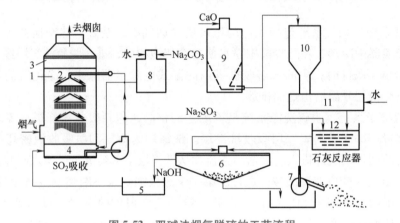

图 5-53　双碱法烟气脱硫的工艺流程

1—吸收塔　2—喷淋装置　3—除雾装置　4—瀑布幕　5—缓冲箱　6—浓缩器　7—过滤器
8—Na_2CO_3 吸收液　9—石灰仓　10—中间仓　11—熟化器　12—石灰反应器

最初的双碱法一般只有一个循环水池，NaOH、石灰和脱硫过程中捕集的烟灰在同一个循环池内混合。在清除循环池内的灰渣时，烟灰、反应生成物 $CaSO_3$、$CaSO_4$ 及石灰渣和未完全反应的石灰同时被清除，清出的混合物不易利用而成为废渣。

为克服传统双碱法的缺点，人们对其进行了改进。主要工艺过程是在清水池中一次性加入氢氧化钠溶剂制成脱硫液，用泵打入脱硫除尘器进行脱硫。三种生成物（Na_2SO_3、Na_2SO_4、$NaHSO_3$）均溶于水，在脱硫过程中，烟气夹杂的烟道灰同时被循环水湿润而捕集，从脱硫除尘器排出的循环水变为灰水，一起流入沉淀池。烟灰经沉淀定期清除，可回收利用，如制内燃砖等。上清液溢流进入反应池与投加的石灰进行反应，置换出的 NaOH 溶解在循环水中，同时生成难溶解的 $CaSO_3$、$CaSO_4$ 和 $CaCO_3$ 等，可通过沉淀清除。

3. 工艺特点

与石灰石法、石灰法相比，钠碱双碱法原则上具有如下优点：

1）用 NaOH 脱硫，循环水基本上是 NaOH 的水溶液，在循环过程中对水泵、管道、设备均无腐蚀，不会堵塞，便于设备运行与保养。

2）吸收剂的再生和脱硫渣的沉淀发生在吸收塔外，减少了塔内结垢的可能性，因此可以用高效的板式塔或填料塔代替目前广泛使用的喷淋塔，从而大大减小吸收塔的尺寸及操作液气比，以降低脱硫成本。

3）脱硫效率高，一般在 90% 以上。

双碱法的缺点：Na_2SO_3 氧化副反应产物 Na_2SO_4 较难再生，需不断向系统补充 NaOH 或 Na_2CO_3 而增加碱的消耗量。另外，Na_2SO_4 的存在也会降低石膏的质量，影响脱硫效率。

5.2.1.4　磷铵肥法烟气脱硫技术

磷铵肥法（PAFP）烟气脱硫技术是我国自行开发的一项新脱硫技术，利用天然磷矿石和氨为原料，在烟气脱硫过程中直接生产磷铵复合肥料的回收法脱硫技术。例如，能源部西安热工研究所等单位在四川豆坝电厂建成了一套烟气处理量为 $5000m^3/h$ 的装置，装置全部采用国产设备和材料，并完成了 2000h 的连续考核运行，达到了脱硫率大于 95%，磷矿分解率大于 90%，产物复合肥料总有效养分（$N_2P_2O_5$）大于 35% 的指标。

1. 工艺原理

工艺过程主要由吸附、萃取、中和、吸收、氧化、浓缩干燥等单元操作组成，其各部分原理如下。

1）吸附。利用活性炭作为第一级脱硫的吸附介质，对烟气中的 SO_2 进行吸附处理，在有氧条件下，SO_2 被催化氧化成 SO_3，活性炭的吸附容量接近饱和时，对活性炭洗涤再生即能得到稀硫酸，其浓度大于 30%。活性炭再生后可重复使用。活性炭制酸的化学反应过程如下

$$2SO_2+O_2+2H_2O \Longrightarrow 2H_2SO_4$$

2）萃取磷矿石制磷酸。一级脱硫制备的稀硫酸与磷矿粉发生反应，萃取过滤后可获得磷酸，磷矿萃取率大于 90%，稀磷酸浓度大于 10%。

$$Ca_{10}(PO_4)_6F_2+10H_2SO_4+20H_2O \Longrightarrow 6H_3PO_4+2HF+10CaSO_4 \cdot 2H_2O$$

3）氨中和磷酸制磷酸氢二铵及二级脱硫。对磷酸用氨中和调节到一定的 pH，配制成第二级脱硫所需的脱硫吸收液，中和反应式为

$$H_3PO_4+NH_3 \Longrightarrow NH_4H_2PO_4$$
$$NH_4H_2PO_4+NH_3 \Longrightarrow (NH_4)_2HPO_4$$

配制的磷铵中和液中，磷酸氢二铵有良好的脱硫能力。利用磷铵中和液在第二级脱硫中对 SO_2 进一步吸收，其反应式为

$$2(NH_4)_2HPO_4+SO_2+H_2O \Longrightarrow 2NH_4H_2PO_4+(NH_4)_2SO_3$$
$$NH_4H_2PO_4+NH_3 \Longrightarrow (NH_4)_2HPO_4$$

在脱硫过程中，需不断向循环液补充氨，以获得有脱硫能力的磷酸氢二铵，来维持所需脱硫率。

4）脱硫肥料浆氧化及浓缩干燥。经脱硫后的磷铵脱硫液以 $NH_4H_2PO_4$、$(NH_4)_2SO_3$ 为主，在制备固体肥料前，应对受热不稳定的 $(NH_4)_2SO_3$ 进行氧化处理，其反应式为

$$2(NH_4)H_2PO_4+(NH_4)_2SO_3+0.5O_2 \Longrightarrow 2NH_4H_2PO_4+(NH_4)_2SO_4$$

氧化后的脱硫液，通过蒸发浓缩干燥，即制得固体肥料，其肥料组分是磷酸二氢铵和硫酸铵。

2. 工艺流程

中试流程如图 5-54 所示，可分为两个系统：

1）烟气脱硫系统。烟气经高效除尘器后使含尘量小于 200mg/m³，用风机将烟压升高到 6860Pa 正压，经文氏管喷水降温调湿，进入四塔并列的活性炭脱硫塔组，利用其中一个塔周期性切换再生，控制一级脱硫率大于 70%，并制得 30% 左右的硫酸；一级脱硫后的烟气进入二级脱硫塔，用磷铵浆液洗涤脱硫，最后分离雾沫后排放。

2）肥料制备系统。在常规单槽多浆萃取槽中，用脱硫生产的稀硫酸分解磷矿粉，过滤后获得稀磷酸，加入氨进行中和，得到磷铵，作为二级脱硫剂。经二级脱硫并氧化后的肥料浆先在蒸发设备中浓缩，再送入干燥机干燥，最后生产出固体氮磷复合肥料包装出厂。

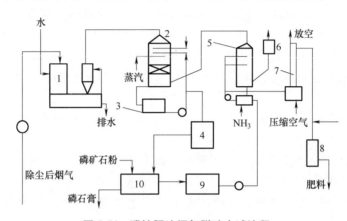

图 5-54　磷铵肥法烟气脱硫中试流程

1—降温冷却组件　2—活性炭吸附塔　3—稀硫酸储槽　4—产品硫酸槽　5—吸收脱硫塔
6—除雾器　7—氧化塔　8—肥料浆浓缩干燥塔　9—磷酸液储存槽　10—磷酸萃取器

3. 主要设备

一般锅炉风机前设多管旋风除尘器，除尘后的烟气含尘量约 8g/m³。磷铵肥法烟气脱硫技术要求脱硫塔入口烟气含尘量小于 200mg/m³，因此该工艺必须另设除尘器。为确保试验运行可靠，采用布袋除尘器，并在其前再加装一级旋风除尘器，以减轻布袋除尘器的负荷，如果电站锅炉设有高效静电除尘器，可以不另设附加的除尘器。磷铵肥法烟气脱硫工艺主要设备的规格、材料及工作介质列于表 5-26。

1）鼓风机。为了从锅炉主烟道中抽取烟气并克服烟气脱硫系统的压降，应设置专用的脱硫风机。风机设在系统前可避免腐蚀，但在正压下运行，系统如有 SO₂ 烟气泄漏，将恶化工作环境。若设在系统之后，虽对工作环境有利，但风机在湿烟气中运行，需有必要的防腐措施。

2）增湿降温组件采用水量可调文氏管、重力脱水器及复挡除沫器组件，可满足运行要求，但该装置的增湿降温组件压降很高，约占全系统总压降的 70%，压降主要消耗在文氏管上，大型组件有可能将该部分压降控制在 2kPa 左右。此外，选用文氏管后，一旦出现除尘器故障，加大喷水量便可除尘，以保护活性炭不受粉尘污染。

3）一级脱硫塔采用活性炭固定床，可减少炭的磨损，对再生效果及减轻液膜传质阻力均有利，便于快速起动；洗涤再生时，采用多喷头布置，保证洗涤均匀，提高了再生效果。

4）二级脱硫。采用喷淋塔，喷淋密度为 10m³/(m²·h) 时，可使脱硫效率满足要求。

5）肥料浆氧化塔。采用高液柱、高度空气分散及长停留时间，能满足氧化要求。

　　6）磷酸萃取槽。由于稀硫酸分解磷矿的反应温度达不到 70℃ 要求，可外设水套加热以补救。

　　7）肥料浆浓缩干燥设备。因条件限制，采用冷凝器产生的真空单效蒸发浓缩干燥方式及用蒸汽加滚筒干燥方式，效率均较差，扩大工程中宜采用双效真空蒸发和高效干燥方式。

表 5-26　磷铵肥法中试主要设备一览

序号	名称	数量	规　格	材　料	工作介质、耐蚀情况、备注
1	鼓风机	1	Q8000m³/h，H1000mm 水柱	碳钢	110℃ 左右低含尘高硫烟气
2	增湿降温组件	1	文氏管 ϕ350mm/190mm，L2450mm 复挡 1200mm，H2500mm 等	整体玻璃钢	淋水后 pH 约为 1，以 H_2SO_3 为主的水溶液含少量氮化物及微量硫酸
3	一级脱硫塔	4	ϕ1840mm，高 1500mm，总高 4520mm	碳钢，内衬玻璃钢，外保温涂防水漆	烟气：70℃ 左右，含尘 50～100mg/m³ SO_2、O_2 及水。硫酸：5%～50% 及含少量 Cl^-
4	二级脱硫塔	1	ϕ1000mm，高 5900mm，淋洗段 3500mm	碳钢，内衬玻璃钢	磷酸铵盐、亚硫酸铵盐及含 F^-、Cl^- 等料浆，烟气中含 SO_2、O_2 及水，pH 5.8～6.2，40～50℃
5	氧化塔	1	分上下段：ϕ500mm/200mm，H3300mm/6000mm	1Cr18Ni9Ti 不锈钢	磷酸铵盐、亚硫酸铵盐、硫酸铵及含少量 F^-、Cl^- 等的料浆，70℃
6	萃取槽	1	ϕ1800mm，H900mm，外设热水套	1Cr18Ni12Mo2Ti 不锈钢	H_2SO_4、H_3PO_4、磷矿粉及少量 F^-、Cl^- 等盐的料浆，70～80℃
7	养晶槽	1	ϕ1300mm，H1300mm	1Cr18Ni9Ti 不锈钢	含 H_3PO_4、磷矿粉及少量 H_2SO_4、F^-、Cl^- 盐的萃取料浆，50～60℃
8	单盘过滤机	1	1200mm×750mm	PVC 碳加固	H_3PO_4 及少量 H_2SO_4，F^-、Cl^- 盐和磷石膏等，50℃ 左右
9	闪蒸室	1	ϕ800mm，H1600mm	1Cr18Ni9Ti 不锈钢	磷酸铵盐、硫酸铵及少量亚硫酸铵、F^-、Cl^- 等肥料浆，105～110℃，pH 6 左右
10	加热器	1	1.94m²	1Cr18Ni9Ti 不锈钢	磷酸铵盐、硫酸铵及少量亚硫酸铵、F^-、Cl^- 等肥料浆，105～110℃，pH 6 左右
11	滚筒干燥器	1	有效干燥面 1m²，ϕ500mm，L1000mm，1r/min	碳钢	磷酸铵盐、硫酸铵盐及 F^-、Cl^- 等，<100℃
12	稀硫酸循环泵	3	TB5/30，16m³/h	内体耐酸陶瓷	10%～35% 硫酸，含少量 Cl^- 等
13	铵料浆循环泵	2	Q18m³/h，H95m 磷酸专用渣浆泵		磷酸铵盐、亚硫酸及硫酸铵盐，含少量 F^-、Cl^- 等杂质料浆，40～44℃
14	氧化供料比例泵	1	2L × QM160/4，Q100L/h，H4kS/cm²		磷酸铵盐、亚硫酸及硫酸铵盐，含少量 F^-、Cl^- 等杂质料浆，40℃
15	料浆浓缩循环泵	1	FMY25/25 液下泵，Q3.6m³/h，H25m	1Cr18Ni12Mo2Ti 不锈钢	磷酸铵盐、硫酸铵及少量 SO_3^{2-}、F^-、Cl^- 盐的料浆，100～105℃，pH 6 左右

（续）

序号	名称	数量	规　　格	材　　料	工作介质、耐蚀情况、备注
16	水环真空泵	2	SZ-2	碳钢	含水蒸气的湿空气及清水
17	压缩空气机	2	ⅡZA-1.5/8型	碳钢	空气

5.2.2　干式烟气脱硫技术

干式烟气脱硫，即采用粉状或粒状吸收剂、吸附剂或催化剂来脱除烟气中的 SO_2。这一工艺与常规湿式工艺相比有以下优点：投资较低；脱硫产物呈干态，并与飞灰相混；无须装设除雾器及烟气再热器；设备不易腐蚀，不易发生结垢及堵塞。缺点：吸收剂的利用率低于湿式烟气脱硫工艺，用作高硫煤时经济性差；飞灰与脱硫产物相混可能影响综合利用；对干燥过程控制要求很高。

最主要的干式烟气脱硫技术有三类：喷雾干燥法、循环流化床排烟脱硫法和干式催化脱硫法。据国际能源机构煤炭研究组织调查表明，目前干式烟气脱硫装置约占全世界烟气脱硫装置容量的15%。

5.2.2.1　喷雾干燥法烟气脱硫技术

旋转喷雾干燥法烟气脱硫技术是在20世纪80年代迅速发展起来的脱硫工艺。这些装置主要用于燃用中低硫煤的电厂烟气脱硫。近年来，高硫煤的旋转喷雾烟气脱硫研究工作正在进行。

1.　工艺流程及工作原理

旋转喷雾干燥法脱硫利用喷雾干燥原理，在吸收剂喷入吸收塔以后，一方面吸收剂与烟气中的 SO_2 发生化学反应，生成固体灰渣；另一方面烟气将热量传递给吸收剂，使之不断干燥，在塔内脱硫反应后形成的废渣为固体粉尘状态，一部分在塔内分离，由锥体出口排出，另一部分则随脱硫后烟气进入电除尘器。其工艺流程如图5-55所示。

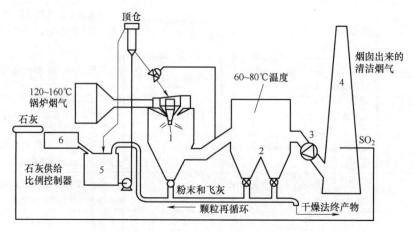

图5-55　旋转喷雾干燥法烟气脱硫工艺流程

1—喷雾吸收器　2—除尘器　3—引风机　4—烟囱　5—供给槽　6—熟化器

旋转喷雾干燥法烟气脱硫工艺流程包括：①吸收剂制备；②吸收剂浆液雾化；③雾粒与烟气的接触混合；④液滴蒸发与 SO_2 吸收；⑤废渣排出。其中②~④在喷雾干燥吸收塔内进行。

安装于吸收塔顶部的离心喷雾机具有很高的转速，吸收剂浆液在离心力作用下喷射成均匀的雾粒，雾粒直径可小于 $100\mu m$。这些具有很大表面积的分散微粒，一旦同烟气接触，就会发生强烈的热交换和化学反应，迅速将大部分水分蒸发掉，形成含水量很少的固体灰渣，由于吸收剂微粒没有完全干燥，在吸收塔之后的烟道和除尘器中仍可继续发生一定程度的吸收 SO_2 的化学反应。

2. 主要设备与分析

旋转喷雾干燥系统主要由以下三部分组成。

（1）吸收塔系统　石灰浆液在其中雾化，并同烟气中的 SO_2 反应脱硫，同时液滴干燥生成能自由流动的粉末（$CaSO_3$、$CaSO_4$ 及飞灰）。吸收塔的结构尺寸由许多因素决定，如雾化器类型、雾化器出口液滴速度、烟气量、SO_2 浓度、趋近绝热饱和温度值、烟气滞留时间、吸收剂特性等。设计和安装时，要求有较好的密封保温性能，以防止局部漏风散热引起设备腐蚀。吸收塔容器必须足够干燥，以避免粉末颗粒在吸收塔壁上发生沉积。

（2）除尘设备　除尘设备包括袋式除尘器、电除尘器、低低温除尘器等。

1）袋式除尘器。袋式除尘器与电除尘器相比有以下优点：沉积在袋上的未反应的石灰可与烟气中残余 SO_2 反应，脱硫率可达到系统总脱硫率的 30%。由于烟气都必须穿过滤袋上的尘层，因此滤袋可以看成一个固定床反应器。

袋式除尘器在旋转喷雾干燥系统中使用具有良好的效果。作为喷雾干燥脱硫系统尾部设备的袋式除尘器，其压降与单纯除尘时基本相同，虽然粉尘负荷增加了 5 倍或更多，但滤袋压降并没有出现较大变化，其原因是喷雾干燥的固态生成物的粒径大于煤飞灰，这些粗颗粒形成了具有良好阻力特性的过滤层。袋式除尘器用于旋转喷雾干燥系统具有良好的粉尘控制性能，其排放量低于 $0.013mg/m^3$。

需要特别注意的是，人孔门周围、保温薄弱的局部位置和烟气流速较低的区域会产生腐蚀，腐蚀原因是冷空气流入后局部温度低于露点，造成结露，为此要求：

① 外壁保温层厚度应达 100mm。

② 内壁用 76mm 厚的保温材料夹在两层 5mm 钢板中间。

③ 壳体肋板位于内壁面上，保温材料可以直接敷设在外壁面上。

④ 灰斗、叉状支承柱需要保温。

⑤ 需要设置内部通道，且每一层设有人孔门，可以检查每一条滤袋。

旋转喷雾干燥系统袋式除尘器的入口温度为 60~110℃，在该温度及化学抗腐条件下，只有少数袋料适用，通常使用一种具有保护涂层的玻璃纤维袋，该滤袋适宜在 260℃ 以下的温度工作。均聚丙烯袋材也成功地用于喷雾干燥脱硫系统，而聚酯和聚丙烯则不适用于此。较大的系统采用反吹式袋式除尘器，气布比为 2:1，需要使用带支承环的滤袋；较小的系统一般采用脉冲清灰，使用的是网笼上支承毡滤袋，气布比一般为 3:1~6:1。

2）电除尘器（ESP）。根据喷雾干燥脱硫产物的特性，在很多情况下，可以采用 ESP。喷雾干燥系统可以加装在现有 ESP 前面。若作为老厂改造，则不需要对 ESP 本身进行大的改动。

由于烟气在 ESP 中有一定的滞留时间，一部分脱硫可在其中实现。在这段滞留时间里，使烟气和吸收剂相接触有两条途径：其一是烟气流经阳极板，阳极板上沉积一层飞灰和吸收剂颗粒；其二是烟气通过 ESP 时，吸收剂颗粒荷电，经电场力驱动，移向阳极板，其移动方向与烟气流向垂直。通过中间试验，已证实 ESP 脱硫率占总脱硫率的 10%~15%。

3）低低温除尘器。低低温脱硫除尘技术是从电除尘器及烟气脱硫工艺演变而来的，其除尘效率高且耗能少，可除去烟气中大部分 SO_3。目前，我国已经有多个燃煤火力发电厂采用低低温电除尘器进行脱硫除尘，并且该设备运行稳定，脱硫除尘效果均满足国内严格的排放标准要求，社会效益和市场前景广阔，具有推广价值。

① 工作原理与工艺。低低温除尘器（见图 5-56）主要由低温省煤器和低低温电除尘器组成，其原理是把低温省煤器布置在低低温电除尘器进口喇叭处。低温省煤器的冷却介质是冷凝水，热烟气通过冷凝水后，热量被吸收，使得电除尘器入口处的烟气温度降低至酸露点温度以下，最低温度满足湿法脱硫系统工艺温度的要求。这时烟气中的大部分 SO_3 冷凝形成硫酸雾，被气流中的粉尘黏附并被碱性物质中和，粉尘的比电阻大大降低，避免了反电晕现象的发生。因此，低低温脱硫除尘技术能够在提高除尘效率的同时除去大部分 SO_3。

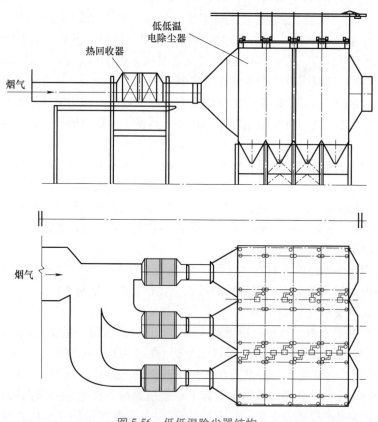

图 5-56　低低温除尘器结构

低低温脱硫除尘工艺流程如图 5-57 所示。首先，该工艺是在锅炉空预器后设置热回收器，其目的是降低除尘器入口的烟气温度，使得烟气温度由原来的 140℃降至 90℃左右，从而降低了飞灰比电阻、烟气流速并延长了烟尘经电场的时间，有效地提高了该工艺的脱硫除尘效率。然后，在脱硫装置出口处（吸收塔下游）设置再热器，通过热媒水密闭的循环流动，将从热回收器处获得的热量回收，用于加热脱硫后净烟气，使烟气的温度从 50℃ 左右升高到 90℃ 以上，从而达到节能减排的目的。

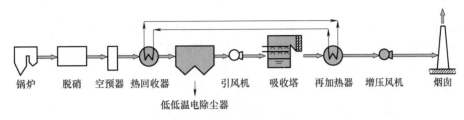

图 5-57　低低温脱硫除尘工艺流程

② 特点。根据低低温脱硫除尘系统的实际运用情况，与常规电除尘器（入口烟气在 120~130℃）相比，低低温脱硫除尘技术的主要特点如下。

a. 除尘效率高。低低温脱硫除尘技术通过热回收器或烟气换热系统将烟气温度降低至酸露点以下，使烟气中大部分 SO_3 冷凝成硫酸雾，并吸附在粉尘表面，从而使得粉尘性质发生很大变化。烟气温度对飞灰比电阻影响较大，当温度低于 100℃ 时，粉尘的表面比电阻随温度降低而降低，当低低温脱硫除尘技术入口烟气温度约为 90℃ 时，电厂烟气中的粉尘比电阻一般不超过 $1011\Omega \cdot cm$，因此温度降低可使粉尘比电阻降低至最佳除尘效率区间，从而提高电除尘器的除尘效率。此外，烟气在进入除尘器前降低温度，烟气的流速也会相应减小，在低低温电除尘器的停留时间就会增加，电除尘装置就可以更有效地捕获烟尘，从而达到更高的除尘效率。

b. 去除烟气中大部分 SO_3。由于入口烟气温度在酸露点以下，这时气态的 SO_3 转化为液态的硫酸雾，烟气含尘量高，粉尘的总表面积大，为硫酸雾的凝结附着提供了良好的条件。低低温脱硫除尘技术在灰硫比大于 100 的条件下，对 SO_3 的去除率可达 95% 以上。因此，该技术是目前 SO_3 去除率最高的烟气处理技术。

c. 提高脱硫装置协同除尘效果。低低温电除尘系统降低了烟气温度，使烟气量和脱硫系统的用水率降低，减少了脱硫系统的二次污染。同时，由于低低温电除尘器能够有效去除脱硫系统不能脱去的 SO_3，从而避免了因 SO_3 结露而形成的腐蚀性硫酸雾，减少了脱硫系统的腐蚀风险。因此，低低温电除尘器对烟气协调治理的脱硫系统有非常大的作用。

d. 二次扬尘加剧。与常规电除尘器相比，低低温除尘器也有不足：由于粉尘比电阻的降低会削弱捕集到阳极板上的粉尘的静电黏附力，从而导致低低温电除尘器的二次扬尘现象比常规电除尘技术更严重，使得除尘性能有所下降。因此，为了避免此现象的发生，可采取以下措施：

适当增加电除尘器容量并采用振打优化技术，即通过加大流通面积，降低烟气流速，设置合适的电场数量，调整振打方式来控制二次扬尘。

当场地受限时，可采用旋转电极式电除尘技术或离线振打技术。旋转电极式电除尘技术即末电场采用旋转电极式电除尘器结构形式，使电极不易受粉尘黏附影响，保持电流密度分布均匀，将电流较小的区域的二次扬尘控制在最小的程度，从而降低二次扬尘。离线振打技术则是在低低温电除尘器若干个烟气通道的进出口相关位置设置烟气挡板，通过关闭需要振打烟气通道的挡板，同时对该烟气通道内电场停止供电，根据风量调整措施防止相邻通道的烟气流量大幅增加，从而降低二次扬尘。

出口封头内设置收尘板式的出口气流分布板，对部分来不及捕集或二次飞扬引起的烟尘进行再次捕集。

③ 应用。我国于 2014 年 12 月中旬投入使用的首台不采用湿式电除尘器实现超低排放的机组——华能长兴电厂"上大压小"工程 2×660MW 机组也是采用低低温脱硫除尘技术，烟气温度设置为 90℃。其中，低低温电除尘器出口的 SO_3 浓度低于 3.57mg/m³，出口烟尘浓度小于 5mg/m³。

（3）雾化器及料浆制备系统　该系统包括吸收剂的处理、制浆，在大多数制浆系统中还包括灰渣再循环，再循环又包括灰渣的处理、再制浆与新石灰的混合。

当前，采用较多的雾化器有喷嘴型（又称空气-浆液两相液雾化器，或称二流喷嘴，如图 5-58 所示）和旋转离心雾化器两种，其雾化原理和特点如下：

1）喷嘴雾化器。雾化的能量由空气压缩机提供。空气压力越高，产生液滴越细，但能耗也越大。这种喷嘴所产生的锥形雾化区与离心雾化器相比，锥角狭小，吸收塔柱体部分相对较长，高径比为 1.5~2（不包括锥体高度）。其优点是可平行安装，切换方便，各喷嘴可独立运行，可以在线维护，喷嘴设计简单。其缺点是飞灰对设备的磨损比石灰浆液更为厉害，被高速浆液摩擦的表面和再循环系统都需要使用更耐磨的材料进行制备；对于大容量机组，喷嘴数量要求多，能耗大，维护检修复杂。

2）旋转离心雾化器。由旋转盘或雾化轮将浆液分裂成微小液滴。许多厂家将碳酸钠作为吸收剂时，采用旋转盘进行雾化，而雾化石灰浆液，需要采用耐磨的雾化轮，雾化轮转速为 10000~20000r/min，浆液雾粒粒径大小为 25~200μm。旋转离心雾化器所产生的液滴大小与浆液流量关系不大，因此，旋转离心雾化器具有较好的调节能力，所得到的雾化区域也较喷嘴型宽得多，即雾化区的锥角大，高径比通常为 0.7~0.9（不包括下部锥体高度），这种雾化器具有很高的雾化容量，雾化液体量可达 100g/s，一般一个吸收塔只需一个雾化器。雾化轮直径为 200~400mm，线速度为 175~250m/s。

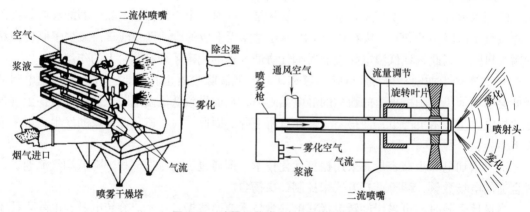

图 5-58　喷雾吸收塔和二流喷嘴结构

5.2.2.2　回流式烟气循环流化床脱硫技术

回流式烟气循环流化床（RCFB）脱硫技术主要用于电站锅炉的烟气处理。单台可配锅炉容量为 5~300MW。这种技术具有干法脱硫的许多优点，如投资少、占地面积小、流程简单等，而且可在很低的钙硫比下，达到与湿法脱硫技术相近的脱硫效率。RCFB 技术可针对机组容量的大小和对排放物控制的要求，选用如消石灰、生石灰、焦炭等作为吸收剂。对脱硫效率要求不超过 70%~80% 的机组，RCFB 还可与炉内干法脱硫技术相结合。

1. 工艺流程

回流式烟气循环流化床脱硫系统主要由吸收剂制备、吸收塔、吸收剂再循环系统、除尘器及控制设备几个部分组成，其工艺流程如图 5-59 所示。

从炉膛出来的烟气流经空气换热器，经冷风冷却到 248~356℃，从除尘器前或后引入吸收塔（取决于对脱硫副产品的要求）。吸收塔底部为一文丘里装置，烟气流经时被加速并与很细的吸收剂相混合。吸收剂与烟气中的 SO_2 产生反应，生成 $CaSO_3$。带有大量固体颗粒的烟气从吸收塔顶部排出，然后进入吸收剂再循环除尘器中，烟气中大部分颗粒在此被分离出来，经过消石灰仓返回吸收塔，如此多次循环。RCFB 吸收塔中的烟气和吸收剂颗粒在向上运动时，会有一部分烟气产生回流，形成很强的内部湍流，从而增加了烟气与吸收剂的接触时间，使脱硫过程得到了极大改善，提高了吸收剂的利用率和脱硫效率。另外，吸收塔内产生的回流使得塔出口的含尘浓度大大降低。一般来说，塔内部回流的固体物量为外部再循环量的 30%~50%。这样便大大减轻了除尘器的负荷。此外，烟气在进入吸收塔底部时要喷入一定量的水，以降低烟温并增加烟气中水分的含量，这是提高烟气脱硫效率的关键。RCFB技术适用于单机容量达 350MW 的机组。

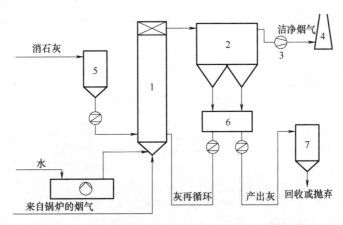

图 5-59　回流式烟气循环流化床（RCFB）脱硫工艺

1—回流式循环流化床　2—布袋/电除尘器　3—引风机　4—烟囱　5—消石灰仓　6—灰斗　7—灰库

2. 工艺特点

这种装置的特点是简单易操作，要求空间小，RCFB 的直径大约为相同容量喷雾干燥塔的一半。工艺技术主要有以下特点：

1) 与常规的循环流化床及喷雾吸收塔脱硫技术相比，石灰耗量（费用）有极大降低。

2) 维修工作量少，设备可用率很高。

3) 运行灵活性很高，可适应不同的 SO_2 含量（烟气）及负荷变化要求。

4) 不需增加锅炉运行人员。

5) 由于设计简单，石灰耗量少，维修工作量小，投资与运行费用较低，约为石灰·石膏工艺技术的 60%。

6）占地面积小，适合新机组，特别是中、小机组烟气脱硫改造。

5.2.2.3 干式催化脱硫方法

SO_2 中的硫处于中间价态，因此它既可以与氧化剂反应生成硫酸，又可以与还原剂反应生成单质硫或硫化氢。干式催化脱硫即在催化剂作用下，先将 SO_2 氧化为 SO_3 或还原成 H_2S，再将氧化或还原后的产物进行回收。催化氧化法即在烟气和催化剂接触表面直接进行，将 SO_2 氧化生成硫酸，再对其进行回收。催化还原法则将 SO_2 还原为单质硫，再用克劳斯法回收硫。

1. 干式催化氧化法

干式催化氧化法常用的催化剂为 V_2O_5，常用来处理硫酸尾气、电厂锅炉烟气及炼油厂尾气。干式催化氧化法处理硫酸尾气技术成熟，现已加装于硫酸生产中，构成两转两吸新流程，成为硫酸生产工艺的一部分。但干式催化氧化法处理电厂锅炉烟气及炼油厂尾气尚不成熟，国外虽有工业装置，但在技术或经济上还存在一些问题，尚待改进。

烟气脱硫的干式催化氧化流程如图 5-60 所示，与传统工艺流程有较大差别，它必须先除尘，有时还要对烟气升温至反应温度，才可进入催化转化室。进入吸收塔之前的降温和热量利用，视整个系统情况而定，对于锅炉（包括电站锅炉）系统，一般作为省煤器和空气预热器的热源，通常采用一转一吸的流程即可达到 90% 左右的净化率。此外，在转化器的设计上，需要更加注意催化剂装卸的简便性，以便于清灰。吸收塔的顶部或后面要加装旋分板或其他除雾装置，以保证它的脱硫率，而系统其他部分的气体温度应控制在露点以上，以防止设备与管道腐蚀。

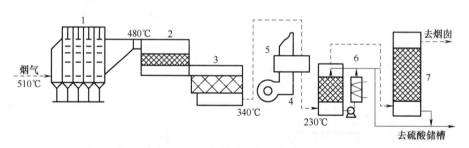

图 5-60　干式催化氧化脱硫工艺
1—除尘器　2—反应器　3—节能器　4—风机　5—空气预热器　6—吸收器　7—除雾器

烟气催化氧化的脱硫系统通常要比工业装置复杂而庞大得多，造价昂贵，所得的产品相对甚少，含水分量和含杂质量也较大，使用价值低，因此，该工艺多用于高浓度 SO_2 有色冶炼烟气制酸。

2. 干式催化还原法

催化还原脱硫是在催化剂作用下，利用还原剂直接将烟气中的 SO_2 还原为单质硫。干式催化还原法常用的还原剂有 H_2、C 和 CO。根据所用还原剂的不同，可以将催化还原脱硫技术分为 H_2 还原法、C 还原法、CO 还原法等。H_2 具有非常强的还原能力，H_2 还原反应的温度较低，活性强，副反应少，但是 H_2 有限的来源和高成本也限制了该方法的发展。而 C 还原法主要优势在于其原料廉价，来源广泛，但是也存在副反应多、反应速度慢的缺点，这也限制了其在工业上的应用。目前，烟气一般都含有 CO，因此干式催化还原法大多数是采用 CO 还原 SO_2。适用于 CO 还原法的催化剂主要是复合金属氧化物催化剂。这种催化剂一般是将铜、铁、钴、镍和铬等过渡金属负载在 Al_2O_3 上。相关研究发现，Co/Al_2O_3 和 Mo/Al_2O_3 的活性最高，该催化剂可彻底转化 SO_2。

总体来看，催化还原工艺克服了湿法、干法及半干法脱硫过程中产生的二次污染，设备腐蚀和投资及运行成本过高的缺陷。直接催化还原脱硫不存在废弃物处理的麻烦，还可以得到单质硫磺。这既降低了脱硫成本，避免了潜在的二次污染，还回收了硫磺，符合绿色经济的发展要求。但是，目前催化还原脱硫技术还处于研究阶段，限制其工业化应用的主要原因：一方面，催化剂的活化温度较高，从而使得设备能耗较高；另一方面，烟道气中存在的氧气不利于催化反应进行，甚至导致催化剂失活。因此，如何获得活性高、起活温度低的催化剂、规避氧气的影响，将是未来催化还原技术研究的重点。

5.2.3　烟气脱硫设备的防腐

锅炉排放的烟气一般温度在 180℃ 左右，相对湿度为 3%，烟气中含有灰分及各种腐蚀性成分，如 SO_2、NO_2、HCl 及盐雾等。在脱硫过程中，烟气具有酸、碱介质交替的特性。在这种情况下，设备极易被腐蚀，因此脱硫设备的防腐条件要求苛刻。

5.2.3.1　腐蚀机理及腐蚀环境分析

1. 腐蚀机理分析

锅炉烟道气脱硫除尘设备腐蚀原因可归纳为四类。

一是化学腐蚀，即烟道气中的腐蚀性介质在一定温度下与钢铁发生化学反应，生成可溶性铁盐，使金属设备逐渐破坏。

部分反应方程式如下：

$$Fe+SO_2+H_2O \Longrightarrow FeSO_3+H_2$$
$$Fe+SO_2+O_2 \Longrightarrow FeSO_4$$
$$2HCl+Fe \Longrightarrow FeCl_2+H_2$$

二是电化学腐蚀，如湿法脱硫，金属表面有水及电解质，其表面形成原电池而产生电使金属逐渐锈蚀，特别在焊缝接点处更易发生。电化学方程式如下：

$$Fe \Longrightarrow Fe^{2+}+2e$$
$$Fe^{2+}+8FeO \cdot OH+2e \Longrightarrow 3Fe_3O_4+4H_2O$$

三是结晶腐蚀，用碱性液体吸收 SO_2 后生成可溶性硫酸盐或亚硫酸盐，液相则渗入表面防腐层的毛细孔内，若锅炉不用时，在自然干燥下生成结晶型盐，同时体积膨胀，使防腐材料自身产生内应力，而使其脱皮、粉化、疏松或裂缝损坏。特别在干湿交替作用下，带结晶水的盐类体积可增加几倍或十几倍，腐蚀更加严重。因此，闲置的脱硫设备比经常使用的更易腐蚀。

四是磨损腐蚀，即烟道气中固体颗粒（如灰尘）与设备表面湍动摩擦，不断更新表面，加速腐蚀过程，使其逐渐变薄。

因此，提高脱硫设备的使用寿命，使其具有较强的防腐性能，除了采用耐腐蚀的不锈钢及非金属材料（如玻璃钢等）外，最有效的方法就是把金属设备内表面致密包围、有效地保护起来，切断各种腐蚀途径。

2. 环境腐蚀因素及影响

(1) 环境温度作用　环境温度影响是各种烟气脱硫装置共同存在的问题，但又各不相同。半干法环境温度最高，在 50~100℃；湿法环境温度在 60~100℃，若前段换热器因磨蚀、结垢等因素效率降低时，进口温度可达 120℃。温度对衬里的影响主要有四个方面：

1) 材料的选择。各种材料的耐高温性能不同，它们的最高使用温度也不同。因此，应根据不同的温度，正确地选择脱硫设备的材料。若错误地选择材料，则将会导致设备完全失效或寿命大大缩短。

2) 使用寿命。衬里材料与设备基体在温度作用下会产生不同步线膨胀，温度越高，设备越大，其副作用越大。烟气脱硫设备正好具有此特点，就会导致二者黏接界面产生热应力，影响衬里寿命。

3) 材料的物理化学性能。温度使材料的物理化学性能下降，从而降低衬里材料的耐磨性及抗应力破坏能力，也可加速有机材料的老化过程，这对橡胶影响尤其严重。

4) 此外，在温度作用下，衬里内施工形成的缺陷如气泡、微裂纹、界面孔隙等受热应力作用为介质渗透提供条件。

(2) 固体物料作用　在各种烟气脱硫工艺中，湿法脱硫固体物料的影响最为突出，在其介质体系中，除烟气所带的烟尘外，还有大量碱性吸收剂及反应生成物参加进来。这些固体物料以浆液态自塔顶喷出自由落下，在吸收 SO$_2$ 过程的同时，冲刷衬里表面，特别是当衬里表面凹凸不平时，会使凸起区的磨损更为严重。因此在腐蚀设计中必须考虑磨蚀余量及选择抗磨蚀材料。

(3) 设备基体结构　烟气脱硫设备多为大型平板焊接结构，为保证内衬防腐蚀质量，要求设计及现场制作安装时，必须保证如下基本条件：

1) 设备应具有足够的刚性，否则，任何结构变形均会导致衬里破坏。

2) 内焊缝必须满焊，焊瘤高度不应大于 2mm，不得错位对焊，且焊缝应光滑平整无缺陷。

3) 内支撑件及框架忌用角钢、槽钢、工字钢，应以方钢或圆钢为主。

4) 外接管应以法兰连接，禁止直接焊接，且法兰接头应确保衬里施工操作方便。

5.2.3.2　防腐材料介绍

要使脱硫设备具有较强的防腐性，材料起着至关重要的作用。一方面，所用防腐材质应当耐温，在烟道气温下长期工作不老化、不龟裂，具有一定的强度和韧性；另一方面，采用的材料必须易于传热，不因温度长期波动而起壳或脱落。

1. 无机类材料

1) 水玻璃胶泥。主要成分为辉绿岩粉、水玻璃、氟硅酸钠。其优点是耐酸性腐蚀、耐高温、稍耐磨；其缺点是不耐碱性腐蚀，抗渗性能和抗稀酸性能差，而且调和胶泥时黏度大，不易施工。防腐层较厚，设备质量增加，运输、吊装不便，碰损后不易修复，新旧层易开裂、脱落。胶泥防腐层需酸性环境养护，时间较长。

2) 硫磺胶泥。主要成分是硫磺粉、辉绿岩粉（或石墨粉）、石棉绒、聚硫橡胶。其优点是耐酸、防水、抗渗、快硬、强度高；其缺点是不耐高温，使用温度不能高于 70℃，否则易变形，仅可用在湿式脱硫塔底部有水浸泡部位，并且需熬制硫磺胶泥，施工程序复杂，使用不便。

　　3）耐酸瓷砖。在脱硫设备内壁用耐蚀胶泥粘贴耐酸瓷砖。其优点是耐腐蚀、耐温、耐磨；其缺点是需根据设备尺寸预先定做，无标准件，易从接缝处开裂或脱落，施工复杂。

　　4）铠装陶瓷。即在陶瓷设备外围紧密装配金属保护壳体。其优点是耐酸碱腐蚀、耐温、耐磨；其缺点是成品率低，成本高，使用温差变化不能过大，法兰接口不易密封，大直径设备成型困难。

2. 有机类材料

　　1）涂料。由于各类防腐涂料涂层较薄，在有湿热变化、酸碱交替、气流冲刷、灰尘磨损的脱硫设备内使用寿命较短。

　　2）内衬橡胶。内衬橡胶分两种，即硫化橡胶和有机硅橡胶。硫化橡胶的优点是耐蚀、耐磨；其缺点是不耐温、施工难、成本高。有机硅橡胶的优点是耐蚀、耐磨；其缺点是附着力差、施工难、成本高。

　　3）内衬玻璃钢。玻璃钢是以合成树脂为胶黏剂，加入稀释剂、固化剂和填料等配成的胶液，与玻璃布复合而成的一种防腐增强塑料。玻璃布是由玻璃纤维编织而成，脱硫设备防腐一般使用无碱、无捻、平纹、方格布。

5.2.3.3　烟气脱硫装置防腐蚀技术

　　鉴于脱硫装置的腐蚀介质分布于自吸收塔（或预洗涤器）至烟囱烟气入口的全过程，故其防腐蚀设计应包括大型静态设备抗腐蚀对策到动态设备耐蚀材料选择等方面。

1. 静态设备防腐蚀

　　吸收塔（无气/气换热器时还有预洗涤器、除雾器、再热器）的壳体及内支撑，是静态设备防腐蚀的主体部分。对该部分的防腐蚀设计主要从两方面考虑：一是碳钢本体内衬有机材料防腐层（简称内衬防腐）；二是利用耐腐蚀的金属材料制造。

　　烟气脱硫装置系统复杂，需防腐的区域面积大、运行周期长、维修困难，防腐蚀失效后腐蚀速度快。脱硫装置的防腐蚀必须可靠、稳妥。经国际防腐界多年实践及试验考核，从科学性、适用性、经济性综合比较，玻璃鳞片树脂内衬技术（简称鳞片衬里）和橡胶衬里是烟气脱硫装置可行及有效的内衬防腐蚀技术。但它们在应用过程中和使用效果上存在一定差异。

　　脱硫过程中形成的 SO_3^{2-}、SO_4^{2-} 有很强的化学活性和渗透能力，因此，防腐层必须具备优良的耐化学腐蚀性和高抗渗性。选择合理的耐蚀材料是防腐蚀的基础，而防腐蚀结构的不同决定了抗渗透性能的高低和防腐蚀的效果。

　　目前，鳞片衬里是烟气脱硫装置内衬防腐蚀的首选技术。鳞片衬里因其玻璃鳞片的多层平行排列，使介质攻击时无法垂直渗透而呈迷宫型途径，故具有优异的抗渗性能。而脱硫装置中的冷衬橡胶层本体虽然非常致密，介质很难渗入，但胶板黏接缝为薄弱环节，失效往往由此开始。衬层成型残余应力和工况环境形成的热应力是导致衬层物理失效（如起层、开裂等）的主要原因。由于玻璃鳞片在树脂中的非连续分布，使应力无法同向传递或叠加，相邻鳞片间的衬层应力相互抵消，甚至会因分散状鳞片的位移做功将应力松弛，因此，鳞片衬里具有理想的抗应力腐蚀失效能力。

　　橡胶衬里具有良好的弹性和应变性能，松弛应力的能力很强，但橡胶对热老化敏感，在热环境中易因热老化变硬使弹性降低，应变性能变差，使抗应力腐蚀性能下降。大量固体物料的存在，要求防腐层具备良好的耐磨损性。鳞片衬里的耐磨性很强，它的耐磨性能来自近似平行排列的鳞片填料，在装置的某些磨损严重位置，如烟道拐弯处，常常增加一层树脂砂浆耐熔层，以提高可靠性。橡胶衬里有较高的弹性和受外力变形能力，可吸收固体物料冲刷所做的功，从而表现出良好的耐磨性，但随着热老化的出现，耐磨性下降。另外，鳞片衬里施工方便，造价适当，而橡胶衬里施工难度较大，造价较高，且使用温度受到限制。国内研制的鳞片衬里技术和材料已有十多年良好应用业绩，也已应用于烟气脱硫装置中，且已纳入标准规范体系。鳞片衬里与橡胶衬里综合比较见表 5-27。

表 5-27 鳞片衬里与橡胶衬里综合比较

对 比 指 标	鳞片衬里	冷衬橡胶	对 比 指 标	鳞片衬里	冷衬橡胶
抗介质渗透性	很好	好	施工性	好	较差
界面黏接强度	好	一般	施工成本	较高（适中）	高
抗应力腐蚀	好	好	质检性	难	较难
抗热老化	好	差	对环境要求	较高	高
耐温性	好	低温好，高温差	施工周期	短	长
抗扩散性底蚀	好	差	对基体要求	高	高
本体强度	差	好	质量控制要点	针孔，厚度	胶缝，粘贴界面
衬层修补性	好	差	耐磨性	好	好

总之，作为烟气脱硫装置内衬防腐蚀技术，鳞片衬里和橡胶衬里都是可行的，鳞片衬里更具应用优势。值得一提的是，在使用橡胶衬里时，往往还需鳞片衬里进行配套。如重庆电厂 FGD 中，烟气换热器（温度较高）外壳为碳钢+鳞片衬里，吸收塔、除雾器外壳为碳钢+橡胶衬里，而除雾器出口经烟气再热器至烟囱入口的设备（烟道）外壳均采用碳钢+鳞片衬里结构。在其他静态设备系统中的石灰石浆池、废液池、排浆沟槽等浆液系统，均采用混凝土+鳞片衬里结构，浆液输送管道为碳钢+橡胶衬里结构，玻璃钢管道、不锈钢管道也有使用。

2. 烟气脱硫装置耐蚀金属材料的使用

耐蚀金属材料在烟气脱硫装置中主要有两种应用方式，即耐蚀金属本体制造和耐蚀金属与碳钢复合材料本体制造。主要材料为一些超低碳不锈钢如 316L、317L 及镍基合金等。316L、317L 不锈钢在国外早期脱硫装置中应用较多，但腐蚀问题依然存在，如冲刷腐蚀、点蚀等。国内某电厂的烟气脱硫装置中，316L 不锈钢的喷雾管腐蚀非常严重，除雾器喷水管出现大面积点蚀，且蚀坑较深。镍基合金的使用使装置的抗腐蚀性大大提高，使用寿命延长，但造价大幅度升高，即使采用复合钢板制造，在使用中也出现一些腐蚀现象，也难以达到与衬里方法造价相近的水平，因此难以大量推广。

3. 动态设备防腐蚀

在湿法石灰石-石膏工艺中，动态设备主要是泵、搅拌器、风机。考虑到介质的腐蚀和固体物料的磨损，吸收塔再循环泵、吸收塔排出泵、滤液泵、抛降泵等泵壳及叶轮等采用铸铁+橡胶衬里结构，而石灰石浆泵、水系统用泵采用铸铁离心泵。衬胶泵在使用中会出现橡胶衬里失效的现象，其原因是衬里质量差，浆液中的异物引起机械损伤，空载引起的气蚀，带有大颗粒的浆液造成异常磨损、泵的过载等。搅拌器大部分采用碳钢+橡胶衬里结构。氧化风机只鼓入空气，无腐蚀介质，用碳钢制造即可。增压风机、节流板在再热器之后，虽然烟气有一定的腐蚀性，但由于其结构大，防腐措施难以实施，故用碳钢或 COR-TEN 钢制造。表 5-28 为国外几家公司烟气脱硫技术中的防腐蚀措施状况（湿法石灰石-石膏工艺）。

表 5-28　防腐蚀措施状况

公　　司	三菱重工	日立公司	川崎重工	IHI	巴高克	比肖夫	ABB	CESSI	霍高文	千代田
常用脱硫剂	石灰 石粉	石灰 石粉	石灰 石粉	石灰 石粉	石灰 石粉	石灰 石粉	石灰 石粉	石灰 石粉	石灰 石粉	石灰 石粉
脱硫剂形态	浆液	浆液	浆液	浆液	浆液	浆液	浆液	浆液	浆液	浆液
吸收塔内衬	玻璃鳞片涂料	玻璃鳞片涂料	橡胶或玻璃鳞片	橡胶或玻璃鳞片	橡胶	橡胶或玻璃鳞片	橡胶	橡胶或玻璃鳞片	橡胶	橡胶或玻璃鳞片
循环泵	衬胶离心泵		衬胶离心泵	衬胶离心泵	衬胶离心泵		橡胶衬里合金叶轮			
吸收管 （吸收塔内）	不锈钢		内外衬胶碳钢管	内外衬胶碳钢管	内外衬胶碳钢管	内外衬胶碳钢管	内外衬胶碳钢管	内外衬胶碳钢管	内外衬胶碳钢管	FPR 管同径
浆液管 （吸收塔外）	衬里碳钢管	内部衬胶碳钢管	内部衬胶碳钢管	内部衬胶碳钢管	内部衬胶碳钢管	内部衬胶碳钢管	内部衬胶碳钢管	内部衬胶碳钢管		橡胶内衬碳钢管

5.3　脱硝设备

氮氧化物是造成大气污染的主要污染源之一。通常所说的氮氧化物（NO_x）主要包括 NO、NO_2、N_2O_3、N_2O_5 等，其中污染大气的主要是 NO 和 NO_2。我国氮氧化物的排放量有近 70% 来自于煤炭的直接燃烧，而电力工业又是我国的燃煤大户，因此，火力发电厂是 NO_x 排放的主要来源之一。随着我国经济的快速发展，电力工业也必将快速发展，NO_x 的排放量也会随之越来越大，若不对其加强控制，NO_x 对我国环境造成的污染将会越来越严重。

研究表明，NO_x 的生成途径有三种。

1）热力型 NO_x：燃料燃烧时，空气中 N_2 在高温下发生氧化反应。随着反应温度的升高，NO 的生成速率按指数规律增加。当温度小于 1000℃ 时，NO 的生成量较少，而当温度大于 1400℃ 时，每增加 100℃，NO 的生成速率将增大 6~7 倍。

2）燃料型 NO_x：由燃料中含氮有机物在燃烧过程中氧化而成，在 600~800℃ 时就会生成燃料型 NO_x。在生成燃料型 NO_x 过程中，含有氮有机化合物先热裂解产生—N、—CN、HCN 等中间产物基团，再氧化成 NO_x。火电厂燃烧煤粉过程中，燃料型 NO_x 所占比例高达 60%~80%。

3）快速型 NO_x：在碳氢化合物燃料浓度大的反应区附近会快速生成 NO_x。由于燃料挥发物中碳氢化合物高温分解生成的烃基自由基可以和空气中氮气反应生成 HCN 和 N_2，再进一步被氧气氧化生成 NO_x，其形成时间只需要 60ms，但所生成 NO_x 的量与温度的关系不大，与炉膛压力 0.5 次方成正比。这种反应主要发生在内燃机的燃烧过程中，而对燃煤锅炉，快速型 NO_x 所占比例不到 5%。

目前，国家越来越重视去除烟气中氮氧化物 NO_x，以减少环境污染的问题。而世界上比较主流的脱硝工艺主要有选择性催化还原法（SCR）、选择性非催化还原法（SNCR）及

SNCR-SCR 联合脱硝工艺三种烟气脱硝技术，它们均有各自的优缺点，下面将进行详细介绍。

5.3.1 选择性催化还原法

选择性催化还原法（SCR）是目前世界上应用最多、最为成熟且最有成效的一种烟气脱硝技术。SCR 是在催化剂的作用下，以 NH_3 作为还原剂，选择性地与烟气中的 NO_x 反应并生成无毒、无污染的 N_2 和 H_2O。SCR 具有脱硝效率高（80%～90%）、运行方便、无副产品、可靠性高等优点，但是其结构比较复杂，建设成本较高。SCR 脱硝工艺流程如图 5-61 所示，其主要由反应器/催化剂系统、氨气/空气/烟气混合系统、氨气/空气喷雾系统等组成。液氨由槽车运送到液氨储槽，输出的液氨经氨气蒸发器蒸发成氨气，并将之加热到常温后送到氨气缓冲槽备用。缓冲槽的氨气经减压后送入氨气/空气混合器，与来自送风机的空气混合后，通过喷氨隔栅的喷嘴喷入烟气，继而进入催化反应器。当烟气流经催化反应器的催化层时，氨气和 NO_x 在催化剂的作用下将 NO 及 NO_2 还原成 N_2 和 H_2O。NO_x 的脱除效率主要取决于反应温度、NH_3 与 NO_x 的化学计量比、烟气中的氧浓度、催化剂的性质和数量等。

选择性催化还原法的反应方程式如下：

$$4NO+4NH_3+O_2 \Longrightarrow 4N_2+6H_2O$$
$$6NO_2+8NH_3 \Longrightarrow 7N_2+12H_2O$$

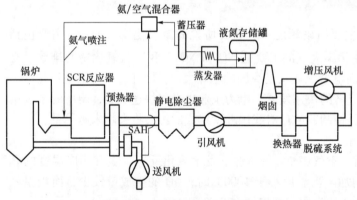

图 5-61　SCR 脱硝工艺流程

动图 5-61　SCR 脱硝工艺流程

1. SCR 反应器

作为烟气脱硝系统的核心设备，SCR 反应器的主要功能是保证烟气均匀流动与通畅，通过承载催化剂，提供空间以保障顺利实现脱硝反应。SCR 反应器在结构上采用固定床形式，模块化放置催化剂。SCR 反应器外形与结构如图 5-62 和图 5-63 所示，通常由外壳、进出口烟道、催化剂模块、支承结构等组成。反应器本体为全钢焊接结构，采用整体支承（或悬吊）方式。壳体由起到加强作用的 Q235 型钢和 Q345B 钢板组成，反应器的荷载通过它的两侧承重墙均匀分布，向下传递。利用反应器底座的弹性支座传递到 SCR 钢构架的 Q235 支承梁上。该反应器催化剂按"2+1"模式布置，初装两层，一层备用。备用层的作用是将新催化剂安装在预留催化剂位置，以减少催化剂更换量，并充分利用尚未完全失效的旧催化剂，从而减少催化剂更换费用，提高脱硝效率。

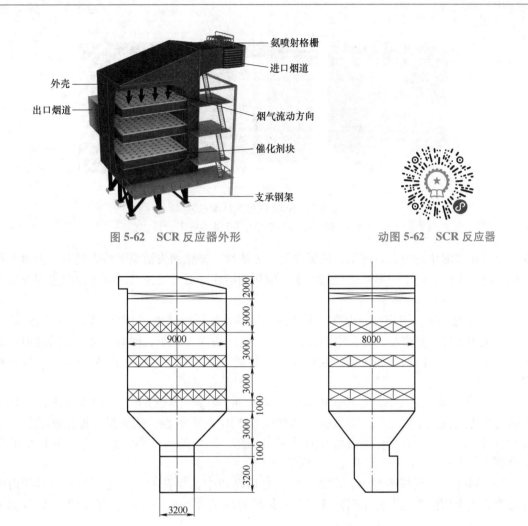

图 5-62　SCR 反应器外形　　　　动图 5-62　SCR 反应器

图 5-63　SCR 反应器结构简图

2. SCR 催化剂

SCR 催化剂的性能将直接影响整个 SCR 系统的脱硝效率，是烟气脱硝技术的决定因素。技术上按催化剂脱硝活性组分的不同，将脱硝催化剂分为贵金属催化剂、分子筛催化剂、金属氧化物催化剂。目前在我国燃煤火电厂脱硝中应用较多的是 V_2O_5-WO_3-MoO_3/TiO_2 金属氧化物催化剂。其中，V_2O_5 作为主要活性成分，TiO_2 作为载体，WO_3 和 MoO_3 作为催化剂助剂。SCR 催化剂根据结构形态（见图 5-64）可分为蜂窝式、平板式和波纹板式。蜂窝式催化剂为均质催化剂，其本体均为催化剂材料，在表面磨损后，仍能维持催化剂的催化性能，特点是催化剂活性高，催化剂体积较小，适用于灰分较低、灰黏性较小的烟气环境。平板式催化剂为非均质催化剂，其载体是玻璃纤维和 TiO_2，载体表面涂有 V_2O_5 和 WO_3 等活性物质，特点是抗腐蚀较强且不易堵塞，适用于含灰量大且灰黏性强的烟气环境。波纹板式催化剂的载体是柔软纤维，表面涂有 V_2O_5 和 WO_3 等活性物质，适用于含灰量低的烟气环境，目前多应用于燃气机组。

最常用的商用烟气脱硝催化剂（V_2O_5-WO_3-MoO_3/TiO_2）的温度窗口为 $300\sim400℃$。为了使该催化剂达到最佳的催化温度，需要将其安装到脱硫装置之前，由于烟气成分复杂多

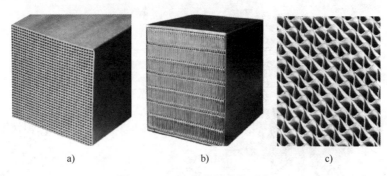

图 5-64　SCR 催化剂结构形态
a）蜂窝式　b）平板式　c）波纹板式

变，容易导致催化剂中毒、烧结，使催化剂失去活性。催化剂失活原因纷繁复杂，大体上可归纳为物理失活、化学中毒及催化剂相变，催化剂活性降低乃至失活的具体原因主要有以下几种。

（1）高温烧结　工作反应温度是催化剂活性的重要影响因素，450℃以上的高温环境会导致催化剂活性位置烧结，催化剂颗粒体积增大，比表面积减小，同时还会带来活性组分的挥发，催化剂活性降低。相关研究发现当温度高于 500℃时，V_2O_5-WO_3-MoO_3/TiO_2 催化剂将严重失活。

（2）碱中毒　飞灰中含有钾、钠可溶性碱金属，在离子状态下，它们能够进入催化剂内部与催化剂颗粒发生反应，降低催化剂酸位对 NH_3 的吸附性，从而降低催化剂活性。相关实验研究证实，随着催化剂表面 K_2O 含量的增加，NO_x 的转化率急剧下降，在 K_2O 的质量分数达到 1%时，催化剂几乎完全丧失活性。

（3）砷中毒　燃煤机组中大多数燃煤燃烧后飞灰中都含有砷，催化剂的砷中毒指由于气态砷的化合物扩散进入催化剂并堆积在催化剂的细孔结构中，在催化剂的活性位置与其他物质反应，引起的催化剂活性降低。

（4）催化剂堵塞与机械磨损　催化剂堵塞的主要原因是飞灰成分中的铁、铅、硅氧化物及反应过程中形成的小颗粒，沉积在催化剂表面的细孔结构中，阻碍 NO_x、NH_3 和 O_2 达到催化剂活性位，从而降低了催化剂活性。另外，由于催化剂为垂直布置方式，烟气自上向下流动，烟气流速较高，催化剂磨损较严重，造成催化剂失活。

当 SCR 催化剂失活时，更换催化剂将大大增加火力发电厂的运行费用。因此，为了节约电厂运行成本，提高催化剂的经济和环保价值，需要对失活的催化剂进行再生利用。通常约 90%的催化剂还具有基本活性，真正失活的催化剂约占 10%。催化剂的失效主要由反应器通道堵塞、催化剂中毒和化学失活等原因导致。因此，未失效的催化剂原则上可通过再生技术完全恢复。

针对 SCR 催化剂的失活机理和再生技术，国内外的专家学者对其进行了大量的研究工作。目前，可逆失活的 SCR 催化剂再生的方法：水洗再生、活性盐溶液活化再生、热（还原）再生、酸液处理和 SO_2 酸化热再生等，而再生后的催化剂可达到甚至超过 90%的脱硝效率，满足火力发电机组的脱硝系统要求。

3. 烟气/氨混合系统

由于液氨运输、储存及氨气（NH_3）制备过程较为安全，因此 NH_3 是选择性催化还原

（SCR）脱硝系统还原剂的首选。通常 NH_3 经空气稀释并通过喷氨格栅喷入 SCR 反应器入口烟道内。进入催化剂层前 NO_x 和 NH_3 的混合程度是决定脱硝效率及氨逃逸率高低的主要因素之一。烟气/氨混合系统主要包括稀释风机、氨/空气混合器、喷氨格栅。

（1）稀释风机　系统一般布置两台稀释风机，一台运行一台备用，液氨通过蒸发器蒸汽加热成为氨气，输送至炉前与稀释风汇合，在氨/空气混合器内进行混合，然后进入 SCR 反应器，通过氨喷射系统与烟道内烟气进行反应。为了使混合均匀且气体安全，稀释风流量按额定负荷所需氨量的 1.15 倍，氨气与空气的混合比例应该远低于其 16%～25% 的爆炸范围（通常按 5% 设计）。氨的注入量控制是由 SCR 进出口 NO_x、O_2 浓度、烟温、稀释风量、烟气流量来控制的。

（2）氨/空气混合器　氨/空气混合器（见图 5-65）是火力发电厂注氨脱硝系统中的一种氨-空气逆流混合器。氨/空气混合器一般采用碳钢管，混合元件采用不锈钢。混合器左端为进气段，右端为混合气出口段，混合气进口段附近安装有氨喷嘴。氨被注入气流，然后氨的速度降低，直到它与空气一起流动。为了实现氨气与空气良好分散和充分混合，混合管主体的内壁均匀固定有若干个混合叶片，且混合叶片与混合管主体的内壁呈倾斜角度。混合叶片的布置能够延长氨气的流程，提高氨气与空气的混合效果，缩短混合器的长度。该设备具有结构简单、紧凑，氨气与空气混合均匀，气流阻力和局部阻力小，压力低，成本低廉，无须维护等优点。

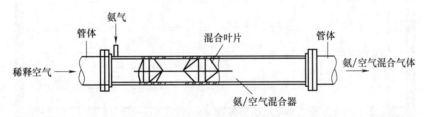

图 5-65　氨/空气混合器的结构

（3）喷氨格栅　喷氨格栅一般安装在反应器入口烟道处，作用是将氨/空气混合气体与高温烟气进行充分混合。喷氨格栅技术作为目前 SCR 脱硝喷氨应用最多的技术，喷氨格栅的结构如图 5-66 所示。喷氨格栅包括喷氨管道、支撑、配件和喷嘴等。将烟道截面分成 100～120 个大小相近的控制区域，每个区域有一个喷嘴，每个喷嘴的流量单独可调，以匹配烟气中氮氧化物的浓度分布。喷氨格栅的主要特点是结构简单、分布效果好、不易积灰，可有效保护喷氨格栅喷嘴的磨损，减少脱硝反应器入口氨与烟气的混合距离，提高脱硝催化剂的利用率。然而，目前大型燃煤机组普遍存在因喷氨控制不准确，脱硝系统各反应区域的氨量未按预期的氨氮摩尔比进行分配，导致脱硝效率低、出口 NO_x 浓度偏高等问题。同时，未能参与反应的 NH_3 产生大量的氨逃逸现象。氨逃逸一方面会直接给电厂带来经济损失，另一方面还会促使催化剂老化，使催化剂层积灰，进而导致有效催化面积减小，进一步加剧氨逃逸并导致空气预热器（空预器）铵/硫盐结渣，威胁机组安全运行。

因此，为了保证脱硝系统各设备处于良好的运行状态，需经常对喷氨格栅做如下检修：①要对喷氨格栅堵塞的部位进行清理，更换损坏的喷嘴，保证供氨顺畅；②检查各喷氨阀门是否完好可用，保证对流量能进行有效调节；③时常对喷氨格栅进行优化调整，根据流场情况及喷氨格栅烟道内部的布置形式，判断不同区域喷氨过量情况及其对应的喷氨阀门，多次调整阀门开度，降低喷氨过量区域的喷氨量，增加喷氨不足区域的喷氨量。喷氨格栅优化调整能够实现喷氨量的按需分配，合理控制氨氮摩尔比，提高脱硝出口 NO_x 浓度分布的均匀性，降低氨耗量及氨逃逸量，有效减轻空气预热器的堵塞情况，以保证机组长时间稳定运行。

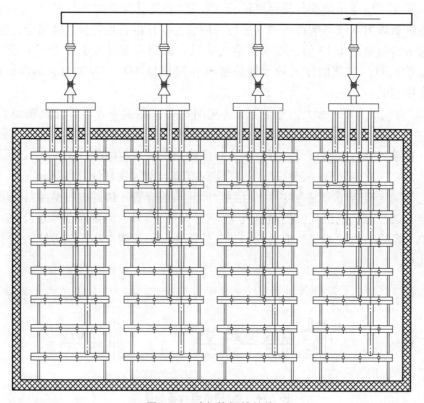

图 5-66　喷氨格栅的结构

4. 氨的存储和汽化系统

SCR 工艺使用的氨可以是氨水也可以是液氨。氨水通常是 19%~29.4% 的水溶液，液氨则是接近 100% 的纯氨。通常，氨水或液氨用罐车运至现场再由泵打入水平放置的圆柱状储罐。氨水储罐是能承受少许压力的密封罐，而液氨储罐必须能承受至少 1700kPa 的压力。液氨储罐只能装入大约总容积 85% 的液氨，以便留有适当的汽化空间。所有储罐都要装备液位计、温度计、人行巷道、爬梯及其他辅助设施。

在大型锅炉上通常使用 1~5 个 40~80m³ 的储罐，以保证 1~3 周的氨用量。氨水被泵送到汽化器里与热空气混合发生汽化，热空气来自稀释风机，并被电加热器或蒸汽交换器等加热。离开汽化器的氨和空气的混合物约为 150℃。由于氨水中的水分也必须被汽化，使用氨水时所需的汽化能量要比使用液氨多。稀释空气与氨水或液氨的混合比约为 20∶1，混合后一同送入氨的喷射网格。高稀释比是为了保证空气和氨的混合均匀，并在氨的可燃极限之外。氨的存储和汽化系统如图 5-67 所示。

火电厂 SCR 烟气脱硝体系的氨的存储和汽化系统存在液氨泄漏的风险，通常可采取如下环境风险防治措施，使其风险水平在可接受的范围之内。

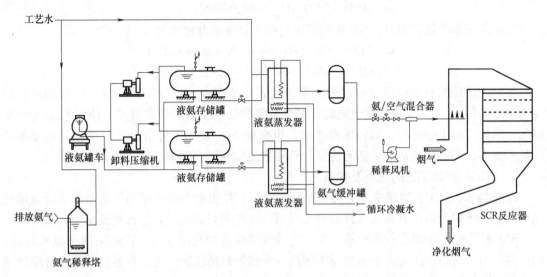

图 5-67　氨的存储和汽化系统

1）液氨储罐场所应严禁明火，对液氨储罐要经常进行检查，发现问题及时处理。液氨储罐场所应安装氨气浓度监测装置，储槽四周应安装自动水喷淋装置并配备完善的消防设施。

2）液氨罐、管道、阀门等要保持良好工作状态，经常检查发现处理设备存在的问题，为防止由于泄漏而灼伤人员皮肤，作业人员要穿戴防护服装进行操作、作业。

3）液氨储槽装设的安全阀、温度计、压力表、液位计、检测仪和变送器等应定期检查，按期校验，保证安全设施运行的可靠性。

4）氨气系统紧急排放的氨气应排入氨气稀释槽中，经水吸收并排入废水池，再经由废水泵送至废水处理系统处理。

5）液氨储罐出口管线应采用金属软管或其他柔性接头，以防止储罐基础下沉导致管道破裂产生泄漏。

6）液氨储罐四周设置事故喷淋系统、围堰和事故废液池。当液氨发生泄漏时，事故喷淋系统开启并报警，发生事故时，封闭围堰形成临时事故废液池，并设置能容纳一定废液的专门事故废液池，氨站围堰及事故废液池间有地下管沟相连，并设置中间阻断系统。

5.3.2　选择性非催化还原法

选择性非催化还原法（SNCR）是无催化剂条件下，还原剂在温度为 850~1100℃ 的炉膛内，选择性地与烟气中的 NO_x 发生化学反应，生成对环境无污染的氮气和水。目前，该工艺较为常用的还原剂是液氨、氨水及尿素，区别于 SCR 脱硝工艺，由于反应温度较高，该方法不需要在反应前对尿素进行热解或水解。当尿素作为还原剂时，一般用于火电厂烟气脱硝，而液氨和氨水作为还原剂时一般适用于在中小型锅炉内反应。

采用 NH_3 为还原剂时，氨可以有选择地还原烟气中的 NO_x，SNCR 脱硝工艺的主要反应方程式为

$$4NH_3 + 4NO + O_2 \Longrightarrow 4N_2 + 6H_2O$$

$$4NH_3+2NO_2+O_2 \xlongequal{\quad} 3N_2+6H_2O$$

当采用尿素为还原剂时，SNCR脱硝工艺的主要反应方程式为

$$4NO+2CO(NH_2)_2+O_2 \xlongequal{\quad} 4N_2+2CO_2+2H_2O$$

$$2NO_2+2CO(NH_2)_2+O_2 \xlongequal{\quad} 3N_2+2CO_2+4H_2O$$

不同的还原剂有不同的反应温度范围，此温度范围称为温度窗口。NH_3反应的最佳温度为900～1100℃。当反应温度过高时，氨会与氧气反应生成NO和H_2O，使NO_x的还原率降低；当反应温度过低时，氨的逃逸增加，也会使NO_x还原率降低，不仅增加了还原剂的用量和成本，还对环境造成了新的污染。而尿素还原NO_x的最佳温度是900～1100℃。

1. SNCR脱硝工艺的过程及优点

完整的SNCR工艺脱硝主要分为四个基本过程：接收和存储还原剂，还原剂的计量输出与稀释，在锅炉合适位置注入稀释后的还原剂，还原剂与烟气混合进行脱硝反应。

SNCR工艺流程如图5-68所示。在炉内进行燃烧后的脱硝反应，将还原剂（氨或尿素）输送到炉内，然后利用去离子水将还原剂进一步稀释到预设的浓度，并通过计量混合模块精确计量脱硝反应所需的还原剂用量，输送到喷枪。喷枪则进行介质雾化将其喷入炉膛中，使得还原剂与NO_x充分混合，把对环境有害的NO_x还原成无害的氮气，从而实现脱硝。

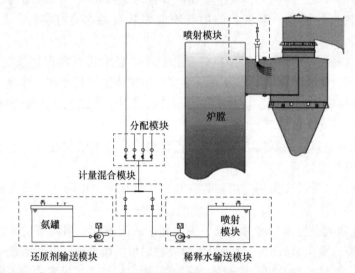

图 5-68　SNCR 工艺流程

SNCR技术被广泛应用于烟气脱硝工艺中，其主要优点如下：

1）SNCR脱硝系统的建设为一次性投资，运行成本低。

2）还原剂尿素是固体颗粒，易储存、安全性高。

3）SNCR布置在锅炉本体上，设备占地面积小，整个还原过程都在锅炉内部，不需要另设反应器，适用于老机组的改造和小机组脱硝。

4）SNCR脱硝过程不需要使用催化剂，不存在增加系统的压力损失等其他烟气脱硝技术引起的弊端。

2. SNCR脱硝工艺的影响因素

由于SNCR技术没有使用催化剂，因此，该工艺在整个脱硝过程中对温度的要求非常严

格，喷氨点的设计、停留时间及锅炉炉膛受热面的布置都有严格的限制。在实际的应用中影响到 NO_x 还原率的因素主要有以下四种。

（1）还原剂喷射点的位置　从脱硝工艺的实际运用看，有效脱硝反应的最佳温度窗口为 850~1100℃。而反应炉内的温度由于位置的不同，温度也不同，因此选择合适的还原剂喷射点至关重要。而对于火电厂的燃煤锅炉，炉内的脱硝反应处于高温对流受热面区，温度不稳定，且在烟道截面上的烟气温度分布不均匀，温差较大难以控制，故脱硝效果不理想。考虑在炉膛内不同高度处的温度变动较大，因此可以在炉膛上安装多层喷射装置与温度监控设备，最后根据实际情况切换喷射位置，从而保证喷入还原剂的位置温度为 900~1100℃。还原剂喷射点的位置如图 5-69 所示。

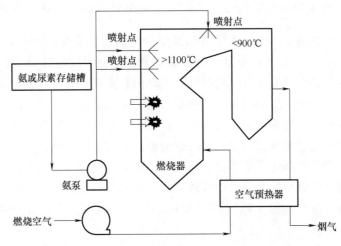

图 5-69　还原剂喷射点的位置

（2）还原剂与烟气的混合均匀度　还原剂与 NO_x 的混合程度决定了反应进度和速度，因此，在 SNCR 工艺中，将还原剂以雾滴喷射的形式喷入反应炉膛内，使其与烟气中的 NO_x 充分混合。倘若在反应过程中，还原剂与烟气在炉膛内混合不均匀，则 NO_x 的局部浓度过高时，部分 NO_x 不能被还原剂还原，脱硝效率降低；NO_x 局部浓度过低时，还原剂还未参与反应，使得氨逃逸增加，脱硝效率也不理想。因此，目前主要是利用喷枪（见图 5-70），采取外侧进行还原剂喷射，通过改变其不同位置的还原剂喷入量、喷射角度及雾化效果，从而提高还原剂与烟气的混合程度。例如，调整喷枪增大雾化气体压力，增大还原剂液滴的动能，从而增大还原剂穿透度，提高雾化效果；改进雾化喷嘴的设计以改善液滴的大小、分布、喷射角度和方向，使液滴更容易穿透炉膛进入烟气流，进一步增大混合程度。

（3）还原剂与 NO_x 摩尔比　还原剂与 NO_x 摩尔比是 SNCR 脱硝工艺中的重要参数。根据化学反应平衡方程式，当还原剂采用 NH_3 或（NH_2）$_2$CO 时，理论上转化 1mol 的 NO_x 只需 1mol 的 NH_3 或（NH_2）$_2$CO，但实际上随着反应条件的变化，这个比例是一个变化值，且由于实际条件的限制，为了达到较好的脱硝效率，所需要的还原剂要比理论值多。因此，SNCR 脱硝工艺的运行成本在很大程度上取决于还原剂的消耗量，而选取合适的还原剂以及还原剂与 NO_x 的摩尔比不仅需要考虑脱硝效率，还要考虑工艺的经济性。目前 SNCR 工艺中的还原剂与 NO_x 摩尔比一般控制在 1.2~1.5，当其大于 2.0 时，氨逃逸量增大，脱硝效率降低。

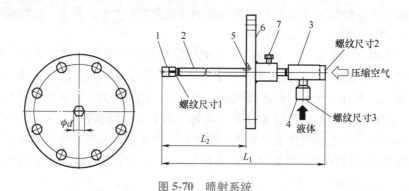

图 5-70　喷射系统
1—喷嘴　2—配管　3—混合接合器　4—液体管接口　5—垫圈　6—法兰　7—螺栓

在实际的 SNCR 脱硝工艺中，主要依靠计量分配模块来确保炉内的还原剂与 NO_x 摩尔比，该模块结构如图 5-71 所示。每台反应炉都要设置 1 台对应的计量装置。装置的主要设备包括稀释水输送泵、电磁流量计、混合器、电动阀及监控仪表等。其原理是通过流量计的读数来控制调节阀的开度，从而控制每台锅炉需要的氨水溶液的流量。经过计量后的氨水溶液经母管后被分为 6 路，分别通向 6 支喷枪。在每个支路氨水溶液管上安装调节阀、压力表等装置，用于调整每支喷枪所需的氨水溶液的流量。同时，在每台锅炉的计量分配模块中还设有电动阀，用来调节控制还原剂需要的量。而压缩的空气经过处理后也会被分为 6 条支路通向炉前喷枪，每条压缩空气支路管中设调节阀、压力表等装置，用于调整每只喷枪雾化所需的压缩空气用量，从而确保了还原剂与 NO_x 摩尔比。因此，计量分配模块是 SNCR 脱硝工艺的核心装置之一。

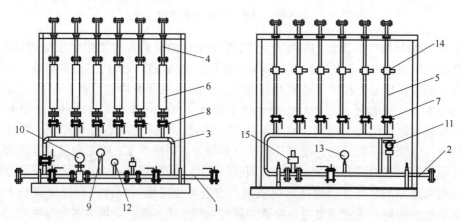

图 5-71　SNCR 技术计量分配装置结构
1—氨水输入母管　2—压缩空气输入母管　3—氨水分支管路　4—氨水进液管　5—压缩空气进气管
6—玻璃转子流量计　7—进气调节阀　8—进液调节阀　9—液体压力变送器　10—液体电磁流量计
11—气体压力变送器　12—防震压力表　13—气体压力表　14—气体调压阀　15—母管电动调节阀

（4）还原剂停留时间　还原剂停留时间指反应物在炉膛内停留的总时间，在此时间内，必须要完成还原剂与烟气的混合、水的蒸发、还原剂的分解和 NO_x 的还原等步骤。而 NO_x 与还原剂反应需要有充足的停留时间，一般反应的停留时间要维持在 0.1~0.3s，若停留时间过短反应不完全，脱硝效率会下降。因此，在实际工程应用中，一般将还原剂的停留时间设计为大于 0.5s。

3. SNCR 与 SCR 脱硝工艺原理及特点比较

SCR 与 SNCR 是目前烟气脱硝的常用技术，相比之下具有以下区别：二者技术原理不同，SCR 即选择性催化还原法，即在 SCR 脱硝工艺中，核心在催化反应层，通过往烟气内喷入氨，使得 NO_x 在催化剂的作用下，与氨反应被还原成氮气和水，脱硝效率可达 90%。SNCR 为选择性非催化还原法，是将含有氨基的还原剂喷入炉膛温度控制在 900~1100℃ 范围，使得还原剂快速地热解成 NH_3 和其他副产物，因此 SNCR 的脱硝效率并没有 SCR 的脱硝效率高，仅为 30%~50%。二者工艺成本不同，SCR 催化剂的使用更换相对较多、二氧化硫（SO_2）转化为三氧化硫（SO_3）导致的酸沉积的增加、易堵塞空气预热器等特点成本较高，多适用于烟气超低排放的企业。SNCR 不需要使用催化剂，不需要改变锅炉的设备装置，因此投资和运行的费用较低，多适用于小型燃煤机组合。以下是两种方法具体方面的区别，见表 5-29。

表 5-29　SCR 与 SNCR 的综合对比

项　目	SCR 工艺	SNCR 工艺
还原剂	氨气或液氨	氨气、液氨或尿素
反应温度/℃	300~420	850~1100
催化剂用量	很多	不使用
SO_2/SO_3 转化率	较高	不氧化
氨逃逸率	$<3\times10^{-6}$	$<10\times10^{-6}$
对空气预热器的影响	被堵塞或腐蚀概率大	被堵塞或腐蚀概率小
系统压力损失	较大	就没有损失
催化剂吹灰布置	需要布置多层吹灰器	不需要吹灰器
投资及运行费用	较高	较低
占地面积	很大	很小
老厂改造	复杂	容易
脱硝效率（%）	80~90	30~50

5.3.3　SNCR-SCR 联合脱硝工艺

1. SNCR-SCR 联合脱硝工艺原理及特点

SNCR-SCR 联合脱硝工艺是基于 SCR 和 SNCR 脱硝工艺的不同特点，将效率较高的 SCR 技术和成本较低的 SNCR 技术进行联合应用。该工艺有两个反应区，第一个反应区是在炉膛上部 850~1100℃ 的高温区内，以尿素等作为还原剂，还原剂通过计量分配和输送装置精确分配到每个喷枪，然后经过喷枪喷入炉膛，进行 NO_x 的非催化还原反应，实现初步脱硝。第二个反应区在 SCR 反应器内，即过量逃逸的氨气随烟气进入炉后，在装有少量催化剂的

SCR 脱硝反应器中，温度为 300~400℃，继续进行 NO_x 的选择性催化还原反应，实现二次脱硝。该脱硝系统主要由还原剂存储与制备、输送、计量分配、喷射系统、烟气系统、SCR 脱硝催化剂及反应器、电气控制系统等几部分组成。其工艺流程如图 5-72 所示。

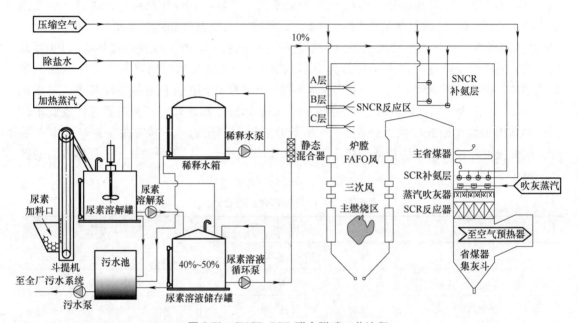

图 5-72　SNCR-SCR 联合脱硝工艺流程

SNCR-SCR 联合工艺最主要的作用是除去了 SCR 工艺设置在烟道里复杂的氨喷射格栅，并大幅度减少了催化剂的用量，以及显著地提高了 SNCR 工艺脱硝效率。与单独的 SCR 或 SNCR 工艺相比，SNCR-SCR 联合工艺具有以下优点：

1）系统投资和运行成本低，且脱硝效率高达 85% 以上。

2）催化剂的使用量少，SO_2/SO_3 的转化率低，空气预热器腐蚀和阻塞程度小。

3）SCR 反应器体积小，具有更好的空间适用性。

4）脱硝系统烟气阻力小，节省了还原剂炉外热解的能耗。

5）尿素作为还原剂，使用安全且储存方便。

2. SNCR-SCR 联合脱硝工艺的应用前景

国家高度重视火电厂烟气中氮氧化物污染的管控。随着《火电厂大气污染物排放标准》（GB 13223—2011）的实施，单一的 SNCR、SCR 脱硝技术不能满足新标准中的排放限值，通过实践应用可知，SNCR-SCR 联合技术，不仅可以起到显著脱硝效果，还具有较高的安全性和可靠性，可以降低运行成本，值得推广应用。以广州的瑞明电厂为例，该电厂已经完成对 SCR 反应器的改造，从而实现了氮氧化物排放浓度低于 $200mg/Nm^3$ 的目标。但为了实现烟气中最终氮氧化物排放浓度低于 $100mg/Nm^3$ 及综合脱硝率不低于 85% 的目标，瑞明电厂在原脱硝系统的基础上，采用 SNCR-SCR 联合脱硝的方式，在保持原有的 SCR 反应器的同时加装 SNCR 烟气脱硝装置，并对 SNCR 的喷枪位置和雾化方式进行了全面优化，尿素溶液经喷枪喷入炉膛合适的温度场，少部分尿素溶液参与了 SNCR 的还原反应，而大多数的尿素溶液则热解出氨，在炉内及烟道内与烟气进行充分混合，在催化剂层完成 SCR 的还原反应，使得最终的氮氧化物排放量低于 $100mg/Nm^3$，符合国家现行标准。

习　题

5-1　知识考查

1. 旋风除尘器的除尘效率主要受哪些因素影响？

2. 袋式除尘器的滤料有哪些种类？各自的优缺点分别是什么？在选择滤料时需要考虑哪些因素？

3. 石灰石-石膏法烟气脱硫系统中，吸收塔主要有哪些类型？各自的工作原理和优缺点分别是什么？

4. 选择性催化还原法（SCR）脱硝工艺中，催化剂失活的原因有哪些？如何对失活催化剂进行再生利用？

5-2　知识拓展

1. 请查阅相关信息，总结我国在脱硫脱硝和烟气除尘领域取得的显著成就。

2. 请查阅相关资料，简述脱硫脱硝和烟气除尘技术的发展趋势。

第6章

噪声与振动控制设备

6.1 噪声控制设备

随着城市化进程和社会经济的高速发展，工业生产、建筑施工、交通运输等领域也迅速增长，噪声污染已经成为城市现代化进程中不容忽视的重要问题。我国把它定为继水污染、空气污染、固体废弃物污染后的第四大环境公害，被称为"看不见的杀手"。调查显示，80%的居民反映受到了噪声的干扰，噪声污染治理成为居民的迫切需求。

噪声属于感觉公害，从物理学的观点看，噪声就是各种频率和声强杂乱无序组合的声音。从生理学和心理学的观点看，令人不愉快、讨厌及对人们健康有影响或危害的声音都是噪声，即对噪声的判断与个人所处的环境和主观愿望有关。简单地说，凡是使人不喜欢或不需要的声音统称为噪声。

世界卫生组织认为，噪声不同程度地影响人的精神状态，严重影响人们的生活质量，在一定意义上影响人们的健康。它干扰人们的工作学习、日常生活，影响人的精神状态。长期受其干扰，导致休息和睡眠不好，会引发各种疾病，危害人的身心健康。噪声给人类带来的是嘈杂、喧沸和不宁。噪声除了引起听觉器官损伤外，对中枢神经系统、心血管系统、消化系统和内分泌系统也有不同程度的影响。其中，患者和病人对噪声尤为敏感。因此，噪声所引起的问题，在世界范围内也越来越突出。

噪声污染对人类的危害属于刺激引起的感觉伤害（慢性、间接损伤人的听觉，诱发多种疾病），与大气污染和水质污染等的物质伤害不同。前者是能量的危害，且含有主观的成分，而后者为化学物质的危害，有可残留和扩散的特点。为了控制环境噪声，保障人民群众的身心健康，促进工业生产建设的绿色发展，必须采取行之有效的措施，使其生活及工作场所达到国家颁布的噪声标准要求。噪声的控制方法主要有吸声、隔声与消声三大类技术，而体现在设备上，主要可以分为吸声与消声设备。

6.1.1 吸声设备

在噪声控制工程中，常用吸声材料和吸声结构来降低室内噪声，尤其在空间较大、混响时间较长的室内，应用相当普遍。按吸声方式的不同，吸声技术可以分为多孔吸声材料和共振吸声结构两大类。

1. 吸声评价方法

吸声材料或吸声结构的声学性能与频率有关，通常采用吸声系数、吸声量和流阻这三个与频率有关的物理量来评价。

工程实际中常采用吸声系数来描述吸声材料或吸声结构的吸声性能。吸声系数定义为材料吸收的声能与入射到材料上的总声能之比，用 α 表示，即

$$\alpha = \frac{E_\alpha}{E_i} = \frac{E_i - E_r}{E_i} = 1 - r \tag{6-1}$$

式中，E_i 是入射声能；E_α 是被材料或结构吸收的声能；E_r 是被材料或结构反射的声能；r 是反射系数，$r = E_r / E_i$。

由式（6-1）可见，当入射声波被完全反射时，$\alpha = 0$，表示无吸声效果；当入射声波完全没有被反射时，$\alpha = 1$，表示完全吸收；一般的材料或结构的吸声系数为 $0 \sim 1$，α 值越大，表示吸声性能越好，它是目前表征吸声性能最常用的参数。吸声系数是频率的函数，同一种材料，对于不同的频率，具有不同的吸声系数。为表示方便，对中心频率为 125Hz、250Hz、500Hz、1000Hz、2000Hz、4000Hz 六个倍频程的吸声系数求算术平均值称为平均吸声系数。

2. 多孔吸声材料

吸声材料是具有较强的吸收声能、降低噪声传播的材料，凭借自身的多孔性、薄膜作用或共振作用对入射声能进行吸收。多孔吸声材料的内部有许多微小细孔直通材料表面，或其内部有许多相互连通的气泡，具有一定的通气性能，凡在结构上具有以上特征的材料都可以作为吸声材料。吸声材料要与周围的传声介质的声特性阻抗匹配，使声能无反射地进入吸声材料，并使入射声能绝大部分被吸收。吸声材料的种类很多，在工程中应用最为广泛。

目前，国内生产的多孔吸声材料大体可分以下三大类。

（1）无机纤维材料　无机纤维材料主要有玻璃丝、玻璃棉、岩棉和矿渣棉及其制品。

玻璃棉分短棉［直径（$10 \sim 13$）$\times 10^{-12}$ m］、超细棉［直径（$0.1 \sim 4$）$\times 10^{-18}$ m］及中级纤维棉［直径（$15 \sim 25$）$\times 10^{-21}$ m］三种。其中，超细玻璃棉是最常用的吸声材料，它具有阻燃、轻质、防蛀、耐蚀、耐热、抗冻、隔热等优点。经过硅油处理的超细玻璃棉，还具有防火、防水和防潮的特点。

矿渣棉具有导热系数小、防火、耐蚀、价廉等特点。岩棉能隔热，耐高温（700℃）且易于成型。

（2）有机纤维材料　有机纤维材料使用棉、麻等植物纤维及木质纤维制品来吸声，如软质纤维板、木丝板、纺织厂的飞花及棉麻下脚料、棉絮、稻草等制品。其特点是成本低，但防火、防蛀和防潮性能差。

（3）泡沫材料　泡沫材料主要有泡沫塑料和泡沫玻璃。用作吸声材料的泡沫塑料有米波罗、氨基甲酸酯泡沫塑料等，这类材料的特点是密度小、导热系数小、材质柔软等，其缺点是易老化、耐火性差。建筑上常用的吸声材料，如泡沫吸声砖、膨胀珍珠岩、泡沫混凝土等也属于泡沫材料，它们具有保温、防潮、耐蚀、耐冻、耐高温等优点。

多孔吸声材料的吸声系数与入射声波的频率有关，随频率的增加而增大。吸声频谱曲线由低频向高频逐步升高，并出现不同程度的波动，随着频率的升高，波动幅度逐步缩小，如图 6-1 所示。在图 6-1 中，α_r 为峰值吸声系数；f_r 为第一共振频率；α_a 为第一谷值吸声系数；

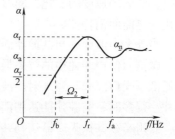

图 6-1　多孔吸声材料频率特性曲线

f_a 为第一反共振频率；f_b 为吸声下限频率（吸声系数为 $\alpha_r/2$ 的频率）；Ω_2 为 f_b 与 f_r 之间的下半频带宽度；α_n 为高频吸声系数。

多孔吸声材料的吸声机理如图 6-2 所示。

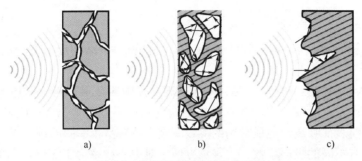

图 6-2　多孔吸声材料的吸声机理　　　　动图 6-2　多孔吸声

a）开孔型材料　b）闭孔型材料　c）粗糙表面闭孔型材料　　　材料的吸声机理

3. 吸声结构

将建筑材料按一定的声学要求进行设计安装，使其具有良好的吸声性能的构件，称为吸声结构。常见的吸声结构有共振吸声结构、薄板共振吸声结构、穿孔板吸声结构等。

（1）共振吸声结构　在室内声源所发出的声波激励下，房间壁、顶、地面等围护结构及房间中的其他物体都将发生振动，振动的结构或物体由于自身的内摩擦和与空气的摩擦，会把一部分振动能量转变成热能而消耗掉，根据能量守恒定律，这些损耗掉的能量必定来自激励它们振动的声能量。因此，振动结构或物体都会消耗声能，从而降低噪声。结构或物体有各自的固有频率，当声波频率与它们的固有频率相同时，就会发生共振。这时，结构或物体的振动最强烈，振幅和振动速度都达到最大值，从而引起的能量损耗也最多，因此，吸声系数在共振频率处为最大。利用这一特点，可以设计出各种共振吸声结构，以更多地吸收噪声能量，降低噪声，即吸声结构。最简单的共振吸声器——赫姆霍兹共振吸声器（单个空腔共振吸声体），如图 6-3 所示。

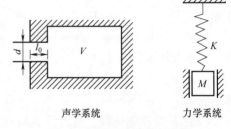

声学系统　　　　　　力学系统

图 6-3　赫姆霍兹共振吸声器
示意图及等效线路图

在容积为 V 的空腔侧壁开有直径为 d 的小孔，孔颈长为 l_0。当声波入射到赫姆霍兹共振吸声器的入口时，容器内口的空气受到激励将产生振动，容器内的介质将产生压缩或膨胀变形。运动的介质具有一定的质量，它受声波的作用而引起的运动速度的变化，同时，声波进入小孔时，由于孔颈的摩擦和阻尼，使一部分声能转化为热能而消耗掉。

当外来声波频率与共振器固有频率相同时，系统发生共振，此时，介质在孔颈中往返运动、摩擦而使声能耗损的效果最好，这种吸声结构为共振吸声器。赫姆霍兹共振器只适用于降低低频噪声。只有当入射声波波长大于空腔的尺寸，且空腔侧壁上小孔的尺寸也比空腔的尺寸小得多时，空腔才能达到消耗声能的目的，这种条件只有低频噪声才易满足。

赫姆霍兹共振吸声器达到共振时，其声抗最小，振动速度达到最大，对声能的吸收也达到最大。赫姆霍兹共振吸声器的选择性很强，因此吸声频带很窄，即它只能吸收频率非常单调的声音。

（2）薄板共振吸声结构　在噪声控制工程中，常采用薄板结构，板后预留一定的空气层，形成共振声学空腔，此类吸声结构可以较好吸收低频噪声，还可在空腔中填充多孔吸声材料以进一步提升噪声控制效果，这类结构称为薄板共振吸声结构，其结构如图6-4所示。

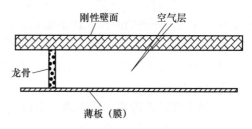

图 6-4　薄板共振吸声结构

在该共振吸声结构中，薄膜的弹性和薄膜后空气层弹性共同构成了共振结构的弹性，而质量由薄膜结构的质量确定，在低频时，可以将这种共振结构理解为单自由度的振动系统，当膜受到声波激励且激励频率与薄膜结构的共振频率一致时，系统发生共振，薄膜产生较大变形，在变形的过程中，薄膜的变形将消耗能量，起到吸收声波能量的作用。薄板共振吸声结构的共振频率近似计算为

$$f_0 = \frac{600}{\sqrt{MD}} \tag{6-2}$$

式中，f_0 是系统的共振频率；M 是薄板的面密度（kg/m^2）；D 是空气层的厚度（cm）。

通常，单纯使用薄板空气层构成的共振吸声结构吸声频率较低，为 200～1000Hz，吸声系数为 0.3～0.4，因此，通常把它作为中频噪声的吸声材料，且频带也很窄。为了提高其吸声带宽，常在空气层中填充吸声材料以提高吸声带宽和吸声系数。

（3）穿孔板吸声结构　由穿孔板构成的共振吸声结构被称为穿孔板共振吸声结构，它也是工程中常用的共振吸声结构，其结构如图 6-5 所示。工程中有时也按照板穿孔的多少将其分为单孔共振吸声结构和多孔共振吸声结构。

对于单孔共振吸声结构，它本身就是最简单的赫姆霍兹共振吸声结构，同样可以通过在小孔颈口部位加薄膜透声材料或多孔性吸声材料以改善穿孔板吸声结构的吸声特性，还可以通过加长小孔的有效颈长 l 来改变其吸声特性等。

对于多孔共振吸声结构，可以看成单孔共振吸声结构的并联，因此，多孔共振吸声结构的吸声性能要比单孔共振吸声结构好，通过孔参数的优化设计可以有效地改善其吸声频带等性能。对于多孔共振吸声结构，通常设计板上的孔均匀分布且具有相同的大小。

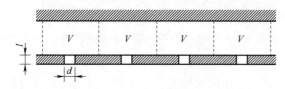

图 6-5　穿孔板吸声结构示意图

动图 6-5　穿孔板吸声结构示意图

4. 室内吸声设计

吸声设计是噪声控制设计中的一个重要方面。在以混响声为主而使噪声超标或由于工艺流程及操作条件的限制，而不宜采用其他措施的厂房车间，采用吸声减噪技术是较为现实有效的方法。

（1）设计原则　吸声处理只能降低从噪声源发出通过处理表面一次以上而到达接收点的反射声，而对于从声源发出的经过最短距离到达接收点的直达声则没有任何作用。

吸声减噪的效果一般为 A 声级降低 3～6dB，较好的为 7～10dB，一般不会超过 15dB，而且不会随吸声处理的面积成比例增加。在室内分布着许多噪声源的情况下，无论哪一处直达声的影响都很大，这种情况下不适宜做吸声处理。吸声处理的主要适用范围如下：

1）室内表面多为坚硬的反射面，室内原有的吸声较小，混响声占主导的场合。

2）操作者距声源有一定距离，室内混响较大的场合。

3）要求减噪点虽然距声源较近，但可用隔声屏隔离直达声的场合。

隔声原理（动图）

（2）基本设计公式　在一般室内声场中，离声源一定距离处的声压级 L_p 可以采用式（6-3）进行估算。

$$L_p = L_W + 10\lg\left(\frac{Q}{4\pi r^2} + \frac{4}{R_r}\right) \tag{6-3}$$

式中，Q 是指向性因子；L_W 是声功率级；R_r 是房间常数。

在距离声源足够远处最大的吸声减噪量 ΔL_{pmax} 可按式（6-4）计算。

$$\Delta L_{pmax} = L_{p1} - L_{p2} = 10\lg\left(\frac{\frac{Q}{4\pi r_1^2} + \frac{4}{R_1}}{\frac{Q}{4\pi r_2^2} + \frac{4}{R_2}}\right) \approx 10\lg\frac{R_2}{R_1} = 10\lg\frac{\alpha_2(1-\alpha_1)}{\alpha_1(1-\alpha_2)} \tag{6-4}$$

（3）设计方法　一般情况下，吸声设计可根据式（6-3）进行，实际上，需用作吸声设计的房间主要有两种情况，即对受到已有声源干扰的房间进行改造或新建的房间封闭噪声源。针对这两种情况应采取不同的具体设计步骤。

对受到已有声源干扰的房间进行改造，按下列步骤进行：①测量室内的噪声现状；②计算或实测吸声处理前室内平均吸声系数 α_1 及房间常数 R_1；③由相应的噪声标准确定离声源一定距离处的允许噪声级，求出所需的吸声减噪量；④根据所需的吸声减噪量，利用图 6-6 及图 6-7 计算所需的房间常数 R_2 和平均吸声系数 α_2 的值；⑤选择适当的吸声材料或吸声结构，在室内天花板及墙面进行必要的吸声设计，使其达到所需的平均吸声系数 α_2。

6.1.2　消声设备

消声设备又称为消声器，是一种允许气流通过而又能阻止或降低噪声传播的装置，其控制对象为空气动力性噪声（气流噪声），将其置于空气动力设备的气流通道上，即可降低该设备的噪声。

评价消声器的优劣主要考察以下四方面：在使用现场的正常工作状况下，在较宽的噪声频带范围内具有满足需要的消声量，尤其是噪声特征频带；其气流阻损和对声源设备造成的功率损失在允许的范围内；结构上能满足工况要求，如耐高温、耐腐蚀、耐湿等要求，尺寸和体积的外形限制等要求；成本可控，价格适当。

6.1.2.1　消声器的分类与评价

1. 消声器的分类

消声器的种类很多，其消声原理、消声特性与空气动力性能也各有不同，按消声原理大致分类如下。

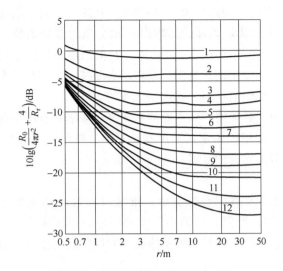

图 6-6　室内声压级计算图（$Q=1$）

1—$R=5\text{m}^2$　2—$R=10\text{m}^2$　3—$R=20\text{m}^2$　4—$R=30\text{m}^2$

5—$R=50\text{m}^2$　6—$R=70\text{m}^2$　7—$R=100\text{m}^2$　8—$R=200\text{m}^2$

9—$R=300\text{m}^2$　10—$R=500\text{m}^2$　11—$R=1000\text{m}^2$　12—$R=2000\text{m}^2$

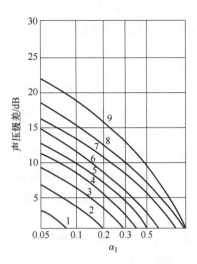

图 6-7　室内吸声处理减噪量简算图

1—$\alpha_1=0.1$　2—$\alpha_1=0.2$　3—$\alpha_1=0.3$

4—$\alpha_1=0.4$　5—$\alpha_1=0.5$　6—$\alpha_1=0.6$

7—$\alpha_1=0.7$　8—$\alpha_1=0.8$　9—$\alpha_1=0.9$

1）阻性消声器。它是一种利用装在管道内壁或中部的吸声材料消声的装置。当声波进入消声器后，吸声材料将使一部分声能转化为热能，从而达到消声降噪的效果。根据结构的不同，阻性消声器又可分为管式、蜂窝式、列管式、片式、折板式和声流式等。

2）抗性消声器。它不依靠吸声材料，而是利用管道截面的变化（扩张或收缩）或旁接共振腔使声波产生反射、干涉等现象而达到消声效果。常用的抗性消声器有扩张室式消声器、共振式消声器、微穿孔板消声器等。其中，扩张室式消声器按扩张室的多少，可分为单室式、多室式消声器；或由接管方式不同，分为外接管式、内接管式消声器。

3）阻抗复合消声器。阻性消声器中、高频消声效果较好；抗性消声器低、中频消声效果较好。若将二者的特性结合，则在低、中、高整个频段内，皆有比较好的消声效果。其基本结构有三种：阻性-扩张室复合消声器，阻性-共振腔复合消声器，阻性-扩张室-共振腔复合消声器。

除此之外，还有扩散消声器与干涉型消声器。扩散消声器主要是针对喷注噪声，如通风机或喷气式发动机排口。由于在排气放空时，极高速的气体和周围的低速气体强烈混合，使大气的稳定状态受到破坏而发生巨大扰动，形成喷注噪声。消声器壁上设有许多小孔，气流经小孔喷射后，通过降压减速，可以达到消声的目的。

干涉型消声器是利用波的干涉原理，在气流通道上装上一旁通管，使一部分声能分岔到旁通管里。旁通管长 L_1 与气流主通道长 L_2 的长度经峰值频率相对应波长的计算，使主、旁通道中的声波在汇总处波长相同、相位相反，传播过程中两波相互削弱或完全抵消，达到消声的目的。

2. 消声器的评价

消声器的性能评价主要包括声学性能和空气动力性能两大方面，通常由以下三个评价量来表示：消声量（又分为传声损失和插入损失）、阻力系数、气流再造噪声。

（1）声学性能　消声器的种类、结构不同，消声效果、频带特性也各有不同。阻性消声器一般适用于消除较宽的中、高频噪声（尤其是刺耳的高频声）和窄频的多变系统（如流速改变引起的频率变化）。扩张室式消声器适用于中、低频噪声。共振消声器适用于低频噪声，特别是单频噪声，但其频率较窄，峰值频率稍有偏离，消声量会骤减。干涉型消声器适用于音调非常显著而又不变的噪声，对连续频谱噪声，通常是无效的。

为了使消声器能在系统中有效发挥作用，必须按照噪声源的总声级、频谱和衰减量选择相应的形式。例如，对中频为主的噪声，可选用扩张室式消声器；对中、高频为主的噪声，可选用阻性消声器；对宽频噪声，可选用阻抗复合消音器。

消声器消声量的四个常用评价量：

1）插入损失 L_{IL}，指声源与测点之间插入消声器的前后，排气口辐射声功率级之差（见图6-8，$L_{IL}=L_{W1}-L_{W2}$）。或在某一固定测点所测得的消声器安装前后的声压级差。它不仅取决于消声器本身的性能，而且与声源、末端负载及系统总体装置的情况紧密相关，适用于现场测量及评价。

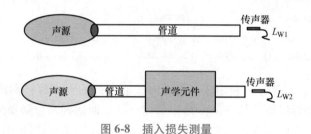

图6-8　插入损失测量

2）传声损失 L_{TL}，又称传递损失，指消声器进口端入射声的声功率级与消声器出口端透射声的声功率级之差，它仅能反映消声器自身的特性，与声源、末端反射等因素无关，适宜于理论分析计算及在实验室中检验消声器自身的消声特性。传声损失测量如图6-9所示。

图6-9　传声损失测量

3）减噪量 L_{NR}，又称声压级差，指消声器进口端与出口端的平均声压级差，是 L_{TL} 的另一种形式。

4）轴向声衰减量 L_A，指消声器内任意两点间声功率级的降低，用于描述声波沿管道传播特性。

实际应用中 L_{IL} 和 L_{TL} 最常用，在实际测量中往往 $L_{IL}<L_{TL}$，但对阻性消声器，L_{IL} 与 L_{TL} 较接近。

（2）空气动力性能

1）消声器对气流的阻力要小。安装消声器后，所增加的阻力损失要控制在容许的范围内，如鼓风机压头较低而对消声器阻损要求小的场所，不宜采用蜂窝式、折板式、扩散式、缓冲式等阻损较大的消声器。几种消声器阻损情况参见表6-1。

表 6-1　几种消声器阻损情况

消声器种类	阻力系数 ξ	流速/(m/s)						
		10	12	15	20	23	26	30
内接管扩张式	0.42	25.9	34.8	56	85.8	14.7	171.5	196
改良型扩张式	0.07	5.9	7	13.9	25.3	33.5	350.8	42.4
复合声流式	0.22	8.8	13.2	19.1	30.4	38.2	519.4	67.1
阻-改良型扩张复合式	0.4	23.6	31.9	45.7	80	106.8	134.3	
阻-共振复合式	0.33	15.3	19.6	31.4	52	75.5	98	194
阻性片式	0.54	31.9	43.3	57.8	88.2	135.2	145	250
阻性蜂窝式	0.63	35.9	50	66.2	12.2	154.8	204	349
狭矩形微穿孔式	可忽略	0	0	1				

2）消声器的体积对结构形式起限制作用。一般来说，扩张式消声器总截面面积与有效通道截面面积之比 m 要足够大，如 m 取 6~12 倍，才能在较宽的频率范围内起有效的消声作用；阻性消声器的总截面面积与通道横截面积之比可以小些，通常取 2~3 倍。

3）动力性能与气流速度相关。一般单位时间内通过消声器的流量是给定的，因此，缩小有效通道截面面积将相应地提高通道中的气流速度，相应地缩小了体积，但将使气流阻力增大，消声性能变差。

6.1.2.2　消声器的结构及原理

1. 阻性消声器

（1）构成与原理

1）构成：通道内衬贴吸声材料，通道内部结构各异。

2）原理：利用吸声材料的吸声作用，使沿通道传播的噪声不断被吸收而逐渐衰减（类似于电阻消耗电功率，故得名阻性）。

（2）阻性消声器分类

阻性消声器的种类和形式很多。常用的有直管式、蜂窝式、列管式、片式、折板式、声流式等。

1）直管式消声器。直管式消声器是最简单的消声器，气流与噪声直通经过，如图 6-10 所示，其基本截面形状有圆形、正方形、矩形等。直管式消声器是应用最早的消声器，结构简单、阻力小、加工容易、空气动力性能好，适合管道直径 $D<400\text{mm}$ 的场合。直管式消声器总截面面积与通道面积之比，一般取 1.5~3。

当流量增大时，为了保持较小的流速，管道截面面积需要很大，此时对高频噪声的消声效果迅速减弱。因此，消声器中又产生了蜂窝式、列管式、片式等类型，这些形式的消声器，在截面面积 S 增加较少的情况下，却使周边长度 P 增加很多，P/S 值增大，从而使消声量增加。

2）蜂窝式消声器。图 6-11a 为蜂窝式消声器，是由许多小型管式（正方形或长方形）消声器并联组成，因此中高频消声效果好，有效截频比管式高，但结构复杂、阻力较大、体积较大。单元通道一般为 200mm×200mm 左右。

3）列管式消声器。图 6-11b 为列管式消声器，结构类似蜂窝式，它是由小型圆管并联

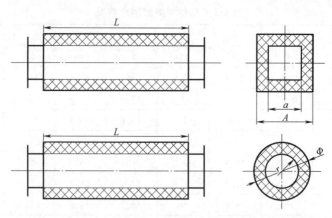

图 6-10　直管式消声器基本截面形状

组成，其特点同蜂窝式，但由于吸声层厚度是变化的，对改善中低频吸收有利。

4）片式消声器。图 6-11c 是片式消声器，由一排平行的长方形直管式消声器组成，结构简单，中高频消声性能较好，阻力也不大，是消声设计中应用较多的一种。

5）折板式消声器。图 6-11d 为折板式消声器，它是片式消声器的派生。这种结构增加了声波在消声器通道中的反射次数，使声波与吸声材料接触机会增加，从而改善了声学性能，尤其对 500Hz 以上的频率，但其阻损比片式消声器大。为了减小阻力，折角应小于 20°，以两端"不透光"为原则，使声波不能直线穿过。

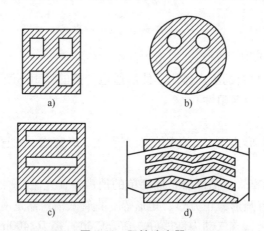

图 6-11　阻性消声器
a）蜂窝式　b）列管式　c）片式　d）折板式

6）声流式消声器。声流式消声器是折板式消声器的拓展，利用阻性吸声层厚度的变化，声波通过吸声片所构成的近似正弦波形的通道，以改善消声性能（主要是中、低频）。其结构复杂、体积较大、造价高、阻损大，吸声片形式可为菱形、椭圆形、圆锥形、正弦形等，消声量一般是根据实验数据进行设计。

（3）阻性消声器结构设计　实际设计时宜优先考虑采用片式消声器。

1）吸声结构内衬设计。吸声结构内衬是阻性消声器的关键部件，宜优先考虑吸声材料的选用。

①　超细玻璃棉层制成的吸声结构的优点是，吸声性能优良、耐高湿、耐腐蚀。其缺点是易受风蚀、不能浸水、制造成本较高。防风蚀的措施：穿孔板护面，且在穿孔板与玻璃棉间衬一层玻璃纤维布或金属网。用成型的玻璃纤维毡或矿渣棉毡也可获得性能优良的吸声结构，且当 $v<8\mathrm{m/s}$ 时，可不另加穿孔板护面层。

②　聚氨酯泡沫塑料的优点是吸声性能较好、不怕浸水、易成型、便于加工、不必另加护面层。其缺点是易老化、不防火、不耐高低温。

③　微穿孔板共振吸声结构的优点是耐高温、无风蚀、不怕浸水、无碎屑、易清洗、阻损小。其缺点是高频消声性能较差、微孔易堵塞。使用时，注意其板后空腔应增加横向隔板，主要起隔断空腔内沿管轴方向的声传播，使吸声结构接近局部反应，同时也起增大机械刚性的作用。若采用精心设计的渐扩通道造成负压，使气流不断通过微穿孔进入通道，即可防止堵塞。

2）阻性消声器机械结构的设计。对要装卸的消声器，一般采用薄壁结构，以减轻它的总质量，外壁厚常为 $1\sim2\mathrm{mm}$ 的薄钢板或 $5\sim10\mathrm{mm}$ 的塑料板或纤维板，若要承压则用 $3\mathrm{mm}$ 左右的钢板。为防薄壁振动，采用加强肋或模压外凸花纹。吸声结构在消声器内要便于安装、维修，要注意牢固可靠。特别是对于进风消声器，要采取措施保证金属零件不会松动掉落，以免被气流带入机组内而引起事故，还应考虑防雨、防灰沙、防鸟等。端部形状宜呈尖劈形或流线型，以减小气流的压力损失。

（4）消声器的安装

1）对于通风管道系统，消声器宜紧靠风机进出口处，以减少向外辐射及管壁透声强度。

2）消声器两端宜用渐扩或渐缩过渡管，以减少气流压力损失，保证连接处的气密性，并计算过渡管的附加消声量。

3）使用多段消声器时，宜把消除中、低频噪声为主的消声段装在靠近风机部位，而把消除高频噪声为主的消声段装在靠近管道系统进风口或出风口部位。这样，在消声器内产生的气流再生噪声（一般仍以高频为主）可以得到一定的抑振。

（5）消声器内气流的阻力损失

贝努利方程为

$$P_S+\frac{\rho}{2}v^2=常数 \tag{6-5}$$

当气流通过消声器时，将发生机械能的损耗。

$$P_S+\frac{\rho}{2}v^2\neq常数 \tag{6-6}$$

阻损指有一定的降低量，即气流的阻力损失，分为两大类：管壁摩擦的沿程阻损和截面变化的局部阻损。

1）摩擦阻损为

$$\Delta p_{摩}=\lambda\cdot\frac{l}{d}\left(\frac{\rho}{2}v^2\right) \tag{6-7}$$

2）局部阻力系数为

$$\Delta p_{局}=\xi\cdot\frac{\rho}{2}v^2 \tag{6-8}$$

例如，突扩、突缩、渐扩、渐缩、插入管、折弯、圆滑弯曲、滤网等，可查流体力学或空气动力学方面的有关手册和书籍得到 ξ 值。

$$\Delta p = \Delta p_{摩} + \Delta p_{排} \tag{6-9}$$

$$\Delta p_{排} = 0.4\left(\frac{\rho}{2}v^2\right) \tag{6-10}$$

尾管末端向外喷射时所产生的压力损失，一般阻性消声器中以 $\Delta p_{摩}$ 为主，抗性消声器中以 $\Delta p_{局}$ 为主。

3）不同通道个数的阻性消声器的压力损失。

① 单通道阻性消声器的压力损失为

$$\Delta p = 1.264 m_4^{-0.1}(l_2/d_1)^{3/4}v^2/g \tag{6-11}$$

② 双通道阻性消声器的压力损失为

$$\Delta p = 1.391 m_4^{-0.1}(t/d_1)^{-1/3}v^2/g \tag{6-12}$$

③ 三通道阻性消声器的压力损失为

$$\Delta p = 1.440 m_4^{-0.1}(l_2/d_1)^{3/4}(a/t)^{-1/3}v^2/g \tag{6-13}$$

式中，$m_4 = S_4/S_1$，当 $S_1 \neq S_2$ 时，$m_4 = S_4/\sqrt{S_1 S_2}$；l_2 是消声器的有效长度（m）；d_1 是消声器进口直径或当量直径（m）；v 是气流速度（m/s）。

式（6-11）~ 式（6-13）说明无论是一个通道的、两个通道的还是三个通道的阻性消声器，其压力损失 Δp 均正比于速度 v 的平方，正比于 l_2/d_1 的 3/4 次方，反比于扩张比 m_4 的 0.1 次方。

降低消声器的压力损失与节能的关系：风机消声器的压损的减少，意味着风机节省电耗或增大风量。风机轴功率 N 为

$$N = QH_{空}/3600 \times 1000 \times \eta_{p} \tag{6-14}$$

式中，Q 是风机产生的风量（m^3/h）；$H_{空}$ 是风机产生的空压（Pa）；η_{p} 是风机空压效率（%）。

如当风机风量为 $13000m^3/h$，空压效率为 80% 时，把风机消声器阻损减少 235Pa，则风机轴功率可减少 1kW 左右，这对于长年运转的风机来说，每年累计节省的电费十分可观。

2. 抗性消声器

抗性消声器是基于声波的原理，通过消声器内不同声阻、声顺、声质量的适当组合，使通道中某些特定频率的噪声，反射回声源或获大幅度吸收，从而达到消声的目的。因消声器的共振频率：$f_0 = \dfrac{1}{1/2\pi\sqrt{mC}}$，类似电路中的谐振频率：$f_0 = \dfrac{1}{1/2\pi\sqrt{LC}}$，$mC$ 类似于电抗 LC 在线路中起着抗性的作用，故命名为抗性消声器。常用的抗性消声器有扩张室式、共振式、微穿孔板消声器等。

（1）扩张室式消声器　扩张室式消声器又称膨胀式消声器，是抗性消声器中的一种，由通道和扩张室组成。扩张室式消声器的原理是利用扩张室、通道截面突变，造成的阻抗不匹配，使由声源发出沿通道传播的声波到扩张室后又返回声源，再从声源沿通道传播到扩张室。如此往返，使声能在通道中由于摩擦转化为热能，达到消声的目的。

扩张室式消声器的形式很多，常用的基本结构形式如图 6-12 所示。由于扩张室存在通过频率和最大消声频带窄的缺陷，常使用多室串联与接管来进行改良，按室的数量，扩张室

式消声器可分为单室式、双室式等；按接管形式，又可分为外接管式、内接管式。一般采用改良型内接管扩张室式较多。

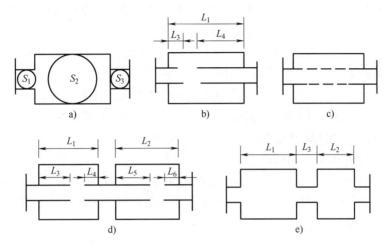

图 6-12　扩张室式消声器的基本结构形式

a）单室外接管式　b）单室内接管式　c）单室改良型内接管式　d）双室内接管式　e）双室外接管式

扩张室式适用于中、低频，尤其适用于有调声的消声，其结构简单、经济耐用，但体积大、阻损大，已有改良型内接管扩张室式如图 6-13 所示，消声性能有所增强。

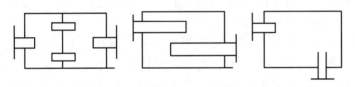

图 6-13　改良型内接管扩张室式消声器

动图 6-13　扩张室式消声器的消声原理

为了减少阻损，改善动力性能，常用穿孔率 $p>30\%$、孔径 $<8mm$ 的穿孔管将内接管连接起来。

（2）共振消声器　如图 6-14 所示，在气流通道的管壁上开凿一定数量的小孔，与管外的一定封闭的空腔相通，即构成单腔共振消声结构。小孔颈中气体构成声质量，孔颈的摩擦和阻尼构成声阻，空腔中的空气构成声顺，声质量、声阻、声顺的适当组合，构成一个弹性系统。

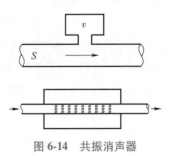

图 6-14　共振消声器

当气流中的声波与这个系统的固有频率一致时，在共振器中，可以激发强烈的强迫振荡。共振器孔颈中的声质量微粒的振动速度，超过自由声场中微粒速度几百倍，即发生共振。此即亥姆霍兹（Hejmholtz）空气共振器的共振原理，故名共振消声器。

共振时振幅最大、气柱往返于孔颈中的速度也最大、摩擦阻损最大，因而声能消耗最多。

共振消声器结构简单、阻力损失小、耐高温、耐高湿、抗冲击、抗腐蚀、体积较大、消声频带窄，主要适用于狭窄频率，尤其适用于 350Hz 以下的低频消声。

根据共振原理,共振消声器应满足:

1)消声结构部分尺寸(长、宽、高),皆应小于 $\lambda_c/3$,λ_c 为共振频率波长。

2)穿孔应尽量集中在共振腔中部,均匀分布。穿孔部分长度不大于 $\lambda_c/12$。

3)非开孔部分长度,每端不大于 $\lambda_c/8$。

4)兼顾消声效果、实用,常取板厚 $t=2\sim6mm$、穿孔孔径 $d=3\sim15mm$、腔深 $D=100\sim200mm$、穿孔率 $p=0.5\%\sim5\%$、相对声阻率 $\mu=1.5\sim2$。

5)共振消声器选择性较强,通常消声带宽小于 100Hz,较宽者为 $200\sim300Hz$。如果需要拓展消声频宽,可在一个管中设置若干共振消声段,使其相互补充,例如,对 125Hz、250Hz 两倍频程,可设计成共振频率 $f_{\lambda1}\sim f_{\lambda2}$,分别等于 100Hz、125Hz、160Hz、200Hz、250Hz、315Hz 六个共振消声段相连。

6)多节共振消声器中,各节穿孔间距离,即通道非开孔部分,对消声效果是有影响的,对较高频率也会有共振特性;共振消声器尾管,也是一个共振腔体。这些共振,将起噪声放大作用,应予避免。

7)两端开口管长按 1/4 波长计算为

$$f_c=(2n-1)c/4L_e \tag{6-15}$$

式中,L_e 是管当量长度(m),$L_e=L+0.3d$;L 是管长度(m);d 是管直径(m);$n=1,2,3\cdots$

(3)微穿孔板消声器 微穿孔板消声器是在微穿孔吸声结构的基础上发展而来的,它由金属或非金属薄板制成,不需要任何吸声材料,是共振消声器的延伸。这种消声器质量轻、消声频带宽、耐高温、耐蒸气,且因穿孔率低、孔细而密,气流在通道中摩擦系数小,阻损小,适用于空调系统和某些特殊需要的动力设备。

图 6-15a、b 是最简单的筒式微穿孔板消声器,常用厚为 1mm、穿孔率 1%~3%、孔径 1mm 以下的金属板,腔深根据共振频率的要求计算而得,空腔越大,共振频率越低。微穿孔板消声器,与共振器消声器相比,减小了孔径,扩大了气流通道上穿孔的数目与范围,提高了声阻,增宽了消声频带。图 6-15c、d 是双层微穿孔板消声器的基本结构形式,频率特性呈双拱形,频宽优于单层,且有利于低频消声。

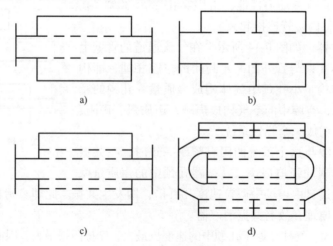

图 6-15 微穿孔板消声器
a)单层 b)单层狭矩形 c)双层矩形 d)双层环式

3. 阻抗复合消声器

阻性消声器的中高频消声效果较好，抗性消声器的低中频消声效果较好。若将二者的特性结合，则在低、中、高整个频段内皆有比较好的消声效果，将这种同时具有阻、抗消声器特点的消声结构称为阻抗复合消声器。

（1）阻性-扩张室复合消声器　图 6-16a 中，在消声器前段的气流通道上设置一定数量的小孔，外包密闭的空腔，即可组成扩张室式消声器。为了提高消声效果，扩张室还可根据需要划分成多节，构成多节扩张室式消声器。后段气流通道由穿孔板构成，在空腔中填充吸声材料，可以组成阻性消声器。前段扩张式结构，后段阻性结构，共同构成阻抗复合消声器。前段的结构、尺寸据所需降噪量和低中频频率特性可按扩张室式估算，后段降中高频噪量及其频率特性可按阻性消声器计算方法进行估算。

（2）阻性-共振腔复合消声器　如图 6-16b 所示，该复合消声器从截面上剖分为内、外两层。外层在横向又分为三节，左、右两节各设一共振腔，中节为穿孔板加吸声材料，连接起来后组成共振腔、阻性、共振腔的结构形式。内层在横向也分为三节，左、右两节系穿孔板加吸声材料，中节为共振，连接起来后组成阻性-共振腔-阻性的结构形式。内、外两层之间的气流通道有声流式的特点。

（3）阻性-扩张室-共振腔复合消声器　将图 6-16b 右端的共振腔更改为扩张室，声波在气流通道上将经过三次不同原理的消声，这种结构为阻性-扩张室-共振腔复合消声器。

复合消声器结构复杂、工艺要求高、制造周期长，其使用温度不能高于吸声材料所允许的最高温度，也不宜在流速太大、潮湿、有腐蚀性气体的环境中使用。

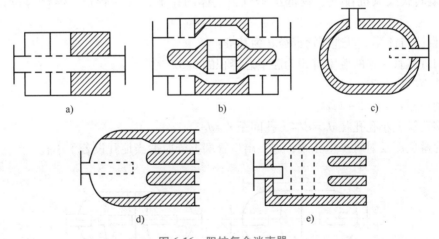

图 6-16　阻抗复合消声器

a）阻（管式）-扩张室式　b）阻（声流式）-共振腔　c）阻（管式）-扩散

d）阻（管、列管式）-扩散　e）阻-抗（穿孔屏）

4. 其他类型

（1）节流减压与喷注型消声器　此类扩散消声器的基本结构形式有三种：小孔喷注、多孔扩散、节流减压，其特点是体积小、结构简单、耐高温、耐气流冲击、阻力大，适用于高温、高压、高速排气（汽）放空场所的降噪。这类排气噪声频带宽、声级高、污染面大。此类扩散消声器主要用于排气阻力无限制要求的场合。

1）小孔喷注消声器（移频）。此类消声器具有小孔（1mm），5 倍孔径以上的孔心距（喷注前驻压越高，孔心距应越大），常用于排气放空。

一般喷注噪声的峰值频率为 $f_p = 0.2v/d$，取小孔孔径为 1mm，则 f_p 移至超声频段。

$$L_{IL} = -10\lg \frac{2}{\pi} \left[tg^{-1}(0.165d) - \frac{0.165d}{H(0.165d)^2} \right] \tag{6-16}$$

取 $d = 1mm$，$L_{IL} = 20 \sim 28dB(A)$（实际）；$d = 2mm$，$L_{IL} = 16 \sim 21dB(A)$（实际）。一般要求小孔总面积比排气口的截面面积大 20%~60%。

2）多孔扩散消声器（降压减速）。此类消声器具有微小孔且孔距小，用于降低各种压力排气产生的噪声，当气流通过多孔材料制成的消声器时，气体压力被降低，流速被扩散减小，相应地减弱了辐射噪声的强度。如多孔陶瓷、烧结金属、多层金属网。在工况条件不受其排气阻力影响的场合，利用多孔扩散消声器降低 30%~50% 噪声是比较容易实现的。

3）节流减压消声器（稍大孔且孔距较小）。多孔孔板节流减压，使高压气流排放噪声降低。

（2）缓冲式消声器　图 6-17 所示的缓冲式消声器又称脉动缓冲器，由分隔的腔室和多孔管组成。多孔管做一对脉冲的阻抗，当脉冲强时，起大阻抗作用；弱时，起小阻抗作用，自动调节气流，使断续或脉冲气流转换为平滑流。腔中设置 1~4 室，分直进式、轴线错位式。在消声与脉动衰减性能方面，腔室数越多越好，容积越大越有利于低频，但阻损也随之增大。

缓冲式消声器在几十赫兹到数千赫兹具有较稳定的消声性能，适用于空压机进气，罗茨鼓风机、旋转式鼓风机排气，较低压蒸汽、气体的排放，气体管道、燃烧等设备的消声减噪。

结构设计与计算，以进气管直径 d 为基准：

1）与进气管相连的腔室容积为腔室总容积的 3/5。

2）消声器内径 $D = 4d$。

3）消声器长 $L = (3 \sim 4)D$。

4）多孔管上小孔孔径 $d_0 = d/4$，孔间距 $A = d/3$。

5）为避免声反射时产生驻波，进、出口管端上皆应适当地开设若干小孔。

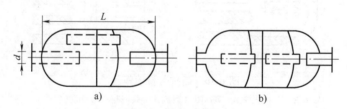

图 6-17　缓冲式消声器
a）二室型　b）三室型（直进式）

6.1.2.3　消声器的选用

选择与设计消声器应按如下步骤进行。

1. 噪声源调查分析

控制噪声的第一步是摸清控制对象的性质、基本状况。在机械、电磁、空气动力性三类噪声中，消声器适用于控制空气动力性噪声。空气动力性噪声又可分为以下几类：

1）按压力：低压、中压、高压。

2）按流速：低速、中速、高速。

3）按频谱特性：低频、中频、高频、宽频带。

4）按输送对象：空气、蒸汽、废气（油烟、漆雾）、杂质（木屑、稻壳、粉尘）。

另外还要查明控制对象的声级、频谱特性、需要降低量、安装空间的容许尺寸等。不同性质、不同类型的噪声源应选用不同类型的消声器，以获得最佳效果。

2. 选择适当的控制标准

应视噪声源所在环境要求、投资状况或噪声限值标准等因素拟定控制标准。

人们总希望噪声越低越好，但结合必要性、技术可行性与方案经济性等方面因素，一般只要控制到允许范围内即可，可根据噪声地点，参考《建筑施工场界环境噪声排放标准》（GB 12523—2011）或《工业企业厂界环境噪声排放标准》（GB 12348—2008）等选取控制标准。

3. 确定消声量

将噪声实测声级减去标准允许声级，即需要的噪声降低量，其间还应考虑以下因素。

1）背景噪声的影响。若待装消声器的噪声源使用环境背景噪声很高，或有多种声源干扰，如不采取综合治理措施，不必对消声器的消声量要求太苛刻，只要安装消声器后该噪声源低于背景噪声 3~5dB 即可。

2）自然削减量。声级会随距离的增加而自然衰减，对于自然场中的球面波，衰减规律为反平方律关系，即离声源距离加倍，声压级减小 6，计算消声量时应减去噪声级沿途的自然衰减量。

4. 消声器的设计与选型

消声器形式规格品种繁多，使用范围极广，必须合理设计并恰当使用，才能取得预期的消声效果。各类消声器的消声特性可参见图 6-18 与图 6-19。

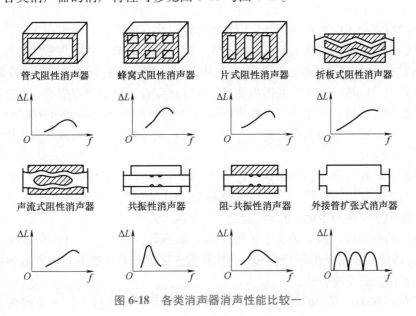

图 6-18　各类消声器消声性能比较一

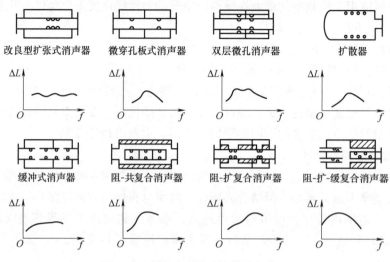

图 6-19　各类消声器消声性能比较二

（1）合理设计与选择消声器形式　通常，消声器适用于降低空气动力机械（包括通风机、鼓风机、压缩机、燃气轮机及各类排气放空装置等）辐射的空气动力性噪声，但在具体设计选型时，必须根据声源类别、噪声及频谱特性、工艺及降噪要求和安装条件等综合决定。例如，当噪声呈中高频宽带特性（如风机类），则可选用阻性消声器或以阻性为主的复合式消声器；当噪声呈明显低中频脉动特性时或气流通道内不宜使用阻性吸声材料时（空压机、柴油机等），则可设计选用抗性消声器、共振式消声器等；当遇到高温、高压、高速排气放空噪声时，则可采用节流减压、小孔喷注及节流减压小孔喷注复合等排气放空消声器。在具体设计及选择消声器的形式规格时，还必须注意适用风量、压力及压力损失的要求，对于风压较高的声源，其配用消声器必须有足够的结构强度，对于允许压力损失较低的条件，其消声器的结构形式就只能采用管式、片式等，而不能采用折板式及迷宫式等形式。

（2）正确选用消声器的吸声材料及消声结构　消声器大都是通过吸声材料或消声结构来达到消声的目的。不同形式的阻性消声器都是通过多孔吸声材料起消声作用。常用于消声器的多孔材料主要有离心玻璃棉、超细玻璃棉、聚氨酯声学泡沫及膨胀珍珠岩等。其中，以离心玻璃棉毡或棉板应用最多，这类材料常用密度为 $20\sim30\text{kg/m}^3$，厚度一般为 $5\sim15\text{cm}$，如需改善低频消声特性，则可采取适当加大厚度、密度及后留空腔等措施。由于阻性材料大多由松散纤维加工而成，因此用于阻性消声器内时必须设有护面层，护面层的设计与选用应视消声器内气流速度及压力条件而定，一般可选用玻璃纤维布、塑料或金属纱网及穿孔金属板（开孔率大于 20%）等。

对于高温、高速、潮湿、净化等工艺条件，则可考虑微穿孔板消声结构，包括单腔或双腔结构等。对于共振消声结构，则应使各部分尺寸（如腔长、腔深）小于 1/3 共振频率波长、开孔宜集中于共振腔中部、孔距层大于 5 倍孔径等。

对于抗性消声结构，则应使多个扩张室的长度不等，插入管长度应等于室长的 1/2 或 1/4，断开的内插管应用穿孔率大于 30% 的穿孔管连接等，这些措施均可有效地降低阻力并改善抗性消声的消声频率特性。

（3）严格控制消声器内的气流速度　在风机类消声器的设计与应用中经常会发生以下

现象：动态消声量小于静态消声量，多个消声器串联后的总消声量小于单个消声器的消声量之和，流速变大后消声量下降等。这是由于消声器内有气流通过而产生了气流再生噪声，影响了消声性能的发挥。消声器内气流速度的增大不仅影响消声性能，也使消声器的压力损失显著增大，通常气流噪声随流速的六次方提高，而压力损失则同流速的平方成正比，因此必须严格控制通过消声器内的气流速度。如对用于有特殊安静要求的空调通风系统消声器的流速宜为 2~5m/s，一般安静要求的消声器流速宜为 6~8m/s，用于工业系统的消声器流速可控制在 10~20m/s。

　　（4）合理选定设计制造的基本参数　　上述的形式、材料及流速是设计选用消声器时，首先考虑的因素，此外，许多有关设计制造的基本参数也是影响消声器声学性能及气动性能的重要因素，必须予以合理设计并选定。

　　如阻性管式消声器的长径比（即有效长度与通道直径或当量直径之比 L/D）就是决定消声量的重要参数，一般可按 4 倍 L/D 值估算得到消声量，而长度片距比（L/a）则是决定片式消声量的重要参数，通常可按 2 倍 L/a 值估算消声量。

　　为了防止阻性消声器出现高频失效现象，必须合理选定管径或片距。如直管式消声器的管径宜不大于 300mm，蜂窝式消声器的单个通道尺寸宜 150~200mm，列管式消声器的单管直径应不大于 200mm，片式消声器的片距宜为 100~200mm，片厚宜为 60~150mm（贴管壁的消声片可取中部片厚的一半），阻性消声器的阻塞比（吸声片占通道面积的百分比）应控制在 30%~50%。而阻性消声器的长度一般可取 1~2m，消声要求高时可取 3~4m，并可考虑分段设置。抗性扩张室式消声器的膨胀比 m 值的选定将直接影响其消声量的大小、外形体积及其经济性等，对于常见空调通风系统用扩张室式消声器或阻抗复合消声器，由于原有风管尺寸较大，其 m 值多为 3~5，对于柴油机、空压机用扩张室式消声器，其 m 值可取 6~8，而对原有管道直径很小的排气消声器则可取更大的 m 值，如 9~15。

　　对用于有明显低中频噪声峰值的扩张室式消声器，则其扩张室长度应取其峰值频率的 1/4，如峰值频率为 100Hz 或 170Hz，则扩张室长度可取 0.8m 或 0.5m。

　　对于共振式消声器的设计制作，需要控制其共振腔深度、穿孔率、穿孔孔径及板厚等一些基本参数。如一般共振腔深度宜取 100~200mm，腔深不仅同共振频率的平方成反比，也同消声频带的宽度成正比；而穿孔率通常取 0.5%~5%，穿孔率越低，则共振频率也越低；穿孔孔径常取 3~10mm，孔径小有利于改善频宽；共振穿孔板的板厚应视工艺条件而定，如适用压力及刚度要求，常用板厚多为 1~5mm。

　　微穿孔板消声器在有净化要求的通风空调工程中应用日渐增多，在设计制作中应控制的基本技术参数包括穿孔率、板厚、孔径、腔数及腔深等内容，它们同结构形式、长度及流速一样对微穿孔板消声器的消声特性起到重要的作用。通常，微穿孔板的孔径宜取 0.5~1.0mm，其穿孔率常取 0.5%~3%，而板厚则可取 0.5~1.0mm；微穿孔板共振腔的腔深对频带宽度有重要影响，一般设计制作中多取 30~200mm，其中对于低频可取 150~200mm，对于中频可取 80~150mm，对于高频则可取 30~80mm，如果设计成双层微穿孔板的双腔结构，则应控制使前腔深小于后腔深，前后腔深之比不大于 1:3，且前层微穿孔板的穿孔率大于后层微穿孔板的穿孔率。

　　对于排气放空用的节流减压和小孔喷注式消声器，由于其使用条件为高温、高压及高速气流，因此在控制设计制作的基本参数时不仅要取得良好的消声效果，还要保证排气放空的通畅性和安全性。

对于节流减压消声，其节流的级数可取 2~4 级，随排气压力而选定，如排气压力 $p_S <$ $1 \times 10^6 Pa$，级数 n 取 2~3；$p_S = 1 \times 10^6 \sim 1.5 \times 10^6 Pa$ 时，n 取 3~4；$p_S = 1.6 \times 10^6 \sim 3 \times 10^6 Pa$ 时，n 取 4~5；$p_S \geqslant 3 \times 10^6 Pa$ 时，n 可取 5 级以上，而压降比可取 0.5~0.7。对于多级节流，则常取等临界压比条件，如对空气取 0.528，对过热蒸汽取 0.546 等；节流孔板的孔径常取 5~20mm，并且应使前级节流孔径大于后级节流孔径，而后级节流孔板开孔面积应大于前级节流孔板开孔面积的 $1/\varepsilon_0$ 倍（ε_0 为临界压比）。

对于小孔喷注消声，其小孔直径常取 5~10mm，而小孔的间距宜取 5~10 倍孔径，总的小孔面积应为原排气喷口或前级节流孔板开孔面积的 1.5~2.5 倍。如果单用小孔喷注消声，则其适用排气压力应取 $40 \times 10^4 \sim 80 \times 10^4 Pa$；如果小孔喷注同节流减压相结合，则可适用于排气压力较高的条件，设计中，若能做到小孔喷注前节流孔板后有足够的扩容空腔，同时小孔喷注不能有足够大的开孔面积，则可以使前段节流减压的级数大大减少，甚至仅设一级即可适用于较高压力的排气消声。

（5）系列化消声器设计与应用的基本要求　随着噪声控制技术的不断发展和消声器设计研究工作及应用技术的进一步深化，系列化消声器产品的研制及应用也日趋广泛，新的系列化消声器已在国内外涌现，为了使消声器系列设计更臻完善，应用更趋方便正确，系列化消声器设计与应用应满足以下几点基本要求。

1）系列消声器的设计造型要正确，要使消声器系列的声学及气动性能都能符合工艺要求，包括：消声原理应与声源类别相适应；结构形式应与声学及气动性能要求相适应；消声材料或构造应同流速、压力相适应；通道截面面积应与适用风量相适应；有效长度及外形尺寸应与消声特性相适应。

2）系列化消声器的系列型号分档应合理，应能满足足够的适用风量范围，对于风机类消声器，则不宜采用风机与消声器单一对应的系列分档方式，而应该采用按流量流速对应系列规格型号的相对选型方法，如表 6-4 即 P 型盘式消声器系列规格选用表。

3）同系列不同规格型号的消声器，其声学及气动性能应要求基本相同。

为了使系列化消声器的消声性能基本相同，对于阻性消声器而言，除了应使吸声材料的厚度、密度基本相同之外，应尽可能保持同一系列不同规格大小的消声器的长径比 L/D，或长度片距比 L/a 或周长截面比和长度的乘积 pL/S 保持相等。

对于抗性消声器系列，则应使不同规格大小的消声器有基本相同的扩张比值 m、长径比（长度及外径之比）基本接近，可采用分割扩张室的方法使有效截止频率也基本保持一致。

同样，为了使系列化消声器的气动性能基本相同，也应使同一系列不同规格大小的消声器的结构形式做到几何相似，通道流速也应基本保持相同。

安装消声器将空气动力性噪声降低后，若要再度降低设备噪声，如机壳、管壁之类辐射噪声，电动机噪声，传动系统机械噪声等，应根据噪声源的分布、传播途径、污染程度、降噪要求等采取相应的隔声、吸声、隔振、阻尼等多种途径，综合治理。

6.1.2.4　锅炉、风机类消声器简介

1. YJ、YP 型锅炉引风机进、排气消声器系列

1）消声器的型号：Y 表示锅炉引风机；P 表示排风消声器；J 表示进风消声器；2YJ 表示配用 2t/h 锅炉引风机进风消声器；2YP 表示配用 2t/h（锅炉蒸发量）锅炉引风机排风消声器。

2）用途：用于降低锅炉引风机进、排风处的管道辐射噪声。

3）性能：消声量为 15~20dB（A），阻力损失小于 196Pa。

4）特点：结构简单，体积小，可拆卸，便于维护与检修。

YJ、YP 型消声器系列规格选用表见表 6-2，其外形尺寸及安装如图 6-20 所示。

表 6-2　YJ、YP 型消声器系列规格选用表

型号 规格	外形尺寸/m			法兰尺寸				
	外径 D	有效长度 l	安装长度 L	内径 D_1/mm	中径 D_2/mm	外径 D_3/mm	联 接 孔	
							孔数 n	孔径 ϕ/mm
1YJ	610	820	904	400	442	462	12	12
1YP	610	1440	1600	360	420	450	10	8
2YJ	700	880	1000	500	540	572	12	12
2YP	700	1440	1600	360	420	490	10	8
4YJ	720	900	1040	600	645	676	14	16
4YP	720	1640	1800	440	500	530	12	12

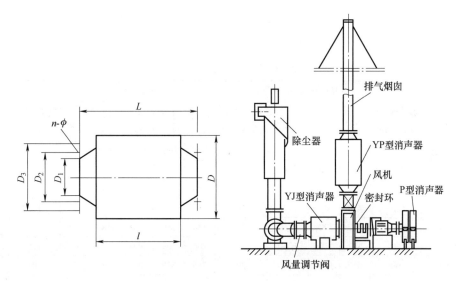

图 6-20　YJ、YP 型消声器外形尺寸与安装

2. ZHZ-55 型冲天炉鼓风机消声器系列

1）形式：圆形阻性直管式。

2）用途：主要用于降低冲天炉配用的罗茨、叶式鼓风机进、排气噪声，也可用于其他各类风机的消声。

3）性能：消声量不小于 25dB（A）。

4）阻力损失：额定风量时不大于 196Pa。

5）特点：结构简单、体积小、消声频带宽、阻力损失小。

ZHZ-55 型消声器实测消声性能与安装示意图如图 6-21 所示，消声器系列规格选用表见表 6-3，其中，ZHZ-55-60 消声器外形尺寸如图 6-22 所示。

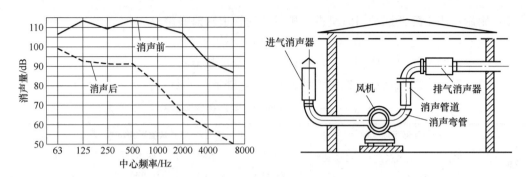

图 6-21　ZHZ-55 型消声器实测消声性能与安装示意图

动图 6-21　ZHZ-55 型消声器
实测消声性能与安装示意图

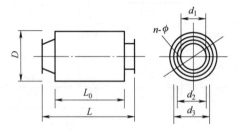

图 6-22　ZHZ-55-60 消声器
外形尺寸

表 6-3　ZHZ-55 型消声器系列规格选用表

| 型号规格 | 适用流量/（m³/min） | 外形尺寸/mm | | | 气流速度/（m/s） | 法兰尺寸 | | | | | 阻力损失/Pa | 质量/（kg/台） |
		外径 D	L₀	安装长度 L		内径 d₁/mm	中径 d₂/mm	外径 d₃/mm	孔径 φ/mm	孔数 n		
ZHZ-55-5~7	5~7	400	806	904	23	96	138	170	18	4	127	42
ZHZ-55-10~15	10~15	400	900	1004	14	129	183	215	18	4	44	52
ZHZ-55-20	20	450	1000	1124	18	156	269	300	18	6	186	66
ZHZ-55-20	30	507	1000	1160	18.1	186	269	300	18	6	78	77
ZHZ-55-40	40	507	1100	1260	22	206	269	300	18	6	118	83
ZHZ-55-60	60	557	1400	1560	20	256	327	365	18	6	98	117
ZHZ-55-80	80	607	1600	1784	21.7	236 / 306	386	420	18	6	196	158
ZHZ-55-120	120	637	1800	1984	23.2	356 / 336	445	485	22	10	225	186
ZHZ-55-160	160	700	1800	1970	16	406	495	535	22	10	216	191
ZHZ-55-200	200	750	2000	2160	15	456	550	590	22	10	225	227
ZHZ-55-250	250	800	2000	2160	15	506	590	635	22	10	225	245

3. P 型锅炉鼓风机盘式消声器系列

1）形式：阻性圆盘式，共 10 种规格。

2）用途：用于 0.5~20t/h 的锅炉进风机的消声。

3）性能与特点：①消声效果好，消声量为 14~18dB（A）；②阻力损失小，阻损不大于 98Pa；③体积小、质量轻，安装保养方便。

P_4 型盘式消声器实测消声频谱如图 6-23 所示，P 型消声器性能选用表见表 6-4。P 型盘式消声器外形尺寸如图 6-24 所示，其外形尺寸见表 6-5。

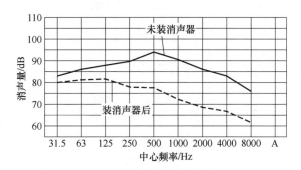

图 6-23　P_4 型盘式消声器实测消声频谱

表 6-4　P 型消声器性能选用表

型号规格	适用锅炉/ （t/h）	送风机流量/ （m³/h）	送风机全压/ Pa	阻力损失/ Pa	消声量/ dB（A）
$P_{0.5}$	0.5	620~1630	901~412	49	14
P_1	1	1090~2290	1195~608	49	14
P_2	2	2720~5010	1528~960	59	15
P_4	4	4040~7460	1999~1264	59	15
P_6	6	7950~14720	3174~2195	69	16
$P_{6.5}$	6.5	8720	1597	69	16
P_8	8	9000~16000	2156~1470	69	16
P_{10}	10	16900~31500	2067~1460	69	17
P_{15}	15	16900~31500	2067~1460	≤98	≥15
P_{20}	20	24000~44800	2616~1852	≤98	≥15

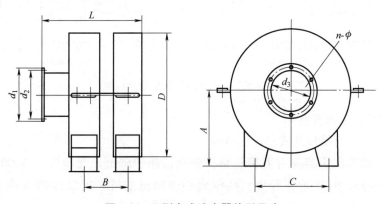

图 6-24　P 型盘式消声器外形尺寸

表 6-5　P 型盘式消声器外形尺寸

型号规格	中心标高 A/mm	基础尺寸/mm		外形尺寸/mm		法兰尺寸/mm				质量/（kg/台）
		B	C	D	L	外径 d_1	中径 d_2	内径 d_3	螺孔 $n×\phi$	
$P_{0.6}$	390	189	400	620	457	230	200	164	$6×\phi8$	62
P_1	426	196.6	460	672	465	262	228	196	$8×\phi8$	70
P_2	510	217.5	600	816	489	436	388	350	$8×\phi10$	100
P_4	617	24l.5	700	916	514	486	445	400	$8×\phi10$	122
P_6	620	249.5	800	1016	523	590	550	500	$16×\phi8$	128
$P_{6.5}$	670	263	900	1166	553	666	620	560	$16×\phi12$	165
P_{10}	780	322.5	1200	1316	635	910	860	800	$16×\phi14$	217
P_{15}	850	305	1200	1516	604	906	860	800	$16×\phi15$	240
P_{20}	900	311	1300	1616	610	1006	960	900	$16×\phi15$	270

4. D 型罗茨鼓风机消声器系列

1）结构：消声器为阻性折板式，采用折线形声通道，吸声材料为超细玻璃棉。$D_1 \sim D_2$ 为单通道，$D_3 \sim D_5$ 为双通道，$D_6 \sim D_7$ 为三通道，外壳圆形，两端均为方圆变径管。

2）用途：主要用于罗茨鼓风机的进气噪声，必要时也可用于降低排气口噪声及其他各类风机的消声。

3）性能：消声量不小于 30dB（A）。

4）阻力损失：额定风量时，阻损不大于 98Pa。

D 型消声器实测消声性能如图 6-25 所示，其外形尺寸与安装方案如图 6-26 所示。D 型消声器规格选用表见表 6-6。

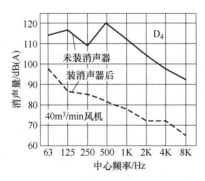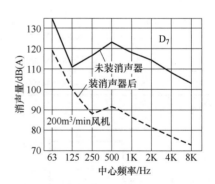

图 6-25　D 型消声器实测消声性能

5. L 型螺旋式消声器系列

1）形式：阻式直管螺旋式复合消声器。

2）用途：此类消声器共有九种规格，分别适用于降低风量范围为 3000～30000m³/h，型号为 9-19、9-26、9-72 等各种中、高压离心通风机的进、出口或管道传递的空气动力噪声。

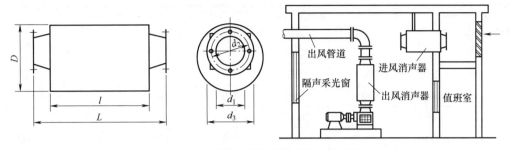

图 6-26　D 型消声器外形尺寸与安装方案

表 6-6　D 型消声器规格选用表

型号规格	适用风量/（m³/min）	通道截面面积/m²	气流速度/（m/s）	外形尺寸/mm			法兰尺寸					质量/（kg/台）
				外径 D	有效长度 l	安装长度 L	内径 d₁/mm	中径 d₂/mm	外径 d₃/mm	联接孔		
										孔数 n	孔径 φ/mm	
D₁	1.25	0.0036	5.8	200	800	1000	54	105	135	4	14	23
	2.5		11.6									
D₂	5	0.008	10.4	250	1000	1200	84	138	L70	4	18	34
	7		14.6									
D₃	10	0.0216	7.8	400	1200	1500	129	183	215	4	18	80
	15		11.6									
D₄	20	0.0384	8.7	450	1400	1700	206	269	300	6	18	98
	30		13.0									
	40		17.4									
D₅	60	0.068	14.7	600	1600	1900	256	327	365	6	18	239
	80		19.6				306	386	431			
D₆	120	0.135	14.8	800	1800	2100	356	445	485	10	24	413
	160		19.8				406	495	535			
D₇	200	0.173	19.3	900	1800	2100	456	550	590	10	24	452
	250		23.0				506	590	635			

3）性能：消声量为 30dB（A），阻力系数 $\xi = 1.2$，消声器出口端的气流本底噪声功率级为

$$L = -8.7 + 60 \lg v \qquad (6\text{-}17)$$

式中，v 是流速（m/s）。

4）特点：消声频带宽，结构简单，体积小，阻力低，消声效果好。

L 型螺旋式消声器外形尺寸如图 6-27 所示，L 型螺旋式消声器规格选用表见表 6-7。

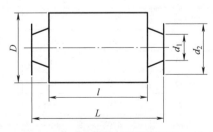

图 6-27　L 型螺旋式消声器外形尺寸

表 6-7 L 型螺旋式消声器规格选用表

| 型号规格 | 适用风量/
（m³/h） | 外形尺寸/mm | | | 法兰尺寸/mm | | 质量/
（kg/台） |
		外径 D	有效长度 l	安装长度 L	内径 d_1	外径 d_2	
$L_{2.5}$	3500	560	1000	1200	250	350	87
L_3	5000	630	1100	1300	300	420	107
L_4	9000	760	1400	1600	400	520	144
$L_{4.5}$	11000	800	1600	1900	450	570	182
L_5	14000	860	1600	1900	500	620	205
$L_{5.5}$	16500	920	1700	2000	550	670	234
$L_{6.3}$	22000	1020	1700	2060	630	770	282
L_7	27000	1100	1700	2100	700	840	311
$L_{7.5}$	31000	1170	1900	2300	750	890	370

6. G 型消声管道与 D 型消声弯头

G 型消声管道的形式为圆形、阻式直管式，与 D 型、ZHZ-55 型配套，用于降低罗茨、叶式鼓风机进、排气管道系统噪声，消声量为 12~15dB（A）。D 型消声弯头主要与 D 型、ZHZ-55 型配套，用于降低罗茨、叶式鼓风机管路拐弯处的辐射噪声，消声量为 12~15dB（A）。D 型消声弯头与 G 型消声管道的外形尺寸如图 6-28 所示，其规格选用表分别见表 6-8 和表 6-9。

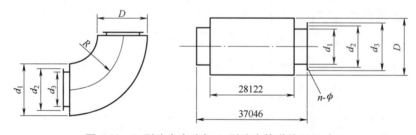

图 6-28 D 型消声弯头与 G 型消声管道外形尺寸

表 6-8 D 型消声弯头规格选用表

| 型号规格 | 曲率半径
R/mm | 外径
D/mm | 法兰尺寸 | | | | | 质量/
（kg/台） |
| | | | 内径
d_1/mm | 中径
d_2/mm | 外径
d_3/mm | 联接孔 | | |
						孔数 n	孔径 ϕ/mm	
D-10~15	400	250	130	183	215	4	18	22
D-40	450	365	205	269	300	6	18	35
D-60	500	415	255	327	365	6	18	46
D-80	500	465	305	386	430	6	18	53
D-120	550	556	365	445	485	10	24	70
D-160	550	606	406	495	535	10	24	77
D-200	600	656	456	550	590	10	24	90
D-250	600	706	506	590	635	10	24	99

表 6-9　G 型消声管道规格选用表

型号规格	适用流量/(m³/min)	外形尺寸/mm			法兰尺寸					质量/(kg/台)
		外径 D	有效长度 l	安装长度 L	内径 d_1/mm	中径 d_2/mm	外径 d_3/mm	联接孔		
								孔数 n	孔径 ϕ/mm	
G-15	10~15	290	800	1000	130	183	215	4	18	27
G-40	20~40	365	800	1000	205	269	300	6	18	37
G-60	60	415	800	1000	255	327	365	6	18	47
G-80	80	465	800	1000	305	386	430	6	18	55
G-120	120	556	800	1000	355	445	485	10	24	71
G-160	160	606	800	1000	406	495	535	10	24	75
G-200	200	656	800	1000	456	5a0	590	10	21	84
G-250	250	706	800	1000	506	590	635	19	24	90

7. PA₃ 型空压机消声器系列

1）形式：抗性消声器，外壳圆形，有六种规格（见表 6-10）。

2）用途：用于降低风量范围为 6~100m³/min 的空气压缩机进气口噪声，可直接安装于空压机进气口，并在消声器口加滤清器，也可安装于室外空压机进气管口上。

3）性能：消声量为 17~22dB（A），阻力损失不大于 80mmH₂O。

PA₃ 型消声器外形尺寸与安装如图 6-29 所示。PA₃ 型消声器规格选用表见表 6-10。

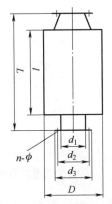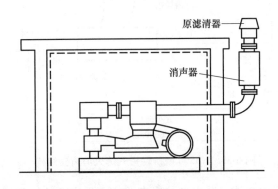

图 6-29　PA₃ 型消声器外形尺寸与安装

表 6-10　PA₃ 型消声器规格选用表

型号规格	适用流量/(m³/min)	外形尺寸/mm			法兰尺寸/mm				质量/(kg/台)
		外径 D	有效长度 l	安装长度 L	内径 d_1	中径 d_2	外径 d_3	联接孔 $n \times \phi$	
AP₃-6	6	360	1000	1180	108	170	205	4×18	78
AP₃-10	10	500	1000	1170	195	255	290	8×18	119
AP₃-20	20	600	1200	1600	250	305	340	8×18	191
AP₃-40	40	700	1450	1860	325	395	435	12×23	264
AP₃-60	60	800	1800	2310	426	495	535	16×23	379
AP₃-100	100	900	2000	2550	530	600	640	16×23	480

8. 船用微穿孔消声器

现代船舶要满足功率大、噪声小和行驶安全等要求，降低柴油发动机排气噪声最简单有效的措施是在排气口处安装排气消声器。适用中/低频段、降噪好、尺寸小、质量轻和气流阻力小的排气消声器，能抑制排放烟气中的火花，降低排放温度，减小排放的烟尘等颗粒物，并保障船舶的安全行驶。抗性消声器具有中/低频段内消声性能高、压力损失低和尺寸小等特点，被有效应用在中速柴油发动机的排气消声设备中。根据安装方式，可将排气消声器分为卧式和立式两种，一般在柴油机喉部装有冷却吸水管，当排放气体通过冷却管时，由于管内外压力差，外部的冷却水与柴油机内的高温、高速排气流混合，实现降温，最终熄灭，同时灰粒随污水排出船外并净化。

以瓦锡兰的中速柴油发动机加装 JTK Power 公司生产的 NS500 型排气熄火消声器（立式）为例，其结构如图 6-30 所示。该消声器具有结构简单、尺寸较小、降噪效果好和火星熄灭效果优等优点。测试时，在消声器的筒体外周面上加装隔热层。当柴油发动机的排气噪声沿进气口进入内腔室 2，大部分噪声在分隔壁处发生反射、干涉现象，过滤某些频率噪声，而小部分噪声通过中心管到内腔室 1，再次过滤主要噪声频率而达到消声的目的。最后，由出气口输出已滤掉某些频率成分的噪声，内腔室设有出污水排出口和灰尘收集口。

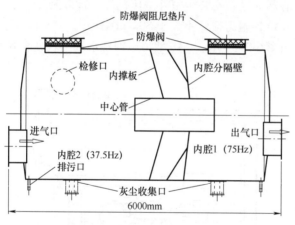

图 6-30　NS500 型抗性排气熄火消声器结构

动图 6-30　NS500 型抗性排气熄火消声器

传递损失与消声器本身结构有关，不受声源特性和尾管辐射特性的影响，是消声器研究中最常用的声学性能指标。当进出口管道内满足平面波条件时，消声器的传递损失可表达为

$$T = 20 \lg \left\{ \left(\frac{S_1}{S_2} \right)^{1/2} \left| \frac{p_1 + \rho_0 c_0 v_1}{2 p_2} \right| \right\} \tag{6-18}$$

式中，T 是消声器传递损失（dB）；S_1 和 S_2 分别是消声器进出口面积（m²）；p_1 是消声器进口处的声压（Pa）；ρ_0 是介质密度（kg/m³）；c_0 是介质中的声速（m/s）；v_1 是消声器进口处的质点振速（m/s）；p_2 是消声器出口处的声压（Pa）。根据理论估算，排气管内的气体流速为

$$v = \frac{4m}{1.3 \times \frac{273}{273 + t} \pi \phi} \tag{6-19}$$

式中，v 是气体的流速（m/s）；m 是排气的质量流（kg/s）；ϕ 是排气管径（m）；t 是排气温度（℃）。

而气体的压力损耗可由式（6-20）来获取理论估算值。

$$\Delta p = \frac{1}{2}C\rho v^2 \qquad\qquad (6\text{-}20)$$

式中，C 是压降系数，取 2.35；ρ 是排气的密度（kg/m³）。

JTK Power 的 NS450 型排气消声器的声学特性曲线如图 6-31 所示。

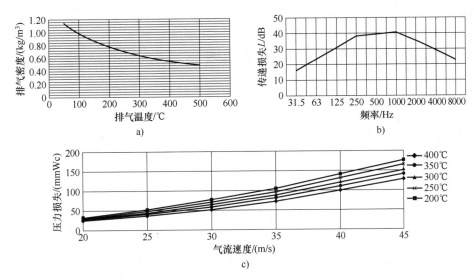

图 6-31　NS450 型排气消声器的声学特性

a）排气密度与温度关系　b）传递损失理论估值　c）气流速度与压力损失

由图 6-31 可知，当排气管内的温度达 370℃时，ρ 约为 0.58kg/m³，排气管气体的质量流 m 为 5.695kg/s，由式（6-20）可知，当管径为 0.5m 时，流速 v 为 26.29m/s。一般，船用柴油发动机的排气出口温度约为 400℃，而柴油中碳氢化合物的辛烷自燃点为 232℃，当安装熄火消声器后，排气管的出口温度被降到 80～120℃，其温度远低于辛烷自燃点，可有效避免自燃或爆燃的危险，具有可靠的熄火功能。对于双燃料柴油发动机，排气消声器需安装防爆阀。

6.2　振动污染控制设备

振动是造成工程结构损坏及寿命降低的原因，它还可导致机器和仪器仪表的工作效率、工作质量和工作精度降低。此外，机械结构的振动是产生结构振动辐射噪声的主要原因，如建筑机械、交通运输机械等产生的噪声是构成城市噪声的主要来源。另外，振动对人体也会产生很大的危害，长期暴露在振动环境下的工作人员会引起多方面的病症。

在振动理论中，减振指减小或消除振源产生的振动对被减振对象的影响。通常将减振措施按其作用形式分为抑振、消振、吸振及隔振四类。通过采取相应措施直接减弱振源的振动的方法是抑振。针对减振对象安装相应装置，通过装置与减振对象间的作用力减小或消除振动的方法是消振。通过专门设计将振源的振动能量进行适当分配以达到消除振动的方法是吸振。在振动的传递路径上设置专门的装置以减小振动传递的方法是隔振。

目前工程上采用最多的是隔振技术，它可以控制噪声的产生和传播，从而减少振动对环境和人体的影响。

减振、隔振是将振动源与承载物或地基之间的刚性连接（见图6-32a）换成弹性连接（见图6-32b），即利用弹性装置的隔振作用，减弱振动源与承载物或地基之间的能量传递，降低振动对环境的影响。

隔振包括振源（如发电机组）隔振与受振对象（如精密仪表）隔振两种基本类型，前者为积极隔振，后者为消极隔振。积极隔振是通过振动设备与支承结构（或基础）之间设置隔振装置，减小振源的振动能量向四周传递；消极隔振则是通过隔振装置减少或避免外来振动对被保护仪器设备的影响。

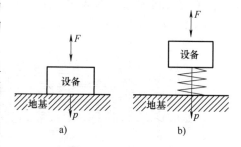

图6-32 设备的隔振
a）刚性连接（隔振前） b）弹性连接（隔振后）

6.2.1 隔振原理

1. 传振系数

在图6-32中，设备运转时产生的激振力为

$$F = F_0 \sin \omega t \tag{6-21}$$

对于刚性连接设备产生的激振力几乎全部传给了承载物或地基，并向四周传播。增设隔振装置，即弹性连接，设备产生的激振力被减振装置所阻隔，或只一部分被传递给承载物或地基。传递给承载物或地基的这部分力称为传递力，传递力与激振力之比叫作传振系数，用T表示为

$$T = \frac{传递力}{激振力} \tag{6-22}$$

传振系数是常用的表征隔振效果的物理量，当$T=1$，说明振源的激振力全部传给了安装基础；$T=0$，说明振动全部被隔绝。

图6-33a为单自由度振动系统，但它包含了隔振设计原理的本质。因此以它为例展开隔振设计。

质量为m、弹簧的弹性系数为k的振动系统，其固有频率f_0为

$$f_0 = (1/2\pi)\sqrt{k/m} \tag{6-23}$$

或

$$\omega_0 = \sqrt{k/m} \tag{6-24}$$

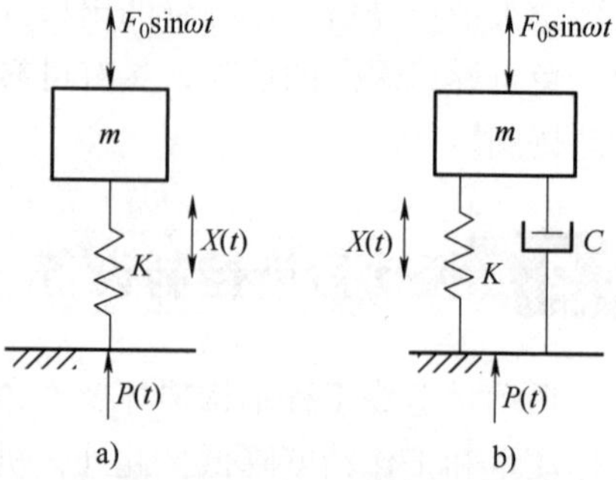

图6-33 单自由度振动系统
a）无阻尼 b）有阻尼

在图6-33b中，若在振动系统上加一个垂直的激振力$F = F_0 \sin \omega t$，无阻尼时，振动传动系数为

$$T = \left| \frac{传递力}{激振力} \right| = \left| \frac{kx}{F_0 \sin \omega t} \right| = \left| \frac{1}{1-\left(\dfrac{\omega}{\omega_0}\right)^2} \right| = \left| \frac{1}{1-\left(\dfrac{f}{f_0}\right)^2} \right| \tag{6-25}$$

此时隔振系统的固有频率与激振频率、传振系数的关系为

$$f_0 = f \cdot \sqrt{T/(T+1)} \tag{6-26}$$

有阻尼时振动传动系数为

$$T = F_{T0}/F_0 = X_0/u_0 \tag{6-27}$$

代入 X_0 与 u_0

$$T = \frac{\sqrt{1+[(2C/C_0)(\omega/\omega_0)]^2}}{\sqrt{[1-(\omega/\omega_0)^2]^2+[(2C/C_0)(\omega/\omega_0)]^2}} = \frac{\sqrt{1+[(2C/C_0)(f/f_0)]^2}}{\sqrt{[1-(f/f_0)^2]^2+[(2C/C_0)(f/f_0)]^2}} \tag{6-28}$$

式中，F_{T0} 是通过弹性支承传给基础的传递力，幅值；F_0 是物体本身的激振力，幅值；X_0 是弹性支承上物体的振幅；u_0 是基础本身的振幅；ω/ω_0 是圆频率比，设备激振的圆频率/隔振系统的固有圆频；f/f_0 是频率比；C/C_0 是阻尼比（阻尼系数/临界阻尼系数），一般隔振器 2% ~ 20%，钢制弹簧小于 1%，纤维衬垫 2% ~ 5%，合成橡胶大于 20%。

根据式（6-28），以频率比 f/f_0 为横坐标，不同阻尼比 ζ 所对应的传递比 T 的关系曲线，如图 6-34 所示。

2. 传振系数 T 与 f/f_0、ζ 的关系

（1）传振系数 T 与 f/f_0 的关系　从图 6-34 可以看出，当 $f/f_0 < \sqrt{2}$ 时，$T \geqslant 1$，隔振系统不仅不起隔振作用，反而放大振动的干扰。f/f_0 越接近 1，放大振动干扰的作用越明显。当 $f/f_0 = 1$ 时，隔振系统和振源发生共振。当 $f/f_0 > \sqrt{2}$ 时，$T < 1$，此时隔振系统才能发挥隔振作用。虽然 f/f_0 的值越大，隔振效果越好，但 f/f_0 的值过大，T 减少得很缓慢，同时考虑到工艺、制作等方面的困难，f/f_0 的值不宜取得过高。在实际应用中，f/f_0 的值一般取 2.5 ~ 5。

（2）传振系数 T 与阻尼比 ζ 的关系　从图 6-34 可以看出，当 $f/f_0 < \sqrt{2}$ 时，ζ 值越大，T 值越小，体现出增大阻尼对控制振动的明显作

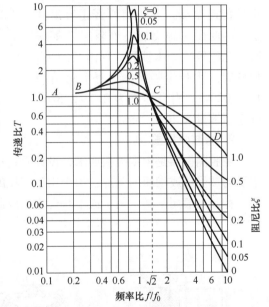

图 6-34　振动传递比

用。机械设备在启动或关闭后，振动强度逐渐加强或减弱，振动频率也会逐渐升高或降低，在某一频率处会和系统的固有频率一致而出现共振。共振引起的剧烈振动对机械设备是不利的，因此，为减轻共振区的振动，需要在隔振装置上增加一定的阻尼。当 $f/f_0 > \sqrt{2}$ 时，ζ 值越大，T 值也越大，这时阻尼对隔振有不利的影响。为了降低共振的影响，一般使阻尼大一些，但阻尼变大又会使隔振装置在高 f/f_0 范围性能变差。因此，在实际应用中应权衡利弊设置阻尼。通常情况下，ζ 的值一般选用 0.02 ~ 0.1。

6.2.2　隔振装置

常用的隔振器按材质来分有钢弹簧隔振器、橡胶隔振器和气垫隔振器等，按用途来分有

隔振垫及管道隔振装置等。近年来，一种高性能新型隔振器——准零刚度隔振器发展迅速。

1. 钢弹簧隔振器

钢弹簧隔振器是一种用途很广的隔振装置，无论是重达数百吨的大型设备，还是轻巧的精密仪器都可以使用，它通常用在静态压缩量大于 5cm 的场合，或用在温度和其他环境条件不容许采用橡胶等材料的场合。钢弹簧隔振器有很多形状，主要有螺旋形、碟形、环形和板形等，其中以螺旋形和板形应用最广（见图 6-35）。前者适用于各类风机、空压机、锻锤等，后者由多块长度不等的钢板条叠合而成，利用钢板条间的摩擦获取一定的阻尼比，适用于一个方向上的振动源，如汽车、火车车体的减振。

钢弹簧隔振器具有静态压缩量大、固有频率低、低频隔振好、耐油、耐水、不受温度变化影响、不会老化等优点，但它本身的阻尼极小，在共振时传递率非常大，而且高频时容易沿钢丝传递振动。另外钢弹簧还容易摇摆，因此往往需要加上外阻尼（如橡胶、毛毡等）和惰性环，如国产的 TJ_1 型螺旋形钢弹簧隔振器，每个负荷为 17~1020kg，固有频率为 2.2~2.5Hz，静态压缩量为 20~52mm。

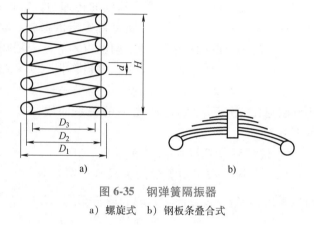

图 6-35 钢弹簧隔振器

a）螺旋式 b）钢板条叠合式

2. 橡胶隔振器

橡胶隔振器是根据隔振要求，设计并定型生产的一系列专用橡胶制品。橡胶隔振器常用于受切、受压或切压的情况，很少用于受拉的情况，其种类一般分为压缩型、剪压型和剪切型三种，一般用丁腈、氯丁或丁基合成橡胶制造，其动态系数为 1.2~2.8，阻尼比为 0.20~0.075。这三种类型的隔振器结构如图 6-36 所示。

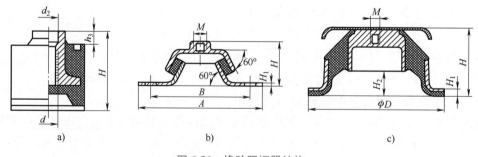

图 6-36 橡胶隔振器结构

a）压缩型 b）剪压型 c）剪切型

橡胶隔振器可以做成各种形状和不同的劲度，其内部阻尼作用比钢弹簧隔振器大，对 10Hz 左右的设备振动频率，仍具有隔绝作用。但橡胶隔振器容易老化，而且在重负载下会有较大的蠕变（特别是在高温时），因此其持续变形在受压时为 10%~15%，在切变时为 25%~50%。天然橡胶的固有频率略低于合成橡胶，但不能用于与油类、碳氢化合物等接触的设备和环境温度较高的地方。国产的橡胶隔振器有 E 型、Z 型、JG 型和 JC 型等。

3. 气垫隔振器与隔振垫

气垫隔振器一般由橡胶制作并充气而成（见图 6-37）。它的固有频率较低，一般为 0.1~5Hz，由图 6-34 知，它的隔振效果比钢弹簧更好，尤其是对于低频率的干扰振动。

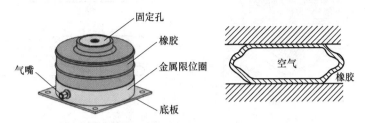

图 6-37　典型气垫隔振器结构

隔振垫有软木、毛毡、橡胶和玻璃纤维板等多种产品，价格低廉，安装方便，并可裁成所需大小，重叠起来使用，以获得不同程度的隔振效果。

（1）软木　软木用作隔振材料的历史十分悠久。通常在承受压力时，即使静态压缩量达到 30% 也不会横向凸出，常用的总厚度为 5~15cm，承受负载为 0.5~2.0kg/cm^2。软木对腐蚀和溶剂的抵抗力强，对温度变化不敏感，在室温下，它的使用寿命可达几十年。但由于软木的低频隔振性能较差，一般只适用于设备干扰频率大于 20Hz 的场合。经过碳化的国产保温软木，其固有频率为 11~33Hz。

（2）橡胶垫　橡胶隔振垫是用橡胶压制而成的干板状隔振器件。由于橡胶在受压时的容积压缩量极小，仅在能横向凸出时才能压缩，因此在平板橡胶垫的基础上制成肋型垫、三角槽垫、凸圆台垫（WJ 型）和凸圆筒垫等（见图 6-38），以容许横向凸出和耐受挠曲，并增加静态压缩量。这几种隔振垫多属于压缩型，隔振效果仍不是很好。我国发展了剪切型橡胶隔振垫，隔振效果较好，目前常用的剪切型橡胶隔振垫有 XD 型和 SD 型。

（3）玻璃纤维板　这种材料的劲度通常是随着密度、纤维直径和静态压缩量的增加而递增的。国内保温用的酚醛树脂玻璃纤维板，在未加负载时总厚度为 5~15cm，常用负载为 0.1~0.2kg/cm^2，固有频率为 5~10Hz。玻璃纤维板对工业溶剂的抵抗力强，但会吸收潮气，它主要用于播音室、录音室、声学实验室和一些机器的隔振。

（4）毛毡　毛毡在厚度大、柔软和未受到过度静负载时，其隔振效果最佳。由于它与大多数工程材料的阻抗都不匹配，因此对减少声频范围内的振动传递特别有效，通常采用的厚度为 10~25mm，当承受 0.2~7kg/cm^2 压力时，其固有频率为 20~40Hz。

4. 管道隔振装置

管道的隔振主要是通过设备与管道之间的弹性连接得以实现，弹性连接头的结构如图 6-39 所示。弹性连接的减振降噪效果取决于弹性接头的材料（多为橡胶）、构造、尺寸、管内介质的压力、管道安装布置等因素。

管道隔振主要是降低沿管道传递的振动与噪声，但其控制比基础振动难度大。因为即使做了管道隔振，管内介质传输产生的振动仍可沿管道继续传播，此时可能要调节介质传输速率，改变管道内壁材质来进一步降低振动的传播。

5. 准零刚度隔振器

为保证振动环境下的设备性能，利用隔振器将装备与动态激励隔离是振动环境适应性设

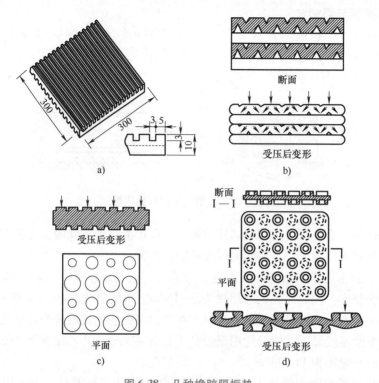

图 6-38　几种橡胶隔振垫

a）KH 型橡胶隔振垫（双面双向肋）　b）三角槽橡胶隔振垫

c）凸圆台橡胶隔振垫　d）凸圆筒橡胶隔振垫

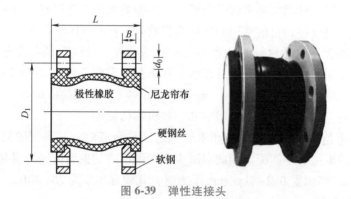

图 6-39　弹性连接头

计最简单有效的方法之一。线性隔振理论表明，只有当激励频率大于$\sqrt{2}$倍固有频率时，系统才有隔振效果。隔振系统中隔振器的压缩量（平衡位置静位移）受到安装空间的约束和侧向稳定性需求的限制，因此若要提高承载能力则需要隔振器具有较高刚度，然而高刚度又势必导致较高的固有频率。高承载能力和低固有频率之间的矛盾成为被动隔振技术发展的瓶颈，而低频隔振尤其是重型设备的低频隔振也一直是被动隔振的难点问题。

高静低动刚度特性的隔振器具有刚度随压缩量变化的特点，在零负载时，隔振器具有大静刚度（承载刚度）以确保高承载能力和小静位移，当负载压缩隔振器至静平衡位置时，隔振器动刚度大幅降低，因此该类隔振器兼顾高承载能力和低固有频率，有效解决了被动隔振的瓶颈问题。工程实践的开展对低频隔振需求日益强烈，多种具有准零刚度特性的隔振器被研制出来。根据负刚度弹性元件的不同，可以将准零刚度系统分为倾斜弹簧式、欧拉屈曲杆式、水平弹簧连杆式、滚珠球式、磁力式系统。

（1）倾斜弹簧式隔振系统　将偶数根螺旋弹簧一端于中心点铰接，另一端固定倾斜布置。当系统受到竖向荷载作用时，随着位移的增加，荷载逐渐降低，可得到倾斜弹簧式负刚度单元。

2014 年，Lan 等人设计了一种由两个倾斜弹簧与特殊结构的非线性正刚度弹簧组成的隔振器，如图 6-40 所示，该机构设计了一种横向调节机构，通过特殊设计，弹簧能够在紧凑空间内满足不同荷载需求，确保机构承受不同荷载作用时在静平衡点附近工作。同时研究了该机构静态和动态特性，在不牺牲结构尺寸的条件下具有更宽的隔振区间。

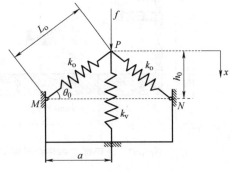

图 6-40　倾斜弹簧式隔振系统

（2）欧拉屈曲杆式隔振系统　在欧拉屈曲杆式隔振系统中，一端铰接固定的细长杆受到轴向荷载力作用，在中心位置处发生垂向形变。当预压载荷 P 未超过细长杆临界荷载时，荷载随形变增大而增大，此时铰接细长杆可作为线性弹簧；当形变超过特定值时，荷载大于临界荷载后便逐渐减少，细长杆表现出负刚度特性，可以用于准零刚度系统负刚度单元。

刘天兴等人基于欧拉杆负刚度单元，设计隔振系统如图 6-41 所示，讨论系统荷载发生变化时平衡点与零刚度点不重合时系统隔振性能，证明激励幅值的变化可改变系统刚度特性。

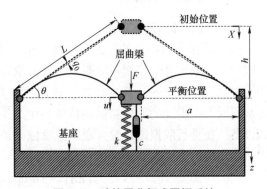

图 6-41　欧拉屈曲杆式隔振系统

（3）水平弹簧连杆式隔振系统　水平弹簧连杆负刚度单元将预压缩弹簧水平布置，一端固定，另一端与连杆铰接，所有连杆铰接于中心点。当中心点受到竖直方向激励作用时会偏离静平衡中心点，产生负刚度区间。

2011 年，Le 等人将准零刚度系统应用于汽车座椅隔振系统，结构如图 6-42 所示，并通过试验验证了系统优越的低频隔振性能。当路面随机激励主要为 0.1~10Hz 时，隔振体位移响应可以降低到 67.2%。

在结构形式上，水平弹簧连杆负刚度单元类似于倾斜弹簧式负刚度单元，可以有效缓解倾斜弹簧在受压时易发生失稳等不稳定状况。但倾斜弹簧与水平连杆铰接处摩擦力增大，不利于系统低频隔振性能的发挥。

现有准零刚度隔振器，大多是在上述两类原理的基础上对机械结构进行改进和创新，普遍存在结构复杂、负载安装困难等缺点，目前少见工程应用，但却是未来隔振设备的发展方向。

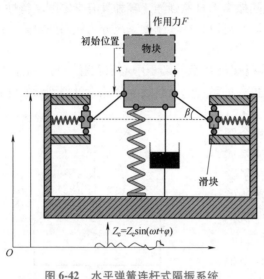

图 6-42　水平弹簧连杆式隔振系统

动图 6-42　水平弹簧
连杆式隔振系统原理

6.2.3　隔振设计原则

1. 隔振设计的基本原则

（1）详细了解振动的原因和特性，尽可能选择振动频率较高的机械设备　机械设备运行时的振动频率就是作用在隔振系统上的激振频率，这个频率与隔振系统的固有频率之比必须大于 $\sqrt{2}$，隔振系统才能发挥隔振作用。因此在进行隔振设计之前，必须详细了解机械设备运行时产生振动的原因和振动特性，在条件许可的情况下，应尽量选用振动频率较高的机械设备。在进行隔振设计时，通常把机械设备运行时产生的最低振动频率作为激振频率。常用机器设备的主要驱动频率见表 6-11。

表 6-11　常用机器设备的主要驱动频率

机 器 类 型	主要驱动频率/Hz
通风机、泵	（1）轴转数　（2）轴转数×叶片数
电动机	（1）轴转数　（2）轴转数×极数
气体压缩机、冷冻机	轴转数及两次以上的振动频率
四冲程柴油机	（1）轴转数　（2）轴转数倍数　（3）轴转数×（气缸数）/2
二冲程柴油机	（1）轴转数　（2）轴转数倍数　（3）轴转数×气缸数
变压器	交流周波数×2
齿轮传动设备	（1）轴转数×齿数　（2）齿的弹性振动（频率极高）
滚动轴承	轴转数×（滚珠数）/2

（2）选择合适的隔振材料和隔振器件　对机械设备采取隔振措施，应根据隔振要求，选用合适的隔振材料制成隔振器件，以达到预期的隔振目的。

凡是能支承机械设备的动力负载、又有良好弹性恢复性能的材料，均可作为隔振材料。选择隔振材料，一方面要考虑它的动态特性和承载能力，一般要求隔振材料的动态弹性模量低、刚度小、弹性好、强度高、承载能力大；另一方面要求材料的物理、化学性能稳定，要能抗酸、碱、油或有害气体、液体的侵蚀，要求材料不会因为工作环境温度、湿度的变化而使隔振性能受到较大影响，还要考虑由这些材料制成的隔振系统的自振频率。工程常用的隔振材料主要有弹簧钢和橡胶。玻璃纤维板、乳胶海绵、毛毡、软木以及空气，都可作为隔振材料。

隔振器件是由隔振材料按照隔振要求设计制作的装置，如钢弹簧、橡胶隔振器、橡胶隔振垫等。这些装置有系列化的产品供选用，选用的原则和选择隔振材料基本相同；除此之外，还需考虑它的隔振量（静态压缩量）和承载能力。

隔振器件的荷载应包括机械设备含机座的质量、机械设备运行时产生的动态力和可能出现的过载。在计算时，应将静荷载乘以动力系数作为总荷载。动力系数视不同设备取不同数值，通常对于风机、泵类，动力系数取 1.1 左右，车床取 1.2~1.3，冲床取 2~3，锻床应大于或等于 3。选用隔振器件还要保证机械设备能正常可靠地运行，不受到不利影响或需重新校正水平。在隔振要求相同的情况下，尽量降低成本。

常用隔振器和隔振垫的基本特性见表 6-12。

表 6-12 常用隔振器和隔振垫的基本特性

序号	名称	固有频率 f_0/Hz	静态压缩量 x/mm	阻尼比 C/C_0	动态系数 d	最大传振系数 T_{max}	驱动频率适用范围 f/Hz	特点
1	螺旋形钢弹簧隔振器							（1）低频隔振效果良好 （2）阻尼比很小，共振时放大倍数大，容易传递高频振动 （3）不易受环境影响 （4）加工方便，特性稳定
	（1）ZM-129	3~5	10~25	005~0.01			≥6~10	
	（2）TJ	2.2~3.5	20~50		~1.0	100	≥5~7	
	（3）ZT	2.5~4	12~50	0.065			≥5~8	
2	橡胶							（1）阻尼较大，可以抑制共振 （2）高频隔振效果良好 （3）可两只串联使用 （4）受温度、光、氧、油类等影响，并会老化
	（1）天然胶			0.025~0.075	1.2~1.6	10		
	（2）丁腈胶			0.075~0.15	1.5~2.5	10		
	（3）丁钠胶			0.075~0.15				
	（4）氯丁胶			0.075~0.15	1.4~2.8	10		
	（5）丁基胶			0.125~0.20		3.5		
	（6）大阻尼橡胶			0.25~1.00				
	JG 型	5~15	3~25	0.07			≥10~30	
	Z 型	7~12	3~10				≥15~25	
3	钢丝网隔振器			约 0.12		4.0		
4	空气弹簧隔振器	0.7~3.5（由空气容积控制）		0.1~0.2（与流孔、平衡箱有关）		100		（1）刚度可根据需要选用 （2）非线性特性，能适应各种荷载 （3）固有频率低于其他隔振元件，高频隔振良好 （4）使用温度：-30~60℃

（续）

序号	名称	固有频率 f_0/Hz	静态压缩量 x/mm	阻尼比 C/C_0	动态系数 d	最大传振系数 T_{max}	驱动频率适用范围 f/Hz	特点
	橡胶隔振垫							（1）可多层串联使用，降低固有频率 （2）使用方便，不影响工人操作 （3）形状大小可按需要来设计选用 （4）价格低廉，而隔振减噪效果良好 （5）价格低廉，而隔振减噪效果良好
5	SD型肖氏硬度 40、60、80 厚度 20mm、22mm 基本块尺寸 85mm×85mm	一层：10.5~17	15~4	0.08~0.12	40度 1.7~1.8 60度 1.7~1.8 80度 2.1~2.7	10	≥20~30	
		二层：7.5~13	3~8				≥15~25	
		三层：6~10	4~12				≥12~20	
		四层：5~85	55~16				≥10~17	
		五层：4.5~7.5	7~20				≥10~15	
6	保温软木板 （50mm× 305mm× 915mm）	一层 15~25	1~3	0.04~0.06	1.8~2.6	8	≥30~40	（1）低频隔振较差，适用于高频隔振 （2）压缩后不致横向膨胀 （3）可多层串联使用 （4）使用方便，价格低廉
		二层 12~18	2~6		2.2~3.1		≥25~35	
		三层 11.5~16	2.5~7		2.2~3.4		≥20~30	
7	酚醛树脂玻璃纤维板 （50mm× 450mm× 600mm）	一层：7~8.5	12~16	0.04~0.06		8~14	≥15~17	（1）负载小，需用混凝土机座 （2）固有频率较低 （3）不会腐坏和老化，但水易渗入 （4）价格低廉 （5）产品特性变化较大，不易控制
		二层：5.5~6	25~40	0.04~0.055		9~12	≥11~12	
		三层：4.5~5	30~40	0.035~0.04		12~14	≥9~10	
8	毛毡	20~40 （取决于密度和厚度）	>2	0.05	>2	4~8		通常采用12~25mm厚

（3）设置合适的隔振机座（惰性块）　隔振机座，又称惰性块，安装在机械设备和隔振器件之间。隔振机座的作用是增加整个机械设备系统的质量，降低重心，减少或限制由于机械设备运行而产生的振动，对于有流体的设备，可以减少流体反力的影响，增加稳定性。合理配置隔振机座质量的分布，还可减少机械设备质量分布不均的影响。通常隔振机座的质量不小于所隔振机械设备的质量，一般大于机械设备的质量。对于轻型机械设备，隔振机座的质量为其质量的10倍左右。

隔振机座可以吸收一定的振动能量，所以也可起到一定的隔振作用，隔振量的大小估算为

$$\Delta L = 20 \lg (1 + M_2/M_1) \tag{6-29}$$

式中，M_1 是机械设备的质量（kg）；M_2 是隔振机座的质量（kg）。

（4）选择正确的安装方式　隔振器件的安装方式主要有支承式和悬挂式。一般机械设

备的隔振多采用支承式，如图 6-43 所示。

隔振器件通常是选定至少四个支点对称布置，并采用相同的隔振器件。支点的选择要保证机械设备和隔振机座的重心在垂直方向上与支承重心吻合。

（5）建筑设计和平面布置合理　在进行建筑规划、设计和机械设备安置时，应尽量减少振动对操作者、其他机械设备和周围环境的影响。机械设备的基础应独立，并与其他设备的基础和房屋基础分开或留一定的缝隙。

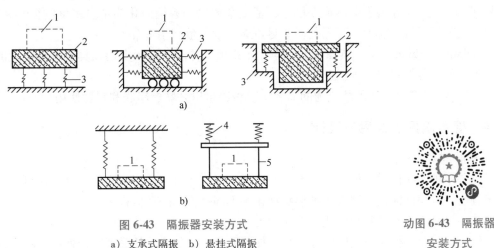

图 6-43　隔振器安装方式

a）支承式隔振　b）悬挂式隔振

1—设备　2—基础　3—钢球　4—支承弹簧　5—摆杆

动图 6-43　隔振器
安装方式

2. 隔振设计与隔振器选择

在进行隔振设计和隔振器选择时，应根据激振频率 f 确定隔振系统的固有频率 f_0，起码要求 $f > \sqrt{2} f_0$，否则隔振设计是失败的，隔振器是无效的。另外，阻尼对共振频率附近的振幅控制是有效的（但在隔振区域内是没有效果的），因此隔振设计还必须考虑系统要有足够的阻尼。

（1）隔振设计程序

1）根据设计原则及有关资料（设备技术参数、使用工况、环境条件等），选定所需的振动传递率，确定隔振系统。

2）根据设备（包括机组和机座）的质量、动态力的影响等情况，确定隔振元件承受的负载。

3）确定隔振元件的型号、大小和质量，隔振元件一般应采用 4~6 个。

4）确定设备最低扰动频率 f 和隔振系统固有频率 f_0 之比 f/f_0，该比值应大于 $\sqrt{2}$，一般可取 2~5。f/f_0 应尽量避免接近于 1 的情况，以防止发生共振。

（2）隔振器选择原则

1）若需要 $f_0 = 1~8$ Hz 时，可选用金属弹簧隔振器和空气弹簧隔振器。

2）若需要 $f_0 = 5~12$ Hz 时，可选用剪切型橡胶隔振垫或 2~5 层橡胶隔振垫、5~15cm 厚的玻璃纤维板。

3）若需要 $f_0 = 10 \sim 20\text{Hz}$ 时，可选用一层橡胶隔振垫。

4）若需要 $f_0 > 15\text{Hz}$ 时，可选用软木或压缩型橡胶隔振器。

各种隔振器的手册和样本，一般都标明额定负载、固有频率和阻尼系数三个参数，设计者可以根据振动系统的实际情况进行选用。

3. 隔振器的布置

隔振器的布置主要应考虑：

1）隔振器的布置应对称于系统的主惯性轴（或对称于系统的重心），这样可使各支点承受相同的负载，防止各方面的振动耦合，把复杂的振动系统简化为单自由度的振动系统。对于斜支式隔振系统，应使隔振器的中心尽可能与设备重心相重合。

2）机组（如风机、泵、柴油发电机等）不组成整体时，必须安装在具有足够刚度的公共机座上，再由隔振器来支承机座。

3）为了满足频率比和承载能力的需要，隔振器可以并联、串联和斜置使用。

6.2.4 橡胶隔振器选用与设计

1. 橡胶的基本性能

橡胶是一种非线性弹性材料，只有在变形较小时，才可以近似地看作线性弹性材料。橡胶加工方便，可根据需要，制成各种形状和各种不同硬度的隔振器件。

橡胶一般分为天然橡胶和合成橡胶两大类。

天然橡胶主要由橡胶树割取的橡胶浆经加工而成。天然橡胶的强度、延伸性、耐磨性和耐寒性等物理、机械性能较好，与金属材料能够牢固黏合，其缺点是在光、热、氧和汽油作用下易老化，耐油性和耐热性较差。常用温度应小于 60℃，低于 -10℃ 时硬度提高快。

合成橡胶是由各种单体经聚合反应而生成的。目前常见的合成橡胶有丁腈胶、丁基胶、氯丁胶等。它们的性能各有优劣，丁腈胶耐油性、耐热性较好；丁基胶耐寒性、耐酸性较好；氯丁胶耐候性能较好，常用于对防老化要求较高的地方。丁腈胶与氯丁胶能够与金属牢固黏合。

橡胶的共同特点是阻尼较大，固有频率较低，能有效地抑制共振时的振幅。受压时容积压缩量很小，30 度硬度时为 6%，80 度硬度时为 4.7%。受压变形量大于 20% 厚度时，其质变硬。

橡胶有"弹性后效"现象，即橡胶在受压缩后约 20min 内变形很快，以后变形很慢，约到 12d 后，变形才增大到 50%。可见在安装橡胶减振器件后，要过一段时间它的形状、尺寸才能最终确定。

振动频率对橡胶的变形也有影响，在一定温度下，频率越高，变形越小。高频振动易使橡胶失去弹性。

温度对橡胶的弹性也有一定影响，当工作温度低于 -30℃ 时，橡胶的弹性显著降低，因此不宜在严寒条件下工作。同时橡胶也不耐高温，工作温度不应超过 $70 \sim 80\text{℃}$。

2. 橡胶的主要参数

（1）橡胶的硬度　硬度反映的是橡胶的机械性能，材料抵抗其他物体刻划或压入其表面的能力用硬度表示。硬度的测定应根据材料不同采用不同的测定方法。橡胶的硬度常用回跳法测定，由此测定的硬度称为肖氏硬度。橡胶的硬度低时，强度低、弹性好、阻尼小；硬度高时，强度高、弹性变差、阻尼增大、耐久性降低。橡胶的硬度一般在 30~80 度。作为隔振材料使用时，宜选取肖氏硬度在 40~70 度的橡胶为宜。

（2）橡胶的弹性模量 弹性模量是材料在弹性极限内应力同应变的比值，是衡量材料在弹性范围内受力时变形大小的参数之一。当一块橡胶块受到一个轴向压力 W 时，其压缩量为 x，则其弹性模量 E 为

$$E = WH/Sx \tag{6-30}$$

式中，W 是轴向压力（N）；H 是橡胶块原高（cm）；S 是橡胶块横截面面积（cm^2）；x 是橡胶块被压缩量，又称静位移（cm）。

根据橡胶所受压力的变动情况，又将其弹性模量分为静态弹性模量和动态弹性模量。

橡胶在静荷载作用下的弹性模量称为静态弹性模量，常用 E_s 表示，它与橡胶硬度的关系如图 6-44 所示。橡胶的静态弹性模量还与橡胶块的形状和温度有关。

动态弹性模量是橡胶在振动荷载作用下的弹性模量，常用 E_d 表示。动态弹性模量常用实验的办法取得。由于橡胶在动态变形时，一方面要使分子变形，另一方面又要克服分子间的摩擦力，因此动态弹性模量大于静态弹性模量。橡胶的动态、静态弹性模量的比值又称动态系数，在一般情况下，$d = E_d/E_s$，为 1.2~2.8，如天然橡胶 d 为 1.2~1.6，氯丁橡胶 d 为 1.4~2.8，丁腈橡胶 d 为 1.5~2.5；与橡胶类似的弹性材料，如乳胶海绵 d 值为 2.4~3.1，矿渣棉为 1.5，玻璃纤维板为 1.2~2.9，软木为 1.8~2.2，毛毡一般大于 2。

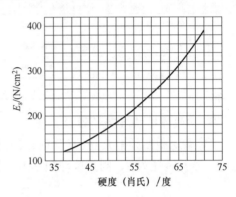

图 6-44 橡胶弹性模量与硬度的关系

不同种类、不同硬度的橡胶，其动态、静态弹性模量见表 6-13。

表 6-13 橡胶的动态、静态弹性模量

橡胶硬度（肖氏）/度		35	40	45	50	55	60	65	70	75	80
E_d/（N/cm^2）	天然胶	160	220	300	380	470	600	750	950	—	—
	丁腈胶	280	340	420	510	630	770	950	1170	1490	—
E_s/（N/cm^2）	天然胶	120	160	210	260	320	380	460	570	710	900
	丁腈胶	140	190	240	310	380	450	550	670	850	1200

（3）橡胶的刚度 刚度又称劲度，是材料在受到荷载时抵抗变形的能力，刚度大则变形小。刚度的大小取决于材料的种类和形状、尺寸等。刚度常用 K 表示，单位为 N/cm。刚度与弹性模量的关系是

$$K = ES/H \tag{6-31}$$

式中，E 是橡胶弹性模量（N/cm^2）；S 是橡胶块横截面面积（cm^2）；H 是橡胶块原高（cm）。

根据材料荷载情况，刚度分为静刚度和动刚度，分别用 K_s 和 K_d 表示。静刚度为

$$K_s = W/x \tag{6-32}$$

材料的动刚度常用实验方法求得，最常用的方法是自振法。

（4）橡胶隔振块的变形量和容许应力 橡胶隔振块在受到压力时，沿压力方向被压缩，

一般要求相对变形应控制在原高度 H 的 $15\%\sim25\%$，设其静态压缩量为 x，则

$$x = (0.15\sim0.25)H \tag{6-33}$$

实验表明，相对变形控制在这个范围内时，弹性模量的变化较小，约为 5%。

橡胶隔振块的承压面应尽量采用方形或圆形，其边长或直径应控制在 $H\leqslant D\leqslant4H$。其中 D 可为圆形承压面的直径，也可表示为方形承压面的边长或矩形承压面短边的边长。

橡胶在不同工作状态下的容许应力见表 6-14。由于橡胶隔振块的相对变形控制在 $15\%\sim25\%$，因此在设计时实际应力应小于容许应力。当选用橡胶的肖氏硬度在 40 度以上时，实际应力约为容许应力的 10%，即取 $30\sim50\mathrm{N/cm^2}$。当硬度在 40 度以下时，实际应力取 $10\sim30\mathrm{N/cm^2}$。

表 6-14　橡胶的容许应力

橡胶的受力类型	工作状态		
	静态/($\mathrm{N/cm^2}$)	动态/($\mathrm{N/cm^2}$)	冲击/($\mathrm{N/cm^2}$)
拉伸	$100\sim200$	$50\sim100$	$100\sim150$
压缩	$300\sim500$	$100\sim150$	$250\sim500$
剪切	$100\sim200$	$30\sim50$	$100\sim200$
扭转	200	$30\sim100$	200

3. 橡胶隔振块（垫）设计方法

1）确定激振频率 f。机械设备运行时，由于其旋转部件质量不均衡或其他原因而产生振动。若其转速为 n，则其振动频率为

$$f = n/60 \tag{6-34}$$

由于旋转运动设备运行时产生振动的原因不止一个，振动频率也不止一个。在进行隔振设计时，通常取最低的振动频率作为隔振系统的激振频率。

2）确定自振频率 f_0。根据隔振要求，确定传振系数的大小，在不考虑阻尼的情况下，根据式（6-34）计算隔振块（垫）的自振频率。要保证有较好的隔振效果，必须使 $f/f_0 > \sqrt{2}$，这个比值一般取 $2\sim5$。

3）确定隔振块（垫）的刚度。总的垂向动刚度 K_d 为

$$K_\mathrm{d} = W(2\pi f_0)^2/g \tag{6-35}$$

式中，W 是总静荷载（N）；g 是重力加速度，取 $9.8\mathrm{m/s^2}$；f_0 为自振频率（Hz）。

一个隔振块（垫）的垂向动刚度 K_di 为

$$K_\mathrm{di} = K_\mathrm{d}/n \tag{6-36}$$

式中，n 是隔振块（垫）的个数。

相应的静刚度 K_si 为

$$K_\mathrm{si} = K_\mathrm{di}/d \tag{6-37}$$

式中，d 是橡胶动、静刚度比，即动、静弹性模量之比。

4）确定静态压缩量 x。隔振块（垫）在荷载下的静态压缩量 x 为

$$x = W/nK_\mathrm{si} = W/K_\mathrm{s} \tag{6-38}$$

式中，K_s 是总的垂向静刚度（N/cm），$K_\mathrm{s} = K_\mathrm{di}/d$。

根据式（6-31）和式（6-35），可得出另一种求静态压缩量的方法，即

$$f \approx 5\sqrt{d/x} \tag{6-39}$$

$$x \approx 25d/f_0^2 \tag{6-40}$$

式中，d 是动态系数，$d = E_d/E_s = K_d/K_s$；f_0 是隔振块（垫）自振频率（Hz）。

5）隔振块（垫）的总面积 S。取合适的实际应力和动力系数，则隔振块（垫）的总面积 S 为

$$S = W \times (动力系数)/\delta \tag{6-41}$$

式中，δ 是实际应力（N/cm^2）；动力系数一般取 $1.2 \sim 1.4$。

6）确定隔振块（垫）高度 H。根据式（6-33），得隔振块（垫）高度 H 的计算式为

$$H = E_s S x/W \tag{6-42}$$

在进行具体设计时，需要查找有关参数，必须注意应使这些参数的单位统一。

【例 6-1】　一台电动机连同机座总重 900kg，转速为 1500r/min，不考虑阻尼，要求传振系数 $T = 0.2$，试设计橡胶隔振垫。

【解】

1）激振频率 f

$$f = n_0/60 = 1500/60\,Hz = 25\,Hz$$

2）自振频率 f_0

$$f_0 = f\sqrt{T/(T+1)} = 25\sqrt{0.2/(0.2+1)}\,Hz = 10\,Hz$$

$f/f_0 = 25/10 = 2.5 > \sqrt{2}$ 合理。

3）垂向动刚度 K_d

$$K_d = W(2\pi f_0)^2/g = 900 \times 9.8 \times (2 \times 3.14 \times 10)^2/9.8\,N/m \approx 35495\,N/cm$$

采用 4 块隔振垫，则每块动刚度为

$$K_{di} = K_d/4 = 35495/4\,N/cm \approx 8874\,N/cm$$

选择肖氏硬度 55 度的丁腈橡胶，查表 6-13 得

$$d = E_d/E_{ds} = 630/380 \approx 1.66$$

每块隔振垫的垂向静刚度为

$$K_{si} = E_{di}/d = 8874/1.66\,N/cm = 5346\,N/cm$$

4）确定静态压缩量为

$$x = W/(nK_{si}) = 900 \times 9.8/(4 \times 5346)\,cm = 0.41\,cm$$

或用式（6-40）得

$$x = 25d/f_0^2 = 25 \times 1.66/10^2\,cm \approx 0.42\,cm$$

结果基本上是一致的，但后一计算式显然方便得多。

5）确定隔振垫面积：

取实际应力 $\sigma = 50\,N/cm^2$，动力系数 1.2，则

$$S = 1.2W/\sigma = 1.2 \times 900 \times 9.8/50\,cm^2 = 212\,cm^2$$

每块隔振垫的面积为 $212/4\,cm^2 = 53\,cm^2$。

6）隔振垫高度：

查表 6-13 得 $E_s = 380\,N/cm^2$，则

$$H = E_s S x / W = 380 \times 212 \times 0.41 / (900 \times 9.8) \text{cm} \approx 3.7 \text{cm}$$

每块隔振垫的面积为 53cm^2，不论是圆形垫还是方形垫，均可符合 $H<D<4H$ 的要求。因此，设计是合理的。

4. 橡胶隔振器件的选用

橡胶隔振器种类较多，各种成品橡胶隔振器的性能、用途及有关参数可参阅有关的产品资料。下面仅介绍 BE 型、JG 型橡胶隔振器。

（1）BE 型橡胶隔振器　图 6-45 为上海市松江橡胶制品厂制造的 BE 型橡胶隔振器，它由金属与橡胶复合而成，金属表面全部包覆橡胶，能防金属锈蚀。

BE 型橡胶隔振器对共振峰有较强的抑制能力；对瞬态冲击响应、瞬时过渡工况引起的自振，有较快的平抑能力；对较大冲击、动态载荷，可自动限位保护。它结构简单、安装更换方便，可平置、倒置、侧挂，适用于各类机电设备的减振。

BE 型橡胶隔振器共有九种规格，其适用载荷、结构尺寸等性能参数见表 6-15。

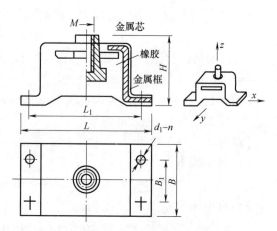

图 6-45　BE 型橡胶隔振器

表 6-15　BE 型橡胶隔振器性能参数

型号规格	额定载荷 W/N				外形和安装尺寸						
	W_z（正向）	W_z（反向）	W_x	W_y	H/mm	L/mm	L_1/mm	B/mm	M/mm	d_1/mm	孔数 n
BE-25	250	170	300	150	40	70	54	40	8	7	2
BE-40	400	280	450	200	46	85	68	55	10	9	2
BE-60	600	400	700	300	50	100	80	65	12	9	2
BE-85	850	600	1000	400	60	120	100	70	14	11	2
BE-120	1200	800	1350	600	60	140	112	85	16	13	2
BE-160	1600	1100	1800	800	60	145	115	90	18	13	2
BE-220	2200	1500	2400	1100	60	150	120	100	22	15	2
BE-300	3000	2000	3300	1500	65	155	125	105	24	15	4
BE-400	4000	2800	4300	1800	65	175	140	110	27	17	4

（2）JG 型橡胶隔振器　JG 型橡胶隔振器是剪切型隔振器，这种隔振器是采用丁腈合成橡胶在一定温度和压力下硫化并牢固地黏结于金属附件上压制而成的，它具有较高的承载能力、较大的阻尼和较小的刚度。由它构成的隔振系统固有频率可低到约 5Hz。其水平动刚度是垂直动刚度的 2.25 倍，稳定性能好。

JG 型橡胶隔振器分为四类，共 28 个品种。其外形尺寸及结构如图 6-46 所示，技术数据见表 6-16。

（3）橡胶隔振器的选用　这里以 JG 型橡胶隔振器的选用方法为例，其他类型的橡胶隔振器的选用方法与此基本相同。JG 型橡胶隔振器的选用方法可按下列步骤进行。

1）确定隔振器静荷载 W_i：根据隔振系统的总荷载，选定隔振器的个数，并据此求得每

个隔振器的静荷载 W_i。

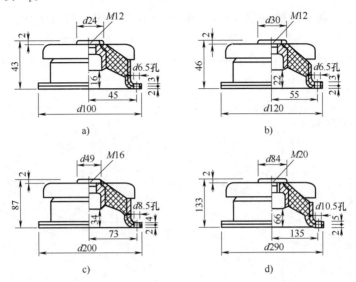

图 6-46 JG 型橡胶隔振器外形尺寸及结构

a) JG$_1$ 型 b) JG$_2$ 型 c) JG$_3$ 型 d) JG$_4$ 型

表 6-16 JG 型橡胶隔振器技术数据

主要 性能	JG$_1$			JG$_2$			JG$_3$			JG$_4$		
	型号	积极 隔振	消极 隔振	型号	积极 隔振	消极 隔振	型号	积极 隔振	消极 隔振	型号	积极 隔振	消极 隔振
最大静态荷载/N	JG$_1$-1	190	240	JG$_2$-1	230	280	JG$_3$-1	1000	1200	JG$_4$-1	3000	3700
	JG$_1$-2	270	320	JG$_2$-2	320	400	JG$_3$-2	1400	1750	JG$_4$-2	420C	5100
	JG$_1$-3	370	460	JG$_2$-3	400	490	JG$_3$-3	2000	2500	JG$_4$-3	5800	7100
	JG$_1$-4	480	590	JG$_2$-4	480	600	JG$_3$-4	2700	3350	JG$_4$-4	7200	9000
	JG$_1$-5	580	700	JG$_2$-5	580	720	JG$_3$-5	3300	4100	JG$_4$-5	9200	11300
	JG$_1$-6	700	860	JG$_2$-6	680	830	JG$_3$-6	4050	5000	JG$_4$-6	10800	13200
	JG$_1$-7	840	1030	JG$_2$-7	770	950	JG$_3$-7	4830	6000	JG$_4$-7	12600	15400
静态压缩量/mm	JG$_1$-1-7	4.8	6	JG$_2$-1-7	8	10	JG$_3$-1-7	11.2	14	JG$_4$-1-7	20	25
最低频率/Hz	JG$_1$-1-7	11.7	10.3	JG$_2$-1-7	9.3	8.4	JG$_3$-1-7	7.2	6.4	JG$_4$-1-7	5.4	4.9
原始高度/mm		43			46			87			133	
最低压缩量/mm		12			20			28			50	
产品重/N		3.5			4			22			60	
参考价格/元		14			25			32			132	

2) 确定隔振器型号：根据隔振器选用图（见图 6-47 与图 6-48），由已确定的 W_i 沿水平向右，与隔振器型号斜线相交。用于积极隔振时，交点须处于图上标明的积极隔振使用范围内，否则另选。

3) 确定静态压缩量：由 W_i 与型号斜线的交点垂直向下得隔振器的静态压缩量 x，此值不宜过大。

4）确定自振频率：由 x 值引直线向上与频率曲线即虚线相交，沿交点向右引水平线向右，得自振频率 f_0。根据机械设备运行时的振动频率 f，校核 f 与 f_0 的比值是否大于 $\sqrt{2}$。

5）确定传振系数：根据式（6-28）求出传振系数是否符合要求。若不符合，则可改变隔振器的个数，重新计算，还可将隔振器小端相连串联使用。串联时，在同样荷载下变形增大一倍，自振频率则为单个的 $1/\sqrt{2}$。

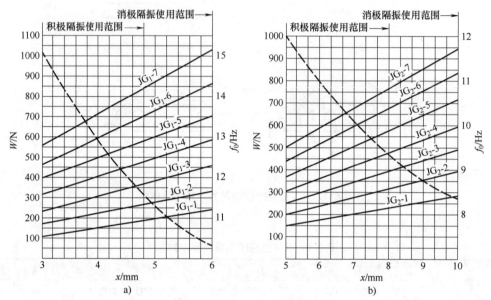

图 6-47　JG$_1$ 与 JG$_2$ 型隔振器选用

a）JG$_1$ 型　b）JG$_2$ 型

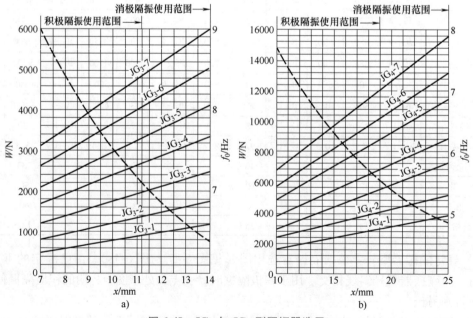

图 6-48　JG$_3$ 与 JG$_4$ 型隔振器选用

a）JG$_3$ 型　b）JG$_4$ 型

【例6-2】 通风机及机座总重力为20000N，转速为900r/min，试设计一隔振机构，要求传振系数不大于0.25。

【解】 设置4个橡胶隔振器，则每个隔振器的承载力为

$$W_i = W/n = 20000/4N = 5000N$$

若选用JG型隔振器，在其选用图上（见图6-48）可以看出，JG_3、JG_4型的隔振器可以承受5000N左右的力。

若选用JG_3型，如图6-48a所示，从5000N引水平线向右仅与JG_3-7型直线相交，而此交点已处于消极隔振使用范围，不符合要求。

若选用JG_4型，如图6-48b所示，从5000N引水平线向右，在积极隔振范围内，将与$JG_{4\text{-}3}$、$JG_{4\text{-}4}$、$JG_{4\text{-}5}$相交。按前述的选取方法，结果分别如下。

$JG_{4\text{-}3}$：$x = 17mm$；$f_0 = 5.8Hz$；$f/f_0 = 2.59 > \sqrt{2}$；$T = 0.18 < 0.25$

$JG_{4\text{-}4}$：$x = 13.7mm$；$f_0 = 6.6Hz$；$f/f_0 = 2.27 > \sqrt{2}$；$T = 0.24 < 0.25$

$JG_{4\text{-}5}$：$x = 10.3mm$；$f_0 = 7.6Hz$；$f/f_0 = 1.97 > \sqrt{2}$；$T = 0.34 > 0.25$

显然，$JG_{4\text{-}3}$、$JG_{4\text{-}4}$型均符合要求，两者相比之下，$JG_{4\text{-}3}$隔振效果更好。结论是选择4个$JG_{4\text{-}3}$型橡胶隔振器组成隔振机构，即可达隔振要求。

5. 橡胶隔振垫

以SD型橡胶隔振垫为例，SD型是在XD型的基础上加以改进研制生产的，可以组合、叠加使用，其横截面如图6-49所示。

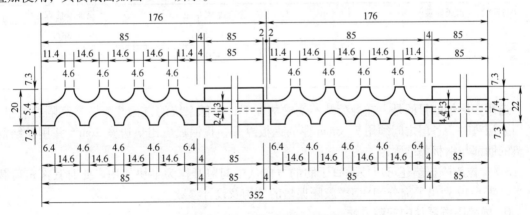

图6-49 SD型橡胶隔振垫横截面

SD型橡胶隔振垫广泛用于各种机械设备、仪器仪表的隔振。其形状均为正方形，边长85mm。厚度有两种：肖氏硬度40度和80度的隔振垫厚度为20mm，60度的隔振垫厚度为22mm。这种垫的性能和驱动频率适用范围见表6-17。

SD型橡胶隔振垫的型号标明了每一种产品橡胶的肖氏硬度、隔振垫层数和每层所用的块数。如SD64-1.5表示其硬度为60度，共四层，每层用一块半。

SD型橡胶隔振垫可以单层使用，也可以多层使用。单层使用时，其自振频率按表6-18中的公式计算，误差不大；多层使用时，其自振频率可在求出单层垫自振频率后计算为

$$f_{on} = f_0 / \sqrt{n} \qquad (6-43)$$

式中，f_0 是单层垫自振频率（Hz）；f_{on} 是多层垫自振频率（Hz）；n 是隔振垫层数。

表 6-17　SD 型橡胶隔振垫的性能和驱动频率适用范围

SD 型隔振垫层数	橡胶硬度（肖氏）/度	固有频率 f_0/Hz	静态压缩量 x/mm	驱动频率适用范围 f/Hz
1	40	10.5~16.4	1.4~3.4	≥20~30
	60	10.6~13.2	2.5~4.0	≥20~25
	80	14.7~17.2	2.0~4.0	≥30~35
2	40	7.5~11.5	2.8~6.8	≥1.5~22
	60	7.5~9.3	5.0~8.0	≥15~18
	80	10.7~13.4	4.0~8.0	≥20~25
3	40	6.1~9.5	4.2~10.2	≥12~19
	60	6.1~7.6	7.5~12.0	≥12~15
	80	8.5~9.9	6.0~12.0	≥17~20
4	40	5.3~8.2	5.6~13.6	≥10~16
	60	5.3~6.6	10.0~16.0	≥10~13
	80	7.4~8.6	8.0~16.0	≥15~17
5	40	4.7~7.2	7.0~17.0	≥10~14
	60	4.7~5.8	12.5~20.0	≥10~12
	80	6.5~7.6	10.0~20.0	≥13~15

表 6-18　SD 型隔振垫固有频率公式

橡胶硬度（肖氏）/度	厚度/mm	静荷载 W/(kg/cm^2)	固有频率估算公式
40	20	0.25~1.2	$f_0 = 11.387 W^{-0.537}$
60	22	1.0~3.2	$f_0 = 18.31 W^{-0.465}$
80	20	1.0~8.0	$f_0 = 30.11 W^{-0.41}$

　　选用多层垫的目的是，在静荷载不变的情况下，降低系统的自振频率，提高隔振效果。使用多层垫时，各层之间须用 5~6mm 厚的钢板隔开，且钢板应比垫边宽 2cm，并用黏结剂将垫的肋部与钢板黏结固定。

　　SD 型橡胶隔振垫还可以按垂直于肋的方向从中间剪开作为半块使用。此时其额定荷载减半。表 6-19 列出了部分 SD 型橡胶隔振垫的结构及设计参数。

　　6. 橡胶隔振器件的安装方法

　　（1）基本原则　橡胶隔振器件安装的基本原则是必须尽力使每个隔振器件的静态压缩量保持一致，防油污，避高温，尽力减少各处温差。

　　（2）安装方法

　　1）橡胶隔振器。橡胶隔振器一般可直接置于地坪上，也可在隔振器与地坪之间放一块 2~5mm 厚的橡胶垫（见图 6-50a）。如果机械设备运行时，隔振器受到较大的动态力，则应将隔振器锚固在地坪上，如用地脚螺栓与地坪连接。锚固时须防止振动短路（见图 6-50b）。隔振器顶部与隔振机座的连接分别如图 6-50c、d 所示。隔振器安装好后，应校正机器水平，必要时可用楔形垫铁调整。

表 6-19 部分 SD 型橡胶隔振垫的结构及设计参数

隔振垫 型号	层数	每块层数	隔振垫简图	每层隔振垫面积/cm²	垂向设计荷载 W/kg
SD41-0.5	1	1/2	一层 注：当橡胶的肖氏硬度为40度、80度时，$d=20mm$；当橡胶的肖氏硬度为60度时，$d=22mm$	36	18~43
SD61-0.5	1	1/2			72~115
SD81-0.5	1	1/2			144~288
SD42-0.5	2	1/2	二层 注：当橡胶的肖氏硬度为40度、80度时，$d=46mm$；当橡胶的肖氏硬度为60度时，$d=50mm$		18~43
SD62-0.5	2	1/2			72~115
SD82-0.5	2	1/2			144~288
SD43-0.5	3	1/2	三层 注：当橡胶的肖氏硬度为40度、80度时，$d=72mm$；当橡胶的肖氏硬度为60度时，$d=78mm$ 1/2块SD型隔振垫		18~43
SD63-0.5	3	1/2			72~115
SD83-0.5	3	1/2			144~288
SD41-1	1	1	一层 注：当橡胶的肖氏硬度为40度、80度时，$d=20mm$；当橡胶的肖氏硬度为60度时，$d=22mm$	72	36~86
SD61-1	1	1			144~230
SD81-1	1	1			288~576
SD42-1	2	1	二层 注：当橡胶的肖氏硬度为40度、80度时，$d=46mm$；当橡胶的肖氏硬度为60度时，$d=50mm$		36~86
SD62-1	2	1			144~230
SD82-1	2	1			288~576
SD43-1	3	1	三层 注：当橡胶的肖氏硬度为40度、80度时，$d=72mm$；当橡胶的肖氏硬度为60度时，$d=78mm$		36~86
SD63-1	3	1			144~230
SD83-1	3	1			288~576
SD44-1	4	1	四层 注：当橡胶的肖氏硬度为40度、80度时，$d=98mm$；当橡胶的肖氏硬度为60度时，$d=106mm$ 1块SD型隔振垫		36~86
SD64-1	4	1			144~230
SD84-1	4	1			288~576

（续）

隔振垫 型号	层数	每块层数	隔振垫简图	每层隔振垫面积/cm²	垂向设计荷载 W/kg
SD41-8	1	8	一层 352 174 p 注：当橡胶的肖氏硬度为40度、80度时，$d=20$mm；当橡胶的肖氏硬度为60度时，$d=22$mm	612	304~728
SD61-8					1212~1940
SD81-8					2424~4848
SD42-8	2		二层 352 372 174 194 10 p g 注：当橡胶的肖氏硬度为40度、80度时，$d=46$mm；当橡胶的肖氏硬度为60度时，$d=50$mm		304~728
SD62-8					1212~1940
SD82-8					2424~4848
SD43-8	3		三层 p g 注：当橡胶的肖氏硬度为40度、80度时，$d=72$mm；当橡胶的肖氏硬度为60度时，$d=78$mm		304~728
SD63-8					1212~1940
SD83-8					2424~4848
SD44-8	4		四层 p g 注：当橡胶的肖氏硬度为40度、80度时，$d=98$mm；当橡胶的肖氏硬度为60度时，$d=106$mm		304~728
SD64-8					1212~1940
SD84-8					2424~4848
SD45-8	5		五层 p g 8块SD型隔振垫 注：当橡胶的肖氏硬度为40度、80度时，$d=124$mm；当橡胶的肖氏硬度为60度时，$d=134$mm		304~728
SD65-8					1212~1940
SD85-8					2424~4848

2) 橡胶隔振垫。橡胶隔振垫一般均垫放在机座下，并尽量均匀地分布在机座的四周。每块垫的大小应相同。有肋的橡胶隔振垫在安放时，应按肋的方向交错排放。

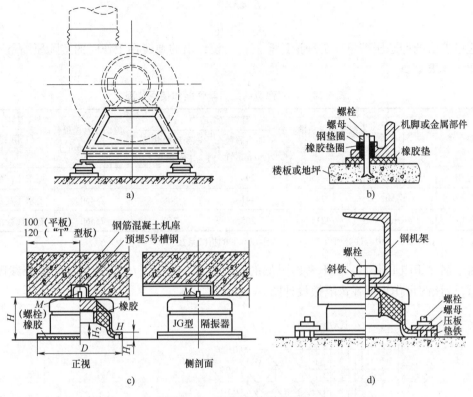

图 6-50　橡胶隔振器安置图

a) 隔振器一般安装方法　b) 防止金属之间振动短路的构造

c) 隔振器与混凝土机座搭接示意　d) 隔振器与钢机架及地坪或楼板固定示意

6.2.5　钢弹簧隔振器选用与设计

钢弹簧是一种用途广泛的隔振器件，它具有材质均匀、性能稳定、承载能力高，抗油、水的侵蚀等优点。用圆柱压缩弹簧组成的隔振系统自振频率可低至 $2 \sim 3Hz$，同时它加工方便，但缺点是阻尼小。

1. 弹簧钢的基本性能

弹簧钢是制造弹簧用的钢材的总称。这类钢材的含碳量通常为 $0.50\% \sim 0.85\%$，具有高弹性极限和疲劳极限，有足够的塑性。常用的合金弹簧钢含有硅、锰、铬、钒等，其中以含铬、硅、钒的弹性最高。

弹簧钢的主要力学性能包括抗拉强度极限、容许剪切应力、剪切弹性模量及垂向压缩弹性模量。常用弹簧钢的力学性能和使用范围见表 6-20。

2. 钢弹簧隔振器的设计方法

钢弹簧隔振器的设计方法与橡胶隔振块（垫）的设计方法基本一致，不同的是钢弹簧的垂直动刚度与静刚度之比，即动态函数 $d = 1$，为

$$x = W/nK_{zi} = W/K_z \tag{6-44}$$

式中，K_{zi} 是每个弹簧的垂向刚度（N/cm）；K_z 是总的垂向刚度（N/cm）。

$$f_0 = 5/\sqrt{x} \tag{6-45}$$

$$x \approx 25/f_0^2 \tag{6-46}$$

这里求出的静态压缩量 x 是理论计算值，与设计出的弹簧在工作时的实际压缩量 x' 可能不一致，要求 $x' \geqslant x$。

表 6-20　常用弹簧钢的力学性能和使用范围

材 料 名 称	材 料 代 号	抗拉强度极限/ （N/mm^2）	容许剪切应力 $[\tau]$		剪切弹性模量 $[G]$/（N/mm^2）	使 用 范 围
			受动力载荷/ （N/mm^2）	不受动力载荷/ （N/mm^2）		
65 锰钢	65Mn	1176~1563	294	392	78450	要求不高的隔振
60 硅锰钢	60Si$_2$Mn	1274	441	588	78450	要求不高的隔振
4 铬 13	4Cr13	1421	265	353	75460	有轻腐蚀的隔振

注：对于受拉弹簧，表中容许剪切应力 $[\tau]$，应乘以 0.8 的折减系数。

由于钢弹簧阻尼很小，在不考虑阻尼的情况下，将 t、x、f、f_0 的关系绘成列线图（见图 6-51），该图可作为钢弹簧隔振设计图。

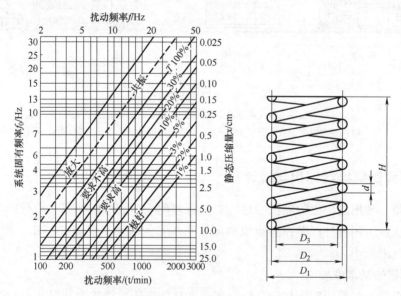

图 6-51　钢弹簧隔振设计

3. 圆柱螺旋压缩单弹簧的设计方法

在隔振设计中，在求出每个钢弹簧的垂向刚度和静态压缩量的基础上，可进行弹簧的设计。可参考《圆柱螺旋弹簧设计计算》（GB/T 23935—2009）。

（1）选择弹簧圈外径 D_1　为避免弹簧受压时产生侧向屈曲，保持横向稳定性，弹簧圈的最小外径应根据其荷载的大小和静态压缩量来确定。

（2）假定弹簧的旋绕比 C　根据选择的弹簧最小外径，估计弹簧中径的大小，旋绕比 C 为

$$C = D_2/d \tag{6-47}$$

式中，D_2 是弹簧中径；d 是弹簧钢丝直径。

旋绕比 C 也可按表 6-21 选用。

表 6-21　弹簧旋绕比

钢丝直径 d/mm	2.5~6	8~16	18~50
$C = D_2/d$	5~12	4~10	4~8

（3）计算曲度系数 k　根据假定旋绕比，按式（6-48）计算弹簧的曲度系数 k

$$k = (4C-1)/(4C-4) + 0.615/C \tag{6-48}$$

（4）计算钢丝的直径 d

$$d \geqslant 1.6\sqrt{W_i KC/[\tau]} \tag{6-49}$$

式中，W_i 是每个弹簧承受的荷载（N）；$[\tau]$ 是弹簧受动力荷载时的容许剪切应力（N/mm^2），可由表 6-20 查得。

将计算得到的直径与表 6-22 中所列的数值比较，尽量选用相近（略大）的值作为钢丝直径。

表 6-22　常用钢丝直径 d 系列

钢丝直径 d/mm	2	2.5	3	3.5	4	4.5	5	6	8	10
弹簧中径 D_2/mm	12	16	20	25	30	35	40	45	50	55

（5）确定弹簧中径和实际旋绕比　钢丝直径确定后，根据式（6-44）确定弹簧中径，一般按表 6-23 取整数。弹簧中径和钢丝直径都确定后，再根据式（6-44）求得实际旋绕比。

表 6-23　常用弹簧中径 D_2 系列

钢丝直径 d/mm	5	6	7	8	9	10	12	16	20	25	30	35
弹簧中径 D_2/mm	40	45	50	55	60	70	80	90	100	110	120	130
弹簧高度/mm	140	150	160	180	200	240	260	280	300	320	360	400

（6）确定弹簧总圈数 i

1）弹簧的工作圈数 i_1 为

$$i_1 = [G]d/(8K_{zi}C^3) \tag{6-50}$$

式中，K_{zi} 是单个弹簧的垂向刚度（N/mm）；$[G]$ 是剪切弹性模量（N/mm^2）；d 是钢丝直径。

实际工作圈数应根据计算结果从表 6-24 中选用相近的数值。

表 6-24　压缩弹簧常用工作圈数

钢丝直径 d/mm	2.5	3	3.5	4	4.5	5	5.5	6	6.5	7	7.5	8
工作圈数	8.5	9	9.5	10	10.5	11	11.5	12.5	13.5	14.5	15	16

2）弹簧两端的支承圈数的确定 i_2：当 $i_1 \leqslant 7$ 时，i_2 取 1.5；当 $i_1 > 7$ 时，i_2 取 2.5。弹簧的总圈数为

$$i = i_1 + i_2 \tag{6-51}$$

（7）计算弹簧的实际刚度 K'_{zi}　根据前面确定的钢丝直径、实际旋绕比和工作圈数，弹

簧的实际刚度 K'_{zi} 为

$$K'_{zi} = [G]d/(8i_1C^3) \tag{6-52}$$

要求 $K_{zi} \geqslant K'_{zi}$，这样才能保证 $x' \geqslant x$，否则需要重新计算。

（8）计算弹簧的实际静态压缩量 x'

$$x' = W_i/K_{zi} \tag{6-53}$$

（9）计算弹簧节距 h

$$h = d + \sigma + x'/i_1 \tag{6-54}$$

式中，σ 是在实际荷载下弹簧各圈之间的间隙（mm），一般取 $\sigma \geqslant 0.1d$。

（10）计算弹簧的自由高度和工作高度

1）弹簧的自由高度 H 为

$$H = ih + (i_2 - 0.5)d \tag{6-55}$$

一般要求 $H/D_2 < 2.5$。

2）工作高度 H_p 为

$$H_p = H - x' \tag{6-56}$$

（11）计算弹簧螺旋角和展开长度

螺旋角 α 为

$$\alpha = \tan^{-1}[h/(\pi D_2)] \tag{6-57}$$

压缩弹簧的螺旋角一般不大于 9°，推荐采用值为 4°~9°。

压缩螺旋弹簧的展开长度为

$$L = \pi D_2 i/\cos\alpha \tag{6-58}$$

（12）确定弹簧的水平刚度 K_{xi} 与垂向刚度 K'_{zi} 之比　弹簧的水平刚度 K_{xi} 可由图 6-52 查得，图中横坐标是弹簧工作高度 H_p 与中径 D_2 之比，图中曲线是弹簧的静态压缩量 x 与工作高度 H_p 之比，纵坐标表示弹簧水平刚度 K_{xi} 与垂向刚度 K'_{zi} 之比。要保证弹簧在工作时保持稳定，要求 $K_{xi}/K'_{zi} \geqslant 1.2(H_p/D_2)$。

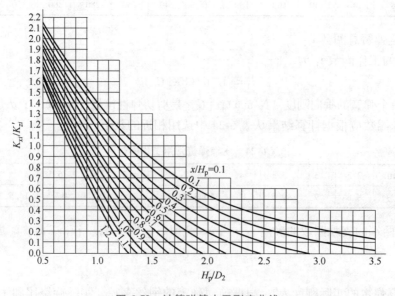

图 6-52　计算弹簧水平刚度曲线

4. 圆柱螺旋压缩同心组合弹簧设计方法

当隔振器承受的荷载较大，或其安装位置有限，用单弹簧难以达到隔振要求时，可以采用 n 个不同直径的圆柱螺旋压缩弹簧组合成并联的同心装置，如图 6-53 所示。工程中同心组合弹簧最常见的是双圈同心组合，一般不超过三圈。双圈同心组合弹簧的要求和设计方法如下。

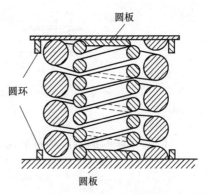

图 6-53　并联的同心弹簧

（1）组合荷载和组合刚度

$$W = W_1 + W_2 \tag{6-59}$$

$$K_z = K_{z1} + K_{z2} \tag{6-60}$$

式中，W、W_1、W_2 是总荷载及内、外弹簧的最大荷载（N）；K_z、K_{z1}、K_{z2} 是总垂向刚度及内、外弹簧的垂向刚度（N/cm）。

（2）等应力条件　内、外弹簧变形后应力应该相等，因此要求两个弹簧的旋绕比相等，即

$$C = D_{21}/d_1 = D_{22}/d_2 \tag{6-61}$$

式中，D_{21}、D_{22} 是内、外弹簧的中径（mm）；d_1、d_2 是内、外弹簧钢丝的直径（mm）。

要满足等应力条件，必须使

$$d_1/d_2 = D_{21}/D_{22} = \sqrt{W_1/W_2} \tag{6-62}$$

在分配两个弹簧的荷载时，外圈弹簧受力宜为内圈弹簧受力的 2.5 倍，相应地，外圈弹簧的垂向刚度也应为内圈弹簧的 2.5 倍。即

$$K_{z1} = 2.5 K_{z2} \tag{6-63}$$

（3）等变形条件　组合弹簧的静态压缩量应与内、外各个弹簧的静态压缩保持一致。这时，内、外各个弹簧并紧时的高度 H_b 应相等，即

$$H_b = i_1 d_1 = i_2 d_2 \tag{6-64}$$

式中，i_1、i_2 是内、外弹簧的工作圈数；d_1、d_2 是内、外弹簧钢丝的直径（mm）。

在工程实践中，很难保证内外各个弹簧的压缩量和工作高度完全一致，允许有较小的差异。为保证工作高度一致，可用薄垫块来填补高度不足的弹簧。

确定了上述有关参数，即可按单弹簧的设计方法进行设计。在制造时分左旋与右旋两种，同心组合弹簧的内、外圈应左旋与右旋相间放置，这样可以有效地防止支承面扭转过大而产生歪斜。

5. 弹簧与橡胶组合隔振器的设计方法

由于钢弹簧隔振器的阻尼很小，对高频振动的隔振效果不好。为了增大其阻尼，常将钢弹簧与橡胶块组合在一起，制成组合式隔振器，这样可使其隔振性能得到显著改善。

钢弹簧与橡胶块的组合方式有并联和串联两种，如图 6-54 所示。

（1）并联时的刚度和阻尼比

$$K = K_s + K_t \tag{6-65}$$

$$D = (K_s D_s + K_t D_t)/K \tag{6-66}$$

式中，K、K_s、K_t 分别是组合隔振器、橡胶块、钢弹簧的垂向静刚度（N/cm）；D、D_s、D_t 分别是组合隔振器、橡胶块、钢弹簧的阻尼比。

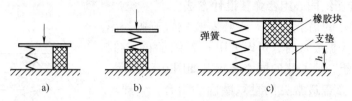

图 6-54　钢弹簧与橡胶块组合隔振器

a）并联　b）串联　c）并联组合减振器橡胶支垫

（2）串联时的刚度和阻尼比

$$1/K = 1/K_s + 1/K_t \tag{6-67}$$

$$K = K_s K_t / (K_s + K_t) \tag{6-68}$$

$$D = (K_s D_s + K_t D_t) / (K_s + K_t) \tag{6-69}$$

（3）支垫高度的确定　在并联组合隔振器的设计中，往往计算出的橡胶块高度小于钢弹簧的高度，解决这个问题的方法是在橡胶块下面加一块支垫，使其总高度与弹簧高度一致，如图 6-54c 所示。

支垫的高度为

$$h = H_{pt} - H_{ps} \tag{6-70}$$

式中，H_{pt} 是弹簧工作高度；H_{ps} 是橡胶块工作高度。

在实际应用中，串联结构比较简单，被很多组合式隔振器采用。

【例 6-3】　一台通风设备连同底座重 58310N，转速为 720r/min，试设计一钢弹簧隔振系统，要求隔振效率达到 95% 以上。

【解】

1）激振频率 f

$$f = n_0 / 60 = 720 / 60 Hz = 12 Hz$$

隔振效率 $\eta > 95\%$，则传动系数 $T = 0.05$，自振频率为

$$f_0 = f\sqrt{T/(T+1)} = 12\sqrt{0.05/(0.05+1)} \, Hz \approx 2.62 Hz$$

$$f/f_0 = 12/2.62 = 4.6 > \sqrt{2}$$

2）隔振系统总刚度 K_z

$$K_z = W(2\pi f_0)^2 / g = 58310 \times (2 \times 3.14 \times 2.62)^2 / 980 \, N/cm = 16108 N/cm$$

采用 12 个弹簧，则每个弹簧的荷载 W_i

$$W_i = W/n = 58310/12 N \approx 4859 N$$

每个弹簧的刚度 K_{zi}

$$K_{zi} = K_z / n = 16108/12 N/cm \approx 1342 N/cm$$

3）静态压缩量 x

$$x = 25/f_0^2 = 25/2.62^2 \, cm \approx 3.6 cm$$

4）设计钢弹簧：拟选用 $60Si_2Mn$ 钢丝作为弹簧材料，由表 6-20 查得 $[\tau] = 44100 N/cm^2$，$[G] = 7845000 N/cm$。假定旋绕比 $C = 7$，由式（6-48）得 $k = 1.21$，则

① 钢丝直径 d

$$d \geqslant 1.6\sqrt{W_i k C/[\tau]} = 1.6\sqrt{4900 \times 1.21 \times 7/44100}\,\text{cm} \approx 1.552\text{cm}$$

根据表 6-22，取 $d = 16\text{mm}$。

② 弹簧中径 D_2

$$D_2 = Cd = 7 \times 16\text{cm} = 112\text{cm}$$

根据表 6-23，取 $D_2 = 110\text{mm}$，则实际旋挠比 $C = D_2/d = 110/16 \approx 6.875$

③ 弹簧工作圈数 i_1

$$i_1 = [G]d/(8K_{zi}C^3) = 7845000 \times 1.6/(8 \times 1342 \times 6.875^3) \approx 3.6$$

根据表 6-24，取 $i_1 = 4$，则 $i_2 = 1.5$，总圈数 $i = i_1 + i_2 = 4 + 1.5 = 5.5$

④ 弹簧的实际刚度 K'_{zi}

$$K'_{zi} = [G]d/(8i_1 C^3) = 7845000 \times 1.6/(8 \times 4 \times 6.875^3)\,\text{N/cm} \approx 1207\text{N/cm}$$

显然，$K_{zi} > K'_{zi}$ 符合要求。

⑤ 静态压缩量 x'

$$x' = W_i/K'_{zi} = 4859/1207\,\text{cm} \approx 4.0\text{cm}$$

⑥ 弹簧节距 h

$$h = d + x/i_1 + \delta = (1.6 + 4.0/4 + 0.1 \times 1.6)\,\text{cm} \approx 2.8\text{cm}$$

⑦ 弹簧的自由高度 H

$$H = ih + (i_2 - 0.5)d = 4 \times 2.8\text{cm} + (1.5 - 0.5) \times 1.6\text{cm} = 12.8\text{cm}$$

⑧ 弹簧的工作高度 H_p

$$H_p = H - x' = (12.8 - 4.0)\,\text{cm} = 8.8\text{cm}$$

根据上述结果可得

$$H/D_2 = 12.8/11 \approx 1.16 < 2.5$$

⑨ 弹簧的螺旋角 α

$$\alpha = \tan^{-1}(2.8/3.14 \times 11) \approx 4.635°$$

⑩ 弹簧的展开长度 L

$$L = \pi D_2 i/\cos\alpha = 3.14 \times 11 \times 5.5/\cos 4.635°\,\text{cm} \approx 190.6\text{cm}$$

根据 x'、H_P 和 D_2 的值，查图 6-52 得

$$K_{xi}/K_{zi} = 1.45 > 1.2(H_p/D_2)，\text{符合要求}$$

用设计出的弹簧组成隔振系统后，其自振频率 f_0 为

$$f_0 = 5/\sqrt{x} = 5/\sqrt{4.0}\,\text{Hz} = 2.5\text{Hz}$$

传振系数 T 为

$$T = 1/|1 - (f/f_0)^2| = 1/|1 - (12/2.5)^2| \approx 0.045$$

则隔振效率 η 为

$$\eta = (1 - T) \times 100\% = (1 - 0.045) \times 100\% = 95.5\% > 95\%$$

达到设计要求。

---

6. 螺旋压缩弹簧隔振器的选用方法

螺旋压缩弹簧隔振器由于性能稳定，在长期大荷载作用下也不易产生松弛现象，且耐高温、耐低温、耐油、耐腐、不老化、寿命长、自振频率低，因此得到了广泛的应用。

弹簧隔振器的产品种类很多，用于机械设备隔振的就有 ZT 系列、TJ 系列、JQZ 系列、ZM-129 系列等。在选用成品弹簧隔振器时，基本原则和方法与选择成品橡胶隔振器基本一样。

【例 6-4】 某设备驱动频率为 16Hz，做隔振处理，拟选择 4 个 ZM-129 系列弹簧隔振器。已知每个隔振器承受的荷载为 150kg，要求 $f/f_0>3.5$，试确定型号。

【解】

查资料，得 ZM-129-△~ZM-129-△ 10 种型号的设计图（见图 6-55）。因为每个隔振器的承载为 150kg，只需按图 6-55a 进行设计。

从左边纵坐标 150kg 点向右与 ZM-129-△丛直线相交，由交点向下至横坐标得静态压缩量 $x=8.4mm$。由交点向下与曲线相交，由此交点向右至右边纵坐标得 $f_0=5.4Hz$。因为 $f/f_0=16/5.4=2.96$，$2.96<3.5$，不符合要求，需重新设计。

重复上述过程，可知 ZM-129-△型弹簧隔振器是符合要求的。

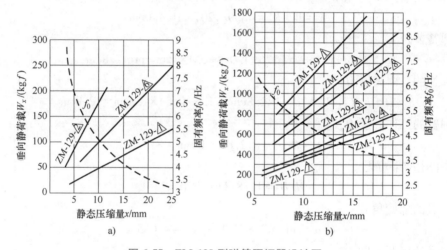

图 6-55 ZM-129 型弹簧隔振器设计图

7. 弹簧隔振器的安装方法

弹簧隔振器的安装方法有面接触支承式、点接触支承式、侧联式和盖板嵌固式等（见图 6-56）。图 6-56a 即面接触支承式，将隔振器置于机座底面与支承面之间，依靠各接触面之间的摩擦力阻止隔振器的移动而固定，图 6-56b 是点接触支承式，这两种方式多用于有壳体的隔振器的安装。图 6-56c 为侧联安装方式，这种安装方式的好处是可以降低隔振体系的重心高度，增加稳定性。图 6-56d 为盖板嵌固安装方式，这种安装方式常用于无壳体的外露式弹簧隔振器的固定。

6.2.6 管道隔振设备选用与设计

设备的振动除通过安装基础传递外，还可通过管道、管内介质及管道固定构件传递与辐射。

管道的隔振通常是通过在设备与管道之间设弹性连接件得以实现。弹性连接的减振降噪效果取决于弹性接头的材料、构造、尺寸、管内介质的压力、管道安装及布位方式等因素。现介绍几种常用的管道隔振弹性连接头。

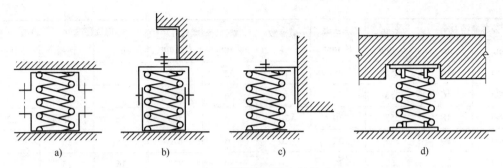

图 6-56　弹簧隔振器安装方法

a）面接触支承式　b）点接触支承式　c）侧联式　d）盖板嵌固式

1. KXT 型可挠合成橡胶接头

上海市松江橡胶制品厂生产的 KXT 型可挠合成橡胶接头，是多层球体结构，其主体材料为极性橡胶，耐热、耐腐蚀、抗老化，可承受较高的工作压力。它抗暴力大、弹性好、吸振能力强，能在 15°偏转角内调节安装，即使安装基础下沉，也不致引起不良后果。

KXT 型可挠合成橡胶接头的技术指标和基本技术参数分别见表 6-25 和表 6-26。

表 6-25　KXT 型可挠合成橡胶接头的技术指标

技术指标	KXT- I	KXT- II	KXT-III
工作压力/MPa（N/cm²）	20（200）	1.2（120）	0.8（80）
爆破压力/MPa（N/cm²）	6（600）	3.5（350）	2.4（240）
真空度/kPa	1.3	14.6	48
适用温度/℃	−20~+115		
适用介质	空气、压缩空气、水、海水、热水、弱酸等		

表 6-26　KXT 型可挠合成橡胶接头的基本技术参数

公称通径 DN		长度	法兰厚	螺栓数	螺孔	螺栓孔中径	轴向位移/mm		横向位移/
mm	in	L/mm	B/mm	n	d/mm	D_1/mm	伸长	压缩	mm
32	11/4	95	16	4	17.5	100	6	9	9
40	11/2	95	18	4	17.5	110	6	10	9
50	2	105	18	4	17.5	125	7	10	10
65	21/2	115	20	4	17.5	145	7	13	11
80	3	135	20	8	17.5	160	8	15	12
100	4	150	22	8	17.5	180	10	19	13
125	5	165	24	8	17.5	210	12	19	13
150	6	180	24	8	22	240	12	19	14
200	8	190	24	8	22	295	16	25	22
250	10	230	28	12	22	350	16	25	22
300	12	245	28	12	22	400	16	25	22

（续）

公称通径 DN		长度	法兰厚	螺栓数	螺孔	螺栓孔中径	轴向位移/mm		横向位移/
mm	in	L/mm	B/mm	n	d/mm	D_1/mm	伸长	压缩	mm
350	14	255	28	16	22	460	16	25	22
400	16	255	30	16	26	515	16	25	22
450	18	255	30	20	26	565	16	25	22
500	20	255	32	20	26	620	16	25	22
600	24	260	36	20	30	725	16	25	22
700	28	260	36	24	26	810	16	25	22
800	32	260	36	24	30	920	16	25	22
900	36	260	36	24	30	1020	16	25	22
1000	40	260	36	28	30	1120	16	25	22
1200	48	260	36	32	33	1340	16	25	22

2. KST-L 型可挠双球体合成橡胶接头

KST-L 型可挠双球体合成橡胶接头的结构如图 6-57 所示。它以极性橡胶为主体材料，内衬尼龙帘布，两端配活动接头，适用于水、海水、热水、空气、压缩空气及含弱酸、弱碱的介质。这种弹性接头的技术指标及基本参数指标分别见表 6-27。

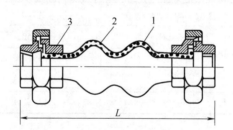

图 6-57　KST-L 型可挠双球体合成橡胶接头
1—极性橡胶　2—尼龙帘布　3—可锻铸铁

表 6-27　KST-L 型可挠双球体合成橡胶接头基本参数指标

公称通径 DN		总长 L	轴向位移/mm		横向位移
mm	in	/mm	伸长	压缩	/mm
20	3/4	180	5~6	22	22
25	1	180	5~6	22	22
32	11/4	200	5~6	22	22
40	11/2	210	5~6	22	22
50	2	220	5~6	22	22
60	21/2	245	5~6	22	22

3. SU10 型橡胶补偿接管

图 6-58 为 SU10 型橡胶补偿接管剖面图，它主要用于各类设备的管道配管、补偿管路系

统的伸胀变形。该装置的主要特点和作用如下：

1）可调整管路系统的参数，避开管路共振。

2）可降低介质脉动激励幅度。

3）破裂强度高，抗爆破压力大，可承受较高工作压力。

4）采用松套法兰结构，安装更换方便，密封性能好。

5）可多向位移补偿，实现一定范围内的偏轴、偏交管与管道之间的连接。

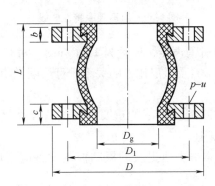

图 6-58　SU10 型橡胶补偿接管剖面

SU10 型橡胶补偿接管的技术指标及基本参数指标分别见表 6-28 和表 6-29。

表 6-28　SU10 型橡胶补偿接管的技术指标

项　　目	工作压力/MPa	爆破压力/MPa	适用温度/℃	适 用 介 质
指标	0.98	2.94	−30～+15	空气、水、热水、海水、润滑油等

表 6-29　SU10 型橡胶补偿接管的基本参数指标　　　　（单位：mm）

型号	公称通径	长	法 兰 尺 寸					最大补偿值		
	D_g	L	D	D_1	b	d	c	压缩	伸长	径向位移
SU10-32	32	100	140	100			24	3	5	6
SU10-40	40	108	15Q	110	16		25			
SU10-50	50	108	165	125			25	4	7	8
SU10-65	65	130	185	145		17.5	28			
SU10-80	80	160	200	160	18		29		8	
SU10-100	100	180	220	180	20		30	8	10	12
SU10-125	125	200	250	210			32		12	
SU10-150	150	200	285	240			34			16
SU10-200	200	260	340	295	22	22	37		14	
SU10-250	250	320	395	350	24		40	18		20

习　　题

6-1　知识考查

1. 简述阻抗复合消声器的优势，根据图 6-59 中的消声频率特性曲线判断阻抗复合消声器的类型。

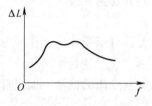

图 6-59　消声频率特性曲线

2. 试设计 D 型罗茨鼓风机消声器，风量为 $11m^3/min$，对其进行选型并求出气流速度。

3. 试论述传振系数 T 与 f/f_0 及阻尼比 ζ 的关系，可绘图说明。

6-2　知识拓展

1. 简述噪声控制设备在双碳目标下的重要性，试从吸声材料与隔热材料的协同设计、噪声控制的多维度效果进行论述。

2. 查阅相关文献，对于本书中所提及的振动控制设备应用场景，是否能设计新技术将振动能量进行利用？

第 7 章

固体废弃物处理设备

固体废弃物处理是通过一系列物理、化学、生物手段实现固体废弃物的减量化、无害化、资源化，从而降低固体废弃物对环境的不良影响。目前常见的固体废弃物处理设备主要有输送机，预处理设备，焚烧、填埋、堆肥和热分解等设备。其中，焚烧处理技术是固体废弃物处理技术领域普遍运用的处理技术类型。

7.1 输送设备

依据设备的工作方式不同，输送设备可分为带式输送机和其他输送机。

$$
\text{输送设备}\begin{cases} \text{带式输送机} —— \text{胶带式输送机、板链输送机、网带输送机} \\ \text{其他输送机} —— \text{螺旋输送机、斗式提升机、埋刮板输送机} \end{cases}
$$

7.1.1 带式输送机

带式输送机是一种广泛应用的连续输送机械，它可用于输送块状和粒状物料，进行水平方向和倾斜方向输送。

带式输送机的工作原理：有一根封闭的环形带，由鼓轮带动运行，物料放在带上，靠摩擦力随带前进，到带的另一端（或指定位置）靠自重（或卸料器）卸下。

带式输送机的主要部件为输送带、托辊、鼓轮、张紧装置和传动装置等，如图 7-1 所示。

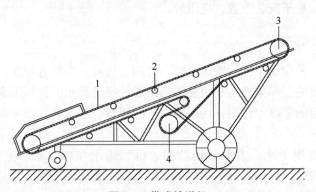

图 7-1　带式输送机

1—输送带　2—托辊　3—鼓轮　4—张紧装置

（1）输送带　输送带有橡胶带、钢带、网状钢丝带及塑料带等，以适应不同场合的需要，其中以橡胶带使用最广泛。

（2）托辊　因为带式输送机很长，所以必须在胶带下面安装托辊以限制胶带下垂。托辊分上托辊和下托辊两种，上托辊有直形和槽形两种，而下托辊仅有直形一种（见图7-2）。

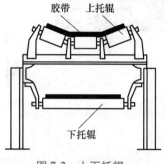

图7-2　上下托辊

（3）鼓轮　带式输送机两端的轮称为鼓轮。卸料端的鼓轮通常为主动轮，该轮旋转时，借摩擦力作用带动胶带运动。另一端为从动轮，其作用是拉紧胶带和转向胶带。鼓轮通常为生铁铸造或钢板焊接成的空心轮。为增大鼓轮和带之间的摩擦力，可在轮表面包上橡胶、皮革和木条。鼓轮的宽度应较胶带宽度大 $100\sim200\mathrm{mm}$。

（4）张紧装置　张紧装置的作用是给胶带、链条等在传动过程中具有一定的张力，防止输送带在鼓轮上打滑、脱齿和松动等。张紧装置的张紧方式有重垂式、螺旋式和张紧轮等，如图7-3所示。

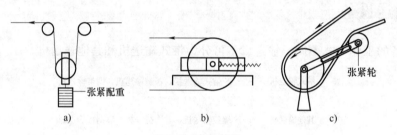

图7-3　张紧装置

a）重垂式　b）螺旋式　c）张紧轮

重垂式是在自由悬垂的重垂作用下，产生张紧作用力。其优点是能自动保持张紧力不变，缺点是外形尺寸较大，多用于大型机。螺旋式是利用手动螺旋来调节从动轮的前后位置，使胶带具有一定的张紧力，这种装置结构简便，但要靠人工定期检查调节，适用于小型机。

（5）传动装置　传动装置主要包括电动机和减速器，有两种结构形式：一种是闭式，电机和减速器都装在主动轮内；另一种是开式，电动机经敞开的齿轮或链轮减速后传动主动轮。闭式结构紧凑，易于安装布置，应用较广。

7.1.2　螺旋输送机

螺旋输送机是一种应用广泛的输送机械，可用于加料、混料等操作，多用于输送颗粒或粉状物。螺旋输送机的工作原理是利用旋转的螺旋，推进散状的物料沿金属槽向前运动。物料由于重力和与槽壁的摩擦力作用，在运动中不随螺旋一起旋转，而是以滑动的方式沿物料槽移动。

螺旋输送机主要用于水平方向运送物料，也可用于倾斜输送，但倾斜角度一般小于20°，有时也用作垂直输送。

螺旋输送机的结构如图7-4所示，主要由螺旋、轴、轴承和机槽等组成，传动装置则在轴的一边。

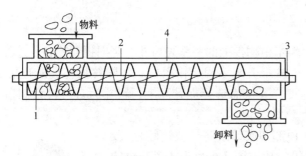

图 7-4　螺旋输送机
1—螺旋　2—轴　3—轴承　4—机槽

动图 7-4　螺旋输送机
的工作原理

（1）螺旋　螺旋是由转轴和装在转轴上的叶片构成，螺旋叶片的形状主要有全叶式、带式、叶片式和锯齿式四种，如图 7-5 所示。全叶式结构最简单，推力和输送量都很大，效率很高，特别适用于松散物料。黏稠物料适宜用带式螺旋。叶片式和锯齿式在输送物料的同时，往往还对物料具有搅拌、揉捏及混合等作用，可用于输送易结块物料。螺旋与机槽有一定的间隙，一般为 5~15mm，若间隙太大输送效率将降低。

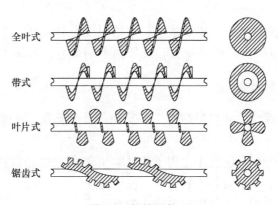

图 7-5　螺旋形状

（2）轴　螺旋输送机的轴可以是空心轴，也可以是实心轴，一般制成 2~4m 长一段，按需要连接起来。通常用钢管制成空心轴，这是由于空心轴重量轻，又方便互相连接。

（3）轴承　在轴的两端装有止推轴承，以承受螺旋推送物料时所产生的轴向力。由于轴很长，所以在中间应装有吊装的轴承——吊架，以加强对轴的支承作用。吊架不能装得太密，这是由于吊架处螺旋被中断，易造成物料的堆积。吊架一般可装于轴的连接处，其外形尺寸应尽量减小，否则物料通过时的阻力太大。

（4）机槽　机槽多用钢板制成，槽底为半圆形，槽顶为平盖。为了搬运、安装及维修的方便，多由数节组成，每节长 3m。各节连接处及机槽边焊有角钢，这样既便于安装又能增加刚性。机槽两端的槽端板，可用铸铁制成，同时也是轴承的支座。

螺旋输送机的优点是构造简单紧凑，密封好，便于在若干位置进行中间装载和卸载，操作安全方便。它的缺点是输送物料时，由于物料与机壳和螺旋间都存在摩擦力，因此单位动力消耗较大；物料易受损伤，螺旋叶片及料槽也易受磨损；输送距离不宜太长，一般在 30m 以下（个别情况可达 50~70m）。

7.1.3 斗式提升机

斗式提升机是利用均匀固接于无端牵引构件上的一系列料斗，竖向提升物料的连续输送机械，分为环链、板链和胶带三种。斗式提升机多用于输送粉状和颗粒状物，提升高度高，输送量大，根据传送量可调节传送速度，并按需选择提升高度，料斗为自行设计制造，PP无毒料斗使斗式提升机使用更加广泛。

斗式提升机由料斗、驱动装置、顶部和底部滚筒（或链轮）、胶带（或牵引链条）、张紧装置和机壳等组成。图 7-6 为斗式提升机的结构图。

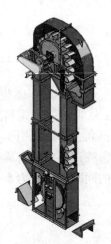

图 7-6　斗式提升机

（1）橡胶带　用螺钉和弹性垫片固接在带子口，带比斗宽 35~40mm，一般胶带输送温度不超过 60℃的物料，耐热胶带可以输送达到 150℃的物料。

（2）链条　单链条固接在料斗后壁上，双链与料斗两侧相连。链式提升机当料斗宽度为 160~250mm 时采用单链，当料斗宽度为 320~630mm 时采用双链，主要缺点是链节之间磨损大，增加检修次数。

（3）链轮　斗式提升机上的传动链轮。链轮用以与节链环或缆索上节距准确的块体相啮合，是一种实心或带辐条的齿轮，与滚子链啮合以传递运动。

（4）料斗

1）圆柱形料斗：深斗，斗口呈倾斜，深度大，用于干燥、流动性好、很好地撒落粒状物料的输送。

2）浅料斗：口呈倾斜，深度小，用于潮湿的和流动性的粒状物料。

3）深料斗：深斗，一般物料比较干燥，流动性好。

4）三角形料斗：物料一般是定向自流式卸料。

5）尖角形料斗：其侧壁延伸到底板外，成为挡边，卸料时，物料可沿一个斗的挡边和底板所形成的槽卸止，适用于黏稠性大和沉重的块状物料运送。

7.1.4 埋刮板输送机

埋刮板输送机广泛应用于散料的输送，在生产现场是烟尘处理输送系统的重要组成部分，多用于输送从锅炉、沉降室、电收尘等收集的烟尘。

埋刮板输送机主要由封闭断面的壳体（机槽）、刮板链条、驱动装置、张紧装置及安全保护装置等部件组成。设备结构简单、体积小、密封性能好、安装维修比较方便；能多点加料、多点卸料，工艺选型及布置较为灵活；在输送飞扬性、有毒、高温、易燃易爆的物料时，可改善工作条件，减少环境污染。

埋刮板输送机是依赖于物料之间所具有的内摩擦作用大于输送时物料与壳体之间产生的外摩擦作用，使物料无论在水平输送、倾斜输送和垂直输送时都能形成连续的料流向前移动。图 7-7 是埋刮板输送机的示意图。

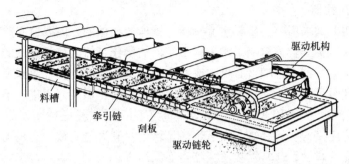

图 7-7　埋刮板输送机

7.2　预处理设备

固体废弃物预处理设备的原理是运用物理、化学等手段，将固体废弃物转变成便于运输、储存、资源化利用和无害化处置等过程。预处理设备主要有压实、破碎、分选、脱水等，这也是回收材料的过程。

7.2.1　压实设备

固体废弃物的压实设备称为压实器，减小固体废弃物的体积，以降低运输成本。常用压实器根据固体废弃物种类不同，可分为金属类废弃物压实器和城市垃圾压实器两种。

1. 金属类废弃物压实器

金属类废弃物压实器主要有三向联合式压实器和回转式压实器。

图 7-8 是适合压实松散金属废弃物的三向联合式压实器，它具有三个互相垂直的压头，金属被置于容器单元内，而后依次起动 1、2、3 三个压头，逐渐使固体废弃物的空间体积缩小，容重增大，最终达到一定尺寸。压后尺寸一般在 200~1000mm。

图 7-9 是回转式压实器示意图。废弃物装容器单元后，首先按水平压头 1 的方向压缩，然后按箭头的运动方向驱动旋动压头 2，最后按水平压头 3 的运动方向将废弃物压至一定尺寸排出。这种压实器适宜于压实体积小、重量轻的固体废弃物。

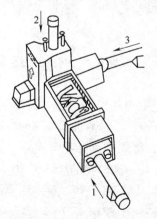

图 7-8　三向联合式压实器

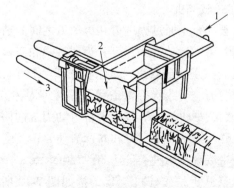

图 7-9　回转式压实器

2. 城市垃圾压实器

城市垃圾压实器常采用与金属类废弃物压实器构造相似的三向联合式压实器及水平式压实器，其中水平式压实器较为常用。水平式压实器的操作是依靠往复运动的压头将废弃物压到矩形或方形的钢制容器中，随着容器中废弃物的增多，压头的行程逐渐变短，装满后压头呈完全收缩状。此时可将铰接连接的容器更换，将另一空容器装好再进行下一次压实操作。

城市垃圾压实器如图 7-10 所示，垃圾从滑道中落下后，经压壁压缩后不断地被压缩到容器中，最后可将压实的垃圾装袋。由于生活垃圾中含有大量腐败的有机物和水分，为防止压实过程对压实器的腐蚀，通常需在压实器表面涂沥青。

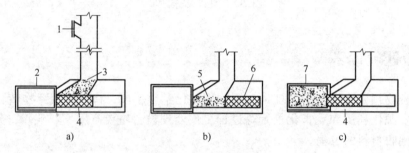

图 7-10　城市垃圾压实器

1—垃圾投入口　2—容器　3—垃圾　4—压臂　5—垃圾　6—压臂全部缩回　7—已压实的垃圾

7.2.2　破碎设备

破碎是预处理的重要环节，可减小物料的尺寸，提高后续处理效率。到目前为止，对固体废弃物的破碎多采用机械方法。机械方法主要包括剪切、冲击、挤压粉磨，破碎设备通常也是由两种或两种以上的破碎方法联合作用对废弃物进行破碎。

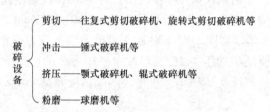

1. 剪切式破碎机

剪切式破碎机是通过固定刃和可动刃之间的啮合作用将固体废弃物剪切成适宜的形状和尺寸。根据刀刃的运动方式，可分为往复式和回转式。

（1）往复式剪切破碎机　其结构如图 7-11 所示，固定刃和可动刃通过下端活动铰轴连接，似一把剪刀，可用于剪切条状、片状等固体废弃物。开口时侧面呈 V 形破碎腔，固体废弃物投入后，通过液压装置缓缓将可动刃推向固定刃，将固体废弃物剪成碎片（块）。往复式剪切破碎机有 7 片固定刃和 6 片活动刃，宽度为 30mm，破碎物的尺寸为 30cm，该破碎机的处理量视废弃物的种类可达 $80\sim150\mathrm{m}^3/\mathrm{h}$。

（2）旋转式剪切破碎机　其结构如图 7-12 所示，该机由固定刃（1~2 片）和旋转刃（3~5 片）及投入装置等构成。固体废弃物在固定刃和旋转刃之间被剪断。其缺点是当混入硬度大的杂物时，易发生操作事故，故该机不适于破碎硬度大的废弃物，可用于城市生活垃圾和餐厨垃圾等固体废弃物的破碎。

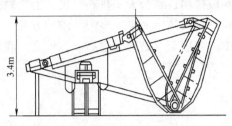

图 7-11　往复式剪切破碎机结构

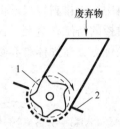

图 7-12　旋转式剪切破碎机

1—旋转刀　2—固定刀

2. 锤式破碎机

锤式破碎机破碎效率高、能耗低，主要用于破碎中等硬度且腐蚀性弱的固体废弃物，如矿业废弃物硬质塑料，干燥木质废弃物及废弃的金属家用器物等。

锤式破碎机主要部件有锤头、筛板和破碎板等，如图 7-13 所示。

锤式破碎机的工作原理：固体废弃物自上部给料口进入机内，立即受到高速旋转的锤子的打击、冲击、剪切、研磨等作用而破碎，但其主要依靠冲击作用完成破碎作业。锤子以铰链方式装在各圆盘之间的销轴上，可以在销轴上摆动。其中主轴、圆盘、销轴及锤子在内的这些部件统称为转子，电动机带动转子高速旋转，利用锤子的冲击将物料破碎，同时在转子的底部设有筛板，破碎物料中小于筛孔尺寸的细料通过筛板排出，剩余的粗粒被阻留在筛板上并继续受到锤子的打击和研磨，直至排出筛板。

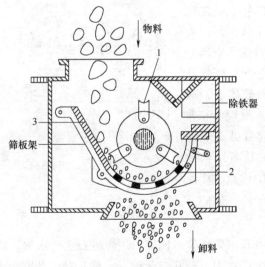

图 7-13　锤式破碎机

1—锤头　2—筛板　3—破碎板

动图 7-13　锤式破碎机
的工作原理

3. 挤压式破碎机

（1）颚式破碎机　图 7-14 为颚式破碎机，它主要由固定颚板和可动颚板、破碎齿板、带轮及偏心轮等组成。颚式破碎机的工作原理：电动机运转时带动带轮做旋转运动，此时偏心轮随之转动，带动可动颚板做周期性地摆动，使物料受到挤压作用而被破碎。当可动颚板靠近固定颚板时，物料受到挤压而破碎；当可动颚板远离固定颚板时，物料由于自重下落。破碎后的物料中小于排料口尺寸的物料通过筛板排出，剩余大于排料口尺寸的物料被阻留内并继续受到衬板的挤压，直至排出。颚式破碎机具有结构简单、坚固、维护方便、工作可靠和进料量大等优点，在固体废弃物破碎处理中主要用于对破碎强度高、韧性高、腐蚀性强的废弃物的粗碎。

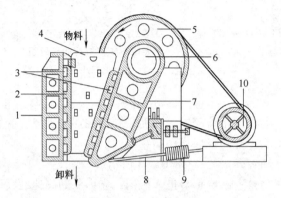

图 7-14　颚式破碎机

1—机架　2—固定颚板　3—破碎齿板　4—侧衬板　5—带轮
6—偏心轮　7—可动颚板　8—弹簧拉杆　9—弹簧　10—电动机

动图 7-14　颚式破碎机
的工作原理

（2）辊式破碎机　图 7-15 为双辊式（光面）破碎机结构图，它由破碎辊、调节装置、弹簧保险装置、传动装置和机架组成。辊式破碎机的特点是能耗低和产品粉碎程度小等。辊式破碎机的工作原理：旋转的工作转辊借助摩擦力将它上面的物料拉入破碎腔内，使之受到挤压和磨剥作用（有时还兼有劈碎和剪切作用）而被破碎，最后由转辊带出破碎腔，成为破碎产品排出。按辊子表面构造分为光滑辊面和非光滑辊面（齿辊和沟槽辊）两大类，前者处理硬性物料，后者处理脆性物料。辊式破碎机具有结构简单、紧凑、轻便、工作可靠、价格低廉的优点，广泛用于脆性和含泥黏性等中等硬度物料的中碎、细碎。

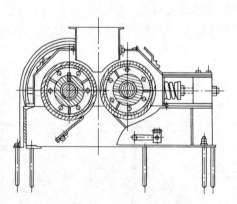

图 7-15　双辊式破碎机

4. 球磨机

球磨机在固体废弃物处理与利用中占有重要地位。例如，用煤矸石生产水泥、砖瓦、矸石棉、化肥和提取化工原料等，用钢渣生产水泥、砖瓦、化肥、溶剂及对垃圾堆肥深加工等过程都离不开球磨机对固体废弃物的磨碎。

图 7-16 为球磨机结构示意图，它主要由圆柱形筒体、端盖、中空轴颈、轴承和大齿轮等部件组成，筒体内装有直径为 25~150mm 的钢球，其装入量是整个筒体有效容积的 25%~50%。筒体内壁设有衬板，除防止筒体磨损外，兼有提升钢球的作用。筒体两端的中空轴颈有两个作用：一是起轴颈的支承作用，使球磨机全部质量经中空轴颈传给轴承和机座；二是

起给料和排料的漏斗作用。工作时将需加工的物料放入球磨罐内加盖，拧紧压盖螺钉，即可起动工作。

球磨机的工作原理：电动机通过联轴器和小齿轮带动大齿轮和筒体转动。当筒体转动时，在摩擦力、离心力和衬板共同作用下，钢球和物料被衬板提升，当提升到一定程度后，在钢球和物料本身重力作用下，产生自由下落和抛落，从而对筒体内、底角区内的物料产生冲击和研磨作用，使物料粉碎。物料达到磨碎细度要求后，由风机抽出。

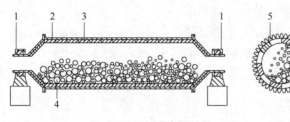

图 7-16　球磨机结构

动图 7-16　球磨机

1—轴承　2—筒体　3—衬板　4—钢球　5—大齿轮

的工作原理

7.2.3　分选设备

分选处理是固体废弃物减量化、资源化的重要手段之一。分选设备将可利用的和有害的固体废弃物分选出来，提高固体废弃物无害化、资源化效率。分选设备根据固体废弃物的物理特性的差异，如物料尺寸大小、密度质量及有无磁力等，可分为筛分设备、重力分选设备和磁力分选设备等。

1. 筛分设备

固体废弃物处理中最常用的筛分设备有以下几种类型。

（1）固定筛　筛面由许多平行排列的筛条组成，可以水平安装或倾斜安装。这种设备由于构造简单、不消耗动力，设备费用低且维修方便，在固体废弃物处理中应用广泛。固定筛有格筛和棒条筛两种，格筛孔型多为圆形和方形，一般安装在粗碎机之前，以保证入料块度适宜。棒条筛的筛孔呈筛缝型，主要用于粗碎和中碎之前，安装倾角应大于废弃物对筛面的摩擦角，一般为 40°~50°，以保证废弃物沿筛面下滑。棒条筛孔尺寸要求为筛下粒度的1.1~1.2 倍，一般筛孔尺寸不小于 50mm。筛条宽度应大于固体废弃物中最大块度的 2.5 倍。但两者生产率均低，一般为 50%~60%，多用于粗筛作业，且筛孔易被堵塞，需定时清扫。

（2）滚动筛　滚动筛筛面为带孔的圆柱形筒体，如图 7-17 所示。操作时筛筒在传动装置带动下绕轴缓缓旋转，固体废弃物由筛筒一端给入，被旋转的筒体带起，当达到一定高度后应重力作用自行落下，如此不断地做起落运动，使小于筛孔尺寸的细粒透筛，而筛上的产品则逐渐移到筛的另一端排出。为使废弃物在筒内沿轴线方向前进，筛筒轴线应倾斜 3°~5°安装。

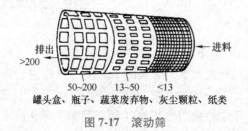

排出
>200

进料

50~200　13~50　<13

罐头盒、瓶子、蔬菜废弃物、灰尘颗粒、纸类

图 7-17　滚动筛

动图 7-17　滚动筛的工作原理

（3）共振筛　共振筛是利用连杆装有弹簧的曲柄连杆机构驱动，使筛子在共振状态下进行筛分，其结构及原理如图 7-18 所示。筛箱、弹簧及下机体组成一个弹性系统，该弹性系统固有的自振频率与传动装置的强迫振动的频率接近或相同时，使筛子在共振状态下筛分，故名共振筛。共振筛的工作过程是筛箱的动能和弹簧的位能相互转化的过程。因此，在每次振动中，只需补充克服阻尼的能量，就能维持筛子的连续振动。这种筛子虽大，但功率消耗却很小。共振筛具有处理能力大、筛分效率高、耗电少及结构紧凑等优点，应用广泛，适用于废弃物的细粒筛分，还可用于废弃物分选作业的脱水、脱重和脱泥筛分等。

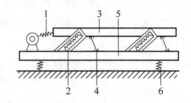

图 7-18　共振筛原理

1—传动装置　2—共振弹簧　3—上筛箱
4—板簧　5—下机体　6—支承弹簧

2. 重力分选设备

风力分选最常用的是重力分选方式。风力分选的基本原理是基于气流能将较轻的物料向上带走或水平带向较远的地方，而重物料则由于上升气流不能支持它们而沉降，或由于惯性而在水平方向抛出较近的距离。风力分选设备按工作气流的流向可将它们分为水平、垂直和倾斜三种类型，其中水平气流分选装备应用得最为广泛。

（1）水平气流风选机　图 7-19 为水平气流风选分离装备，该分离器上部设有粉碎机 2，其破碎转子 3 由轴 1 带动旋转。风机吹出的空气从侧面进入，破碎后的垃圾落入气流工作室内。水平气流使金属等重物料和较轻的物料分别落入 9、8、7 三条输送带上。图中 6、10 为导料板，用以防止垃圾掉到输送带之间。废纸、织物、塑料薄膜及细灰粒等被气流带入导风管 5，并在风机 4 产生的气流推动下被带入其他处理装置中。此系统简单、紧凑，工作室内没有活动部件，但却有较高的分选效率。

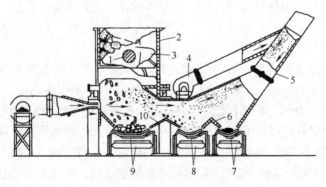

图 7-19　水平气流风选机分离系统

1—轴　2—粉碎机　3—破碎转子　4—风机　5—导风管
6、10—导料板　7、8、9—输送带

动图 7-19　水平气流
风选机的工作原理

（2）垂直气流风选机　图 7-20 为垂直多段垃圾风力分选装置。其工作原理：垃圾投入料斗 2 后，再由带叶片 4 的输送机 3 投入垂直分离室 5。由风机 1 产生的气流将轻质物料升起，并进入渐缩通道 6。垃圾从窄颈部 8 进入第一分离柱 7，利用风机 13 由下面生成的上升气流进行轻质物料的第一次分离。在分离柱 7 中轻质组分再被托起，经缩颈部 9 进入第二分离柱 10，进行第二次分离。重质组分则经栅格 12、11 落到集料斗中，由输送机输出。分离柱的数量可根据物料所需分离的纯度而定。这种分离器和其他立式分离器相比，不仅效率高，而且操作最为简便。

（3）倾斜式分离器　倾斜式分离器是一种结合了水平分离器和垂直分离器优点的设备，图 7-21 为一种倾斜气体分离器的结构图。该种风力分选装置用于分离破碎粒度为 50mm 以下的垃圾。工作时原料沿导管 1、2、3、4 落入工作室 5。工作室的底板 6 向分离柱子倾斜 5°~10°，主风机 12 和辅风机 11 产生的气流使垃圾在工作室内抛散开。风机 9 在调节分离室 7 内的气流速度，使一部分物料返回工作室进行再次分选。轻质组分被气流由分离室 8 带入旋风分离器，而重质组分则落到输送机 10 上，再排出后做进一步处理。

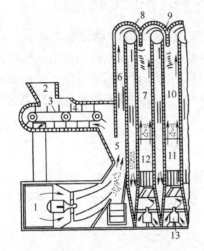

图 7-20　垂直型多段垃圾风力分选机
1—风机　2—料斗　3—输送机　4—带叶片
5—垂直分离室　6—渐缩通道　7、10—分离柱
8—窄颈部　9—缩颈部　11、12—栅格　13—风机

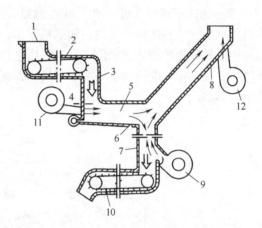

图 7-21　倾斜式风力分选机结构
1、2、3、4—导管　5—工作室　6—底板
7、8—分离室　9、11、12—风机　10—输送机

3. 磁力分选设备

磁力分选（简称磁选）是利用固体废弃物中各种物质的磁性差异在不均匀磁场中进行分选的方法。在固体废弃物的处理系统中，借助磁选设备产生的磁场使铁磁物质组分分离，其主要目的是回收或富集黑色金属，或是在某些工艺中用以排除物料中的铁质物质。

固体废弃物可依其磁性分为强磁性、中磁性、弱磁性和非磁性等组分。这些不同磁性的组分通过磁场时，磁性较强的颗粒（通常为黑色金属），就会被吸附到产生磁场的磁选设备上，而磁性弱和非磁性颗粒就会被输送设备带走，或受自身重力或离心力的作用掉落到预定的区域内，从而完成磁选过程。

目前在废弃物处理系统中最常用的磁选设备就是辊筒式磁选机和悬挂带式磁选机。

（1）辊筒式磁选机　此类磁选机主要由磁辊筒和输送带组成。图 7-22 为永磁磁辊筒的结构，辊筒由胶带、磁性物料分隔挡板和永磁块等组成。图 7-23 为辊筒式磁选机分选示意，将磁辊筒作为胶带式输送机的驱动滚筒，当胶带上的混合垃圾通过磁辊筒时，非磁性物料在重力和惯性力的作用下，被抛落到辊筒的前方，而铁磁物质则在磁力作用下被吸附到胶带上，并随胶带一起继续向前运动。当铁磁物质转到辊筒下方逐渐远离辊筒时，磁力也将逐渐减小，使铁磁物质落入预定的收集区。

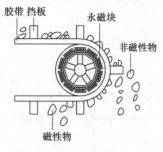

图 7-22　永磁磁辊筒的结构

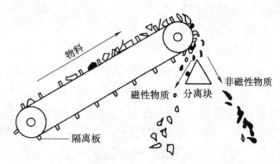

图 7-23　辊筒式磁选机分选

（2）悬挂带式磁选机　图 7-24 为悬挂带式磁选机分选示意图，将磁选机斜装在物料输送机的端头，垃圾物料不断地被输送机抛出，物料颗粒正处于一种松散的自由沉落状态，因此其中的铁磁物质较易被吸出。同时，磁选机是倾斜安装的，这样固定磁铁更贴近物料的运动轨迹。在磁选机的胶带上装有隔离板，保证了铁磁物质能顺利离开磁性区，自动地从传送带上脱落。

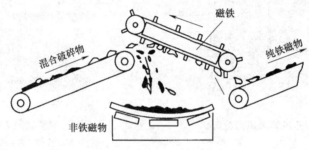

图 7-24　悬挂带式磁选机分选

7.3　固体废弃物焚烧设备

垃圾焚烧是固体废弃物处理的一种重要手段，焚烧后体积比原来缩小 90%左右。垃圾焚烧具有适应性广、有机物去除率高的特点，可以方便地实现垃圾的无害化、减量化、资源化处理，已成为城市处理垃圾的主要方式。焚烧炉是焚烧系统中最主要的设备。焚烧炉的结构形式与废弃物的种类、性质和燃烧形态等因素有关。通常根据所处理废弃物对环境和人体健康的危害大小及所要求的处理程度，将焚烧炉分为城市垃圾焚烧炉、一般工业废弃物焚烧炉和危险废弃物焚烧炉三种类型。另外，按照处理废弃物的形态分类，将其分为液体废弃物焚烧炉、气体废弃物焚烧炉和固体废弃物焚烧炉三种类型。本节主要介绍固体废弃物焚烧炉。

垃圾焚烧流程（动图）

7.3.1　固体废弃物焚烧炉概述

焚烧炉的炉型主要有炉排型、炉床型、流化床型三种形式，但为了抑制焚烧过程中二噁英等有害物质的气体排放，增强垃圾焚烧的效果，经常在焚烧技术中应用气化熔融技术。焚烧炉的分类如下。

$$
焚烧炉
\begin{cases}
炉排型：固定式炉排焚烧炉、活动式炉排焚烧炉 \\
炉床型：回转窑焚烧炉、多层炉 \\
流化床型：鼓泡式流化床焚烧炉、循环流化床焚烧炉 \\
气化熔融型：气化熔融炉
\end{cases}
$$

固定式炉排焚烧炉：在焚烧过程中燃烧效率相对较低，可用于焚烧少量的如废纸屑、木屑及纤维素等易燃性废弃物。

活动式炉排焚烧炉：活动式炉排焚烧炉可使焚烧操作连续化、自动化，是目前在处理城市垃圾中使用最为广泛的焚烧炉，可焚烧低热值高水分的生活垃圾。

回转窑焚烧炉：回转窑焚烧炉是一种适应性很强，能焚烧多种液体和固体废弃物的多用途焚烧炉。除了重金属、水或无机化合物含量高的不可燃物，各种不同物态（固体、液体、污泥等）及形状（颗粒、粉状、块状及桶状）的可燃性废弃物皆可送入回转窑中焚烧，同时回转窑也是危险废弃物处理的重要设备。

多层炉：多层炉的燃烧效率高，垃圾在炉内停留时间长，水分挥发多。多层炉可处理高水分垃圾，多用于处理工业和生活污泥或泥渣的焚烧处理。

流化床焚烧炉：流化床焚烧炉的燃烧效率高，可降低氮氧化物的生成速度，用于焚烧污泥、煤和城市生活垃圾。其特点是适用于焚烧高水分的污泥类等。

气化熔融炉：气化熔融焚烧技术可以实现二噁英的零排放、最大限度地脱除酸性气体及固化有害重金属元素等，多用于处理城市生活垃圾等。根据气化炉的形状，气化熔融炉可分为回转窑式、流化床式、热选式、高炉式和等离子体等。

7.3.2　炉排焚烧炉

1. 固定式炉排焚烧炉

固定式炉排焚烧炉的结构及工作原理。固定式炉排焚烧炉是最简单、最原始的炉排焚烧炉，如图 7-25 所示。其炉排由一排固定的铸铁棍组成，操作时，从炉子上部投入废弃物，后经人工扒平，使物料均匀铺在炉排上，炉排下部的灰坑兼作通风室，由出灰门处靠自然通风送入燃烧空气，也可采用风机强制通风。为了使废弃物焚烧完全，在焚烧过程中，需对料层进行翻动，燃尽的灰渣落在炉排下面的灰坑，由人工扒出，由于劳动条件和操作稳定性差，炉温不易控制，因此对废弃物量较大及难于燃烧的固体废弃物是不适用的。

固定式炉排焚烧炉造价低廉，但只能手工操作、间歇运行、劳动条件差、效率低，拨料不充分时会焚烧不彻底，且它只适用于焚烧少量的易燃性废弃物（如废纸屑、木屑及纤维素等），因此应用很少。

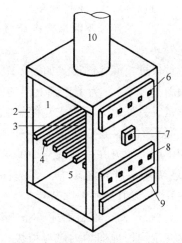

图 7-25　固定式炉排焚烧炉

1—燃烧室　2—耐火层　3—垃圾　4—炉排
5—灰槽　6—炉排上部空气孔　7—助燃口
8—炉排下部空气孔　9—清扫口　10—烟囱

2. 活动式炉排焚烧炉

活动式炉排焚烧炉又称机械炉排焚烧炉。相比于固定式炉排焚烧炉，活动式炉排焚烧炉可使焚烧操作连续化、自动化，且燃烧效率好，因此活动式炉排焚烧炉应用较为广泛。

（1）活动式炉排焚烧炉结构及工作原理

如图7-26所示，活动式炉排焚烧炉燃烧室内放置有一系列机械炉排，通常按其功能分为干燥段、燃烧段和燃烬段。垃圾由添料装置进入机械炉排焚烧炉后，在机械式炉排的往复运动下，逐步被导入燃烧室内炉排上，垃圾在由炉排下方送入的助燃空气及炉排运动的机械力共同推动及翻滚下，在向前运动的过程中水分不断蒸发，通常垃圾在被送落到水平燃烧炉排时，已经完全干燥并开始点燃。燃烧炉排运动速度的选择原则是应保证垃圾在达到该炉排尾端时被完全燃尽成灰渣，使从后燃烧段炉排上落下的灰渣进入灰斗。产生的废气流上升而进入二次燃烧室内，与由炉排上方导入的助燃空气充分搅拌、混合及完全燃烧后，废气被导入燃烧室上方的废热回收锅炉进行热交换。机械炉排焚烧炉的一次燃烧室和二次燃烧室（两者一般统称炉膛）并无明显可分的界限。

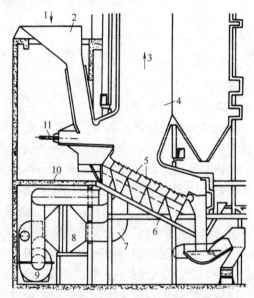

图7-26 活动式炉排焚烧炉系统结构

1—进料 2—进料斗 3—高温烟气 4—炉膛
5—炉排 6——次助燃空气分配管（兼做炉底落灰管）
7—预热空气输送管 8——次助燃空气预热管
9—风机 10——次助燃空气输送管 11—推料器

（2）活动式炉排焚烧炉的结构组成 由图7-26可知，活动式炉排焚烧炉主要由进料漏斗、推料器、炉排、炉膛及助燃设备等构成。

1）进料漏斗。进料漏斗具有以下功能：接收垃圾起重机提供的垃圾并储存；利用垃圾的自重向炉内连续不断地提供垃圾；利用垃圾本身的厚度形成密封层，防止空气漏入炉内和烟气外漏。

垃圾进料漏斗的形式如图7-27所示，分为半喇叭形和全喇叭形，滑槽部有垂直型（左）和倾斜型（右）。为了达到上述功能，一般设计进料漏斗中垃圾储存容量为焚烧能力1h左右的量。另外，为了防止在停炉和起动时空气漏入炉内，还设进料漏斗开关门。有时为了解决垃圾在进料漏斗中的架桥问题（垃圾堵塞在进料漏斗中，无法正常进入炉内），还设有架桥解除装置。

2）推料器。推料器应具备下述功能：连续稳定均匀地向炉内供应垃圾；按要求调节垃圾供应量。推料器是水平往返移动，一般可改变推入器的冲程、运动速度、间隔时间来供给适当的垃圾量。机械

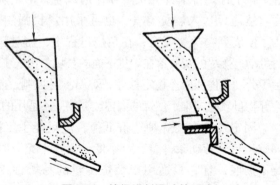

图7-27 垃圾进料漏斗的形式

炉排炉一般采用推送式。

如图 7-28 所示，推料器的种类有以下几种。

① 水平推料器。水平推料器是在供料滑槽的底部，当垃圾沿着供料漏斗进入时，水平推料器将向炉体内部移动，将垃圾送入。

② 炉排并用式推料器。炉排并用式推料器是将干燥炉排的上部延伸至漏斗下方，随着炉排的运动，将漏斗通道内的垃圾送入。因为给料设备与炉排合为一体，所以无法单独调整加料量。

③ 螺旋推料器。采用螺旋推料器，可维持较高的气密性，也可以起到破袋与破碎的功能，通常以螺旋转数来控制垃圾的进料量。

④ 旋转阀推料器。旋转（螺旋）阀推料器适用于具有前破碎处理的垃圾焚烧系统。旋转阀推料器中具有叶轮结构，电动机起动时会带动叶轮旋转，垃圾从进料漏斗进入叶轮腔内，随着叶轮的旋转从旋转阀壳体下端掉入炉腔内。同时，在旋转阀壳体侧面设有排气口，平衡大气压，将叶轮旋转产生的高压气体排走，防止出现气体顶料现象，便于垃圾进入叶轮腔内。旋转阀推料器输送能力大，并应在旋转给料器后装设拨送器，以使垃圾分散装入炉内焚烧完全。

螺旋推料器（动图）

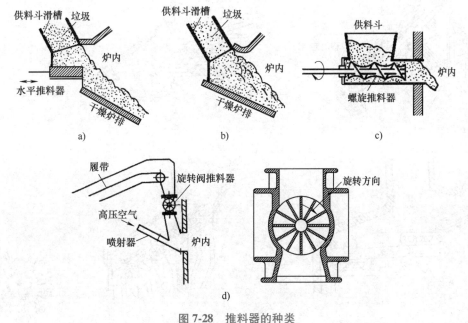

图 7-28　推料器的种类

a）水平推料器　b）炉排并用式推料器　c）螺旋推料器　d）旋转阀推料器

3）炉排。炉排是活动式炉排焚烧炉的关键，其性能直接影响垃圾的焚烧处理效果，可使焚烧操作自动化、连续化。炉排的主要作用是运送固体废弃物和炉渣，使其通过炉体，炉排还可以不断地搅动固体废弃物，且炉排之间须保持一定的通风间隙，在搅动的同时炉排下方吹入空气穿过固体燃烧层，使燃烧反应进行得更加充分。机械炉排类型很多，按炉排构造不同可分为并列摇动式、台阶往复式、履带式、滚筒式等。根据炉排各段（干燥、燃烧、燃尽）不同的功能要求选择不同的炉排。

活动式炉排焚烧炉对炉排的要求大致如下：①均匀地输送垃圾前进，并进行搅拌和混合；②均匀地分配助燃空气；③避免空气孔堵塞；④避免产生"烧穿"现象；⑤要具有耐热性、耐蚀性和耐磨性；⑥尽量提高炉排的冷却效果；⑦尽量避免垃圾熔融结块现象。

图 7-29 为炉排的种类。

① 并列摇动式：炉排倾斜，横向的固定炉条和可动炉条相隔并列布置，炉条往复移动，推送并搅拌垃圾。可动炉条也可逆向移动，即炉条运动方向和垃圾移动方向相反，能充分搅拌垃圾，焚烧完全。该类炉排一般为油压驱动。

② 台阶往复式：在垃圾推送方向相隔布置固定炉条和可动炉条，可动炉条往复运动，推送并搅拌垃圾。炉条运动方向和垃圾移动方向相同。该类炉排一般为油压驱动。

③ 履带式：通过履带的移动来推送垃圾，搅拌完全依靠台阶的阶差。该类炉排一般为电动驱动。

④ 滚筒式：滚筒滚动来移动和搅拌垃圾，燃烧空气从滚筒中向外吹。该类炉排一般为电动驱动。

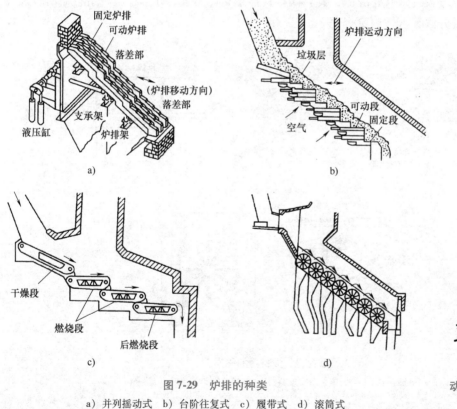

图 7-29　炉排的种类

a）并列摇动式　b）台阶往复式　c）履带式　d）滚筒式

动图 7-29　炉排的工作原理

4）炉膛及燃烧室。

① 炉膛。炉膛有多种形式，但其结构设计大致相同，一般为钢架结合耐火材料等。炉膛的容积应满足燃烧烟气滞留时间等设计要求，并要考虑烟气的混合效果、二次空气的喷入、助燃器的布置等。在炉墙上设置二次风供给装置、人孔与观察孔等。炉膛设计除满足一

般锅炉设计要求以外，还要考虑垃圾的特有性质，如易结焦、结块、垃圾的磨损、炉温的保持等。

垃圾燃烧炉膛的几何形状与焚烧后废气被导引的流态有密切关系，影响焚烧效率。在导流废气的过程中，除了配合炉排的构造，为垃圾提供一个干燥、燃烧及完全燃尽的环境，确保烟气在高温下能有充分的停留时间，除保证未燃尽有机物充分分解外，还需兼顾锅炉布局及热能回收效率。

根据燃烧烟气和垃圾移动方向的关系，可将炉膛分为表 7-1 所列四种，设计时应考虑焚烧对象垃圾的性质，选择合适的炉膛。

表 7-1　焚烧炉的种类

项目	顺流式	逆流式	交流式	二次流式
示意图				
特点	烟气流向和垃圾的移动方向相同	烟气流向和垃圾的移动方向相反	炉出口位于排炉的中间，介于顺流式和逆流式之间	将烟气的上方与下方隔开，具有介于顺流式和逆流式的效果
适用范围	低水分、高热值的垃圾	高水分、低热值的垃圾	适用于前两者之间的垃圾	适用于垃圾性质变化较大的垃圾

② 燃烧室及炉排应具备的机能。焚烧炉的燃烧室及机械炉排是机械炉排焚烧炉的核心，燃烧室几何形状（气流模式）与炉排的构造及性能，决定了焚烧炉的性能及垃圾焚烧处理效果。为保证垃圾焚烧效率，燃烧室应具备以下条件和功能：

a. 有适当的炉排面积，炉排面积过小时，火层厚度会增加，阻碍通风，引起不完全燃烧。

b. 燃烧室的形状及气流模式必须适合垃圾的种类及燃烧方式。

c. 提供适当的燃烧温度，为垃圾提供足够的在炉体内进行干燥、燃烧及后燃烧的空间，使垃圾及可燃气体有充分的停留时间而完全燃烧。

d. 有适当的设计，便于垃圾与空气充分接触，使燃烧后的废气能混合搅拌均匀。

e. 结构及材料应耐高温，耐腐蚀（如采用水墙或空冷砖墙），能防止空气或废气的泄漏。

f. 有燃烧机置于炉排上方左右侧壁及炉排尾端上方，供开机或加温时使用。

为使垃圾中的水气在焚烧过程中易于蒸发，增加垃圾与氧气接触的机会、加速燃烧，控制空气及燃烧气体的流速及流向，使气体均匀混合，需要使垃圾在炉排上具有良好的移动及搅拌功能。炉排一般分为干燥段炉排、燃烧段炉排及后燃烧段炉排。

5）助燃设备。助燃设备的作用：启动炉时升温和停炉时降温，焚烧低热值垃圾时的助燃，新筑炉和补修炉时的干燥。助燃设备中燃烧器的容量是根据启炉和停炉时的升降幅度及垃圾热值共同决定的。助燃设备所采用的燃料，应在考虑其经济性、采购的难易程度、公害防治及操作特性等因素后，再加以选择。一般可使用的燃料有重油、煤油及柴油等液体燃料及液化石油气、天然气等气体燃料。

6) 出渣机。焚烧炉渣包括炉排间的落下灰和燃尽段炉排排出的燃烧残渣。通常把排灰、炉渣冷却及炉的密封的功能设计为一体。目前，将炉渣浸入水中进行消火冷却的方式主要有带刮板的履带出灰法方式（又称湿法）和在水槽中将炉渣挤出的方式（又称半干法），如图 7-30 所示。由于半干法不设履带，与湿法相比故障率较低。

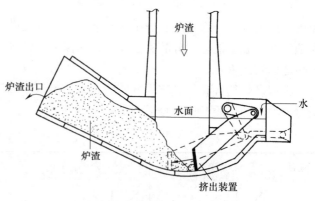

图 7-30　炉渣挤出装置（半干法）

7.3.3　炉床焚烧炉

炉床焚烧炉采用炉床盛料，燃烧在炉床上物料表面进行，适用于处理颗粒小或粉状固体废弃物及泥浆状废弃物。

1. 回转（旋转）窑焚烧炉

（1）回转窑焚烧炉的结构及工作原理　回转窑的结构是一个略倾斜、内衬耐火砖的卧式钢制空心圆筒，窑体通常很长。外壳用钢板卷制而成，内衬耐火材料（可以为砖结构，也可为耐火混凝土），衬里材料要求适应所焚烧废弃物的特性，以免被侵蚀，且窑体两端需很好地密封。大多数废弃物物料是由燃烧过程中产生的气体及窑壁传输的热量加热的。固体废弃物可从前端以螺旋加料器或其他方式送入窑中进行焚烧，窑体以定速旋转来达到搅拌废弃物并使其充分燃烧的目的，燃尽的灰烬从另一端排出炉外。回转窑旋转时须保持适当倾斜度，让固体废弃物向炉体出口方向移动。此外，废液及废气可以从前段、中段、后段同时配合助燃空气送入，甚至于整桶装的废弃物（如污泥）也可送入旋转窑焚烧炉燃烧。但这种多用途的回转窑焚烧炉在备料及进料上较复杂。它的驱动方式是由电动机与减速机驱动，靠齿轮与滚轮的摩擦力来进行，一般与机械式炉排组合使用。图 7-31 为回转窑焚烧炉的系统结构图。

每一座回转窑常配 1~2 个燃烧器，可装在回转窑的前端或后端，在开机时，燃烧器负责把炉温升高到要求的温度后才开始进料，燃料油、液化气或高热值的废液均可为燃料。多采用批式进料，以螺旋推进器配合旋转式的空气锁。有时将废液与垃圾混合后一起送入，或借助空气或蒸汽进行雾化后直接喷入。回转窑中的二次燃烧室是为了使回转窑中未被充分燃烧的挥发性有机物进一步燃烧，二次燃烧室通常也装有一到数个燃烧器，整个空间约为第一燃烧室的30%~60%，有时也设有若干阻挡板配合鼓风机以提高送入的助燃空气的搅拌能力。

动图 7-31　回转窑焚烧炉的工作原理

因为驱动系统在回转窑体之外，维护要求较低，所以必须仔细地确定回转窑的大小，以便保证能适应燃烧废弃物的要求，并尽可能地延长耐火材料的寿命，随着回转窑尺寸的减

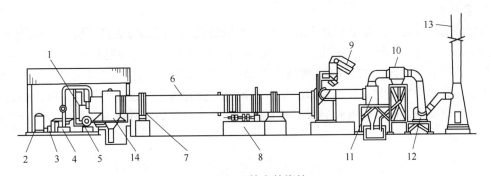

图 7-31　回转窑焚烧炉

1—燃烧喷嘴　2—重油储槽　3—油泵　4—三次空气风机　5——次及二次空气风机
6—炉体　7—取样口　8—驱动装置　9—投料传送带　10—除尘器
11—旋风分离器　12—排风机　13—烟囱　14—二次燃烧室

小，设备对于过量热量释放更为敏感，使温度更难控制。

（2）回转窑焚烧炉的类型　回转窑焚烧炉可根据回转窑中气固体的流动方向和灰渣物态的温度范围来分类。

1）气、固体在回转窑内流动的方向有同向及逆向两种。逆向式可提供较佳的气、固体混合及接触，可加快其燃烧速度，热传效率高。但是由于气、固体相对速度较大，排气所带走的粉尘数量也多，且排气中常携带废弃物挥发出的有害有臭气体，逆向式必须进行二次焚烧处理，同向流动则不一定进行二次焚烧。在同向式操作下，干燥、挥发、燃烧及后燃烧的阶段性现象非常明显，废气的温度与燃烧残灰的温度在回转窑的尾端较接近。目前绝大多数的回转窑焚烧炉为同向式，这是由于同向式炉形设计不仅适用于固体废弃物的输入及前置处理，还可以增加气体的停留时间。逆向式回转窑较适用于湿度大、可燃性低的污泥。

2）回转窑依其窑内灰渣物态及温度范围，可分为灰渣式及熔渣式两种。灰渣式回转窑焚烧炉通常在 650~980℃ 操作，窑内固体尚未熔融；熔渣式回转窑焚烧炉则在 1200~1430℃ 操作，废弃物中的惰性物质除高熔点的金属及其化合物外皆在窑内熔融，焚烧程度比较完全。熔融的流体由窑内流出，经急速冷却后凝固成类似矿渣或岩浆的残渣，透水性低、颗粒大，可将有毒的重金属化合物包容其中，因此其毒性较灰渣式回转窑所排放的灰渣低。熔渣式回转窑焚烧炉平时也可操作设置为灰渣式的状态，但当处理桶装危险废弃物占大多数时，必须将回转窑设计成熔融式。熔渣式回转窑运转极为困难，如果温度控制不当，窑壁上可能附着不同形状的矿渣，使熔渣出口容易堵塞，若进料中含低熔点的钠、钾化合物，熔渣在急速冷却时，可能会发生物理爆炸，因此在使用回转窑的同时也应注意结焦问题。

（3）回转窑焚烧炉的优缺点

1）废弃物充分接触燃烧。

2）炉体内结构简单，维修保养简单。

3）废弃物焚烧停留时间可进行控制。

4）焚烧温度高，有害废弃物去除率高。

5）使用期间会产生结焦问题。

6）投资成本高，耐火砖及浇筑维护费用高。

2. 多层炉

多层炉的炉体是一个垂直的内衬耐火材料的钢制圆筒,内部分成许多层,每层是一个炉膛。图 7-32 为立式多层炉的结构图,炉体中央装有顺时针方向旋转的双筒、带搅动臂的中空中心轴,搅动臂的内筒与外筒分别与中心轴的内筒和外筒相连,其结构如图 7-33 所示。搅动臂上装有多个方向与每层落料口的位置相配合的搅拌齿。炉顶有固体加料口,炉底有排渣口,辅助燃烧器及废液喷嘴则装置于垂直的炉壁上,每层炉壳外都有一环状空气管线以提供二次空气。

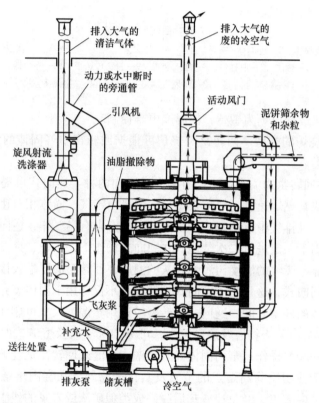

图 7-32　立式多层炉

污泥及粒状固体废弃物经输送带或螺旋推进器由炉顶送入,然后由耙齿耙向中央的落口,落入下一层,再由下层的耙齿耙向炉壁,由四周的落料口落入第三层,以后依次向下移动,物料在炉膛内螺旋运动。燃烧后的灰渣一层层掉至底部,经灰渣排除系统排出炉外。助燃空气由中心轴的内筒下部进入,然后进入搅动臂的内筒流至臂端,由外筒回到中心轴的外筒,集中于筒的上部,再由管道送至炉底空气入口处进入炉膛。入口空气已被预热到 150～200℃。进入炉膛的空气与

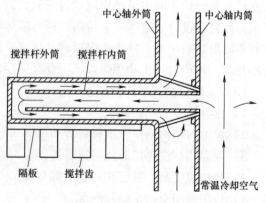

图 7-33　多层炉中心轴

下落的灰渣逆流接触，进行热量交换，既冷却了灰渣，又加热了空气。由于搅拌棒不时地搅动固体，固体可充分接触热空气而燃烧。

多层炉由上至下可分成三个区域：干燥区、燃烧区和冷却区。炉子上部几层为干燥区，其平均温度为430~540℃，主要作用为蒸发废弃物中所含的水分，由加料口进来的滤饼与高温燃烧废气接触，进行干燥。初加入的滤饼黏性比较大，耙齿一边搅拌，一边破碎，使表面增大从而加快干燥速度。燃烧反应主要发生在高温（760~980℃）的中间几层。由于废弃物在炉内停留时间较长，几乎完全燃烧。燃后的灰渣进入下部冷却区（150~300℃），与进来的冷空气进行热交换，冷却到150℃排出炉外。如要辅助燃料时，过量空气率取50%~60%，以减少过量空气带走的热量。有些设计还包含一个二次燃烧器，以确保挥发性有机蒸气的完全燃烧。

多层炉的特点是废弃物在炉内停留时间长，能挥发较多水分，适合处理含水率高、热值低的污泥，可以使用多种燃料，燃烧效率高，可以利用任何一层的燃料燃烧器以提高炉内温度。但由于物料停留时间长，调节温度时较为迟缓，控制辅助燃料的燃烧比较困难。此外，该燃烧器结构复杂、移动零件多、易出故障、维修费用高，且排气温度较低，会产生恶臭，排气需要脱臭或增加燃烧器燃烧。如果用于处理危险废弃物则需要二次燃烧室，提高燃烧温度，以除去未燃烧完全的气体物质。此设备广泛应用于污泥的焚烧处理，但不适用于含可熔性灰分的废弃物及需要极高温度才能破坏的物质。

7.3.4　流化床焚烧炉

流化床技术是一种将固体颗粒群（又称媒介，常见媒介有石英砂等）均匀地放置在有多孔板的容器内，形成一床层，利用空气和烟气与颗粒状固体层接触，而使固体颗粒处于一种类似于流体的状态，当流体低速通过床层时，床层与固体床无异，随着流速增大，颗粒开始运动使床层膨胀，当达到一定流速时，颗粒会在床层内剧烈运动，形成类似流体的运动状态，称为流化态。因此，流化床焚烧炉相比于其他焚烧炉来说固体废弃物与空气接触充分，燃烧效果好。流化床焚烧炉燃烧温度（800~900℃）较低，不仅抑制了热力型 NO_x 的生成，且在该燃烧温度范围内向炉膛加入石灰与二氧化硫反应，脱硫效率高，实现低成本脱硫。根据流化状态可将流化床焚烧炉分为鼓泡式流化床焚烧炉和循环流化床焚烧炉，多用于焚烧处理城市生活垃圾和污泥等。

1. 流化床焚烧炉的结构组成

流化床焚烧炉是将高温空气加压送入流动媒体中，形成流动层，再由此高温流动媒体进行垃圾干燥与燃烧等过程的设备。它主要由料斗、推料器、保持媒介流动的空气分散装置、不燃物排出装置、不燃物筛选媒体循环装置及流化床炉体等组成。相比于其他焚烧炉，流化床焚烧炉炉膛内不需要转动的机械设备，因此结构简单、造价低。

流化床焚烧炉的料斗与机械炉排的料斗大同小异，但推料器因要具有粉碎功能而与机械炉排炉有较大差异。

（1）推料器　流化床焚烧炉对推料器在下述方面比机械炉排炉要求更高。

1）流化床焚烧炉内压力变动较大，对推料器的密封性要求更高，以防止空气的流入和燃烧气体的泄漏。

2）供料量会瞬间影响流化床焚烧炉内机械负荷，因此对垃圾的连续定量均匀供应要求更高。

3）根据炉内燃烧状况，迅速调整供应量。

4）需要将破碎功能赋予推料器。

常用的推料器如图7-34所示。

1）螺旋式。由螺旋式喂料机，在防止空气流入和气体泄漏的同时，向炉内供应垃圾，常用的有单轴和双轴螺旋式，也有在螺旋加上粉碎和破碎功能的方式。该类设备通过改变螺旋转速来调节垃圾供应量。

2）转轮式。该类型主要用于供应粉碎后的垃圾。一般在前段设置液压推进机，转轮主要用来保持密封性。也有在前面设置带破袋功能的双轴螺旋机或可调节供料量的履带的设计，此外，也常有让转轮带有破袋功能的设计。

3）推进机式。该类设备通过水平或倾斜式推进机的往复运动，将垃圾供应到炉内。通过改变推进机的推进长度、频率来调节垃圾供应量。

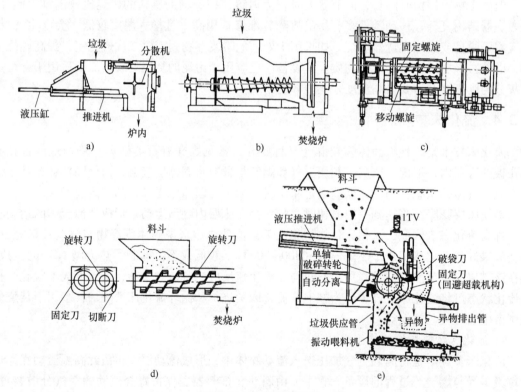

图7-34 常用的推料器

a）推进机式　b）单轴螺旋式　c）双轴螺旋式　d）带刀的双轴螺旋式　e）转轮式

（2）空气分散装置　空气分散装置是将空气从燃烧室下部喷入，再分散到流动媒体中，以形成安定的流动层，见表7-2。采用的方式有喷嘴式与气管式两种，喷嘴式是在燃烧室底部沿灰烬排出的方向，设置倾斜板，板面上设置许多喷嘴供空气通过；气管式是在流动层内部，取一定间隔，配列水平空气管，在其上再设置空气孔或喷嘴。

（3）不燃物排出装置　不燃物排出装置的作用是防止垃圾中的金属、砖瓦片等停滞于炉内而阻碍形成流动层，装置可以将其和流动媒体（砂）一起排出炉外。排出方式因散气方式而异，且应注意密封性以免流动媒体（砂）的喷出。因为流动媒体的温度较高（约 600℃），所以要注意隔热，也可设计水冷来回收温水等。单轴和双轴螺旋式（见图 7-35）排出装置被广泛采用。

表 7-2　流化床的空气分散装置

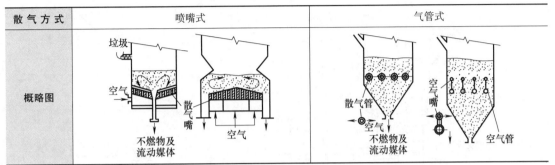

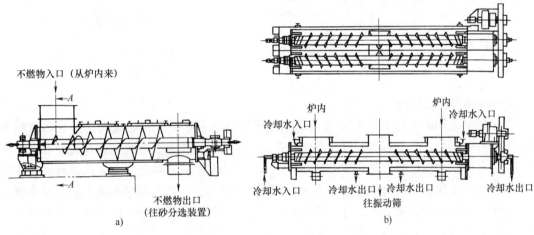

图 7-35　不燃物排除装置
a）单轴螺旋式　b）双轴螺旋式

（4）不燃物筛选和流动媒体循环装置　不燃物筛选和流动媒体循环装置是从排出的不燃物和流动媒体混合物中，分离出不燃物，再将媒体通过履带返送回炉内循环使用的装置。因为媒体温度高达 600℃，所以装置必须是密闭的构造，并必须设置隔热措施，以避免操作人员烫伤。

2. 鼓泡式流化床焚烧炉

鼓泡式流化床焚烧炉构造如图 7-36 所示，其主体设备是一个圆柱形塔体，下部设有分配气体的分配板，塔内壁衬耐火材料，并装有一定量的耐热粒状载体。气体分配板有的由多孔板做成，有的平板上装有一定形状和数量的专用喷嘴。气体从下部通入，并以一定速度（0.5～3.0m/s）通过分配板，使床内的载体“沸腾”呈流化状态。废弃物从塔侧或塔顶加入，在流化床层内进行干燥、破碎、气化等过程后，迅速燃烧，流化区的温度为 800～870℃，待充分燃烧后，燃烧气体和飞灰从焚烧炉的顶部排出。焚烧炉顶部设有冷却水喷枪和喷尿素系统，用于防止焚烧炉温度过高和减少氮氧化物的产生。流化床焚烧炉燃烧是通过砂介质的均匀传热与蓄热效果以达到完全燃烧的目的，由于介质之间所能提供的孔道狭小，无法接纳较大的颗粒，若是处理固体废弃物，必须先破碎成小颗粒，以利于反应的进行。炉底设有排渣设施，石英砂和燃烧残渣从焚烧炉底部排出。

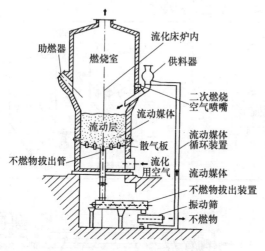

图 7-36　鼓泡式流化床焚烧炉构造

动图 7-36　鼓泡式流化床
焚烧炉的工作原理

3. 循环流化床焚烧炉

我国最早采用的焚烧炉技术是鼓泡式流化床焚烧炉，但由于鼓泡式流化床有燃烧效率低，飞灰含碳量高，粉尘排放浓度高和热负荷小等不足，逐渐被循环流化床焚烧炉取代。循环流化床主要分为内循环流化床和外循环流化床。内循环流化床指物料在炉内循环，使物料充分燃烧。由于向上的气流流速控制着颗粒流体化的程度，气流流速过大时会造成介质被上升气流带入空气污染控制系统，外循环流化床可安装旋风分离器将逃逸的介质捕集再返送回炉膛内，避免媒体介质的损失和物料利用不充分。外循环流化床焚烧炉不仅具有鼓泡式流化床的优点，而且具有循环回路，可以使物料燃烧彻底，媒体介质损失减少，此外，外循环流化床焚烧炉对燃料适应性强且燃烧效率高。

内循环流化床焚烧炉的构造很特殊（见图 7-37），它的床层横截面是矩形的，分配板是倾斜的，空气分别从 3 个气室以不同的气速穿过分配板，其中靠近不燃物出口区域的气流速度最大，靠近进料入口区域的气流速度最小。操作时，另一侧吹入回旋用二次空气。于是流化床载体在不同速度、不同方向的空气驱动下，沿着倾斜板和导流板带动加入的固体废弃物一起做回转运动。这种内循环流化床具有处理能力强、床层温度均匀的特点。根据资料，其处理的固体废弃物量是传统流化床的两倍。

外循环流化床焚烧炉结构如图 7-38 所示。与鼓泡式流化床焚烧炉不同，外循环流化床焚烧炉进入炉膛的气体速度为 3.0~9.0m/s，炉膛上部是处于快速床的流化状态（即当气速过大，颗粒被气流带走），气体在流动过程中夹带着颗粒从焚烧炉顶部离开，颗粒与气流通过外部旋风分离器分离后，颗粒通过返料通道再次进入焚烧炉继续充分焚烧，减少媒体介质的损耗及增强脱硫剂的利用率，提高脱硫效率。因此相比于鼓泡式流化床，循环流化床具有效率高、低污染和燃烧负荷大的特点，且结构简单，操作方便，设备制造与维护成本低，因此被广泛运用。

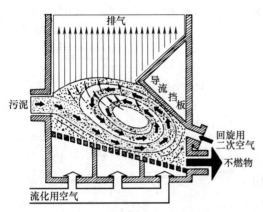

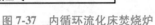

图 7-37　内循环流化床焚烧炉

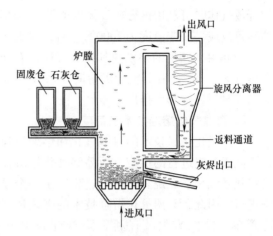

图 7-38　外循环流化床焚烧炉

7.3.5　气化熔融炉

在垃圾能源化利用过程中，各国环境排放标准日益严格，颗粒污染物、酸性气体、氮氧化物、重金属、一氧化碳和有机氯化物排放量等明显受到限制，传统的直接焚烧技术因受焚烧控制参数，如焚烧温度、停留时间、混合强度和过剩空气影响较大，而且垃圾成分复杂，直接焚烧难以稳燃和尽燃，尤其是聚氯乙烯（PVC）塑料的存在，容易造成二次污染和锅炉余热的高温腐蚀等问题。焚烧法虽然减容效果好，处置速度快，但在焚烧过程和尾气净化过程控制不严格，易产生二次污染，特别是焚烧时会有不同程度的重金属和二噁英等物质逃逸。同时焚烧过程中产生的灰渣的处理方式导致的矛盾日益突出，因此需要一种新的技术妥善处理该污染。气化熔融技术是在焚烧技术的基础上发展而来的新型垃圾处理技术，它的出现让气化和熔融过程得以结合，能够同时提供低温和高温的反应环境。在低温（450～600℃）的条件下进行热解气化得到可燃气体，且在该条件下金属未被氧化有利于回收等。在高温（1300℃以上）的条件下灰渣熔融燃烧可以遏制二噁英产生，实现熔融渣再生利用等。因此与焚烧技术相比，气化熔融技术具有彻底的无害化、显著的减容性等优势，能够满足日益严格的排放标准，使重金属和二噁英等物质排放值进一步降低。

根据热解气化温度不同，将气化熔融技术主要分为两大类：低温气化熔融技术与高温气化熔融技术。其中低温气化熔融技术主要包括回转窑气化熔融技术、流化床气化熔融技术、热选气化熔融技术等，这里主要介绍热选气化熔融技术。高温气化熔融技术主要包括高炉型气化熔融技术和等离子体气化熔融技术等。气化熔融炉主要用于处理城市生活垃圾等。

1. 低温气化熔融技术设备

热选式气化熔融炉主要由垃圾进料斗、热解气化炉、高温反应器及熔融炉四部分组成，如图 7-39 所示。该技术垃圾不需要预处理，经垃圾进料斗并压缩后推入热解气化炉内（450～600℃），利用外热源加热（一般为高温烟气）；垃圾在热解气化炉内停留一段时间使其热解气化反应完全后，热解气化产生的可燃气体和残渣进入高温反应器内，气体在高温反应器的上部（1200℃左右）停留 2～4s 后，在气体冷凝器中无氧骤冷至 70℃左右，以防止二噁英等污染物质重新合成。气体经过净化（洗涤、活性炭吸附等净化过程）后得到高质量的合成气体，可利用该合成气体发电等；残渣则掉落至高温反应器底部，在熔融炉内与送入的纯氧反应，反应温度为 2000℃ 左右，残渣（无机物）熔融，密度的差别使其发生分层，有利于金属（>7g/cm³）和其他无机熔渣（>2.5g/cm³）分离，最后经冷却后排出。

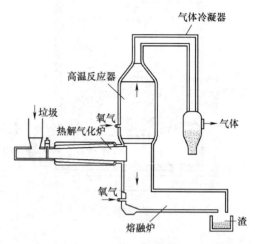

图 7-39　热选式气化熔融炉

2. 高温气化熔融技术设备

低温气化熔融技术的热解气化和熔融过程是在不同设备中进行的反应，而高温气化熔融技术是将热解气化、燃烧和熔融等过程置于一个设备中进行，因此，高温气化熔融技术的工艺过程相对简单，操作方便，有利于降低建设和运行成本。

（1）高炉式气化熔融炉　如图 7-40 所示，该设备将垃圾和辅助原料（石灰、焦炭等）由炉体顶端投入炉内，纯氧逆向进入，垃圾在下降的过程中分别历经了还原气氛干燥区（400~500℃）、液态热解气化区（1000℃）和高温燃烧熔融区（1700℃），熔融后的灰渣在炉底进行金属和熔渣的分离，并分别加以资源化利用。高炉式气化熔融炉将气化炉和熔融炉一体化，降低了投资成本，且全量熔融使得减容比增大。但是高炉式气化熔融炉在运行过程中需要采用纯氧辅助燃烧，导致运行成本较高。

（2）等离子体气化熔融炉　等离子体气化熔融炉采用空气辅助燃烧，且等离子火焰的加热温度高，可以有效去除垃圾中的有毒有害物质。因此等离子体气化熔融炉不仅可以处理城市垃圾，还可以用于处理废旧电子产品、市政污泥及医疗垃圾等。等离子体气化熔融炉主要由炉体、等离子喷嘴和冷却装置等组成，如图 7-41 所示。等离子体气化熔融炉的原理：垃圾和氧化钙通过垃圾给料斗进入炉内，利用等离子火焰产生的高温热源（最高温度超过5500℃）加热垃圾，分别经历干燥区（800~1000℃）、气化燃烧区（1300~1800℃）和熔融

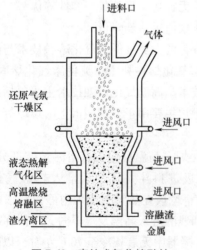

图 7-40　高炉式气化熔融炉

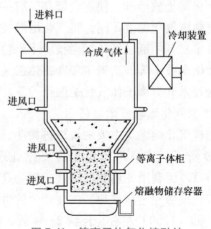

图 7-41　等离子体气化熔融炉

区（2000℃以上）三个阶段。垃圾的水分在干燥区被蒸发后移动到气化燃烧区，有机物发生热解气化反应生成合成气，剩下的灰渣进入熔融区高温熔融后排出。炉体上配置有进风口（通入空气），可使得垃圾气化、熔融充分彻底，减容率可达到 95% 以上。等离子体气化熔融炉利用的热源（等离子火焰）无污染，并且能够彻底去除垃圾中的有毒有害物质和有机物。在反应的过程中排放的废气及污染物较少，可以获得合成气体加以利用并回收金属等无机物。

7.3.6　焚烧炉的性能比较

焚烧是一种技术高度复杂、成本相对昂贵的垃圾处理技术。本小节根据焚烧炉的使用状况与应用资料，对垃圾焚烧系统最主要的设备——焚烧炉的性能与应用状况进行比较。

表 7-3 为三种垃圾焚烧炉的应用状况比较。表 7-4 为生活垃圾焚烧炉的性能比较，由于回转窑式炉主要用于工业垃圾的处理，因此表 7-4 仅对机械炉排焚烧炉、流化床焚烧炉和气化熔融炉进行比较。

表 7-3　三种垃圾焚烧炉的应用状况比较

比较项目	机械炉排式	回转窑式	流化床式
前处理设备	除大件垃圾外 不分类破碎	除大件垃圾外 不需分类破碎	需分类破碎至 5cm 以下
垃圾处理性	佳	佳	佳
优缺点	适用大容量 公害易处理 燃烧可靠 运行管理容易 余热利用高 造价高 操作及维修费高 应连续运转 操作运转技术高	适用小容量 构造简单 装置可移动、机动性大 燃烧不完全 燃烧效率低 使用年限短 平均建造成本较高	适用中容量 燃烧温度较低 热传导较佳 公害低 燃烧效率较佳 操作运转技术高 燃料的种类受到限制 需添加流动媒介 进料颗粒较小 单位处理量所需动力高 炉床材料易冲蚀损坏

表 7-4　生活垃圾焚烧炉的性能比较

比较项目	机械炉排焚烧炉	流化床焚烧炉	气化熔融炉
焚烧原理	将垃圾供应到耐热铸钢的炉排上，从炉排下部通风，使垃圾燃烧炉内干燥、燃烧和燃尽	在塔形炉的底部多孔管中通风，使其上砂层流动形成流动层，粉碎后的垃圾被投入后，在炉内与流动砂（650~800℃）接触，从而瞬时燃烧。燃烧后的灰分被燃烧气体带到烟气处理系统	先将垃圾在 450~600℃ 的还原气氛中热分解为可燃性气体及以炭为主的固体残渣，然后在高温下进行燃烧并熔融
适用垃圾对象	垃圾热值范围为 3349.4~14653.8kJ/kg，污泥等超过 20% 时，需设干燥设备	垃圾热值范围为 3349.4~20934kJ/kg，适用于高热值的废塑料和液状的污泥等	垃圾热值范围为 6280kJ/kg 以上，除了一般垃圾外，还可处理焚烧灰渣、不可燃垃圾等
前处理	一般不需要	由于是瞬时燃烧，一般设粉碎机将垃圾粉碎到 20cm 以下	一般粉碎到 20cm 以下，或采用干燥脱水机

（续）

比较项目	机械炉排焚烧炉	流化床焚烧炉	气化熔融炉
烟气处理	焚烧炉渣大部分（约90%）成为主灰从炉底排出，烟气量变动小，烟气处理较容易	垃圾灰分随烟气流动烟气处理系统，且烟气量变动较大，对自动控制要求较高	烟气量较少，处理简单
二噁英控制	燃烧完全，CO 产生较少，二噁英产生较少	瞬时燃烧，易造成空气与垃圾接触不均匀，并产生 CO，即对二燃室结构和二次燃烧空气供应要求较高	高温燃烧，二噁英产生较少
出灰设备	炉下水冷等出灰，设备结构简单	不燃物与流动砂同时排出，需要分离装置：不燃物排出装置、筛选机、砂储存罐、磁选机等	水冷和空冷排出熔融灰渣
燃烧管理	缓慢燃烧，温度控制较容易	燃烧温度易受垃圾性质、垃圾块大小、垃圾供应量、流动砂温度的影响	气化和燃烧熔融为两个过程，燃烧管理达到前后热平衡等较难
运行成本	同等条件下比流化床便宜些	比炉排炉多设置破碎机，不燃物与流动砂的分离设备等，运行成本稍贵	比机械炉排的单纯焚烧要高，但比焚烧+灰熔融便宜
维修管理	无前处理设备，机器点数少，维修管理方便	机器点数稍多，维修管理费稍高	机器点数比单纯焚烧要多，但比焚烧+灰熔融稍少
焚烧灰渣	炉底灰渣经简单处理可为铺路材料等	垃圾灰分几乎都随烟气飞起成为飞灰，炉渣主要是相对密度大于 1.0 以上的不可燃物	垃圾灰分中的 5%～10% 为飞灰，其他为熔融灰渣
减量比	约 1/10（100t→10t）	约 1/10（100t→10t）	约 1/12（100t→8.3t）
减容比	约 1/37（333m³→8.9m³）	约 1/33（333m³→10m³）	约 1/70（333m³→4.8m³）

💡 习　题

7-1　知识考查

1. 螺旋输送机在结构和输送方面有哪些特点？

2. 固体废弃物分选设备的分类依据及常见类型有哪些？

3. 请简述焚烧炉设备的分类及应用场景。

7-2　知识拓展

1. 机械炉排焚烧炉在处理低热值、高水分垃圾时，如何优化燃烧过程以提高燃烧效率和稳定性？

2. 查阅相关资料，了解我国工业垃圾（包括危险固体废弃物）处理现状以及发展趋势。

参 考 文 献

[1] 张洪，李永峰，李巧燕. 环境工程设备 [M]. 哈尔滨：哈尔滨工业大学出版社，2016.

[2] 童华. 环境工程设计 [M]. 北京：化学工业出版社，2009.

[3] 陈家庆. 环保设备原理与设计 [M]. 3 版. 北京：中国石化出版社，2019.

[4] 江晶. 环保机械设备设计 [M]. 北京：冶金工业出版社，2009.

[5] 薛勇. 环境污染治理设备 [M]. 北京：化学工业出版社，2009.

[6] 刘宏. 环保设备：原理·设计·应用 [M]. 4 版. 北京：化学工业出版社，2019.

[7] 徐新阳，郝文阁. 环境工程设计教程 [M]. 北京：化学工业出版社，2011.

[8] 周敬宣，段金明. 环保设备及应用 [M]. 2 版. 北京：化学工业出版社，2014.

[9] 潘琼，李欢. 环保设备设计与应用 [M]. 北京：化学工业出版社，2014.

[10] 马放，田禹，王树涛. 环境工程设备与应用 [M]. 2 版. 北京：高等教育出版社，2021.

[11] 李绍芬. 反应工程 [M]. 3 版. 北京：化学工业出版社，2013.

[12] 全国化工设备设计技术中心站机泵技术委员会. 工业泵选用手册 [M]. 2 版. 北京：化学工业出版社，2011.

[13] 续魁昌，王洪强，盖京方. 风机手册 [M]. 2 版. 北京：机械工业出版社，2011.

[14] 高廷耀，顾国维，周琪. 水污染控制工程：上册 [M]. 4 版. 北京：高等教育出版社，2014.

[15] 高廷耀，顾国维，周琪. 水污染控制工程：下册 [M]. 4 版. 北京：高等教育出版社，2014.

[16] 张大群. 污水处理机械设备设计与应用 [M]. 3 版. 北京：化学工业出版社，2017.

[17] 王有志. 污水处理工程单元设计 [M]. 北京：化学工业出版社，2020.

[18] 蒋克彬. 水处理工程常用设备与工艺 [M]. 北京：中国石化出版社，2011.

[19] 伊学农，付彩霞，王晨. 污水处理厂技术与工艺管理 [M]. 3 版. 北京：化学工业出版社，2021.

[20] 李亚峰，佟玉衡，陈立杰. 实用废水处理技术 [M]. 2 版. 北京：化学工业出版社，2007.

[21] 吴忠标. 大气污染控制工程 [M]. 2 版. 北京：科学出版社，2021.

[22] 周晓猛. 烟气脱硫脱硝工艺手册 [M]. 北京：化学工业出版社，2016.

[23] 蒋文举. 烟气脱硫脱硝技术手册 [M]. 2 版. 北京：化学工业出版社，2012.

[24] 朱廷钰，李玉然. 烧结烟气排放控制技术及工程应用 [M]. 北京：冶金工业出版社，2015.

[25] 张弛，柴晓利，赵由才. 固体废物焚烧技术 [M]. 2 版. 北京：化学工业出版社，2017.

[26] 边炳鑫，张鸿波，赵由才. 固体废物预处理与分选技术 [M]. 2 版. 北京：化学工业出版社，2017.

[27] 陶莉，肖育军. SCR 区域喷氨的 NH_3 分布与均匀性调整 [J]. 环境工程技术学报，2021，11 (4)：663-669.

[28] 闫法龙. 奥贝尔氧化沟工艺改造成 AAO 工艺的反硝化脱氮实例分析 [J]. 山西化工，2021，41 (6)：253-255.

[29] 闫克平，李树然，郑钦臻，等. 电除尘技术发展与应用 [J]. 高电压技术，2017，43 (2)：476-486.

[30] 潘海如，陈广洲，高雅伦，等. 电渗析技术在高含盐废水处理中的研究进展 [J]. 应用化工，2021，50 (10)：2886-2891.

[31]　杨晓伟，田晶，王丁，等. 碟管式反渗透膜的污染防治及清洗 [J]. 清洗世界，2016，32（5）：30-34，38.

[32]　麻晓越，刘海洋，谷小兵. 高密度沉淀池技术在我国水处理中的应用与分析 [C]//中国环境科学学会环境工程分会. 中国环境科学学会 2021 年科学技术年会：环境工程技术创新与应用分会场论文集（四）. 2021：286-290，277.

[33]　陆进. 高效沉淀池的技术研究与应用 [J]. 中国资源综合利用，2017，35（10）：23-24，28.

[34]　胡斌，刘勇，杨春敏，等. 化学团聚促进电除尘脱除烟气中 PM2.5 和 SO_3 [J]. 化工学报，2016，67（9）：3902-3909.

[35]　牛晓勇. 火电厂 NO_x 排放控制技术研究与应用 [J]. 企业导报，2013（17）：192-193.

[36]　赵斌，林伟，王世海，等. 火电厂降低 PM2.5 排放措施研究 [J]. 电力科技与环保，2014，30（3）：44-45.

[37]　许方园. 火电厂烟气脱硫脱硝技术研究进展 [J]. 绿色环保建材，2021（11）：32-33.

[38]　程慧，解永刚，朱国荣. 火电厂烟气脱硝技术发展趋势 [J]. 浙江电力，2005（2）：38-40，50.

[39]　江得厚，王贺岑，董雪峰，等. 燃煤电厂烟气中 PM2.5 及汞脱除技术发展与应用 [C]//中国动力工程学会环保技术与装备专业委员会. 2012 火电厂污染物净化与节能技术研讨会论文集. 2012：77-85.

[40]　鲍静静，刘杭，潘京，等. 石灰石-石膏法脱硫烟气 PM2.5 排放特性 [J]. 热力发电，2014，43（10）：1-7.

[41]　魏春飞. 新型污水生物脱氮除磷工艺研究进展 [J]. 辽宁化工，2021，50（8）：1183-1185.

[42]　姚宇平，赵海宝，何毓忠，等. 旋转电极式电除尘器清灰刷寿命实验方法设计 [J]. 环境工程学报，2015，9（10）：4971-4976.

[43]　朱静平，柴立民. 氧化沟工艺技术的发展 [J]. 四川环境，2004（4）：57-60，74.

[44]　孙少波. SNCR 与 SCR 脱硝技术比较 [J]. 科技风，2019（13）：166.

[45]　电除尘行业 2019 年发展报告 [R]. 中国环境保护产业，2020.

[46]　谭建明，李绍斌，刘亚平. 不同叶型的多翼离心式风机性能对比 [J]. 制冷与空调，2015，15（6）：11-14.

[47]　陆晓军. 齿形叶片降低离心式风机噪声的实验研究 [J]. 农业机械学报，2001（5）：86-88.

[48]　朱宏磊，李意民，孙更生，等. 后盖板倾角对离心式风机磨损影响的试验研究 [J]. 矿山机械，2005（12）：28-29.

[49]　孙政，许敏，顾晓卫，等. 无蜗壳与有蜗壳离心式风机在空调系统中的流场对比分析 [J]. 制冷与空调，2016，16（5）：37-39.

[50]　罗小松，宋敏，晏松坚. 脱硫装置离心式鼓风机低速端滑动轴承密封改造 [J]. 润滑与密封，2017，42（11）：137-140.

[51]　王孚懋，李勇，郭晓斌，等. 低噪声罗茨鼓风机的结构设计与内流数值模拟研究 [J]. 山东科技大学学报（自然科学版），2010，29（6）：55-60.